U0183930

电子信息类新工科系列教材

模拟电子技术实验与课程设计

主　编　杨霓清

副主编　董　郑　翟　超　王晓鲲

山东大学出版社

图书在版编目(CIP)数据

模拟电子技术实验与课程设计/杨霓清主编. —济南:山东大学出版社,2020.9 (2023.8 重印)

ISBN 978-7-5607-6705-5

Ⅰ. ①模… Ⅱ. ①杨… Ⅲ. ①模拟电路—电子技术—高等学校—教学参考资料 Ⅳ. ①TN710

中国版本图书馆 CIP 数据核字(2020)第 172343 号

责任编辑 宋亚卿
封面设计 孙 骞 刘芳蕾

出版发行 山东大学出版社
社　　址 山东省济南市山大南路 20 号
邮政编码 250100
发行热线 (0531)88363008
经　　销 新华书店
印　　刷 山东和平商务有限公司
规　　格 787 毫米×1092 毫米 1/16
　　　　 18.25 印张 430 千字
版　　次 2020 年 9 月第 1 版
印　　次 2023 年 8 月第 2 次印刷
定　　价 46.00 元

总 序

为主动应对新一轮科技革命与产业变革，支撑服务创新驱动发展以及“中国制造2025”等一系列国家战略，自2017年2月以来，教育部积极推进新工科建设，先后形成了“复旦共识”“天大行动”和“北京指南”，并发布了《关于开展新工科研究与实践的通知》《关于推荐新工科研究与实践项目的通知》。当前，“新工科”已经成为高等教育领域关注的热点。“新工科”的目标之一是提高人才培养的质量，使工程人才更具创新能力。电子信息类专业应该以培养工程技术型人才为目的，结合信息与通信工程、电子科学与技术、光学工程三个主干学科，使学生掌握信号的获取与处理、通信设备、信息系统等方面的专业知识，经过电子信息类工程实践的基本训练，具备设计、开发、应用和操作的基本能力。

目前，许多高校都在倡导新工科建设，尝试对课程进行教学改革。对专业课程来说，譬如高频电子线路、低频模拟电路、电子线路课程设计等必须进行新工科课程改革，以突出知识和技能的培养。新工科教育教学改革要切实以学生为本，回归教育本质，踏实做好专业基础教育和专业技能教育，加强工程实践技能培养，切实提高人才培养质量，培养社会需要的人才。

提高教学质量，专业建设是龙头，课程建设是关键。新工科课程建设是一项长期的工作，它不是片面的课程内容的重构，必须以人才培养模式的创新为中心，以教师团队建设、教学方法改革、实践课程培育、实习实训项目开发等一系列条件为支撑。近年来，山东大学信息科学与工程学院以课程建设为着力点，以校企合作、产学研结合为突破口，实施了新工科课程改革战略，在教材建设方面尤其加大了力度。学院教学指导委员会决定从课程改革和教材建设相结合方面进行探索，组织富有经验的教师编写适应新时期课程教学需求的专业教材。该系列教材既注重专业技能的提高，又兼顾理论的提升，力求满足电子信息类专业的学生需求，为学生的就业和继续深造打下坚实的基础。

通过各编写人员和主审们的辛勤劳动，本系列教材即将陆续面世。希望这套教材能服务专业需求，并进一步推动电子信息类专业的教学与课程改革。也希望业内专家和同仁对本套教材提出建设性和指导性意见，以便在后续教学和教材修订工作中持续改进。

本系列教材在编写过程中得到了行业专家的支持，山东大学出版社对教材的出版给予了大力支持和帮助，在此一并致谢。

山东大学信息科学与工程学院教学指导委员会

2020年8月于青岛

前 言

模拟电子技术实验与课程设计是模拟电子技术基础课程教学过程中重要的实践环节，对培养学生理论联系实际的能力起着很重要的作用。本书是按照教育部高等学校模拟电子技术基础课程教学大纲的要求，在多年来的实验教学研究、改革和实践的基础上编写的。教材编写采用由浅入深、循序渐进的方式。教材集验证性实验、设计性实验、综合实验、课程设计于一体，实验内容丰富、由易到难，强调理论联系实际。实验注重对学生动手能力的培养，突出基础训练和综合应用能力、创新能力、计算机能力的培养。

本教材通俗易懂，语言简明扼要，具有较强的专业性、技术性和实用性，既考虑与理论课的衔接，又不失实验教材的自身独立体系。全书分为六章内容：第一章为电子线路实验概述，第二章为元器件基本知识，第三章为 Multisim 软件的基本应用，第四章为模拟电子技术实验，第五章为综合设计实验，第六章为电子线路课程设计。本教材在内容安排上具有如下特色：

1. 教材内容全面，包含了基本实验、综合性实验和课程设计，教材软、硬件结合，注重学生动手能力和计算机应用能力的培养

教材的主干部分分为基本实验、综合设计实验、课程设计。其中基本实验共有 10 个实验内容，涵盖了模拟电子技术基础理论课程的所有主要的知识点。为了增强学生对电子线路的应用能力，书中在基本实验的基础上增加了设计性实验、综合设计实验以及课程设计的内容，由原来简单的电路的测量拓展到电路的设计，由验证性实验拓展到专题性、探究性实验，通过电路设计、计算机仿真软件进行辅助分析和设计，最后到硬件安装、调试，让学生加深对电路原理、信号的流通过程中元器件参数对电路性能的影响有一个大体的了解，从而让学生积累实践经验和提高实验能力。

教材中的综合设计实验和课程设计，便于教师把实验和课程设计有机地结合起来。在题目的选择上，有些综合设计实验内容可以作为课程设计的参考，从而节省了篇幅，达到一举两得的目的。为了满足设计性实验的需要，有些设计性实验的内容中增加了单元电路的设计方法，供学生设计电路时参考。

2. 教材适用性强、结构灵活，做到了循序渐进、因材施教

教材中的第四章为基本实验，这一章中除了常用电子仪器的使用和晶体管伏安

特性的测试实验外,每个实验均分成了两个层次,即验证性实验和设计性实验。验证性实验包含实验目的、所用仪器设备、实验电路、实验内容和步骤方法以及思考题等,这一个层次主要针对动手能力仍待提高的学生;设计性实验给出实验目的、所用仪器、提供的参考元器件和参考电路、电路应该达到的性能指标、实验内容和要求,让学生独立完成电路、元器件参数的设计与选择、电路的安装与调试、自拟实验步骤和测试方案等。这样做既体现了循序渐进,又有利于学生能力的培养和因材施教。

3.教材将硬件电路设计和计算机软件仿真有机地结合在一起

教材中无论是验证性实验、设计性实验还是综合设计实验,都包含理论分析、设计、软件仿真和实际操作。通过硬件设计让学生体会电子线路工程设计和应用的特点,软件仿真可以让学生运用仿真软件设计、分析电路,使他们较快地明确目标,节省时间,且软件仿真不受实验设备和场地的限制,而最后的环节是到实验室进行安装与调试,验证设计、仿真的结果。这样一个过程下来,可以让学生积累实践经验、提高设计和实验能力。书中所有的实验均采用软、硬件结合的方式,可以帮助学生更好地把握电子线路课程的重点,学会应用仿真软件分析、设计电路,真正体会到利用软件仿真可以缩短电子系统设计的周期以及软件仿真的魅力。

本教材由杨霓清老师主编,杨霓清、董政和翟超老师统稿。其中第一章、第二章由翟超老师编写,第三章由王晓鲲老师编写,第五章由董郑老师编写,第四章、第六章由杨霓清老师编写。在编写过程中,作者从所列参考书中汲取了宝贵的成果和资料,在此仅向各参考文献的作者表示衷心的感谢。山东大学信息科学与工程学院领导对该书的出版给予了许多关心和支持,在此作者一并表示感谢,同时感谢山东大学出版社给予的支持。

由于电子线路和计算机技术发展迅速,且所涉及的知识范围广,新知识多,而作者学识有限,书中难免有疏漏、错误和不妥之处,恳请广大读者不吝指正。

编　者

2020 年 8 月 6 日

目　录

第一章　电子线路实验概述

电子线路包括低频电子线路、高频电子线路和数字电路，是高等学校电子信息工程、通信工程及其他电子类相近专业重要的技术基础课，是理论性、工程性与实践性很强的专业技术基础课程。它的任务是使学生获得电子技术方面的基本理论、基本知识和基本技能，培养学生分析问题和解决问题的能力。为了培养高素质的专业技术人才，在理论教学的同时，必须十分重视和加强各种形式的实践教学环节。

众所周知，科学和技术的发展离不开实验，实验是促进科技发展的重要手段。我国著名科学家张文裕在《著名物理学实验及其在物理学发展中的作用》一书的序言中，精辟论述了科学实验的重要地位。他说："科学实验是科学理论的源泉，是自然科学的根本，也是工程技术的基础。""基础研究、应用研究、开发研究和生产四个方面如果结合得好，工业生产就发达，经济建设和国防建设势必会繁荣兴旺。要把上述四个环节结合在一起，必须有一条红线，这条红线就是科学实验。"①

一、电子线路实验简介

1. 实验目的

电子技术是自然科学理论与生产实践经验相结合的产物。人们在实际工作中，依据理论知识和实践经验，分析和设计电子电路的性能指标，测试和制作电子系统的整机装置，均离不开实验室。从一只小小的电子管到"神舟七号"载人飞船，实验室是科学技术发展的孵化器。

作为学习、研究电子线路不可缺少的教学环节，电子线路实验是一门渗透工程特点的实践课程。通过电子线路实验，学生可以置身实验室，直接使用电子元器件，连接电子电路，操作电子测试仪器，理解和巩固理论知识，学习实验知识，积累实践经验，增长实验技能，为进一步学习、应用、研发电子应用技术打下较厚实的基础。

2. 电子线路实验分类

电子线路实验，按性质可分为验证性实验、训练性实验、综合性实验、设计性实验和探究性实验五大类。

验证性（也称为"基础性"）实验和训练性实验主要针对的是电子线路学科范围内的内

---

① 郭奕玲、沙振舜：《著名物理实验及其在物理学发展中的作用》，山东教育出版社1985年版，张文裕序第1～2页。

容，目的是为理论验证和实际技能的培养奠定基础。这类实验就是使学生学习实验方法，掌握实验知识，摸索实验技巧。它除了可以使学生巩固加深某些重要的基础理论外，还可以帮助学生认识现象，掌握基本实验知识、实验方法和实验技能。

通过这类实验可以达到的目的是：通过连接线路实现电路预定的应用功能，依据实验结果，证明理论知识的正确性及其适用的条件，从而加深对理论知识的理解。要通过实际操作，锻炼动手能力，包括仪器使用、故障排除、数据整理、结论总结等各方面的实验技术能力。

综合性实验泛指应用性实验，实验内容侧重于某些理论知识的综合应用，其目的是培养学生综合运用所学理论的能力和解决较复杂的实际问题的能力。

设计性实验的实验内容为多个理论知识点的综合应用，其目的在于培养学生综合运用所学理论知识解决较复杂的实际工程问题的能力，以及不断进取、开拓创新的意识。显然，能够完成设计应用性实验的前提，是基本掌握了与之相关的电子线路基础理论知识和实验手段。

设计性实验对于学生来说，既有综合性又有探索性。它主要侧重于某些理论知识的灵活运用，例如，完成特定功能电子电路的设计、安装和调试等。这类实验要求学生在教师的指导下独立进行查阅资料、设计方案与组织实验等工作，并写出报告，对于提高学生的素质和科学实验能力非常有益。

探究性实验也指创意性、探索性实验。此类实验从选题、方案论证，到安装、调试，均由学生独立完成。在实验的全过程中，学生将接受从查找资料到验收答辩全方位的训练。实验选题通常是电子系统级的设计，所需知识往往涉及较多的相关课程。此类实验有助于培养学生的自学能力、科学作风、工程素质、创新能力、团队精神、职业修养、创业精神，这是我们培养人才的努力方向。

总之，电子线路实验应突出基础技能、设计性综合应用能力、创新能力和计算机应用能力的培养，以适应高科技信息时代的要求。

3. 实验教学要求

电子线路实验不是测试数据、计算结果的简单操作，而是正确使用仪器设备、记录测试数据、观察实验现象、排除实验故障、分析实验结果、兑现工程技术指标的工程技术训练。在教育部高等学校电子信息与电气信息类基础课程教学指导分委员会制定的《电子信息科学与电气信息类平台课程教学基本要求（汇编）》中的电子线路（Ⅰ、Ⅱ）课程“教学基本要求”中，对在电子技术实验教学中应体现的能力培养目标，提出了明确的要求。

（1）了解示波器、电子电压表、晶体管特性图示仪、信号发生器、频率计和扫频仪等常用电子仪器的基本工作原理，掌握正确的使用方法。

（2）掌握电子线路的基本测试技术，包括电子元器件的参数、放大电路的静态和动态参数、信号的周期和频率、信号的幅度和功率等主要参数的测试。

（3）能够正确记录和处理实验数据，进行误差分析，并写出符合要求的实验报告。

（4）能够通过手册和互联网查询电子器件性能参数和应用资料，能够正确选用常用集成电路和其他电子元器件。

（5）掌握基本实验电路的装配、调试和故障排除方法。

（6）初步学会使用 EDA 工具对电子电路进行仿真分析和辅助设计及用 PSpice 分析

设计电子电路的基本方法，并能够实现小系统的设计、组装和调试。

4. 仿真技术

目前采用的实验技术有实际测试和仿真分析两种。

随着电子技术、计算机技术的飞速发展，仿真分析取代了以定量估算和搭接硬件电路为基础的传统实验方法，它代表着当今电子分析与调试技术的最新发展方向，已成为现代电子电路设计中必不可少的工具与手段。

仿真分析是运用数学工具，通过运行计算机软件，完成对电路特性的分析与调试，也称为计算机仿真技术或软件实验。在这里，不必构造具体的物理电路，也不用使用实际的测试仪器，就可以确定电路的工作性能。仿真软件提供了许多常用的虚拟仪器、仪表，用户可通过这些仪表观察电路的运行状态和过程，分析电路的仿真结果。这些仪器、仪表外观逼真，设置、使用和读数与实际的测量仪表相差无几，使用它们就像置身于实验室中。人们形象地称仿真软件为电子工作平台或虚拟实验室。

仿真软件一般具有三大特点：①含有丰富的元器件数据库，且其物理结构和模型参数可随意更改；②备有常用的测试仪器、仪表，且不会因操作不当而引发损坏；③具有十余种电路性能指标分析功能，且能即时完成测试数据的整理、曲线的绘制等工作。在这样的虚拟环境中进行实验，不需要真实电路环境的介入，不必顾忌仪器设备短缺和时间环境的限制，能够极大地提高实验效率，激发学生对实验的兴趣。因此，在进行实际电路搭建和性能测试前，可以借助仿真软件对所设计的电路做反复的更改、调整、测试，从而获得最佳的电路指标和拟定最合理的实测方案。

熟练掌握一些电路仿真软件的使用方法，已成为当今电子电路分析和设计人员必须具备的基本技能之一。常用的仿真分析软件有 PSpice、Multisim 等。

二、电子线路实验的一般要求

尽管电子线路各个实验的目的和内容不同，但为了顺利完成实验任务，确保人身、设备安全，需要培养学生严谨、踏实、实事求是的科学作风和爱护国家财产的优良品质，充分发挥学生的主观能动作用，促使其独立思考、独立完成实验并有所创造。我们对实验前、实验中和实验后分别提出如下基本要求：

1. 实验前的要求

为避免盲目性，参加实验者应对实验内容进行预习，掌握有关电路的基本原理（设计性实验则要完成设计任务），拟出实验方法和步骤，设计实验表格，对思考题作出解答，初步估算（或分析）实验结果（包括参数和波形），最后作出预习报告。

2. 实验中的要求

(1)参加实验者要自觉遵守实验室规则。

(2)根据实验内容选择实验所需的仪器设备和装置。

使用仪器设备前，应熟悉其性能、操作方法及注意事项。实验时应规范操作，并注意安全用电。

(3)按实验方案连接实验电路和测试电路。电路接线后，要依照接线图认真检查，确认无误后方可通电。注意电源与地线间不得短接、反接。初次实验，应经教师审查同意后，才能通电。

实验过程中一旦发现异常现象（如有器件烫手、冒烟、异味、触电等），应立即关断电源，保护现场，报告教师。待查清原因，排除故障，经教师允许后，再继续进行实验。

实验过程中需改接线路时，应首先关断电源，然后进行操作。给计算机连接外设（如可编程器件的下载电缆）前，应使计算机和相关实验装置断电。

(4)要仔细观察和认真记录实验条件、实验现象，包括实验数据、波形和电路运行状态等。发生故障应独立思考，耐心排除，并记录排除故障的过程和方法。

实验过程中不顺利不一定是坏事，常常可以从分析故障中增强独立工作的能力。相反，“一帆风顺”也不一定收获大。做好实验的意思是独立解决实验中所遇到的问题，把实验做成功。

(5)爱护公物，注意保持实验室整洁文明的环境。室内禁止打闹、喧哗、吃食物、喝饮料、吸烟、吐痰、扔纸屑、乱写乱画等不文明行为。

(6)服从教师的管理，未经允许不得做与本实验无关的事情（包括其他实验），不得动用与本实验无关的设备，不得随意将设备带出室外。

(7)实验结束时，应将记录送指导教师审阅签字。经教师同意后方可拆除线路，清理现场。同时，应及时拉闸断电，整理仪器设备，填写设备完好登记表。

实验规则应人人遵守，相互监督。

3.实验后的要求

实验后要求学生认真写好实验报告。

三、电子线路实验报告的内容与要求

实验报告是对实验全过程的陈述和总结。编写电子线路实验报告，是学习撰写科技报告、科技论文的基础。撰写实验报告，要求语言通顺、字迹清晰、原理简洁、数据准确、物理单位规范、图表齐全、曲线平滑、结论明了。通过编写实验报告，能够找寻理论知识与客观实际的结合点，提高对理论知识的认识与理解，训练科技总结报告的写作能力，从而进一步体验实事求是、注重实践的认知规律，培养尊重科学、崇尚文明的科学理念，锻炼严谨认真、一丝不苟的工程素养。

电子线路实验报告分为预习报告和总结报告两部分。

1.预习报告的内容

实验预习报告用于描述实验前的准备情况，避免实验中的盲目性。实验前的准备情况如何，直接影响实验的进度、质量，甚至成败。因此，预习是实验顺利进行的前提和保证。在完成预习报告前，不得进行实验。

预习实验应做的工作内容如下：

(1)实验目的

实验目的也是实验的主题。无目的的实验，只能是盲目的实验，是资源的浪费。

(2)实验原理

实验原理是实验的理论依据。通过理论陈述、公式计算，能够对实验结果有一个符合逻辑的科学估计。陈述实验原理，要求概念清楚，简明扼要。对于设计性实验，还要提出多个设计方案，绘制设计原理图，经过论证选择其一作为首选的实验方案。从这个意义上讲，预习报告也可称作设计报告。

(3)仿真分析

对被实验电路进行必要的计算机仿真分析，并回答相关的思考题，有助于明确实验任务和要求，及时调整实验方案，并对实验结果做到心中有数，以便在实物实验中有的放矢，少走弯路，提高效率，节省资源。

(4)测试方案

无论是验证性实验还是设计性实验，均应依照仿真结果绘制实验电路图(也称布线图)，拟定测试方案和步骤，针对被测试对象选择合适的测试仪表和工具，准备实验数据记录表格，制定最佳的测试方案。测试方案决定着理论分析与实验结果间的差异程度，甚至关系着实验结论的正确与否。

2. 总结报告的内容

总结报告用于概括实验的整个过程和结果，是实验工作的最后一个环节。总结报告必须真实可靠，提倡实事求是，不得有半点虚假。一份好的总结报告，必是理论与实践相结合的产物，最终能使作者乃至读者在理论知识、动手能力、创新思维上受到启迪。

总结报告通常包含以下内容：

(1)实验条件

列出实验条件，包括何时与何人共同完成什么实验，当时的环境条件，使用仪器名称及编号等。

(2)实验原始记录

实验原始记录包含选用的 EDA 工具，程序设计流程和清单，测试所得的原始数据和信号波形等，是对实验结果进行分析研究的主要依据，须经指导教师签字认可。

(3)实验结果整理

应选用适当的方法对原始记录的测试数据、信号波形进行认真整理和处理，并列出表格或用坐标纸画出曲线，写明计算公式。然后对测试结果进行理论分析，作出简明扼要的结论，找出产生误差的原因，提出减少实验误差的措施。对与预习结果相差较大的原始数据要分析原因，必要时应对实验电路和测试方法提出改进方案。

(4)故障分析

如果实验中出现故障，要说明现象，并报告查找原因的过程和排除故障的方法、措施，总结从中吸取的教训。

(5)思考题

按要求有针对性地回答思考题是对实验过程的补充和总结，有助于对实验任务的深入理解。

(6)实验结论

实验结论包括是否完成了实验任务，是否达到了实验目的，是否验证了经验性调试方法、计算公式、技术指标，是否体验到了理论与实际的异同之处，以及所获得的应用性乃至理论性研发成果、实践能力和综合素质的提高。应根据以上内容写出对本次实验的心得体会，以及改进实验的建议。

3. 实验报告的要求

将预习报告和总结报告装订在一起，在封面上注明课程名称、实验名称、实验者姓名、班号、学号、实验设备编号、预习报告完成日期、实验完成日期、实验报告完成日期。

实验报告应文理通顺、书写简洁、符号标准、图表齐全、讨论深入、结论简明。

第二章　元器件基本知识

电子电路都是由半导体器件和电阻、电容、电感等电子元件组成的，这些元器件的类型与参数的选择是否正确，使用是否合理直接关系到电子设备技术性能的优劣。为了能正确地选择和使用这些元器件，就必须掌握它们的性能、结构与主要参数等有关知识，以便使用时得心应手。

第一节　电阻器的简单识别与型号命名

一、电阻器

电阻器(Resistor)是电子设备的主要元件之一，在电子设备中占元器件总数的 30%以上，其质量的好坏对电路工作的稳定性有极大的影响。它的主要作用是稳定和调节电路中的电流和电压，以及作为分流器、分压器和消耗能量的负载等。

电阻器的描述符号为 R，电路中，在 R 的右下角还标有数字或英文字母，这个数字为电阻在电路中的序号，而英文字母常用于表示该电阻在电路中的作用。

电阻器有固定式和可变式两种。固定式电阻器一般称为“电阻”；可变式电阻器又分为滑线式变阻器和电位器两种，其中应用最广的是电位器。电阻、电位器的外形及电路符号如图 2.1.1 所示。

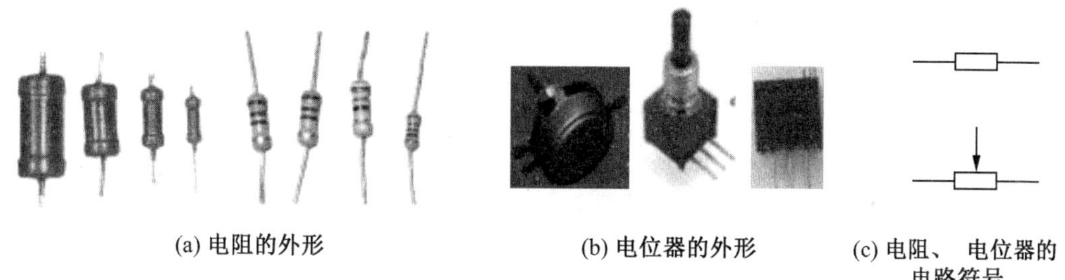

(a) 电阻的外形　(b) 电位器的外形　(c) 电阻、电位器的电路符号

图 2.1.1　电阻、电位器的外形及电路符号

电位器是阻值能在一定范围内连续可调的三端电子元件，如图 2.1.2(a)所示，多用作分压器。它的一种特殊使用形式是接成两端元件，构成可变电阻器，如图 2.1.2(b)所示。另外，有些电位器还附有开关。

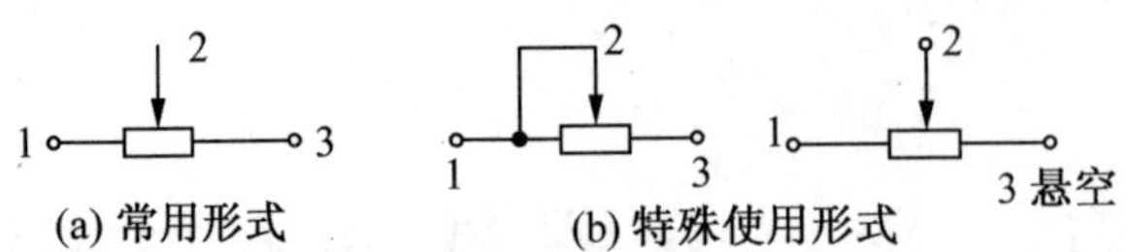

图 2.1.2　电位器的常用接法

二、电阻器的型号命名法

电阻器的型号命名法如表 2.1.1 所示。

表 2.1.1　电阻器的型号命名法

第一部分		第二部分		第三部分		第四部分
用字母表示主称		用字母表示材料		用数字或字母表示分类		用数字表示序号
符号	意义	符号	意义	符号	意义	
R	电阻	T	碳膜	1	普通	
R_W	电位器	P	硼碳膜	2	普通	
		U	硅碳膜	3	超高频	
		H	合成膜	4	高阻	
		I	玻璃釉膜	5	高温	
		J	金属膜(箔)	6	精密	
		Y	氧化膜	7	精密	
		S	有机实芯	8	高压或特殊函数	
		N	无机实芯	9	特殊	
		X	线绕	G	高功率	
		R	热敏	T	可调	
		G	光敏	X	小型	
		M	压敏	L	测量用	
				W	微调	
				D	多圈	

注：第三部分数字“8”，对于电阻器来说表示“高压”，对于电位器来说表示“特殊函数”。

三、电阻器的主要性能指标

1. 额定功率

电阻器的额定功率是在规定的环境温度和湿度下，假定周围空气不流通，在长期连续负载而不损坏或基本不改变性能的情况下，电阻器上允许消耗的最大功率。当超过额定功率时，电阻器的阻值将发生变化，甚至发热烧毁。为保证安全工作，一般选其额定功率比它在电路中消耗的功率高 1～2 倍。

额定功率共分 19 个等级，其中常用的有下列几种：

$\frac{1}{20}$ W　$\frac{1}{8}$ W　$\frac{1}{4}$ W　$\frac{1}{2}$ W　1 W　2 W　4 W　5 W　…

在电路图中，非线绕电阻器额定功率的符号表示法如图 2.1.3 所示。

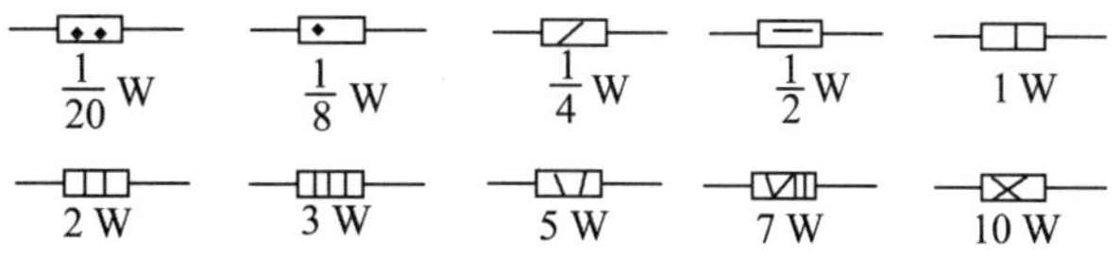

$\frac{1}{20}$ W　$\frac{1}{8}$ W　$\frac{1}{4}$ W　$\frac{1}{2}$ W　1 W

2 W　3 W　5 W　7 W　10 W

图 2.1.3　额定功率的符号表示法

实际中应用得较多的有 1/4 W、1/2 W、1 W、2 W。线绕电位器应用得较多的有2 W、3 W、5 W、10 W等。

2. 电阻的允许误差等级和标称阻值

允许误差是指电阻器的实际阻值对于标称阻值的最大允许偏差范围。它表示产品的精度。允许误差等级如表 2.1.2 所示。线绕电位器的允许误差一般小于±10%，非线绕电位器的允许误差一般小于±20%。

表 2.1.2　允许误差等级

允许误差	±0.5%	±1%	±5%	±10%	±20%
级别	005	01	Ⅰ	Ⅱ	Ⅲ

标称阻值是产品标志的“名义”阻值，其单位为欧(Ω)、千欧(kΩ)、兆欧(MΩ)。标称阻值系列如表 2.1.3 所示。

表 2.1.3　标称阻值

允许误差	系列代号	系列值
±20%	E6	10　15　22　33　47　68
±10%	E12	10　12　15　18　22　27　33　39　47　56　68　82
±5%	E24	10　11　12　13　15　16　18　20　22　24　27　30　33　36　39　43　47　51　56　62　68　75　82　91

任何电阻的标称阻值均应符合表 2.1.3 中所列数值或表 2.1.3 中所列数值乘以 10^n，其中 n 为正整数或负整数。

3. 电阻器的参数标识

电阻器的阻值和误差，一般都用数字标印在电阻器上，但小功率的电阻和一些合成电阻器的阻值和误差常用色环来表示，称为色环标志法。如图 2.1.4 所示，色环标志法分四环和五环两种标法。普通电阻是在靠近电阻的一端画有四道色环表示其阻值和允许误差，精密电阻采用五个色环表示其阻值和允许误差：第 1、2 道色环以及精密电阻的第三道色环分别表示有效的数字位，其后的一道色环表示前面数字再乘以 10 的 n 次方，最后一道色环与前面的色环距离较大，表示阻值的允许误差。表2.1.4列出了色环所代表的数字大小。例如：四色环电阻的第 1、2、3、4 道色环分别为棕、绿、红、金色，则其电阻值为

$$R=(15\times10^2)\Omega=1500\ \Omega$$

误差为±5%，表示该电阻的阻值为(1.5±5%)kΩ。

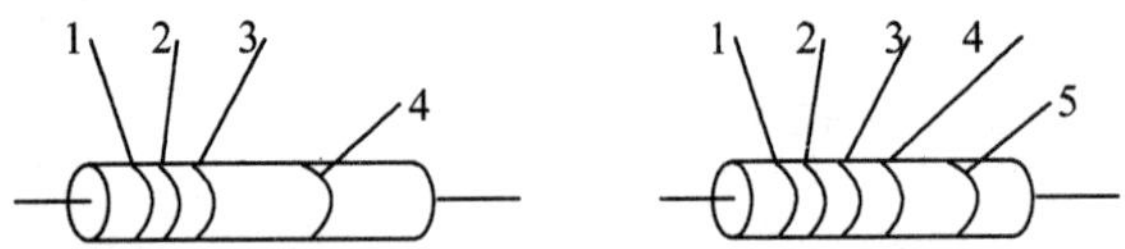

图 2.1.4 阻值和误差的色环标记

表 2.1.4 色环和电阻器的阻值与误差的关系

色别	黑	棕	红	橙	黄	绿	蓝	紫	灰	白	金	银	本色
对应数值	0	1	2	3	4	5	6	7	8	9			
误差		±1%	±2%			±0.5%	±0.25%	±0.1%	±0.05%		±5%	±10%	±20%

4. 最高工作电压

最高工作电压是由电阻器最大电流密度、电阻体击穿及其结构等因素所规定的工作电压限度。对阻值较大的电阻器，当工作电压较高时，虽功率不超过规定值，但内部会发生电弧火花放电，导致电阻变质损坏。一般 $\frac{1}{8}$ W 碳膜电阻器或金属膜电阻器，最高工作电压分别不能超过 150 V 或 200 V。

四、电阻器的简单测试

测量电阻的方法很多，可用欧姆表、电阻电桥和数字欧姆表直接测量，也可根据欧姆定律 $R=U/I$，通过测量流过电阻的电流 I 及电阻上的压降 U 来间接测量电阻值。

测量精度要求不高时，可直接用欧姆表测量电阻。

特别要指出的是，在测量电阻时，不能用双手同时捏住电阻或测试笔，因为那样的话，人体电阻将会与被测电阻并联在一起，表头上指示的数值就不单纯是被测电阻的阻值了。

五、选用电阻器的常识

(1)根据电子设备的技术指标和电路的具体要求选用电阻的型号和误差等级。

(2)为提高设备的可靠性，延长其使用寿命，应选用额定功率大于实际消耗功率的1.5～2倍。

(3)电阻装接前应进行测量、核对，尤其是在精密电子仪器设备装配时，还需经人工老化处理，以提高稳定性。

(4)在装配电子仪器时，若所用的为非色环电阻，则应将电阻标称值标志朝上，且标志顺序应一致，以便于观察。

(5)焊接电阻时，烙铁停留时间不宜过长。

(6)电路中如需串联或并联电阻来获得所需要的阻值时，应考虑其额定功率。阻值相同的电阻串联或并联，额定功率等于各个电阻额定功率之和；阻值不同的电阻串联时，额定功率取决于高阻值电阻；并联时，取决于低阻值电阻，且需计算方可应用。

第二节　电容器

一、电容器的种类

电容器是一种储存电能的元件，在电路中用于调谐、滤波、耦合、旁路和能量转换等。

按电容量是否可调及结构形式，电容器可分为固定、可变和微调(半可变)电容器三种，在电路中的符号如图 2.2.1 所示。图 2.2.2 为各种电容器的外形。

图 2.2.1　电容器在电路中的符号

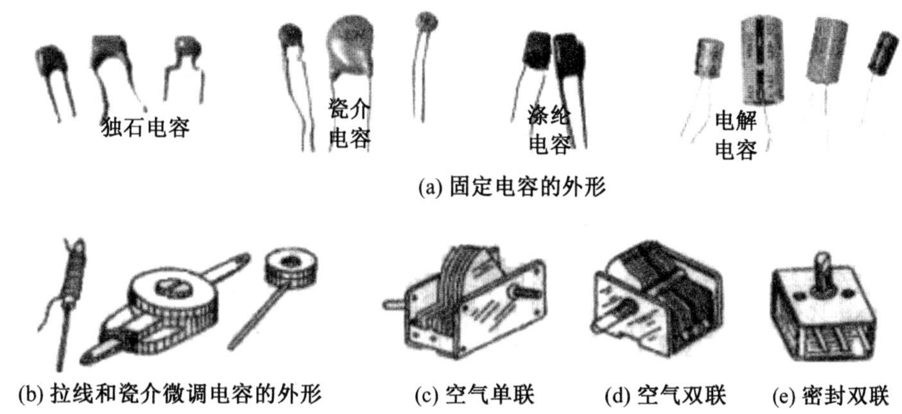

图 2.2.2　各种电容器的外形

二、电容器的型号命名法

电容器的型号命名法和电阻器的命名法一样，即由主称、材料、分类和序号四部分组成。主称、材料部分的符号及意义如表 2.2.1 所示。

表 2.2.1 电容器主称、材料部分的符号及意义

主称		材料	
符号	意义	符号	意义
C	电容器	C	高频瓷
		T	低频瓷
		I	玻璃釉
		O	玻璃膜
		Y	云母
		V	云母纸
		Z	纸介
		J	金属化纸
		B	聚苯乙烯等非极性有机薄膜
		L	涤纶等极性有机薄膜
		Q	漆膜
		H	纸膜复合
		D	铝电解
		A	钽电解
		G	金属电解
		N	铌电解
		E	其他材料电解

例如：型号为 CCG1-63V-0.01FⅡ的电容器是高功率高频瓷介电容器，耐压值为 63 V，容量为0.01 μF，容许误差为±10%。其中各个符号的含义是：

C	C	G	1	-63V	-0.01F	Ⅱ
主称	材料	分类	序号	耐压	标称容量	容许误差
电容器	高频瓷	高功率		63 V	0.01 μF	Ⅱ级±10%

三、电容器的主要性能指标

1. 电容量

电容量是指电容器加上电压后，其储存电荷的能力。常用的单位有法(F)、微法(μF)和皮法(pF)。皮法也称微微法。三者的关系为

$$1\ \mathrm{pF}=10^{-6}\ \mu\mathrm{F}=10^{-12}\ \mathrm{F}$$

电容器上一般都直接写出其容量，也有的是用数字来标志容量的。如有的电容上只标出“332”三位数，左起两位数字给出电容量的第一、二位数字，第三位数字则表示附加上零的个数，以皮法(pF)为单位。因此，“332”即表示该电容的电容量为 3300 pF。

2. 标称电容量

标称电容量是标志在电容器上的“名义”电容量。我国固定式电容器的标称电容量系列为 F24、E12、E6。电解电容的标称容量参考系列为 1、1.5、2.2、3.3、4.7、6.8(单位：μF)。

3. 允许误差

允许误差是实际电容量对于标称电容量的最大允许偏差范围。固定电容器的允许误差分 8 级，如表 2.2.2 所示。

表 2.2.2　允许误差等级

级别	01	02	Ⅰ	Ⅱ	Ⅲ	Ⅳ	Ⅴ	Ⅵ
允许误差	±1%	±2%	±5%	±10%	±20%	+20%～-30%	+50%～-20%	+100%～-10%

4. 额定工作电压

额定工作电压是电容器在规定的工作温度范围内，长期、可靠地工作所能承受的最高电压。常用固定电容器的直流工作电压系列为 6.3 V、10 V、16 V、25 V、40 V、63 V、100 V、250 V 和 400 V。

5. 绝缘电阻

绝缘电阻是加在其上的直流电压与通过它的漏电流的比值。绝缘电阻一般应在 5000 MΩ 以上，优质电容器可达太欧(TΩ)级(10^{12} Ω)。

6. 介质损耗

理想的电容器应没有能量损耗。但实际上电容器在电场的作用下，总有一部分电能转换为热能，所损耗的能量称为电容器损耗，它包括金属极板的损耗和介质损耗两部分。小功率电容器主要是介质损耗。

所谓介质损耗，是指介质缓慢极化和介质电导所引起的损耗。通常用损耗功率和电容器的无功功率之比，即损耗角的正切值来表示：

$$\tan\delta=\frac{\text{损耗功率}}{\text{无功功率}}$$

在同容量、同工作条件下，损耗角越大，电容器的损耗也越大。损耗角大的电容不适合在高频情况下工作。

四、电容器质量优劣的简易判别法

利用模拟万用表的欧姆挡测量电容器，可以粗略地判别其漏电、容量衰减或失去容量的情况。例如对电解电容的辨别，可用“Ω×1k”或“Ω×100”挡，将黑表笔接电容器的正极，红表笔接负极，测量结果的辨别如表 2.2.3 所示。

表 2.2.3 电容器质量优劣的辨别

表针摆动	大	大	不动	接近 0 Ω
表针返回位置	接近∞	某一阻值		不返回
结论	正常	有漏电流	电容已开路失效	已击穿损坏
说明	表针摆动角度大，且返回慢，则电容量大	表针返回时，指示的阻值小，漏电流大		

注：1. 若要再测量，必须将电容器放电后才能进行。

2. 上述方法同样适用于其他类型的电容器，但电容器容量较小时，需用模拟万用表的“Ω×10k”挡进行测量。

第三节 电感器和变压器

一、电感器的分类

电感器一般由线圈构成，所以也叫电感线圈。为了增加电感量 L，提高品质因数 Q 和减小体积，通常在线圈中加入软磁性材料的磁芯。

根据电感量是否可调，电感器分为固定、可调和微调电感器三种。可变电感器的电感量可利用磁芯在线圈内移动而在较大范围内调节，它与固定电容器配合应用于谐振电路中起调谐作用。微调电感器的电感量调节范围小，微调的目的在于满足整机调试的需求和补偿电感器生产中的分散性，一次调好后，一般不再变动。

电感器按结构不同还可以分为空芯、铁芯和铁氧体芯三种，它们在电路中的符号如图 2.3.1 所示。其外形如图 2.3.2 所示。

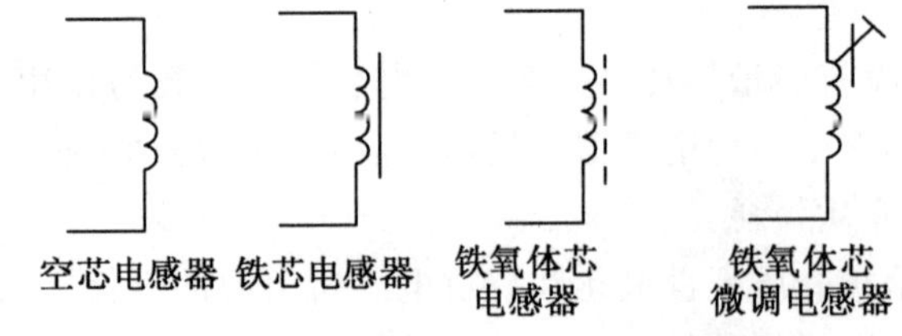

图 2.3.1 电感器在电路中的符号

(a) 空芯电感 (b) 铁芯电感 (c) 铁氧体芯电感 (d) 微调电感

图 2.3.2 各类电感器的外形

另外，还有一些小型电感器，如色码电感器、平面电感器和集成电感器，用于满足电子设备小型化的需要。色码电感器用四条色带标志电感器的性能，其中第 1、2 条色带表示电感量的第 1、2 位有效数字，第 3 条表示乘数，第 4 条表示允许误差。

二、电感器的主要性能指标

1. 电感量 L

电感量是指电感器通过变化电流时产生感应电动势的能力。其大小与磁导率 μ、线圈单位长度中的匝数 n 以及体积 V 有关。当线圈的长度远大于直径时，电感量为

$$L = \mu n^2 V$$

电感量的常用单位为亨利(H)、毫亨(mH)、微亨(μH)。

2. 品质因数 Q

品质因数 Q 反映电感量传输能量的本领。Q 值越大，传输能量的本领越大，损耗越小，一般要求 $Q=50\sim300$。其计算公式为

$$Q = \frac{\omega L}{R}$$

式中，ω 为工作角频率；L 为线圈电感量；R 为线圈电阻。

3. 额定电流

额定电流主要是对高频电感器和大功率调谐电感器而言的。通过电感器的电流超过额定值时，电感器将发热，严重时会烧毁。

三、变压器

变压器是变换电压、电流和阻抗的器件，它是利用磁耦合来实现电量变换的。变压器的初级和次级线圈间没有电的连接，因而与初、次级线圈连接的两个电路有很好的隔离作用。变压器根据其结构不同，也可分为空芯、铁芯、铁氧体芯变压器三种，它们在电路中的符号如图 2.3.3 所示。

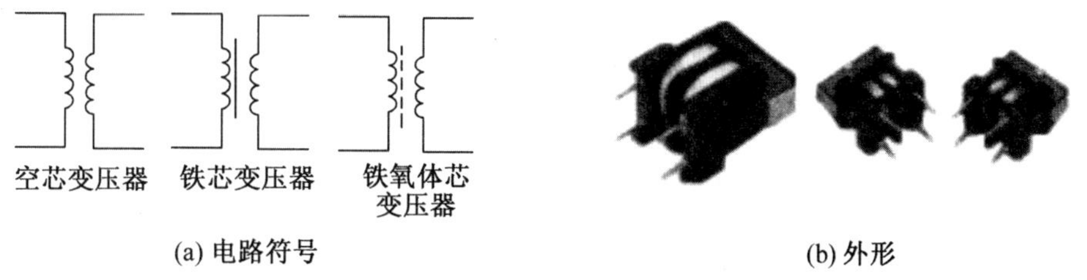

(a) 电路符号　(b) 外形

图 2.3.3　变压器的电路符号和外形

第四节　半导体器件

半导体器件是组成电子设备的核心器件，电子技术的发展通常是以半导体器件的发展为基础的。自 1964 年出现电子管以来，电子器件的发展越来越迅速，相继出现了晶体管，小规模、中规模、大规模和超大规模集成电路，特别是超大规模集成电路的出现使得电子设备的小型化和微型化成为现实。

一、半导体器件的分类与型号命名法

半导体器件是组成分立元件电子电路的核心器件，有二极管、晶体三极管和场效应管。二极管具有单向导电性，可用于整流、检波、稳压、混频电路中或作电子开关器件。晶体三极管和场效应管具有放大信号或开关等作用。晶体三极管、场效应管的外形如图2.4.1所示。

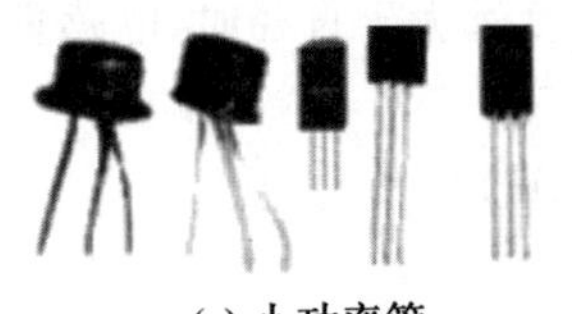

(a) 小功率管

(b) 大功率管

(c) 场效应管

图 2.4.1　晶体三极管、场效应管的外形

1. 晶体三极管和场效应管的分类

晶体三极管是双极型晶体管，它由自由电子和空穴两种载流子参与导电；场效应管是单极型晶体管，只有多数载流子参与导电。晶体三极管和场效应管的分类如表 2.4.1 和表 2.4.2 所示。

表 2.4.1　晶体三极管的分类

分类方法		特　点
按结构分	NPN 型	国产 NPN 型多用硅材料制成，反向饱和电流 I_{CBO} 受温度影响小
	PNP 型	国产 PNP 型多用锗材料制成，反向饱和电流 I_{CBO} 受温度影响大
按制造工艺分	合金晶体管	PN 结由合金工艺制成，基区杂质分布均匀，宽度大，特征频率低
	平面晶体管	用光刻技术及选择扩散的平面工艺制成，性能稳定
	台面晶体管	用双扩散法和台面腐蚀工艺制成
按频率分	低频管	共基极截止频率 $f_\alpha < 8$ MHz
	高频管	共基极截止频率 $f_\alpha \geqslant 8$ MHz
按功率分	大功率管	集电极耗散功率 $P_C \geqslant 1$ W
	小功率管	集电极耗散功率 $P_C < 1$ W

表 2.4.2　场效应管的分类

分类方法		特　点
按结构分	结型 (JFET)	利用半导体内的电场效应，改变耗尽层的宽度，从而改变导电沟道的宽度，以实现控制电压的目的
	绝缘栅型 (MOSFET)	利用半导体表面的电场效应，改变电荷的多少，从而改变导电沟道的宽度，以达到控制电压的目的
按沟道类型分	N 沟道	参与导电的载流子为电子
	P 沟道	参与导电的载流子为空穴
按沟道形成的原理分	增强型	$U_{GS} > 0$ 时漏、源极间才存在导电沟道
	耗尽型	$U_{GS} = 0$ 时漏、源极间就存在导电沟道

2. 半导体器件的型号命名法

半导体器件的型号命名法如表 2.4.3 所示。

示例:PNP 型低频小功率锗管的命名如下:

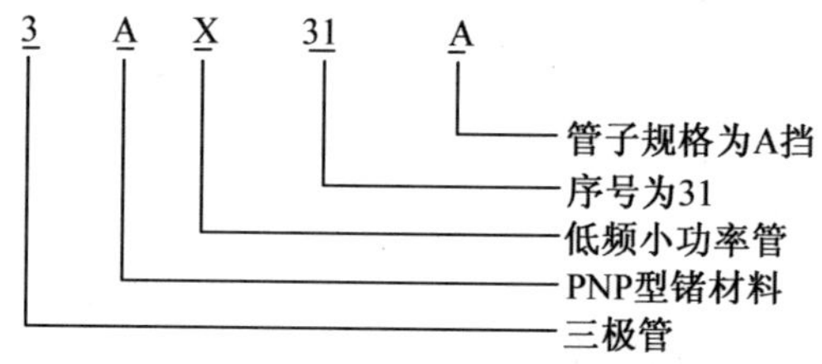

表 2.4.3　半导体器件的型号命名法

第一部分		第二部分		第三部分		第四部分	第五部分
用数字表示器件的电极数目		用汉语拼音字母表示器件的材料和极性		用汉语拼音字母表示器件的类别		用数字表示器件序号	用汉语拼音字母表示规格号
符号	意义	符号	意义	符号	意义	符号	意义
2	二极管	A	N 型锗材料	P	普通管	反映了极限参数、直流参数和交流参数等的差别	反映了承受反向击穿电压的程度。如规格号为 A,B,C,D,…其中 A 承受的反向击穿电压最低,B 次之
		B	P 型锗材料	V	微波管		
		C	N 型硅材料	W	稳压管		
		D	P 型硅材料	C	参量管		
3	三极管	A	PNP 型锗材料	Z	整流管		
		B	NPN 型锗材料	L	整流堆		
		C	PNP 型硅材料	N	阻尼管		
		D	NPN 型硅材料	U	光电管		
				K	开关管		
				X	低频小功率管 $f_\alpha<3$ MHz $P_C<1$ W		
				G	高频小功率管 $f_\alpha\geqslant 8$ MHz $P_C<1$ W		
				D	低频大功率管 $f_\alpha<3$ MHz $P_C\geqslant 1$ W		
				A	高频大功率管 $f_\alpha\geqslant 8$ MHz $P_C\geqslant 1$ W		
				T	可控整流管		
				S	隧道管		

二、晶体管的识别

晶体管有 NPN 型和 PNP 型两大类，通常情况下我们可以根据命名法从管壳上的标识识别它的型号和类型。例如：若晶体管的管壳上印有 3DG12，则表明它是 NPN 型高频小功率硅管；若管壳上标有 3AX31，则表明是 PNP 型低频小功率锗管。此外，还可以从管壳上色点的颜色判断管子的放大系数 β 的大致范围，如对于 3DG6 来说，若色点为黄色，表明 β 值在 30～60 之间；绿色表明 β 值在 50～110 之间；蓝色表明 β 值在 90～160 之间；白色表明 β 值在 140～200 之间。

当我们从管壳上已知管子的类型和型号以及 β 值后，还应该进一步辨别它的三个电极。对于小功率管来讲，有金属外壳封装和塑料外壳封装两种。金属外壳封装的，如果管壳上带有定位销，且三根电极在半周内，那么我们将三根电极的半周置于上方，按顺时针方向，三根电极依次为 e、b、c 或 d、g、s（场效应管），如图 2.4.2(a)所示。

塑料外壳封装的，我们面对平面，将三根电极置于下方，从左到右，三根电极依次为 e、b、c 或 d、g、s（场效应管），如图 2.4.2(b)所示。

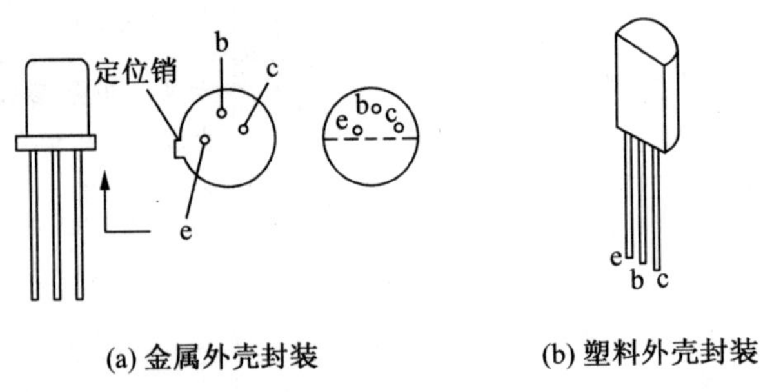

图 2.4.2 晶体管电极的识别

对于大功率管，外形一般分为 F 型和 G 型。F 型管从外形上只能看到两根电极，若将管底朝上，两根电极置于左侧，则上为 e、下为 b、底座为 c，如图 2.4.3(a)所示。G 型封装的三个电极一般在管壳的顶部，若将管底朝下，从最下电极起，按顺时针方向依次是 e、b、c，如图 2.4.3(b)所示。

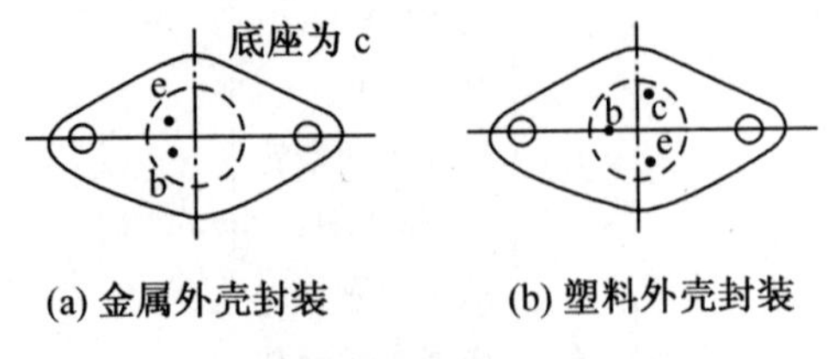

图 2.4.3 F 型、G 型大功率管管脚的识别

当晶体管没有任何标记或者手边没有手册可查的情况下，这时该怎样辨别管脚极性呢？此时我们可以利用万用表进行简易辨别，见第四章实验 2。

三、二极管的识别

1. 普通二极管的识别

普通二极管的封装一般有玻璃封装和塑料封装，它们的外壳上均印有型号和标记，标记的箭头所指为阴极。而有的二极管上有一个色点，有点的一端为阳极，如图 2.4.4 所示。

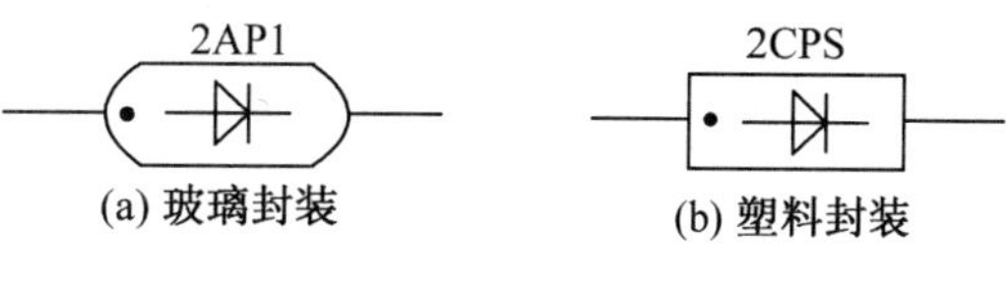

图 2.4.4　二极管的识别

2. 普通二极管的极性识别及性能优劣的简易辨别法

由于二极管具有单向导电性，所以根据不同接法测量的电阻值的大小，可以辨别出二极管的极性，并可以粗略地判断其性能的优劣，如表 2.4.4 所示。注意模拟万用表的红笔（即接万用表面板上“＋”端子的笔）接的是电池的负极。

表 2.4.4　二极管极性的辨别

被测二极管		两极分别为 X_1、X_2					
表笔接法	红笔	X_1	X_2	X_1	X_2	X_1	X_2
	黑笔	X_2	X_1	X_2	X_1	X_2	X_1
电阻指示值		几百千欧以上	几千欧以下	很　小		—	
辨　别		X_1 为阳极，X_2 为阴极且单向导电性好		失去了单向导电的作用		二极管已断路	

四、特种二极管的识别与简单测试

1. 发光二极管(LED)

发光二极管是利用半导体少子注入而发光的一种新型器件。该器件具有工作电压低、耗电少、响应速度快、抗冲击耐振动性能好，以及轻而小的特点，被广泛用于计算机的读出、指示、报警等装置的数字、文字、符号显示，数字钟表及各种数字仪表的显示装置。它还可以和光敏管结合作为光电耦合器件。在数字电路中，常用发光二极管作为逻辑显示器，以监视逻辑电路的逻辑功能。发光二极管的电路符号与外形如图 2.4.5 所示。

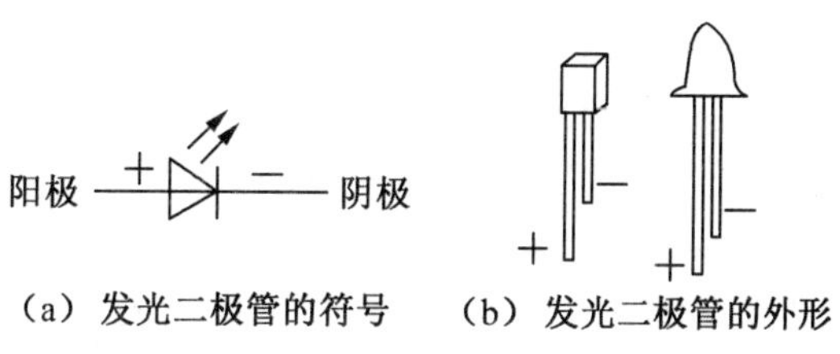

图 2.4.5　发光二极管的电路符号与外形

注意：

(1)发光二极管和普通二极管一样具有单向导电性，导通时才能发光，因此，使用时需注意极性。

(2)红色发光二极管的正向工作电压为 1～3 V，允许通过的电流为 2～20 mA。电压、电流的大小依器件型号不同而异。电流的大小决定了发光二极管的发光亮度。使用时若与 TTL(晶体管逻辑)组件相连，必须串接一个降压电阻——限流电阻，以避免器件损坏(如 TTL 用 5 V 电源，可用 270 Ω 的电阻)。

(3)发光二极管与门电路相连时，需从门电路提取电流，所以不应接在两级门之间，而应接到最后一级门的输出端。

2. 稳压管

稳压管有玻璃、塑料封装和金属外壳封装两种，如图 2.4.6 所示。前者的外形与普通二极管相似，如 2CW7；后者的外形与小功率三极管相似，但内部为双稳压二极管，其本身具有温度补偿作用，如 2CW231。

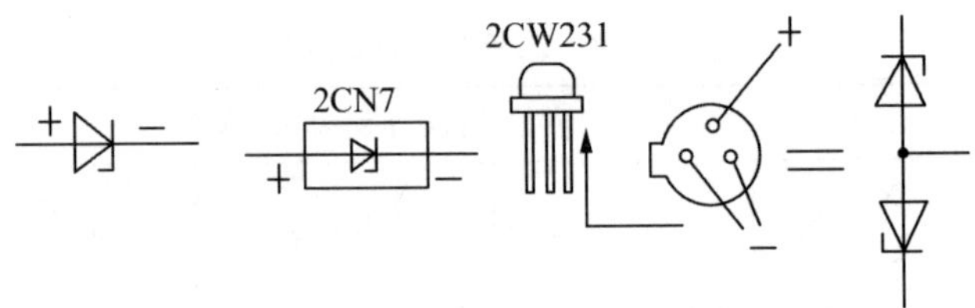

图 2.4.6 各类稳压管的符号与外形

稳压管在电路中是反向连接的，它能使所接电路两端的电压稳定在一个规定的电压范围内，称为稳压值。确定稳压管稳压值的方法有三种：

(1)根据稳压管的型号查阅手册得知。

(2)在 JT-1 型晶体管测试仪上测出其伏安特性曲线获得。

(3)通过一个简单的实验电路测得。实验电路如图 2.4.7所示。我们改变直流电源电压 U，使之由零开始缓慢增加，同时稳压管两端用直流电压表监视。当电压增加到一定值时，稳压管将反向击穿，直流电压表指示某一电压值。这时再增加直流电源电压，稳压管两端的电压不再变化，那么电压表所指示的电压值就是该稳压管的稳压值。

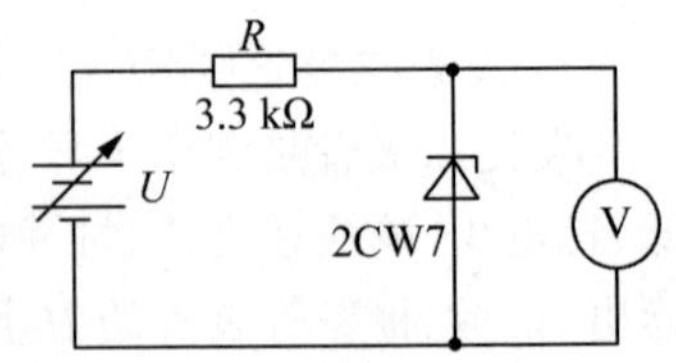

图 2.4.7 稳压管的实验电路

3. 光电二极管

光电二极管是一种将光信号转换成电信号的半导体器件，其符号如图 2.4.8 所示。

图 2.4.8 光电二极管的符号

在光电二极管的管壳上备有一个玻璃口，以便于接受光。当有光照时，其反向电流随光照强度的增加而正比上升。

光电二极管可用于光的测量。当制成大面积的光电二极管时，能将光能直接转换成电能,可作为一种能源,称为光电池。

五、晶体管使用常识

设计、安装、维修电子电路,选用和更换三极管时,必须注意以下几个方面的问题:

(1)小功率管不能代替中、大功率管,反向击穿电压低的管子不能代替高反压管,低频管不能代替高频管,不同类型的三极管不能互换。

(2)三极管的三个引线不能接错,不能互换。

(3)在高频电路中,有的三极管有四个引出脚,除 b、e、c 三个电极外,第四个是“地线”,起屏蔽作用。

(4)中小功率三极管引出脚的线径较细,容易折断,在安装、拆卸三极管时,不要过度弯曲。

(5)安装、拆卸三极管时,焊接速度要快,防止时间太长,温度过高而把三极管烧坏。

(6)一些和三极管外形完全相同的特殊半导体器件,如单结晶体管、晶闸管、三端稳压管、场效应管等,不能简单地混为晶体三极管,也不能用万用表测量三个电极之间的电阻来判断其好坏。此时,必须用专用仪器或管子上的标志来鉴别是何种类型的晶体管。

第五节　半导体集成电路

一、概　述

集成电路,简记为 IC(Integrated Circuits),是将晶体管、电阻、电容等电子元器件,按电路结构要求,制作在一块半导体芯片上,使之形成联系紧密且具有一定功能的整体电路。其特点是体积小、质量轻、引出线少、可靠性高、使用灵活。它的出现使半导体电子技术的发展有了一个飞跃。

1. 按功能及用途分类

按功能及用途可将集成电路分为数字集成电路、模拟集成电路及模数混合型集成电路。

(1)数字集成电路是能传输“0”“1”两种状态信息并完成逻辑运算、存储、传输及转换的电路。如各种集成逻辑门电路、触发器、计数器、存储器、移位寄存器、译码器、编码器等。数字集成电路按工作速度(即按传输延迟时间)分,可分为低速、中速、高速和超高速四种。低速电路的平均传输延迟时间 $t_{pd}\geqslant 50$ ns;中速电路的 $t_{pd}=10\sim 50$ ns;高速电路的 $t_{pd}=2\sim 10$ ns;$t_{pd}<2$ ns 的电路称为超高速电路。衡量门电路性能的指标有工作速度、抗干扰容限、负载能力和功耗等。

(2)模拟集成电路用来处理模拟电信号,按模拟电信号的处理方法可分为线性集成电路和非线性集成电路。线性集成电路是指输入、输出信号呈线性关系的电路,如各类运算放大器(LM324、μA741 等),直流、交流放大器,甲、乙类功率放大器等。输出信号不随输入信号而变化的电路称为非线性集成电路,如模拟乘法器 BG314、稳压器 CW7805、对数放大器、微分积分器、检波器、调制器等。由于模拟电路较复杂，不易标准化，所以集成度不如数字电路高。

模拟集成电路中应用最广泛的是集成运算放大器，它是一种具有高放大倍数、高输入阻抗、低输出阻抗的直接耦合放大器，作为一种通用性很强的功能部件，在自动控制系统、测量仪表、模拟计算机等电子设备中得到了广泛的应用。

(3)模数混合型集成电路是指输入为模拟或数字信号，而输出为数字或模拟信号的电路，在电路内部有一部分为模拟信号处理，另有一部分为数字信号处理。常见的有各类A/D、D/A 转换器，如 ADC0809、DAC0832，以及定时电路 NE555、NE556 等。

2. 按电路集成度的高低分类

集成度是指一块集成电路芯片中所包含的电子元器件的个数。按电子元器件数量的多少可将集成电路分为小、中、大、超大规模集成电路。

3. 按工艺结构或制造方式分类

按工艺结构或制造方式分类可将集成电路分为半导体集成电路、厚膜集成电路、薄膜集成电路、混合集成电路。

二、集成电路的型号命名法

集成电路的型号由五部分组成，各部分的符号及意义如表 2.5.1 所示。

表 2.5.1 集成电路的型号命名法

第一部分		第二部分		第三部分		第四部分		第五部分	
用字母表示器件符合的国家标准		用字母表示器件的类型		用字母、阿拉伯数字表示器件的系列及品种序号		用字母表示器件的工作温度范围		用字母表示器件的封装形式	
符号	意义	符号	意义	符号	意义	符号	意义	符号	意义
C	中国制造	T	TTL	001	由有关工业部门制定的“器件系列和品种”中所规定的器件品种	C	0～70 ℃	W	陶瓷扁平
		H	HTL	⋮		E	−40～85 ℃	B	塑料扁平
		E	ECL	909		R	−55～85 ℃	C	金属菱形
		P	PMOS	⋮		M	−55～125 ℃	D	陶瓷双列
		N	NMOS			⋮		Y	金属圆壳
		C	CMOS					F	全密封扁平
		F	线性放大器					P	塑料直插
		W	集成稳压器						
		J	接口电路						
		⋮							

示例:CT1010BD 型 TTL 与非门的命名如下:

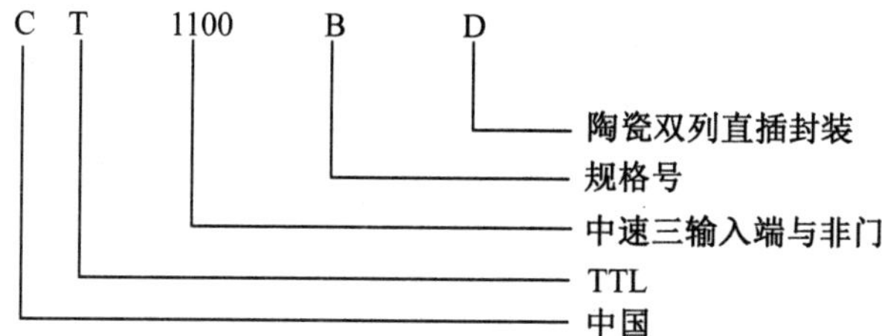

三、集成电路的外壳结构

半导体集成电路的外形结构大致有三种:圆形金属外壳封装、扁平式外壳封装和直插式封装。

1. 圆形金属外壳封装

圆形外壳采用金属封装,引出线根据内部电路结构的不同有 8 根、10 根、12 根等多种。一般早期的线性电路采用这种封装形式,目前较少采用,如图 2.5.1(a)所示。

2. 扁平式外壳封装

扁平式外壳采用陶瓷或塑料封装,引出线有 14 根、16 根、18 根、24 根等多种。早期的数字集成电路有不少采用的是这种封装形式,目前高集成度小型贴片式集成电路仍采用这种形式,如图 2.5.1(b)所示。

3. 直插式封装

直插式集成电路一般采用塑料封装,形状又分为双列直插式和单列直插式两种,分别如图 2.5.1(c)(d)所示。这种封装工艺简单,成本低,引脚线强度大,不易折断。这种集成电路可以直接焊在印制板上,也可用相应的集成电路插座焊装在印制板上,再将集成电路块插入插座中,随时插拔,便于试验和维修,深受欢迎。

集成电路的管脚引出线数量不同,且数目多,但其排列方式有一定规律。一般是从外壳顶部看,按逆时针方向编号。第一脚位置处都有参考标记,如圆形管座的键为参考标记,以键为准沿逆时针方向数起,第 1,2,3…脚。扁平式或双列直插式,一般均以小圆点或缺口为标记,在靠近标记的左下角为第 1 脚,然后按逆时针方向数 1,2,3…脚。单列直插式的左下角也有圆形或缺口标记,以靠近标记处为第 1 脚,从左向右数 1,2,3…脚。有些集成电路外壳上设有色点或其他标记,但总有一面印有器件型号,把印有型号的一面朝上,则左下角为第 1 脚,详见图 2.5.1。

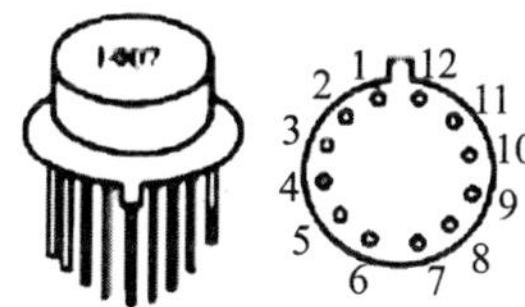

(a) 圆形金属外壳封装

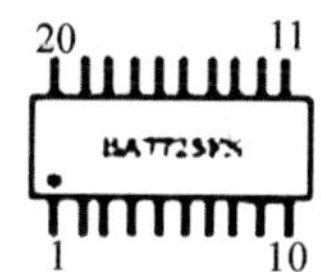

(b) 扁平式外壳封装

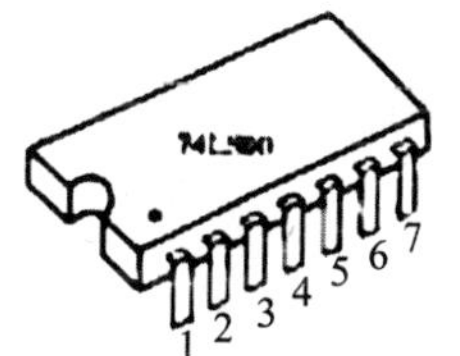

(c) 双列直插式塑料封装

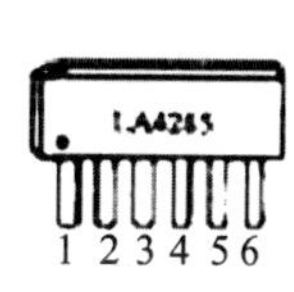

(d) 单列直插式塑料封装

图 2.5.1　集成电路的外形及引脚线的识别

四、集成电路使用常识

(1)使用集成电路前,必须首先搞清其型号、用途、各引出线的功能。正、负电源及地线不能接错,否则有可能造成集成电路永久性损坏。

(2)集成电路正常工作时应不发热或微发热,若集成电路发热严重,烫手或冒烟,应立即关掉电源,检查电路接线是否有错误。

(3)拔插集成电路时必须均匀用力,最好使用专用集成电路拔起器,如果没有专用拔起工具,可用小起子在集成电路的两头小心均匀地向上撬起。插入集成电路时,注意每个引脚都要对准插孔,然后平行用力向下压。如果集成电路是焊接在印制板上的,则必须首先将引脚周围的焊料全部清除,确认每个引脚均没有与印制板连接,才能拔出。装插之前必须先将引脚的每个焊孔穿通,插入集成电路,再对每个引脚进行点焊,注意焊点要适中,引脚点之间不能有短路现象。

(4)带有金属散热片的集成电路,必须加装适当的散热器,散热器不能与其他元件或机壳相碰,否则可能会造成电路短路。

(5)用万用表可以粗测运算放大器(简称"运放")的好坏。方法是:根据运放的内部电路结构,找出测试脚,首先用模拟万用表的"×1k"挡测试正、负电源端与其他各引脚之间是否有短路现象。如果运放是好的,各引脚与正、负电源端应无短路现象。再测试运放的各级电路中主要晶体管的PN结的电阻值是否正常。一般情况下,正向电阻小,反向电阻大。例如,检查运放μA741输入级差动放大器的对管是否损坏,可以测量③脚与⑦脚之间的正向电阻(③脚接黑表笔,⑦脚接红表笔)与反向电阻(③脚接红表笔,⑦脚接黑表笔)及②脚与⑦脚间的正、反向电阻(见图2.5.2)。如果正向电阻小、反向电阻大,则说明输入级差分对管是好的。同理可以检查输出级的互补对称管是否损坏。如果⑥脚与⑦脚之间的正向电阻小、反向电阻大以及④脚与⑥脚间的正向电阻小、反向电阻大,则说明互补对称管是好的。

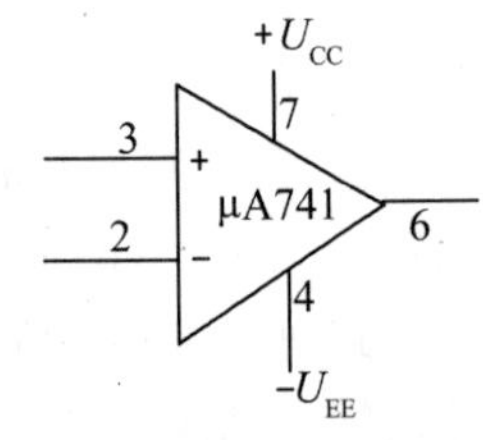

图 2.5.2 μA741 的引脚

第三章　Multisim 软件的基本应用

Multisim 是由美国国家仪器公司推出的一款用于电子电路的计算机仿真设计与分析的专业软件。工程师们可以利用 Multisim 提供的虚拟电子器件和仪器、仪表搭建、仿真和调试电路，从而减少电路的设计成本和研发周期。这一章我们以最新版本 Multisim 14.0 为例，介绍这款软件的基本使用方法。

第一节　基本界面

一、主窗口

在计算机上安装 Multisim 14.0 后，启动该软件，将进入如图 3.1.1 所示的主界面。主界面由菜单栏、工具栏、元器件栏、仪器仪表栏、设计窗口等多个区域构成。通过对各个部分的操作，可以输入和编辑电路图，并对电路进行测量和分析。

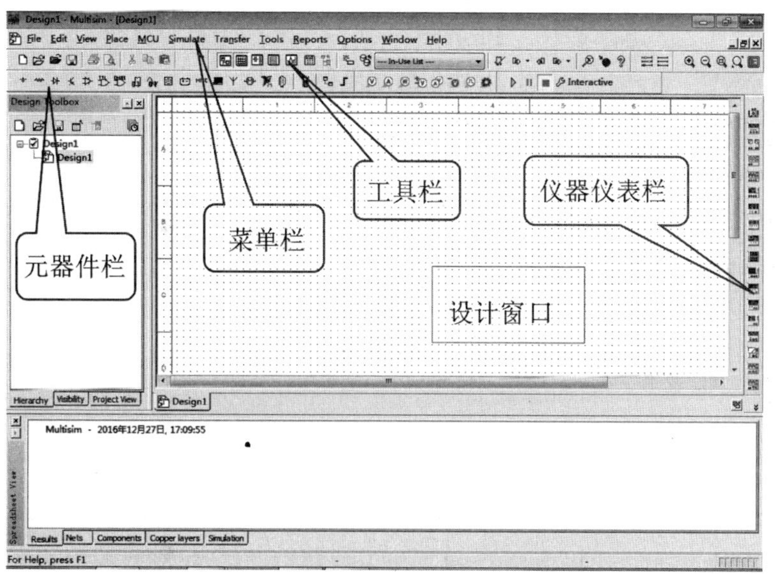

图 3.1.1　主界面

二、菜单栏

菜单栏位于界面的上方，如图 3.1.2 所示。菜单栏中共包括 12 个菜单，分别为 File（文件）、Edit（编辑）、View（查看）、Place（放置）、MCU（单片机）、Simulate（仿真）、Transfer（传送）、Tools（工具）、Reports（报告）、Options（选项）、Window（窗口）、Help（帮助）。

File　Edit　View　Place　MCU　Simulate　Transfer　Tools　Reports　Options　Window　Help

图 3.1.2　菜单栏

各个菜单的功能按钮介绍如下：

图 3.1.3　File 菜单

File 菜单如图 3.1.3 所示，其中各功能按钮的作用如下：

New：建立新文件
Open：打开文件
Open samples：打开示例文件
Close：关闭当前文件
Close all：关闭打开的所有文件
Save：保存
Save as：另存为
Save all：保存所有文件
Export template：将当前文件保存为模板文件输出
Snippets：片断
Projects and packing：项目与打包
Print：打印电路
Print preview：打印预览
Print options：打印选项
Recent designs：最近设计
Recent projects：最近项目
File information：文件信息
Exit：退出

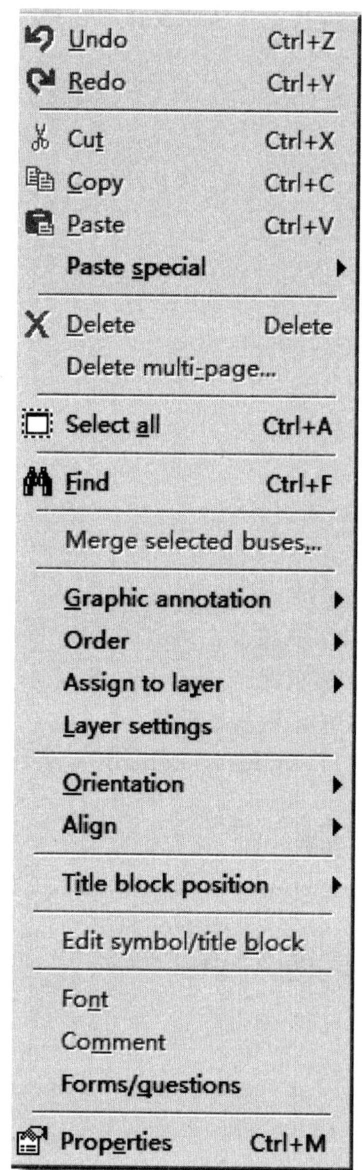

图 3.1.4　Edit 菜单

Edit 菜单如图 3.1.4 所示，其中各功能按钮的作用如下：

Undo：撤销

Redo：重复

Cut：剪切

Copy：复制

Paste：粘贴

Paste special：选择性粘贴

Delete：删除

Delete multi-page：删除多页

Select all：全选

Find：查找电路中的元器件

Merge selected buses：合并所选总线

Graphic annotation：图形注释

Order：次序

Assign to layer：图层赋值

Layer settings：图层设置

Orientation：方向

Align：对齐

Title block position：标题块位置

Edit symbol/title block：编辑符号/标题块

Font：字体

Comment：注释

Forms/questions：表单/问题

Properties：属性

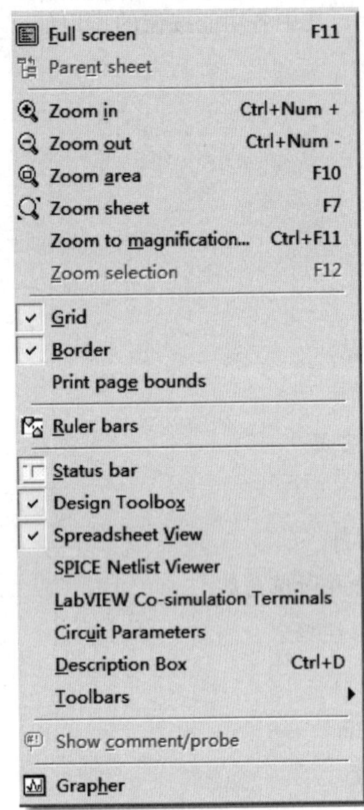

图 3.1.5　View 菜单

View 菜单如图 3.1.5 所示，其中各功能按钮的作用如下：

Full screen：全屏显示
Parent sheet：母电路图
Zoom in：放大
Zoom out：缩小
Zoom area：区域缩放
Zoom sheet：缩放页面
Zoom to magnification：设置缩放比
Zoom selection：缩放所选内容
Grid：显示栅格
Border：显示图表边框
Print page bounds：打印页面边界
Ruler bars：显示标尺栏
Status bar：显示状态栏
Design Toolbox：显示设计工具箱
Spreadsheet View：电子表格视图
SPICE Netlist Viewer：SPICE 网表查看器
LabVIEW Co-simulation Terminals：LabVIEW 协同仿真终端
Circuit Parameters：电路参数
Description Box：描述框
Toolbars：显示工具栏
Show comment/probe：显示注释/探针
Grapher：图示仪

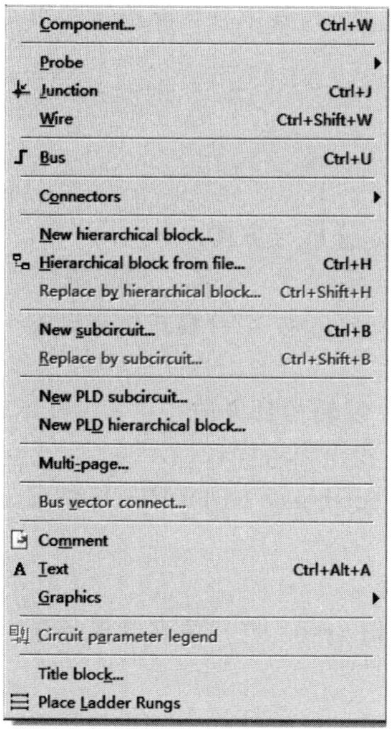

图 3.1.6 Place 菜单

Place 菜单如图 3.1.6 所示，其中各功能按钮的作用如下：

Component：放置元器件
Probe：放置探针
Junction：放置节点
Wire：放置导线
Bus：放置总线
Connectors：放置连接器
New hierarchical block：新建层次块
Hierarchical block from file：从文件加载层次块
Replace by hierarchical block：用层次块替换
New subcircuit：新建支电路
Replace by subcircuit：由支电路替换
New PLD subcircuit：新建 PLD 支电路
New PLD hierarchical block：新建 PLD 层次块
Multi-page：多页
Bus vector connect：放置总线向量连接
Comment：放置注释
Text：放置文本
Graphics：放置图形对象
Circuit parameter legend：将电路参数一览表放置在工作区
Title block：放置标题块
Place Ladder Rungs：放置梯度级

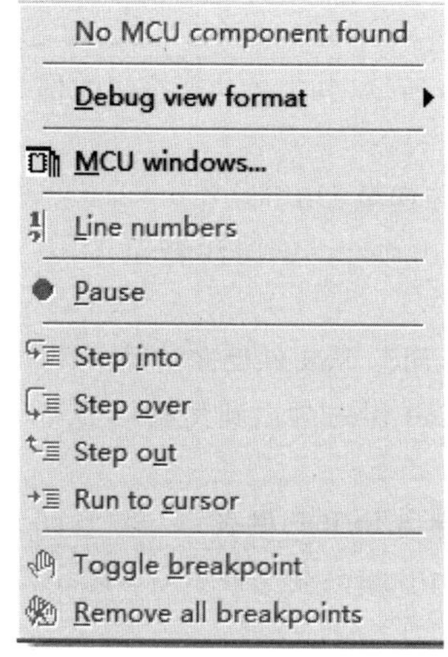

图 3.1.7 MCU 菜单

MCU 菜单如图 3.1.7 所示，其中各功能按钮的作用如下：

No MCU component found：未找到 MCU 元器件
Debug view format：调试视图格式
MCU windows：MCU 窗口
Line numbers：行号
Pause：暂停
Step into：步入
Step over：步过
Step out：步出
Run to cursor：运行至光标处
Toggle breakpoint：切换断点
Remove all breakpoints：移除所有断点

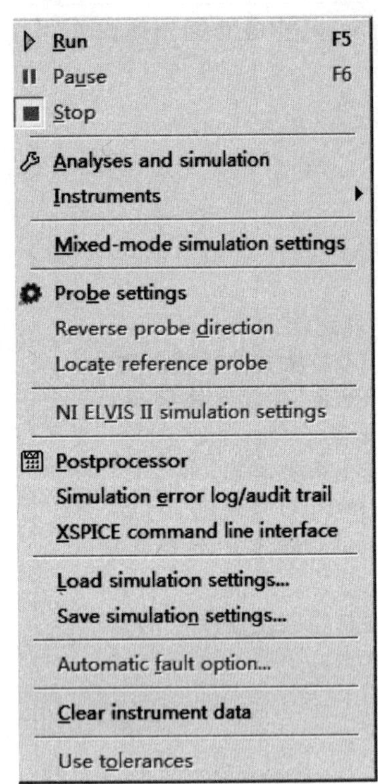

图 3.1.8　Simulate 菜单

Simulate 菜单如图 3.1.8 所示，其中各功能按钮的作用如下：

Run：运行仿真

Pause：暂停仿真

Stop：停止仿真

Analyses and simulation：分析与仿真

Instruments：放置仪器

Mixed-mode simulation settings：混合模式仿真设置

Probe settings：探针设置

Reverse probe direction：反转探针方向

Locate reference probe：找出参考探针

NI ELVIS II simulation settings：NI ELVIS II 仿真设置

Postprocessor：后处理器

Simulation error log/audit trail：打开仿真错误记录信息窗口

XSPICE command line interface：打开 XSPICE 命令行界面

Load simulation settings：加载仿真设置

Save simulation settings：保存仿真设置

Automatic fault option：设置自动故障选项

Clear instrument data：清除仪器数据

Use tolerances：使用容差

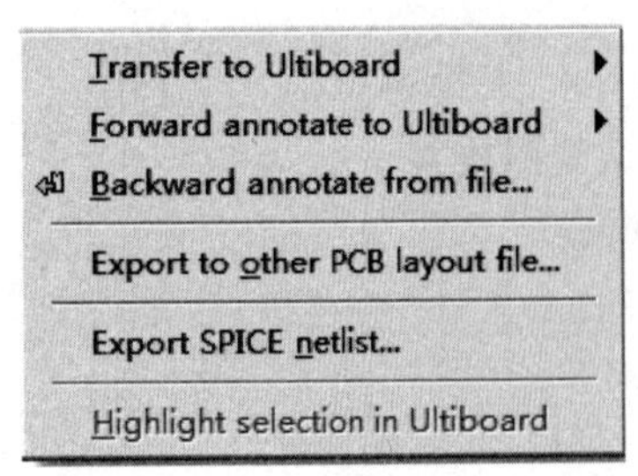

图 3.1.9　Transfer 菜单

Transfer 菜单如图 3.1.9 所示，其中各功能按钮的作用如下：

Transfer to Ultiboard：传送至 Ultiboard

Forward annotate to Ultiboard：正向注释至 Ultiboard

Backward annotate from file：从文件反向注释

Export to other PCB layout file：导出到其他 PCB 布局文件

Export SPICE netlist：导出 SPICE 网表

Highlight selection in Ultiboard：高亮显示 Ultiboard 中的选择

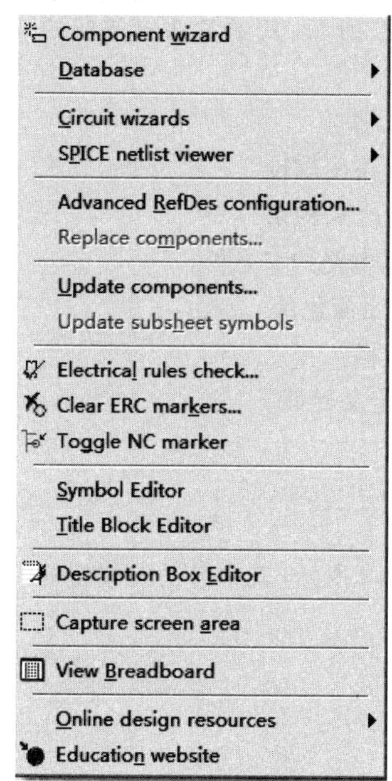

图 3.1.10　Tools 菜单

Tools 菜单如图 3.1.10 所示，其中各功能按钮的作用如下：

Component wizard：元器件向导

Database：打开数据库

Circuit wizards：电路向导工具

SPICE netlist viewer：SPICE 网表查看器

Advanced RefDes configuration：高级参考标志符配置

Replace components：替换元器件

Update components：更新元器件

Update subsheet symbols：更新旧版 Multisim 设计中的层次块和支电路符号

Electrical rules check：运行电器规则检查

Clear ERC markers：清除电器规则检查标记

Toggle NC marker：切换 NC 标记

Symbol Editor：符号编辑器

Title Block Editor：标题块编辑器

Description Box Editor：电路描述框编辑器

Capture screen area：捕获选择的屏幕区域

View Breadboard：查看面包板

Online design resources：在线设计资源

Education website：打开教育版网页资源

Bill of Materials
Component detail report
Netlist report
Cross reference report
Schematic statistics
Spare gates report

图 3.1.11　Reports 菜单

Reports 菜单如图 3.1.11 所示，其中各功能按钮的作用如下：

Bill of Materials：材料清单

Component detail report：元器件详情报告

Netlist report：网表报告

Cross reference report：交叉引用报表

Schematic statistics：原理图统计信息

Spare gates report：多余门电路报告

Global options
Sheet properties
Global restrictions
Circuit restrictions
Simplified version
Lock toolbars
Customize interface

图 3.1.12 Options 菜单

Options 菜单如图 3.1.12 所示，其中各功能按钮的作用如下：

Global options：设置全局选项

Sheet properties：设置电路图属性

Global restrictions：设置全局约束

Circuit restrictions：设置电路约束条件

Simplified version：切换至简化版

Lock toolbars：锁定工具栏

Customize interface：自定义界面

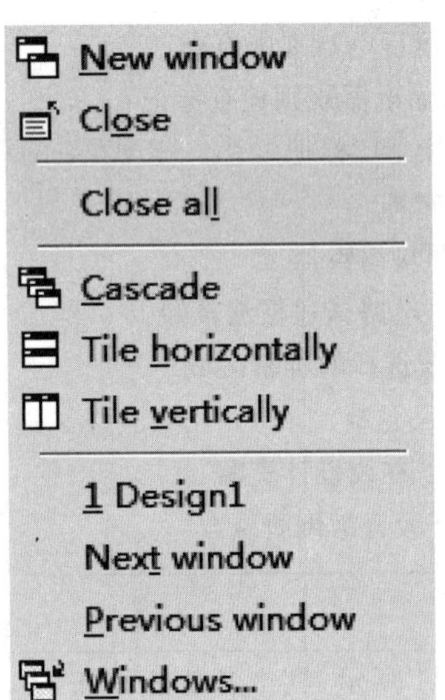

图 3.1.13 Windows 菜单

Windows 菜单如图 3.1.13 所示，其中各功能按钮的作用如下：

New window：新建窗口

Close：关闭窗口

Close all：关闭所有窗口

Cascade：层叠

Tile horizontally：横向平铺

Tile vertically：纵向平铺

1 Design1：1 设计 1

Next window：下一个窗口

Previous window：上一个窗口

Windows：窗口

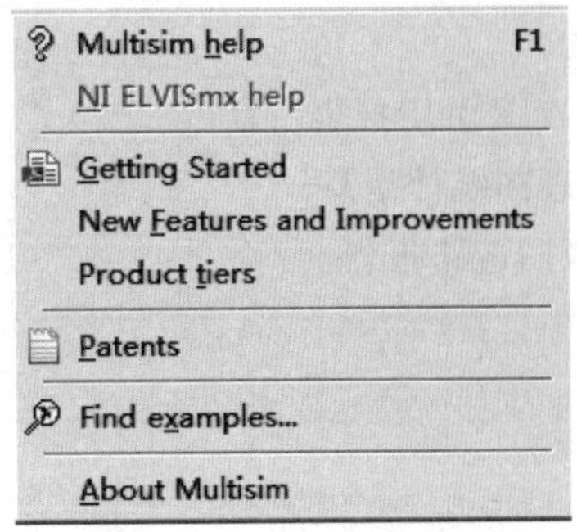

图 3.1.14 Help 菜单

Help 菜单如图 3.1.14 所示，其中各功能按钮的作用如下：

Multisim help：Multisim 帮助

NI ELVISmx help：NI ELVISmx 帮助

Getting Started：入门

New Features and Improvements：新的功能与改进

Product tiers：产品层次

Patents：专利

Find examples：查找范例

About Multisim：关于 Multisim

三、工具栏

Multisim 14.0 提供了多种工具栏，通过这些工具栏中的按钮可以方便地完成原理图的设计工作。Multisim 14.0 中常用的工具栏如下：

1. 标准工具栏

如图 3.1.15 所示，标准工具栏中提供了常用的文件操作按钮。其按钮从左到右分别为新建文件、打开文件、打开示例文件、保存文件、打印文件、打印预览、剪切、复制、粘贴、撤销、重做。

图 3.1.15　标准工具栏

2. 主工具栏

如图 3.1.16 所示，利用主工具栏，用户可以完成电路的建立、仿真和分析等工作。其按钮从左到右分别为设计工具箱、电子表格视图、SPICE 网表查看器、查看面包板、图示仪、后处理器、母电路图、元器件向导、数据库管理、在用列表、电器规则检查、传送至 Ultiboard、从文件反向注释、正向注释至 Ultiboard、查找范例、打开教育版网页资源、Multisim 帮助。

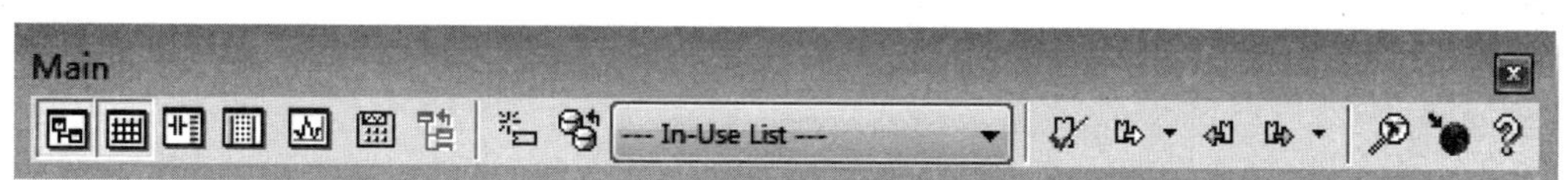

图 3.1.16　主工具栏

3. 查看工具栏

如图 3.1.17 所示，利用查看工具栏，用户可以完成放大、缩小等视图显示方面的操作。其按钮从左到右分别为放大视图、缩小视图、区域缩放、缩放页面、全屏显示。

4. 仿真工具栏

如图 3.1.18 所示，仿真工具栏中为用户提供了多个运行仿真的快捷键。其按钮从左到右分别为运行仿真、暂停仿真、停止仿真、打开“分析与仿真”窗口。

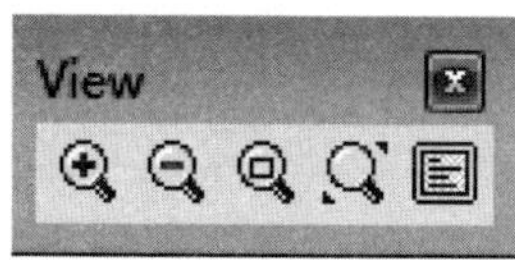

图 3.1.17　查看工具栏

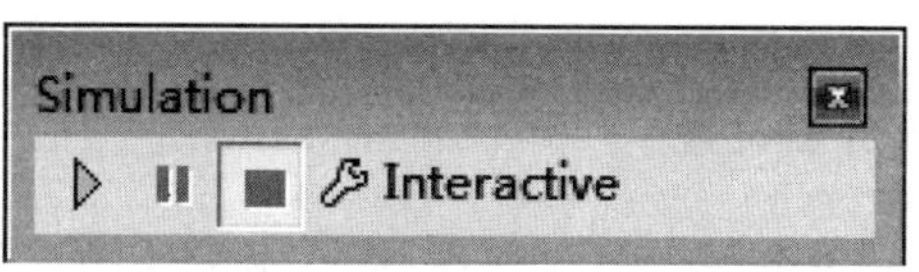

图 3.1.18　仿真工具栏

四、元器件栏

Multisim 14.0 的元器件栏如图 3.1.19 所示，它集中了 Multisim 14.0 中多类虚拟元器件。其按钮从左到右分别是放置电源、放置基本元器件、放置二极管、放置晶体管、放置模拟元器件、放置 TTL 元器件、放置 CMOS 元器件、放置其他数字元器件、放置混合元器件、放置指示器元器件、放置功率元器件、放置其他元器件、放置高级外设元器件、放置射频元器件、放置机电类元器件、放置 NI 元器件、放置连接器类元器件、放置单片机类元器件、层次块来自文件、总线。常用元器件的使用方法将在第二节“电路创建基础”中介绍。

图 3.1.19　元器件栏

五、仪器仪表栏

Multisim 14.0 的仪器仪表栏如图 3.1.20 所示，它集中了各种虚拟的仪器仪表，用户通过单击按钮就可以选择相应的仪器对电路进行观测。其按钮从左到右分别是数字万用表、函数信号发生器、功率表、示波器、四通道示波器、波特图示仪、频率计数器、字信号发生器、逻辑转换器、逻辑分析仪、IV 分析仪、失真分析仪、频谱分析仪、网络分析仪、安捷伦函数信号发生器、安捷伦万用表、安捷伦示波器、泰克示波器、LabVIEW 仪器、NI ELVISmx 仪器和电流探头。常用仪器仪表的使用方法将在第二节“仪器仪表的使用”中介绍。

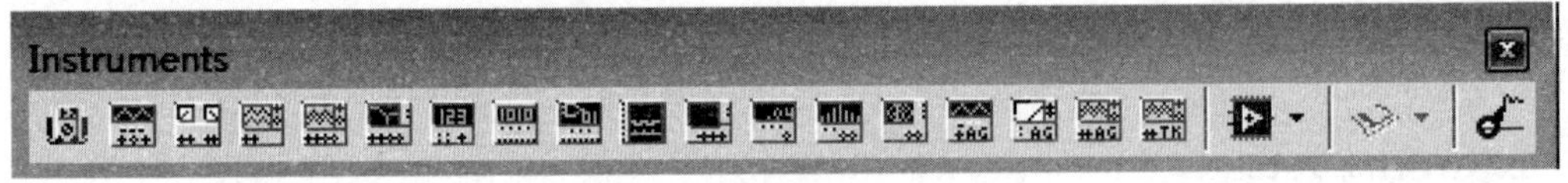

图 3.1.20　仪器仪表栏

第二节　基本操作

一、界面设置

在分析电路之前，我们需要绘制电路图。绘制电路图的操作是在设计窗口中完成的。根据电路图的复杂程度，我们可以合理地设置电路图图纸的大小，从而有利于优化电路图的布局。图纸尺寸的设置方法如下：

(1)选择 Options→Sheet properties，如图 3.2.1 所示。

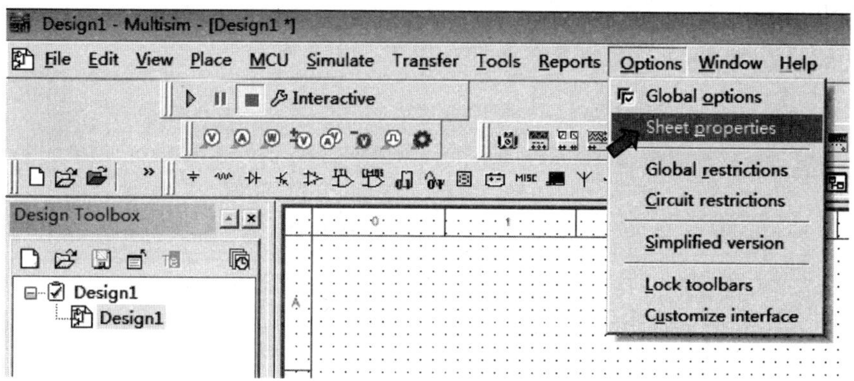

图 3.2.1　选择 Options→Sheet properties

(2)在弹出的“Sheet Properties”窗口的“Workspace”选项卡中选择固定的图纸尺寸，或者自定义图纸尺寸，最后单击“OK”，如图 3.2.2 所示。

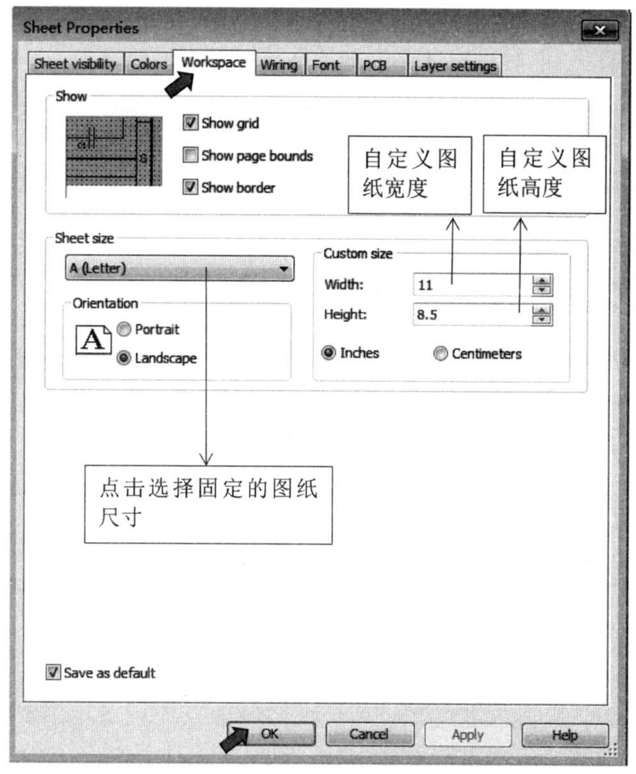

图 3.2.2　设置电路图图纸的尺寸

二、电路创建基础

在绘制电路图时，用户需要将所需元器件放置在设计窗口中并用导线连接起来。在这一小节，我们将着重介绍课程中常见元器件的使用、设置和连接方法。

1. 电阻

(1)单击“Place Basic”(放置基本器件),如图 3.2.3 所示。

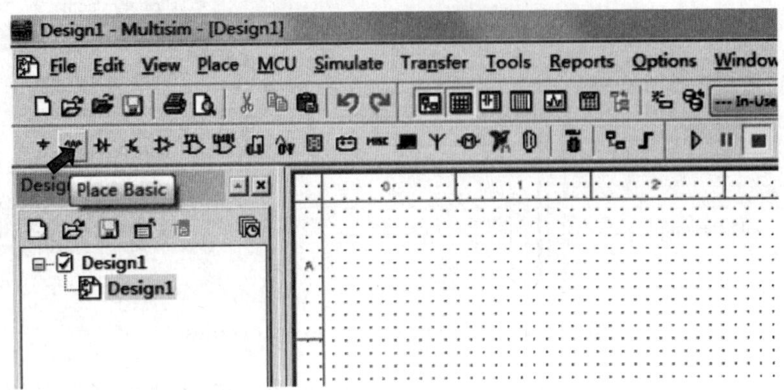

图 3.2.3　单击“Place Basic”

(2)在弹出的“Select a Component”(选择一个元器件)窗口中,单击“RESISTOR”(电阻),并选择恰当的阻值,最后单击“OK”,如图 3.2.4 所示。

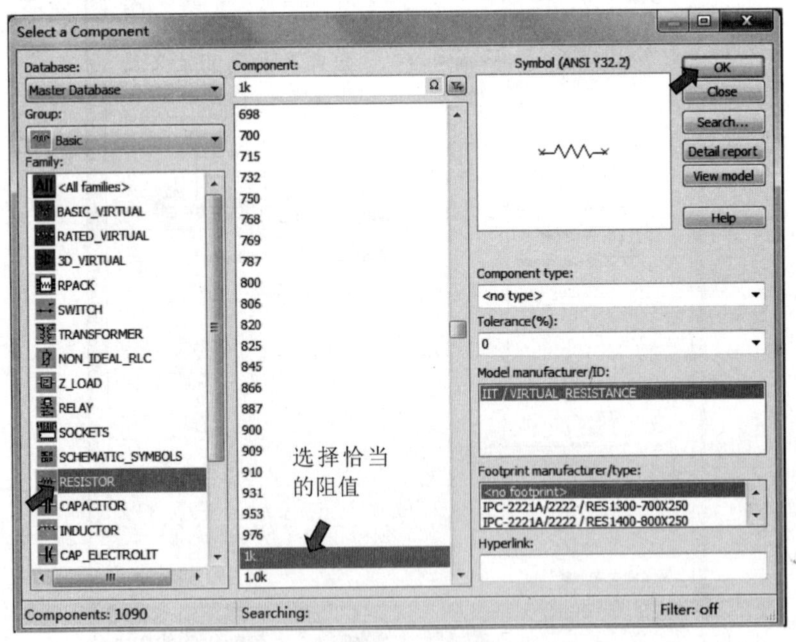

图 3.2.4　选择具有恰当阻值的电阻

(3)此时“Select a Component”窗口关闭,单击将电阻图标(见图 3.2.5)放置在电路图图纸的恰当位置上。

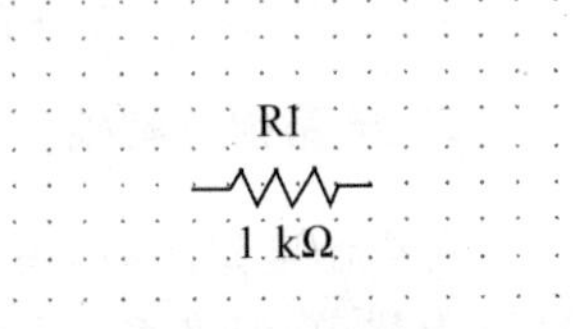

图 3.2.5　电阻图标

(4)“Select a Component”窗口会再次弹出,如果不需要放置更多的元器件,关闭弹出的窗口。

(5)如果需要改变电阻放置的方向,右击电阻图标,并单击弹出菜单中的适当的翻转按钮，如图 3.2.6 所示。

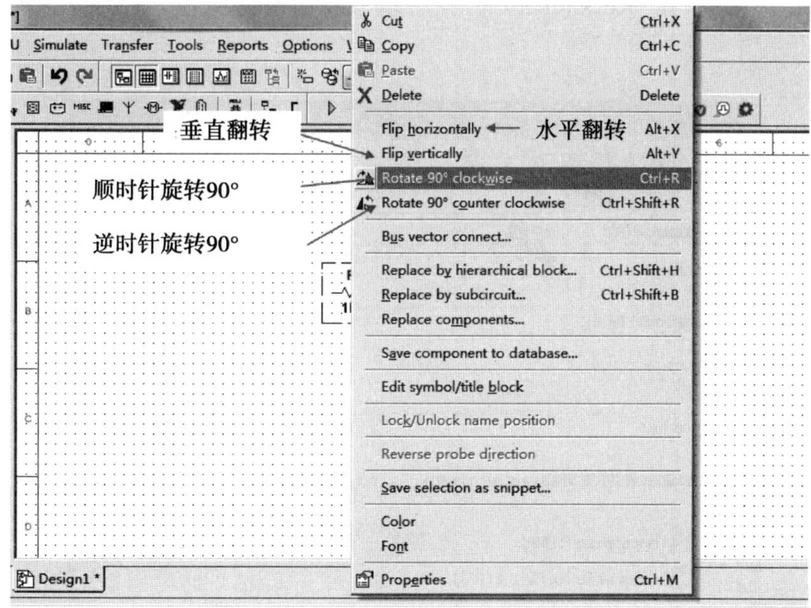

图 3.2.6　改变电阻的放置方向

(6)如果需要修改电阻的标志符，步骤如下：双击电阻图标，在弹出的“Resistor”窗口中单击“Label”选项卡，并在“RefDes:”下填写新的电阻标志符，最后单击“OK”，如图 3.2.7所示。

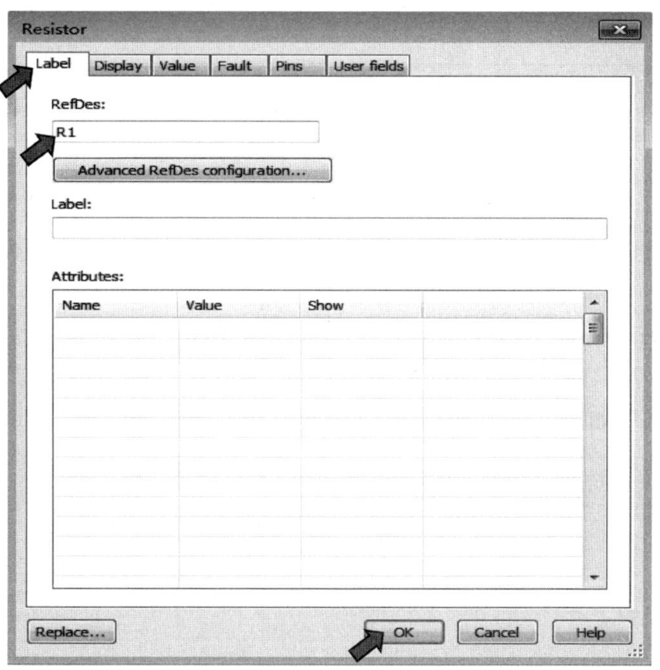

图 3.2.7　修改电阻的标志符

(7)如果需要修改电阻的阻值,步骤如下:双击电阻图标,在弹出的“Resistor”窗口中单击“Value”选项卡,在“Resistance(R):”后填写新的电阻阻值,最后单击“OK”,如图3.2.8所示。

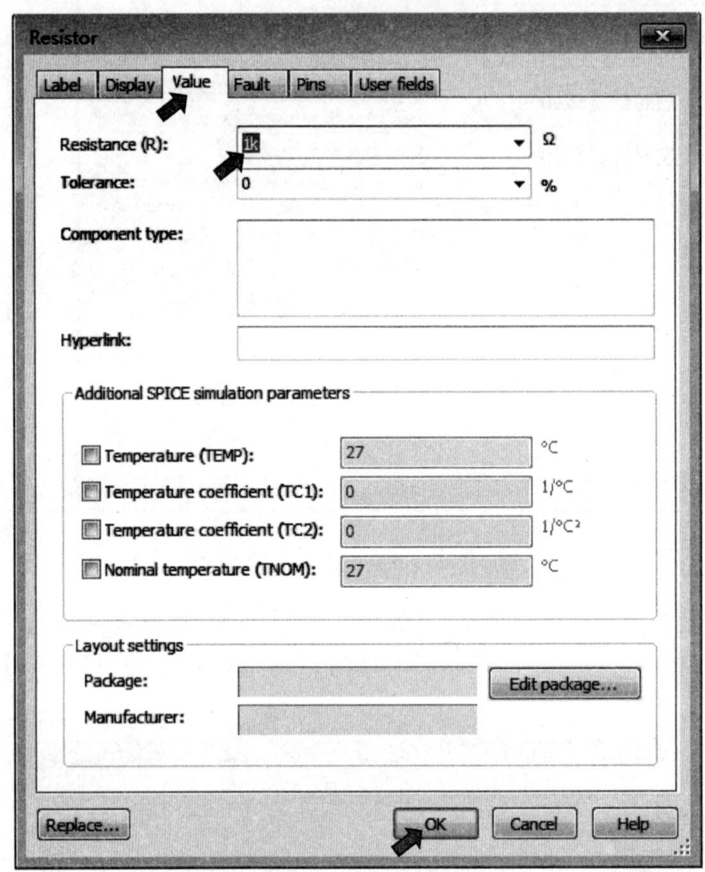

图 3.2.8　修改电阻的阻值

(8)如果需要删除电阻,单击电阻图标将其选中,再单击“Delete”即可。

2. 电位器

(1)单击“Place Basic”后,在弹出的“Select a Component”窗口中,单击“POTENTIOMETER”(电位器),并选择恰当的阻值,该阻值为电位器两个固定端之间的总电阻阻值,最后单击“OK”,如图3.2.9所示。

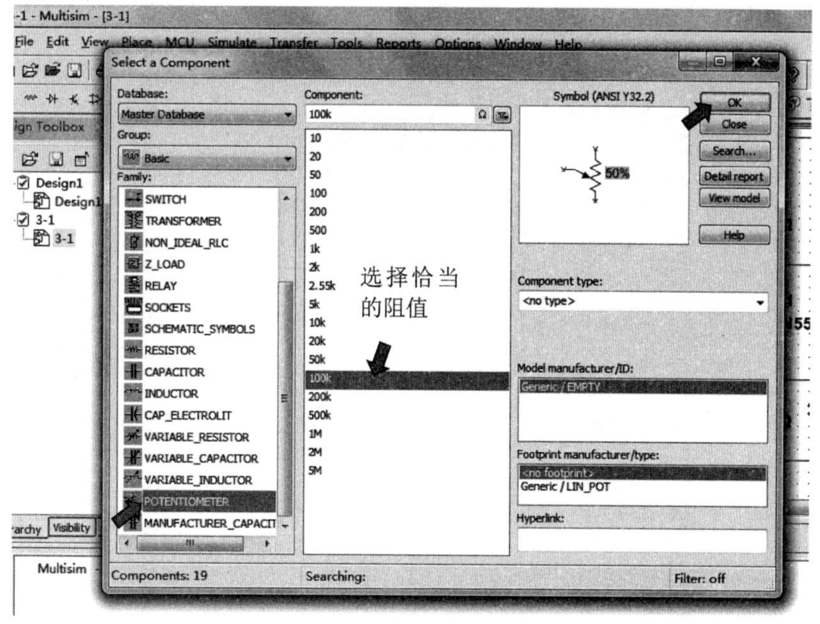

图 3.2.9　选择具有恰当阻值的电位器

(2)此时“Select a Component”窗口关闭，单击将电位器图标(见图 3.2.10)放置在电路图图纸的恰当位置上。这时“Select a Component”窗口会再次弹出，如果不需要放置更多的元器件，关闭弹出的窗口。

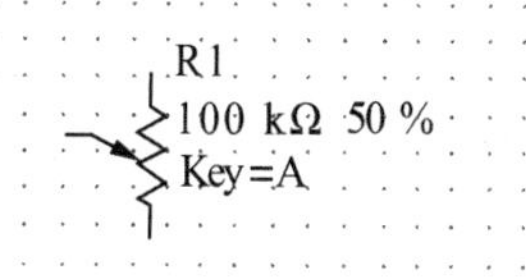

图 3.2.10　电位器图标

(3)修改电位器的放置方向、两个固定端之间的总阻值、标志符以及删除电位器的方法与电阻基本相同，此处不再赘述。

(4)缺省情况下，电位器的滑动端与两个固定端之间的电阻均为两个固定端之间总电阻的 50%。如果需要改变这个比例，有以下两种方法：

①将鼠标悬停在电位器上，这时图纸上会出现如图 3.2.11 所示的滑杆，用鼠标拖动滑杆，便可改变电位器滑动端与两个固定端之间的电阻阻值。如果滑动端的箭头指向右下方(见图 3.2.11)，滑杆上方的百分数(如图中显示的 50%)，为滑动端与下固定端之间的电阻阻值占两个固定端之间总阻值的百分比。

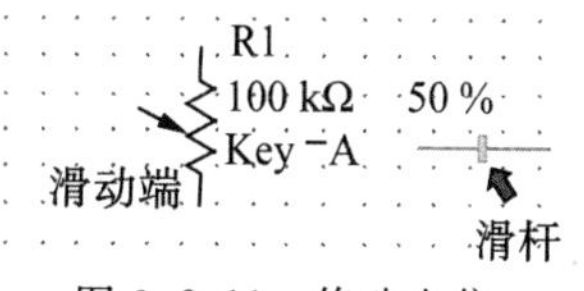

图 3.2.11　修改电位器滑动端与两个固定端之间的电阻阻值

②使用快捷键来调整比例：如图 3.2.11 所示，如果电位器的图标中出现了“Key＝A”，意味着按动“A”键就可以按照固定的增量增加滑动端与下固定端之间的电阻阻值占总阻值的百分比；同时按动“A＋Shift”键就可以减小这个百分比。如果需要改变快捷键，双击电位器图标，在弹出的“Potentiometer”窗口中单击“Value”选项卡，在“Key:”后面的下拉菜单中选择新的快捷键，最后单击“OK”，如图 3.2.12 所示。

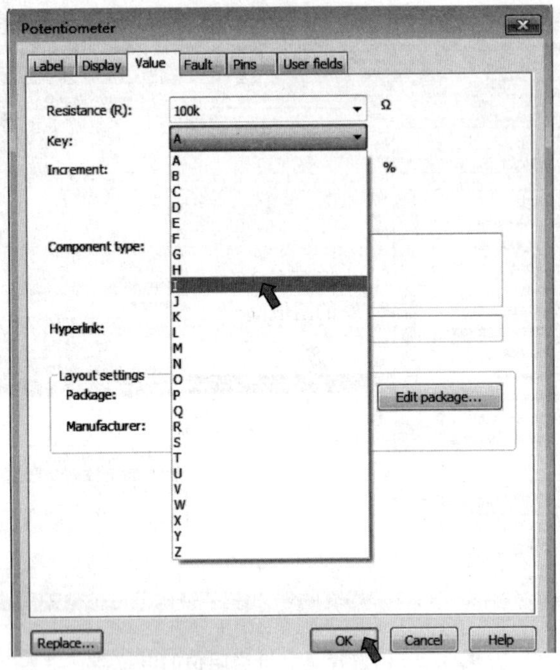

图 3.2.12 修改快捷键

不论使用哪种调节方式，调节的精度都可以改变。具体的步骤如下：双击电位器图标，在弹出的“Potentiometer”窗口中单击“Value”选项卡，在“Increment:”后的输入框中填写新的调节精度，最后单击“OK”。在图 3.2.13 中，若在“Increment:”后的输入框中输入“0.1”，则滑动端与两个固定端之间的电阻阻值占总阻值的百分比将以 0.1%的精度调节。

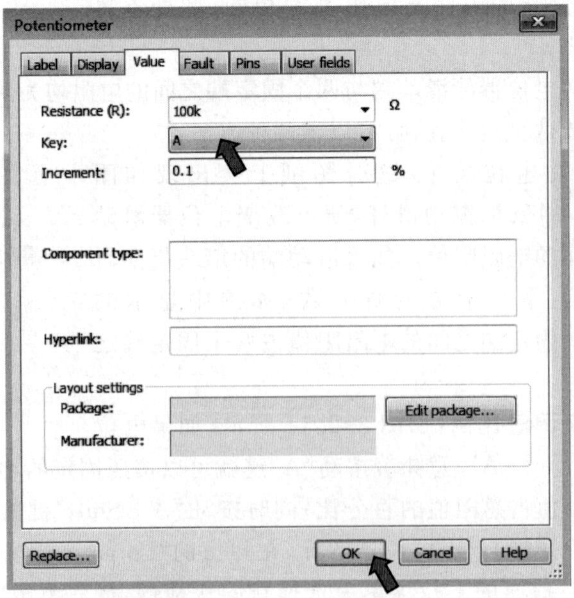

图 3.2.13 修改调节精度

3. 普通电容

(1)单击“Place Basic”后，在弹出的“Select a Component”窗口中，单击“CAPACITOR”(电容)，并选择恰当的电容量，最后单击“OK”，如图 3.2.14 所示。

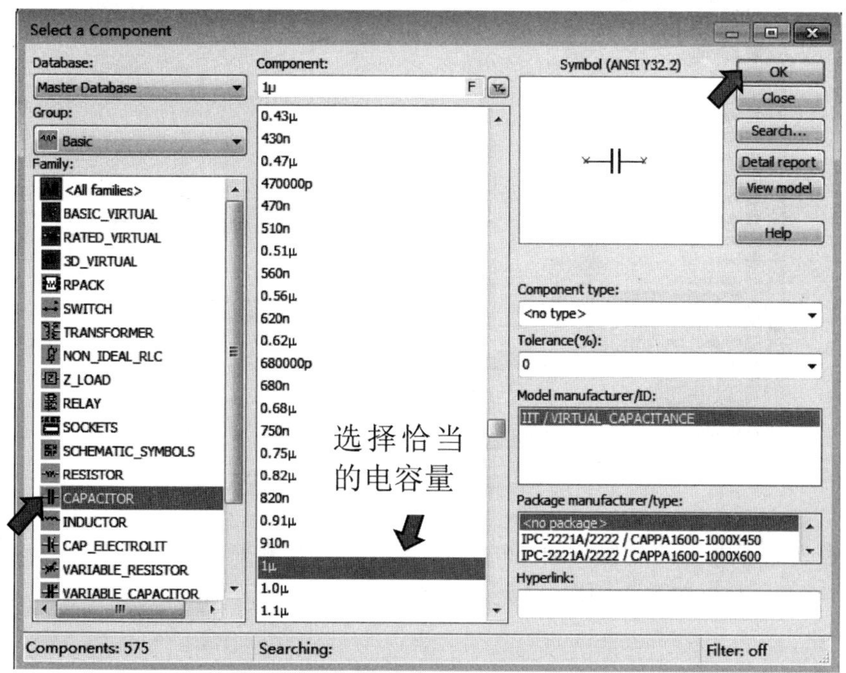

图 3.2.14　选择具有恰当电容量的电容

(2)此时“Select a Component”窗口关闭，单击将电容图标(见图 3.2.15)放置在电路图图纸的恰当位置上。这时“Select a Component”窗口会再次弹出，如果不需要放置更多的元器件，关闭弹出的窗口。

(3)修改电容的放置方向、电容量、标志符以及删除电容的方法与电阻基本相同，此处不再赘述。

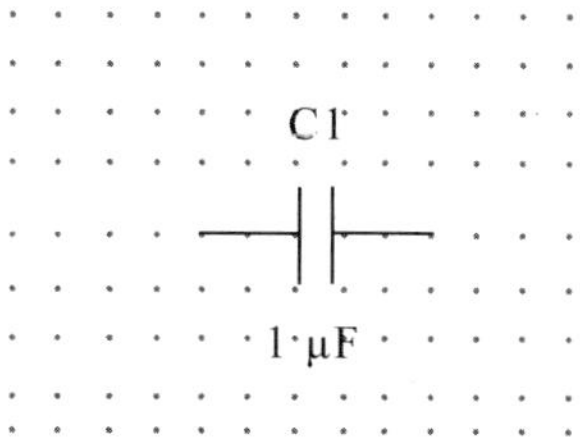

C1
1 µF

图 3.2.15　电容图标

4. 电解电容

电解电容是具有“极性”的电容。使用时，电解电容的正极应与电源的“＋”极相连，负极应与电源的“－”极相连。使用步骤如下：

(1)单击“Place Basic”后，在弹出的“Select a Component”窗口中，单击“CAP_ELECTROLIT”(电解电容)，并选择恰当的电容量，最后单击“OK”，如图 3.2.16 所示。

(2)此时“Select a Component”窗口关闭，单击将电解电容图标(见图 3.2.17)放置在电路图图纸的恰当位置上。这时“Select a Component”窗口会再次弹出，如果不需要放置更多的元器件，关闭弹出的窗口。

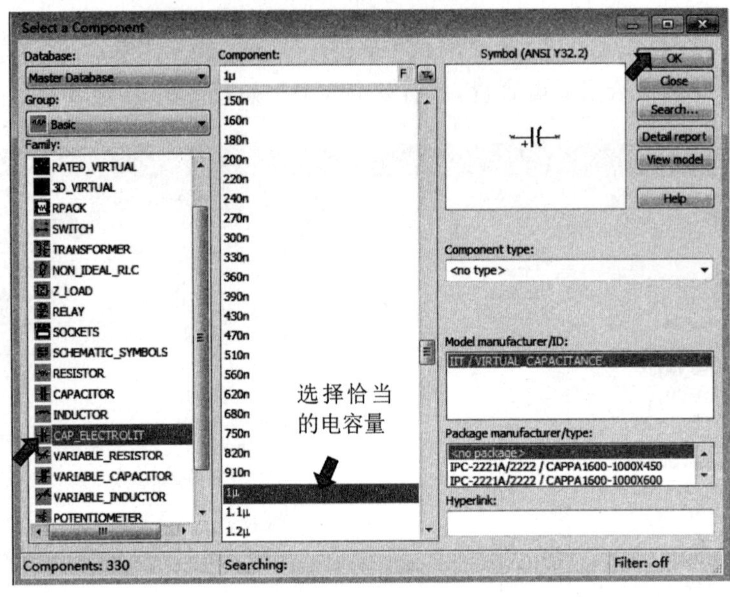

图 3.2.16　选择具有恰当电容量的电解电容

(3)修改电解电容的放置方向、电容量、标志符以及删除电解电容的方法与电阻基本相同，此处不再赘述。

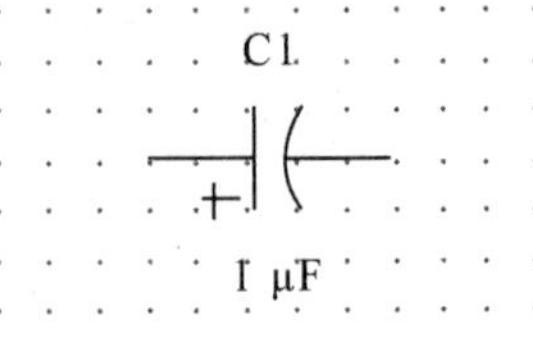

图 3.2.17　电解电容图标

5. 开关

(1)单击“Place Basic”后，在弹出的“Select a Component”窗口中，单击“SWITCH”(开关)，并选择恰当的开关(如图 3.2.18 中的 DIPSW1)，最后单击“OK”。

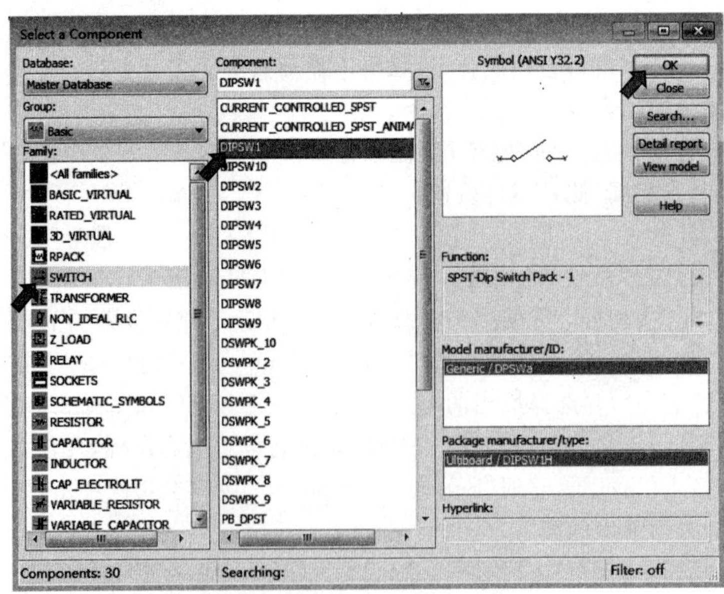

图 3.2.18　选择开关

（2）此时“Select a Component”窗口关闭，单击将开关图标（见图 3.2.19）放置在电路图图纸的恰当位置上。这时“Select a Component”窗口会再次弹出，如果不需要放置更多的元器件，关闭弹出的窗口。

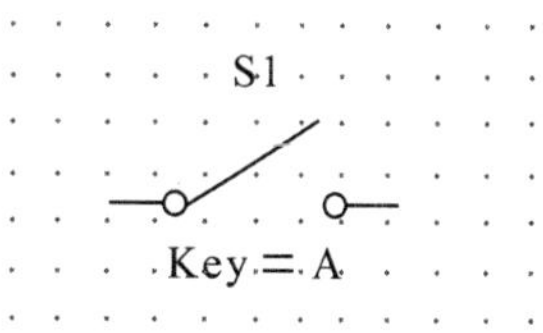

图 3.2.19　开关图标

（3）用户可以利用快捷键来控制开关的状态。图 3.2.19 中开关符号下方标有“Key＝A”，意味着按动“A”键可以让开关在“打开”和“闭合”两个状态之间切换。除此之外，直接单击开关，也可以完成状态的切换。

（4）修改开关的放置方向、标志符以及删除开关的方法与电阻基本相同，此处不再赘述。

6. 二极管和稳压二极管

（1）单击“Place Diode”（放置二极管），如图 3.2.20 所示。

（2）在弹出的“Select a Component”窗口中，单击“Diode”（二极管）或“ZENER”（稳压二极管），并选择恰当的型号，最后单击“OK”，如图 3.2.21 所示。

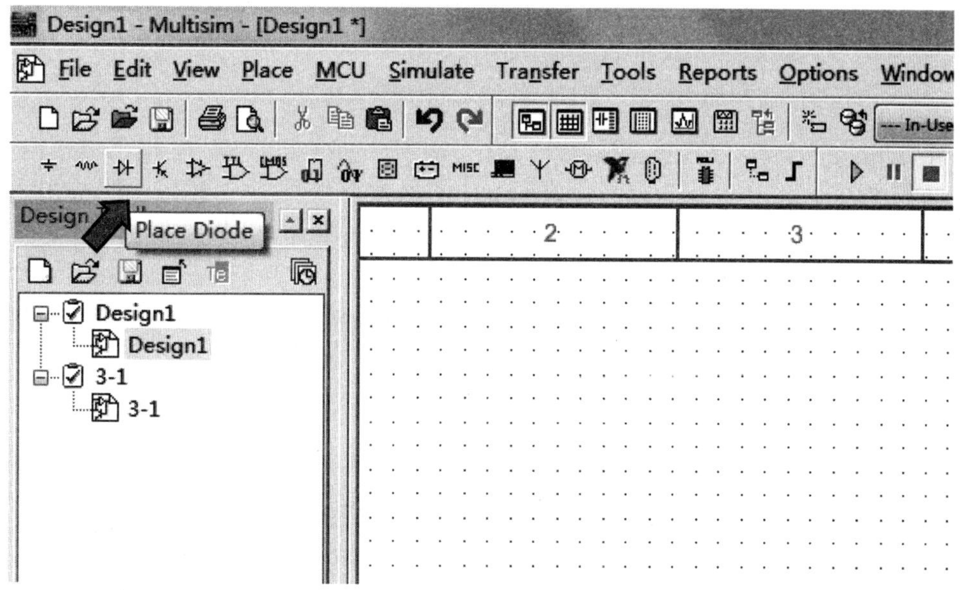

图 3.2.20　单击“Place Diode”

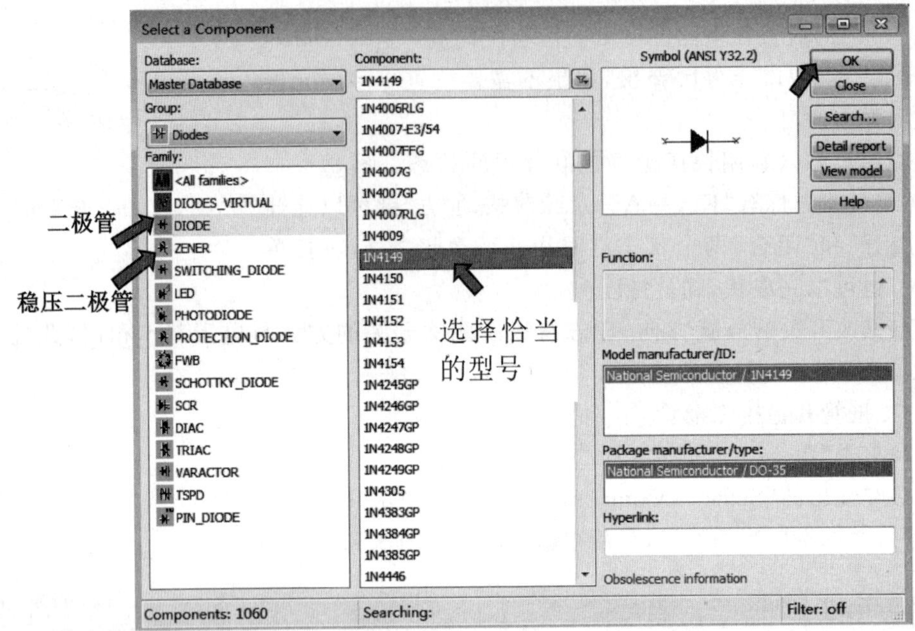

图 3.2.21　选择恰当型号的二极管或稳压二极管

(3)此时“Select a Component”窗口关闭，单击将二极管或稳压二极管图标(见图 3.2.22)放置在电路图图纸的恰当位置上。这时“Select a Component”窗口会再次弹出，如果不需要放置更多的元器件，关闭弹出的窗口。

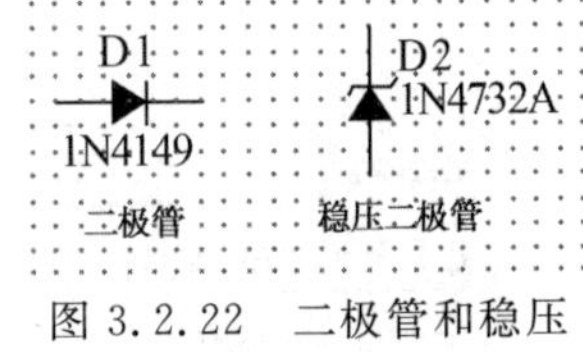

图 3.2.22　二极管和稳压二极管图标

(4)修改二极管、稳压二极管的放置方向、标志符以及删除它们的方法与电阻基本相同，此处不再赘述。

7. 晶体管

(1)单击“Place Transistor”(放置晶体管)，如图 3.2.23 所示。

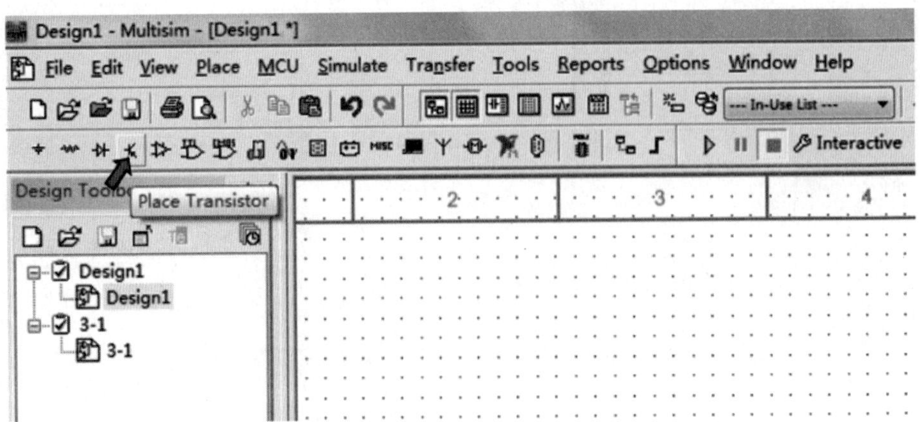

图 3.2.23　单击“Place Transistor”

(2)在弹出的“Select a Component”窗口中，选择恰当的器件(如图 3.2.24 中的 BJT_NPN)和型号(如图 3.2.24 中的 2N5551)，最后单击“OK”。

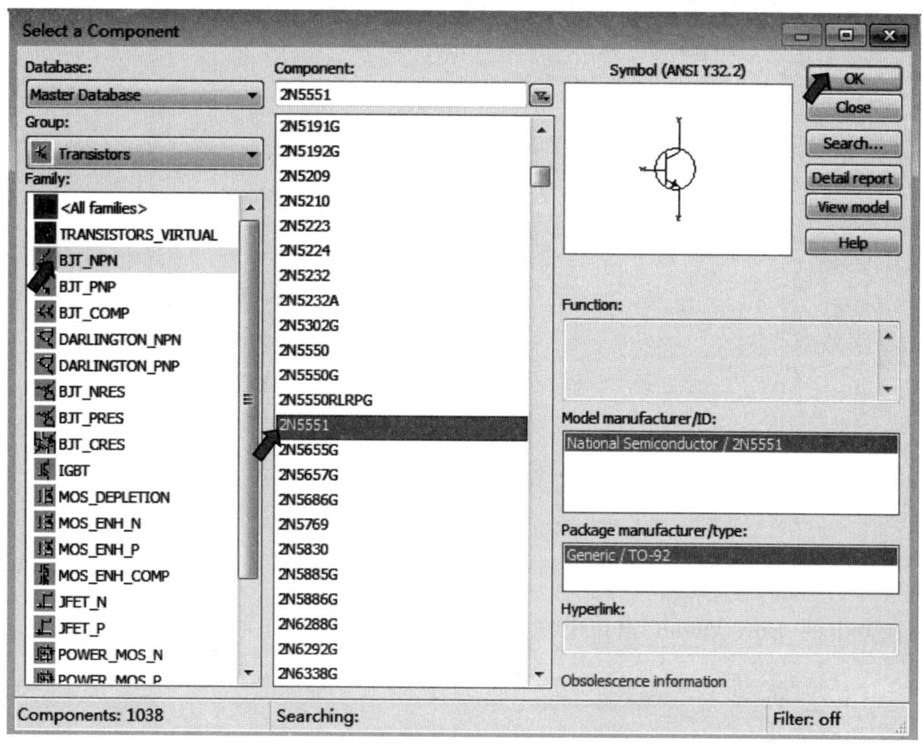

图 3.2.24　选择恰当的晶体管和型号

(3)此时“Select a Component”窗口关闭，单击将晶体管图标(见图 3.2.25)放置在电路图图纸的恰当位置上。这时“Select a Component”窗口会再次弹出，如果不需要放置更多的元器件，关闭弹出的窗口。

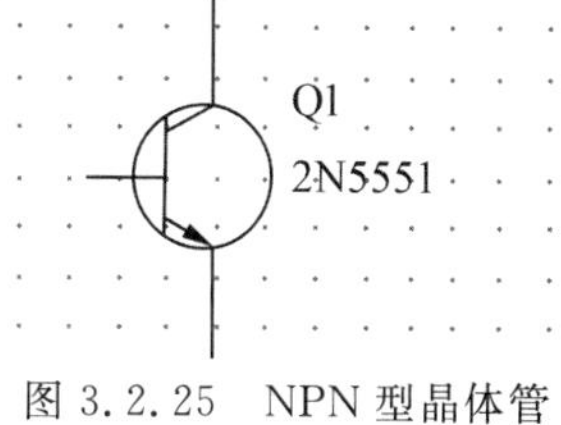

图 3.2.25　NPN 型晶体管 2N5551 图标

(4)修改晶体管的放置方向、标志符以及删除晶体管的方法与电阻基本相同。如果需要修改晶体管 2N5551 的模型，步骤如下：

①双击晶体管 2N5551 的图标，在弹出的“BJT_NPN”窗口中单击“Value”选项卡，再单击“Edit model”，如图 3.2.26 所示。

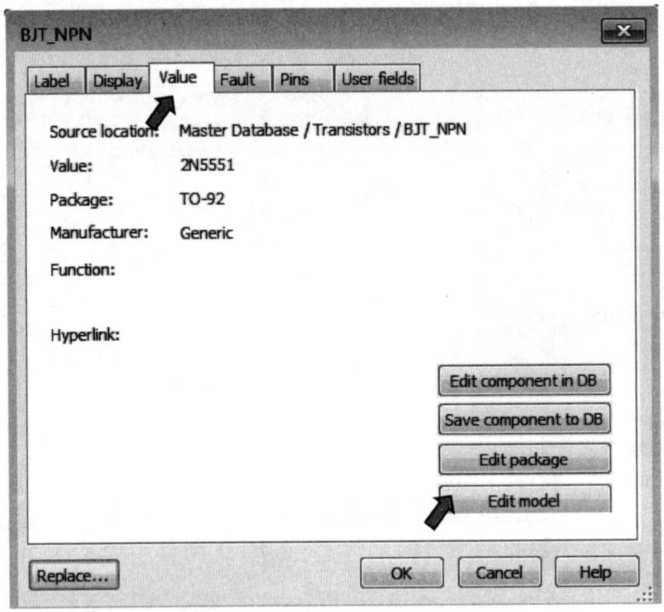

图 3.2.26 修改 2N5551 的模型

②在弹出的“Edit Model”窗口中修改模型的相关信息，如图 3.2.27 所示。

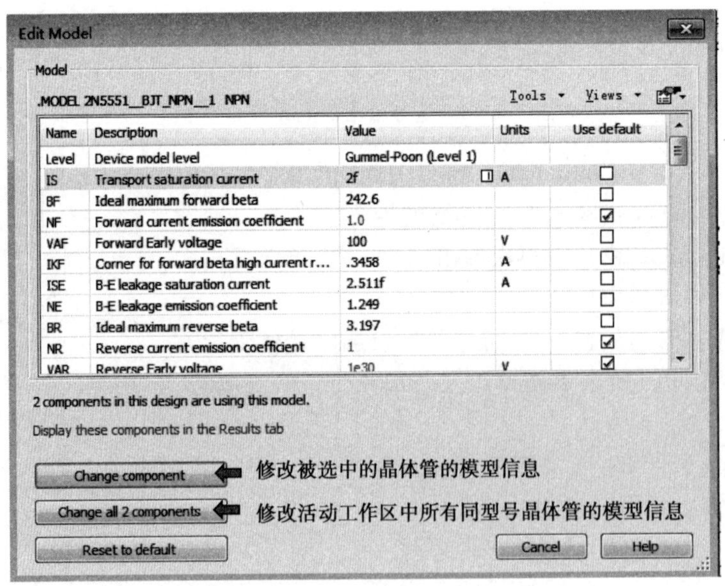

图 3.2.27 在“Edit Model”窗口中修改模型信息

③单击“Change component”按钮，此时被选中的晶体管 2N5551 的模型信息将被修改。

④如果活动工作区（active workspace）中有多个相同型号的器件，如有 2 个晶体管 2N5551，单击“Change all 2 components”按钮，则活动工作区中所有 2N5551 的模型信息

都将被修改。

8. 集成运放

(1)单击“Place Analog”(放置模拟元器件),如图 3.2.28 所示。

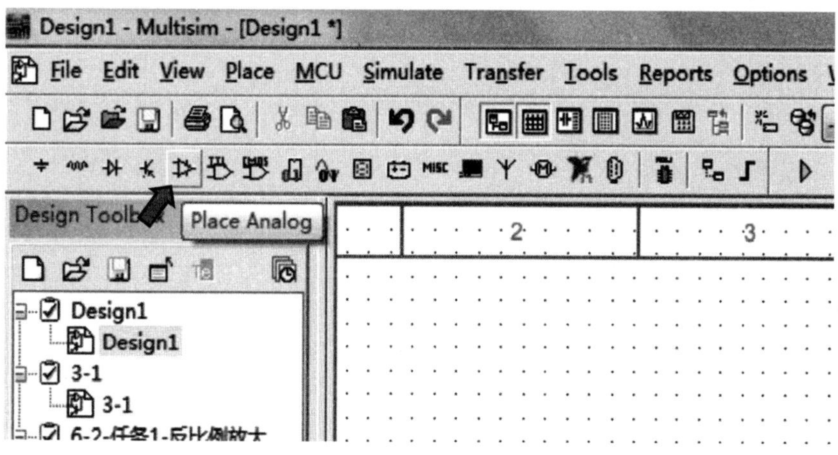

图 3.2.28　单击“Place Analog”

(2)在弹出的“Select a Component”窗口中,单击“OPAMP”,并选择恰当的器件(如图 3.2.29 中的 LM324AD),最后单击“OK”。

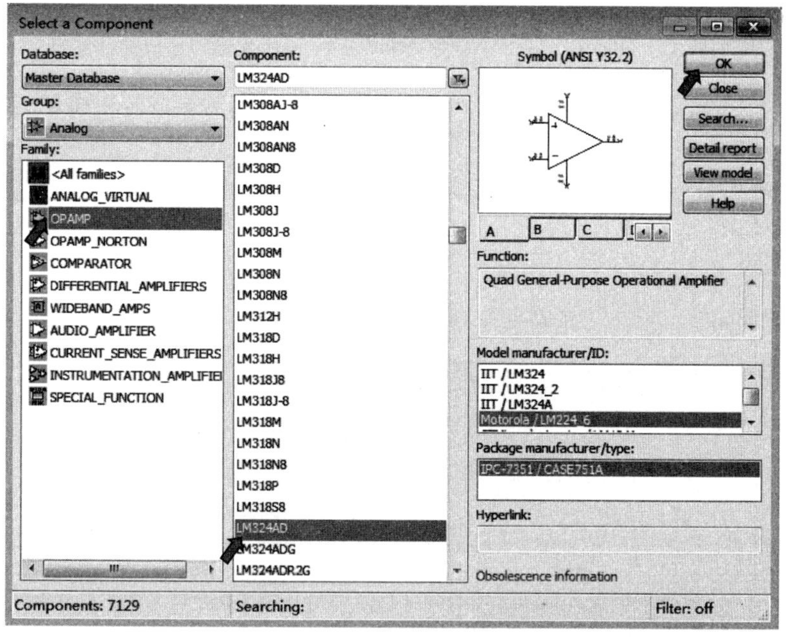

图 3.2.29　选择恰当型号的集成运放

(3)此时“Select a Component”窗口关闭。由于 LM324AD 由 4 个集成运放构成(分别用字母 A、B、C 和 D 来表示),此时屏幕上会出现如图 3.2.30 所示的选择窗口。单击

A、B、C 或 D，选择 LM324AD 中的一个运放(例如选择集成运放 A)，选择窗口将自动关闭。单击将集成运放的图标放置在电路图图纸的恰当位置上。该集成运放在电路图图纸上的标志符为“U1A”，如图 3.2.31 所示，意为标志符为“U1”的 LM324AD 中的集成运放“A”。

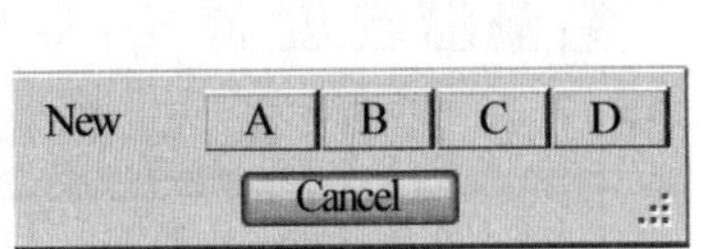

图 3.2.30　运放选择窗口

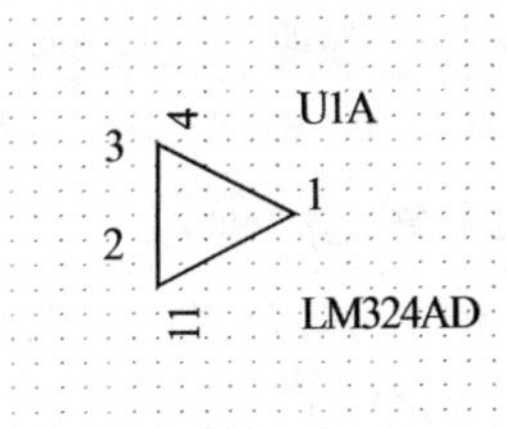

图 3.2.31　LM324AD 图标

(4)这时集成运放选择窗口会再次跳出，如图 3.2.32 所示。单击“U1”后面的字母，可以选择在电路图图纸上放置标志符为“U1”的 LM324AD 中的其他集成运放。如果单击“New”后面的字母，则可以在电路图图纸上放置新的 LM324AD 中的集成运放。如果不需要放置更多的集成运放，单击“Cancel”关闭窗口。

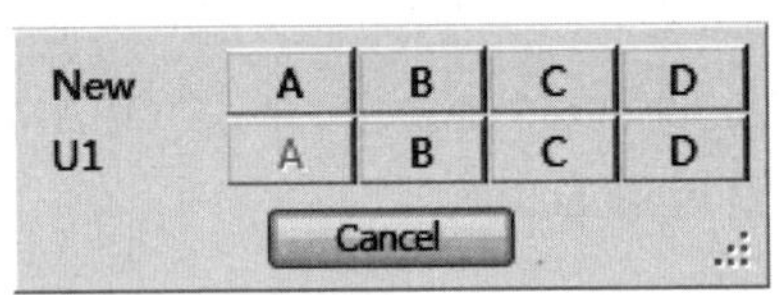

图 3.2.32　放置了 LM324AD 中的集成运放 A 后弹出的运放选择窗口

(5)这时“Select a Component”窗口会再次弹出，如果不需要放置更多的元器件，关闭弹出的窗口。

(6)修改集成运放的放置方向、标志符以及删除集成运放的方法与电阻基本相同，此处不再赘述。

9. 直流电压源

(1)单击“Place Source”(放置电源)，如图 3.2.33 所示。

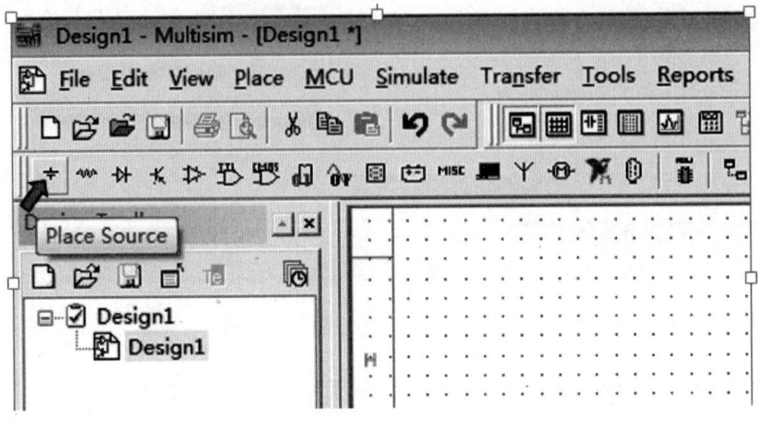

图 3.2.33　单击“Place Source”

(2)在弹出的“Select a Component”窗口中,选择“POWER_SOURCES”→“DC_POWER”,最后单击“OK”,如图 3.2.34 所示。

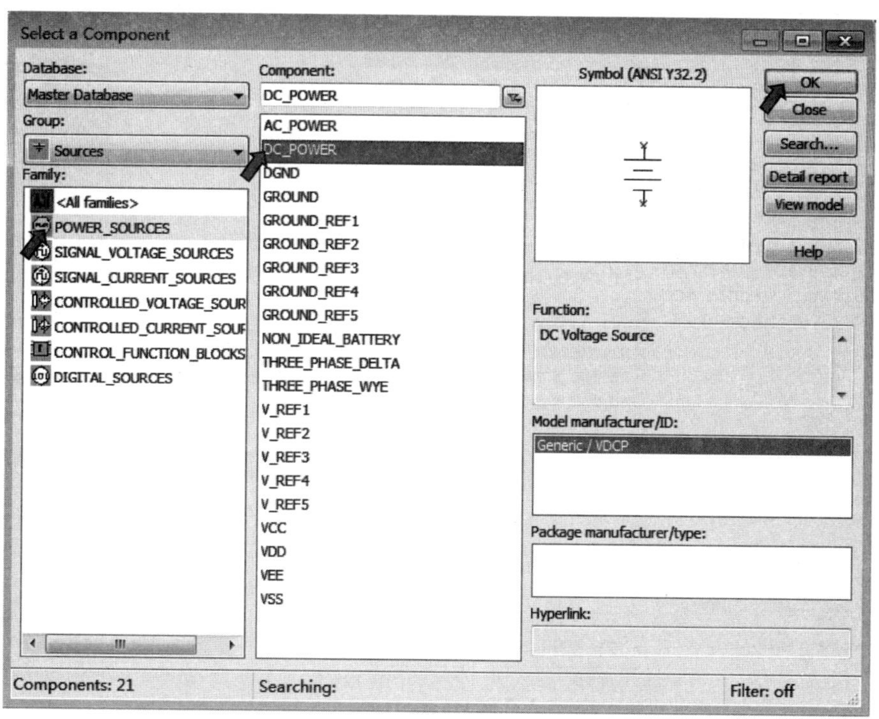

图 3.2.34　选择“DC_POWER”

(3)此时“Select a Component”窗口关闭,单击将直流电压源图标(见图 3.2.35)放置在电路图图纸的恰当位置上。这时“Select a Component”窗口会再次弹出,如果不需要放置更多的元器件,关闭弹出的窗口。

(4)修改直流电压源的放置方向、电压值、标志符以及删除直流电压源的方法与电阻基本相同,此处不再赘述。

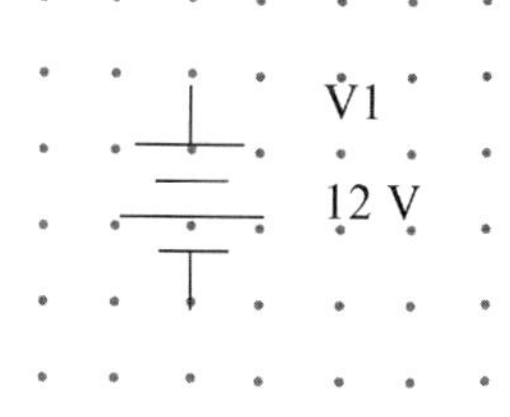

图 3.2.35　直流电压源图标

10. 交流电压源

(1)单击“Place Source”,在弹出的“Select a Component”窗口中,选择“SIGNAL_VOLTAGE_SOURCES”→“AC_VOLTAGE”,最后单击“OK”,如图 3.2.36 所示。

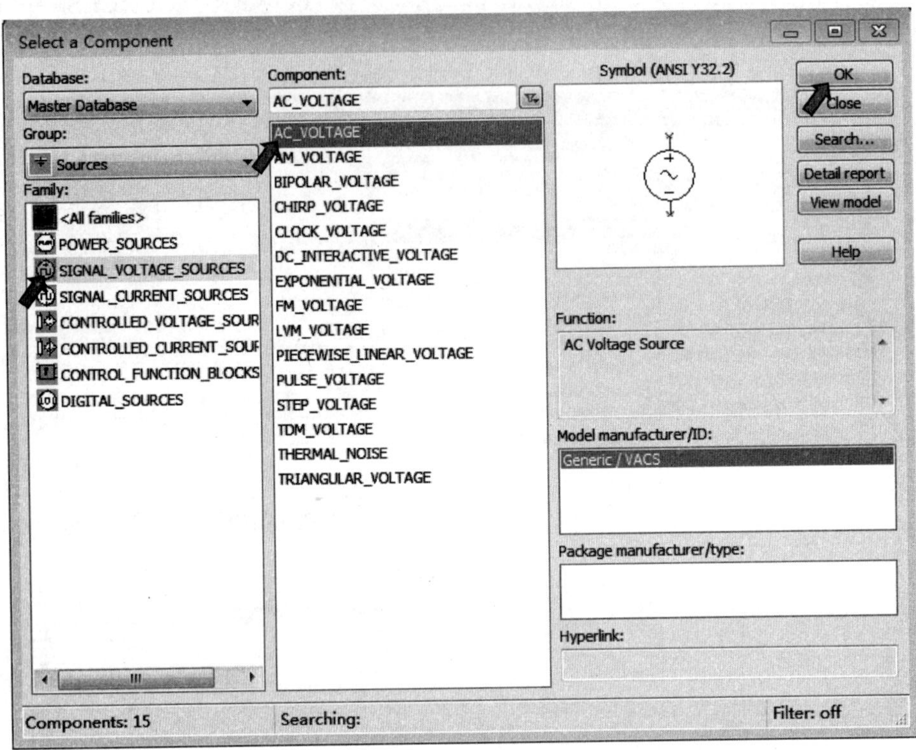

图 3.2.36　选择“AC_VOLTAGE”

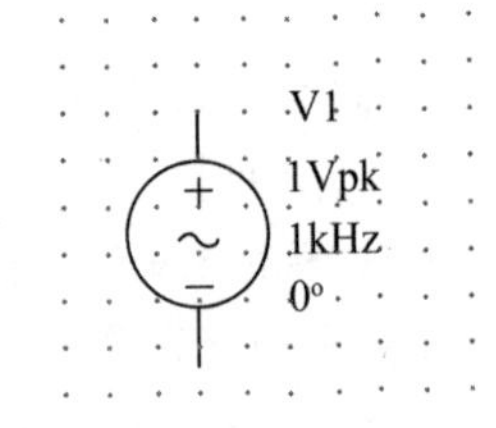

图 3.2.37　交流电压源图标

(2)此时“Select a Component”窗口关闭,单击将交流电压源图标(见图 3.2.37)放置在电路图图纸的恰当位置上。这时“Select a Component”窗口会再次弹出,如果不需要放置更多的元器件,关闭弹出的窗口。

(3)修改交流电压源的放置方向、标志符以及删除交流电压源的方法与电阻基本相同。如果需要修改交流电压源电压的幅值和频率,步骤如下:双击交流电压源图标,在弹出的“AC_VOLTAGE”窗口中单击“Value”选项卡,在“Voltage(Pk):”后的输入框中填写新的电压幅值,在“Frequency(F):”后的输入框中填写新的频率,最后单击“OK”,如图 3.2.38 所示。

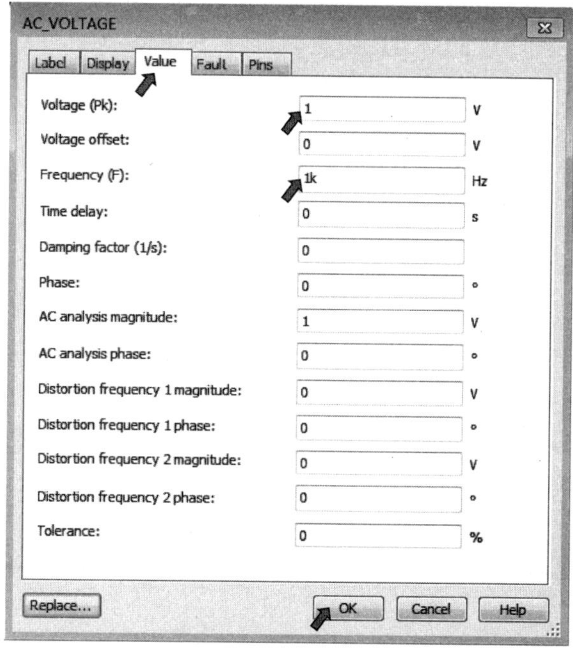

图 3.2.38　修改交流电压源电压的幅值和频率

11. 地

(1)单击“Place Source”，在弹出的“Select a Component”窗口中，选择“POWER_SOURCES”→“GROUND”，最后单击“OK”，如图 3.2.39 所示。

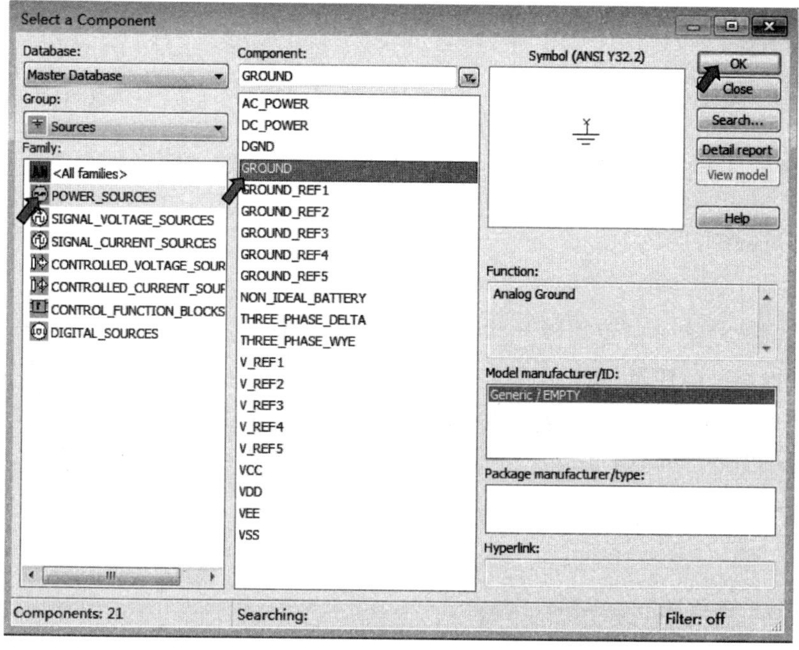

图 3.2.39　选择“GROUND”

(2)此时“Select a Component”窗口关闭,单击将“地”图标(见图 3.2.40)放置在电路图图纸的恰当位置上。这时“Select a Component”窗口会再次弹出,如果不需要放置更多的元器件,关闭弹出的窗口。

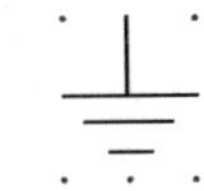

图 3.2.40 “地”图标

(3)修改“地”的放置方向以及删除“地”的方法与电阻基本相同,此处不再赘述。

12. 器件的连接

(1)将鼠标指针悬停在第一个元器件的引脚上,单击并拖动光标,在导线需要拐弯处单击,则该点被固定下来,导线可以在该点处转折,到达终点引脚时,单击完成连接,如图 3.2.41 所示。

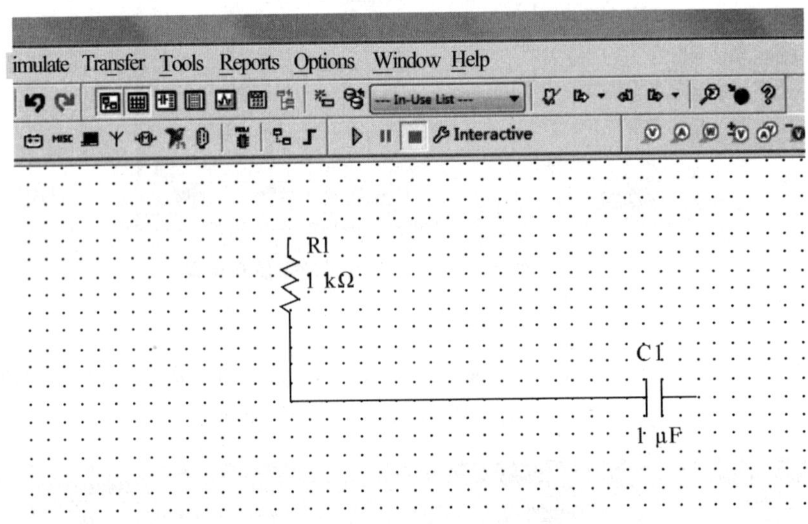

图 3.2.41 器件的连接

(2)如果需要删除导线,单击导线将其选中,再单击“Delete”即可。

三、仪器仪表的使用

1. 万用表

万用表可以用来测量交直流电压、电流、电阻,以及两点之间的分贝损耗。使用时,单击菜单栏中的“Simulate”→“Instruments”→“Multimeter”,或者直接单击仪器仪表栏中的“Multimeter”按钮。单击将万用表图标(见图 3.2.42)放置在电路图图纸的恰当位置上。

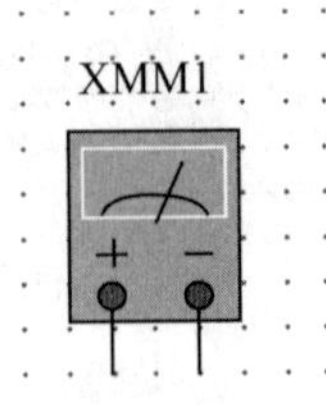

图 3.2.42 万用表图标

双击万用表图标，万用表参数设置窗口将弹出，如图 3.2.43 所示。该窗口中各个按钮的功能为：

图 3.2.43　万用表参数设置窗口

(1)A：测量电流；

(2)V：测量电压；

(3)Ω：测量电阻；

(4)dB：测量分贝值；

(5)～：测量交流（测量值为交流有效值）；

(6)—：测量直流；

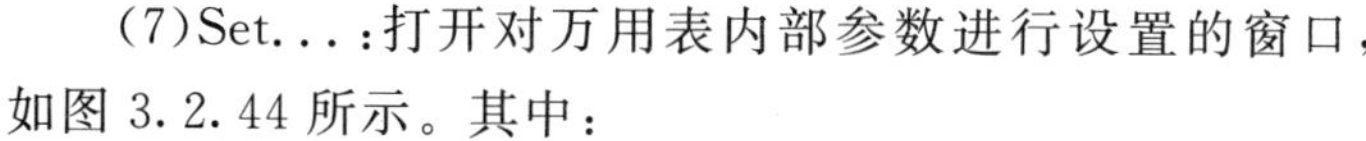

(7)Set...：打开对万用表内部参数进行设置的窗口，如图 3.2.44 所示。其中：

①Ammeter resistance(R)：设置电流表的内阻；

②Voltmeter resistance(R)：设置电压表的内阻；

③Ohmmeter current(I)：设置欧姆表测量时流过它的电流值；

④dB relative value(V)：dB 相对值；

⑤Ammeter overrange(I)：电流测量显示范围；

⑥Voltmeter overrange(V)：电压测量显示范围；

⑦Ohmmeter overrange(R)：电阻测量显示范围。

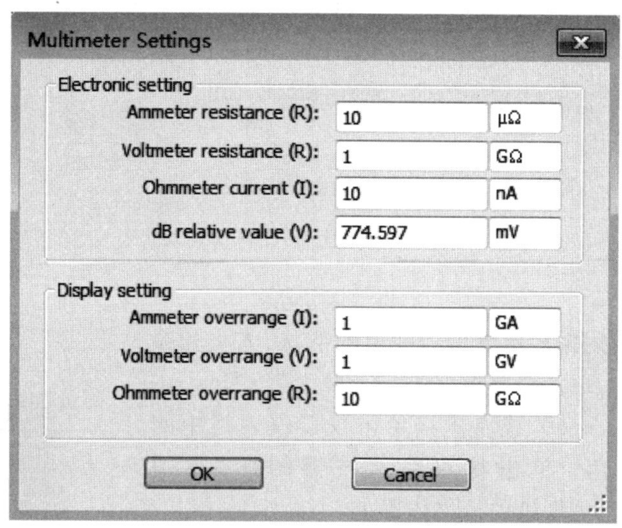

图 3.2.44　万用表内部参数设置窗口

2. 函数发生器

函数发生器可以提供正弦波、三角波和方波这三种不同波形的信号。使用时，单击菜单栏中的“Simulate”→“Instruments”→“Function generator”，或者直接单击仪器仪表栏中的“Function generator”按钮。单击将函数发生器图标（见图 3.2.45）放置在电路图图纸的恰当位置上。

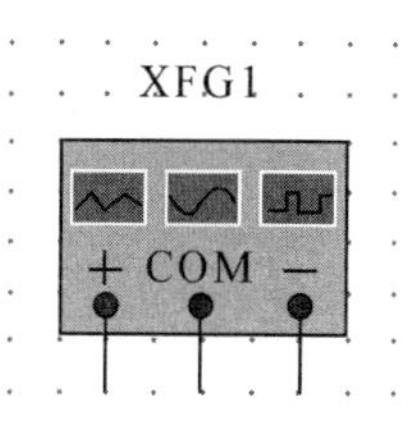

图 3.2.45　函数发生器图标

双击函数发生器图标，函数发生器设置窗口将弹出，如图 3.2.46 所示。该窗口中各个部分的功能为：

(1)“Waveforms”项中的三个按钮用于选择输出电压的波形，从左到右分别为正弦波、三角波和方波。

(2)“Signal options”项中：

①Frequency：设置输出电压的频率；

②Duty cycle：设置方波和三角波的占空比；

③Amplitude：设置输出电压的幅度；

④Offset：设置输出电压的偏置值，即输出电压中的直流成分的大小。

(3)“Set rise/Fall time”按钮用来设置方波的上升和下降时间。单击该按钮，将出现如图 3.2.47 所示的窗口。在该窗口中设置上升和下降时间之后，单击“OK”按钮完成设置，单击“Default”按钮则恢复默认设置，单击“Cancel”按钮将取消设置。

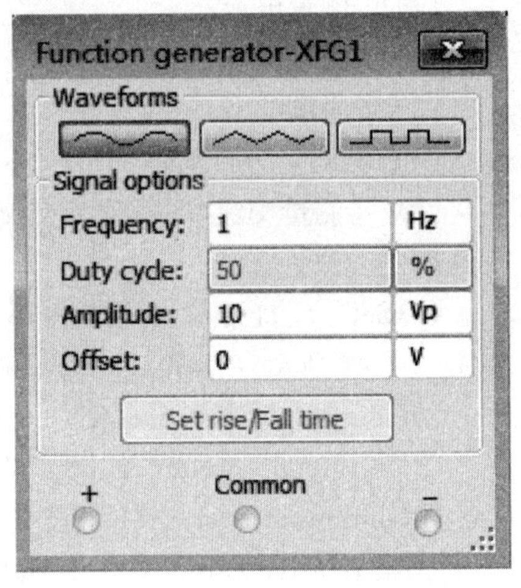

图 3.2.46　函数发生器设置窗口

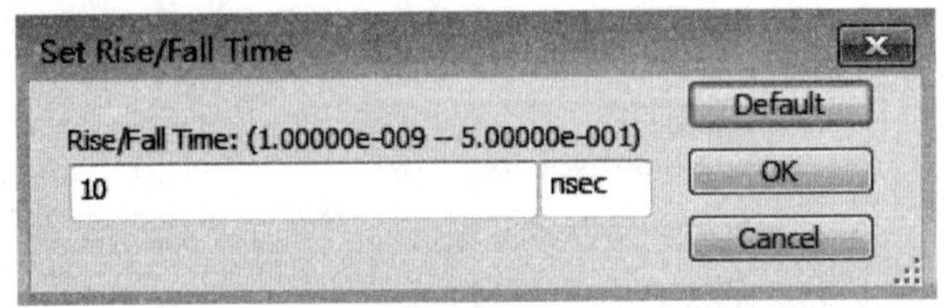

图 3.2.47　方波的上升/下降时间设置窗口

3. 双踪示波器

双踪示波器可用来显示电信号波形的形状、大小和频率等参数。使用时，单击菜单栏中的“Simulate”→“Instruments”→“Oscilloscope”，或者直接单击仪器仪表栏中的“Oscilloscope”按钮。单击将双踪示波器图标（见图 3.2.48）放置在电路图图纸的恰当位置上。

双击双踪示波器，将弹出如图 3.2.49 所示的示波器的面板。面板中各个部分的作用分别是：

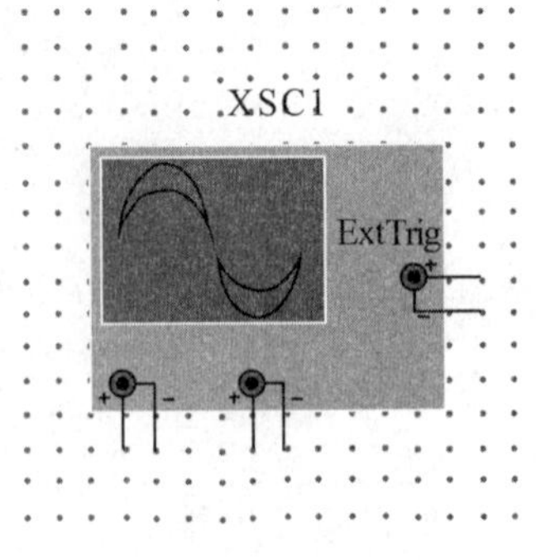

图 3.2.48　双踪示波器图标

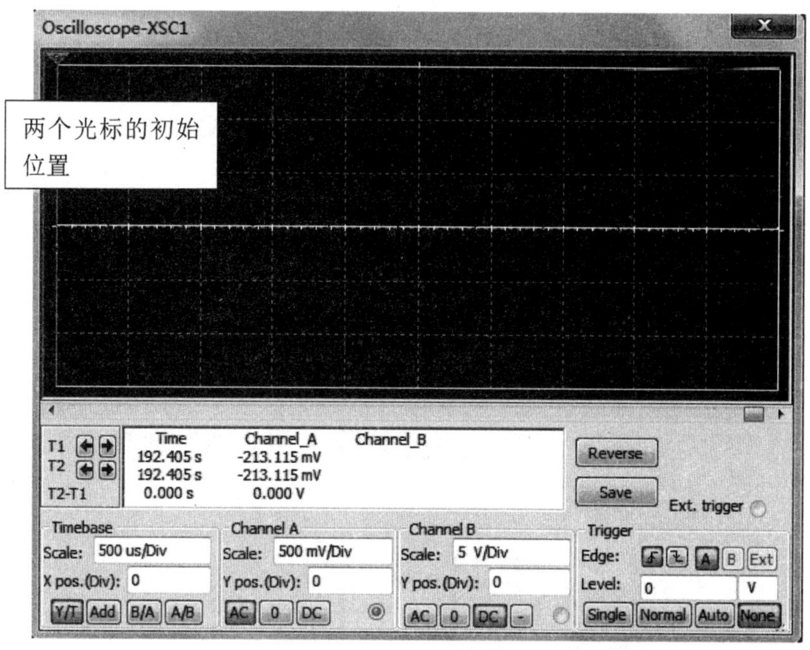

图 3.2.49　示波器的面板

(1)“Timebase”选项

①Scale：设置 X 轴方向每格代表的时间，如图 3.2.49 中 Scale＝500 μs/Div，意味着 X 轴方向每格代表 500 μs。

②X pos.(Div)：X 轴位移，用于控制 X 轴的起始点。

③显示方式：

a. Y/T 按钮：X 轴显示时间刻度，Y 轴显示电压信号的幅度；

b. Add 按钮：X 轴显示时间刻度，Y 轴显示 A、B 通道输入信号之和；

c. B/A 按钮：A 通道信号为 X 轴扫描信号，Y 轴显示 B 通道信号；

d. A/B 按钮：B 通道信号为 X 轴扫描信号，Y 轴显示 A 通道信号。

(2)“Channel A”选项和“Channel B”选项

①Scale：设置 Y 轴方向每格代表的电压数值，如图 3.2.49 中“Channel A”选项中的 Scale＝500 mV/Div，意味着对于 A 通道信号，Y 轴方向每格代表 500 mV。

②Y pos.(Div)：Y 轴位移，用于控制 Y 轴的起始点。

③输入方式：

a. AC 按钮：只显示信号的交流部分；

b. 0 按钮：代表输入信号与地短接；

c. DC 按钮：将显示信号的交、直流分量叠加后的结果。

(3)“Trigger”选项

该选项用于设置示波器的触发方式。

①Edge：用于选择触发信号，如 是利用输入信号的上升沿或下降沿作为

触发信号；

②Level:用于设置触发电平的大小；

③Single 按钮:单脉冲触发方式；

④Normal 按钮：当触发电平要求被满足时，即采样显示输出一次；

⑤Auto 按钮:自动触发方式。

(4)显示区

①Reverse 按钮:用于改变示波器屏幕的背景颜色；

②Save 按钮:用于以 ASCII 文件形式保存波形读数；

③光标及数据区的说明如图 3.2.50 所示。

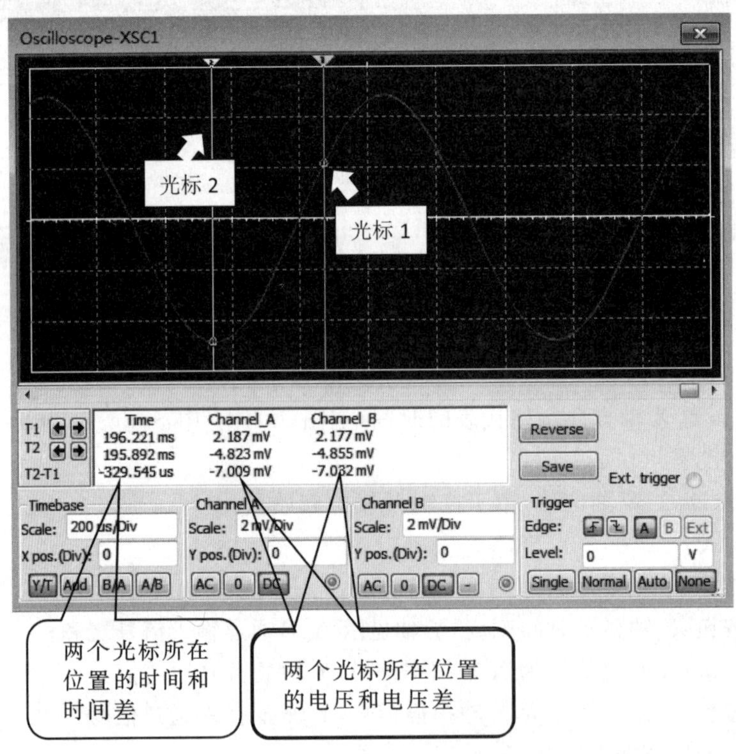

图 3.2.50　光标及数据区的说明

四、电路原理图的建立与仿真

在这一小节，我们以一个简单的串联分压电路为例，介绍电路原理图的建立与仿真步骤。

1. 设置工作环境

(1)单击标准工具栏中的“新建文件”按钮，在弹出的“New Design”窗口中选择“Blank and recent”→“Blank”，最后单击“Create”，如图 3.2.51 所示。

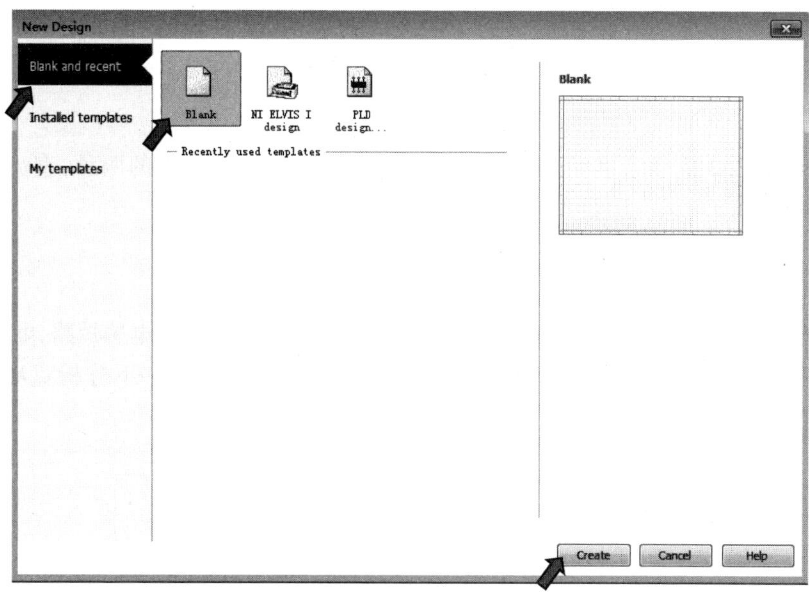

图 3.2.51 “New Design” 窗口

(2)单击标准工具栏中的“保存文件”按钮,将文件保存为“串联分压电路.ms14”。

2.绘制电路图

按照本节“一、界面设置”和“二、电路创建基础”中介绍的方法,设置电路图图纸的尺寸,并依照图 3.2.52 绘制电路图。

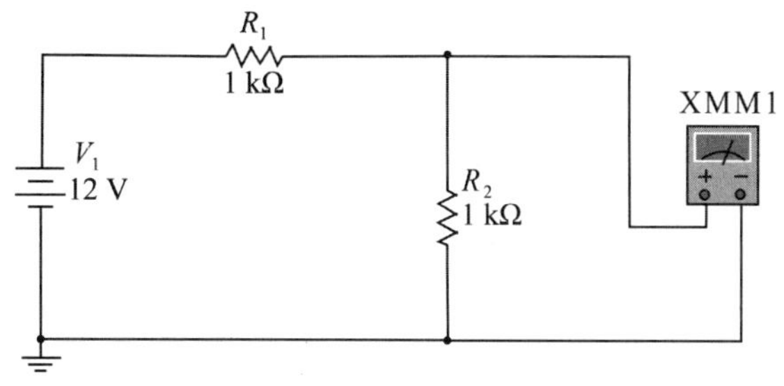

图 3.2.52 串联分压电路图

3.仿真

单击仿真工具栏中的“运行仿真”按钮 ▷ ,开始仿真。双击万用表图标,在弹出的万用表参数设置窗口中可看到测量的电压值,如图 3.2.53 所示。由于两个电阻的阻值都是 1 kΩ,所以 R_2 两端的电压应该是直流电压源电压的一半 6 V。

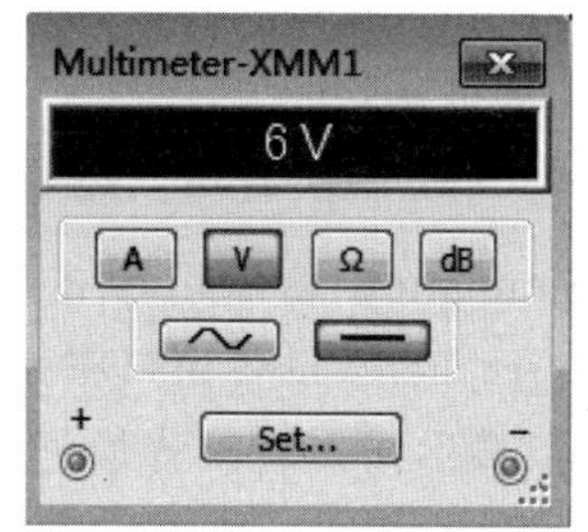

图 3.2.53 万用表读数

4.停止仿真

单击仿真工具栏中的“停止仿真”按钮 ■ ,停止仿真。

第三节　基本分析方法

Multisim 14.0 提供了多种分析方法。本节我们重点介绍其中的两种：直流工作点分析和交流分析。

一、直流工作点分析

直流工作点分析用于测量电路的静态工作点。分析时，电路中的电感短路、电容开路、交流源被置零。我们以图 3.3.1 所示的共发射极放大电路为例，介绍一下分析直流工作点的步骤：

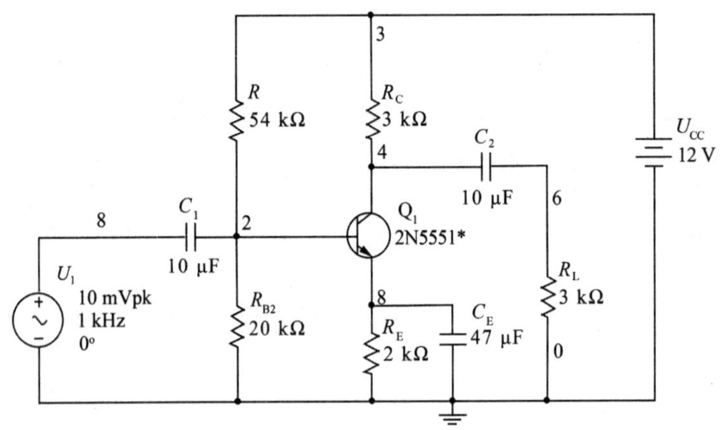

图 3.3.1　共发射极放大电路

(1)单击菜单栏中的“Simulate”→“Analyses and simulation”，这时“Analyses and Simulation”窗口弹出。在该窗口中选择“DC Operating Point”，如图 3.3.2 所示。

(2)单击“Output”(输出)选项卡，在“Variables in circuit”(电路中的变量)列表中列出了所有可选的输出变量。选中用于分析的输出变量，如节点 2 的电压 V(2)，单击“Add”(添加)按钮，即可将其加入“Selected variables for analysis”(选中用于分析的变量)列表中。该列表中的变量在仿真结束后会在仿真结果中显示出来。如果“Selected variables for analysis”列表中有不需要显示的输出变量，选中后单击“Remove”(移除)按钮即可移除。

(3)单击“Run”(运行仿真)按钮，或者单击“Save”(保存)按钮关闭“Analyses and Simulation”窗口后单击仿真工具栏中的“运行仿真”按钮 ▷，即可开始仿真。此时“Grapher View”窗口将弹出，显示仿真结果，如图 3.3.3 所示。单击图中箭头所指示的图标“▣”，可以转换背景色。

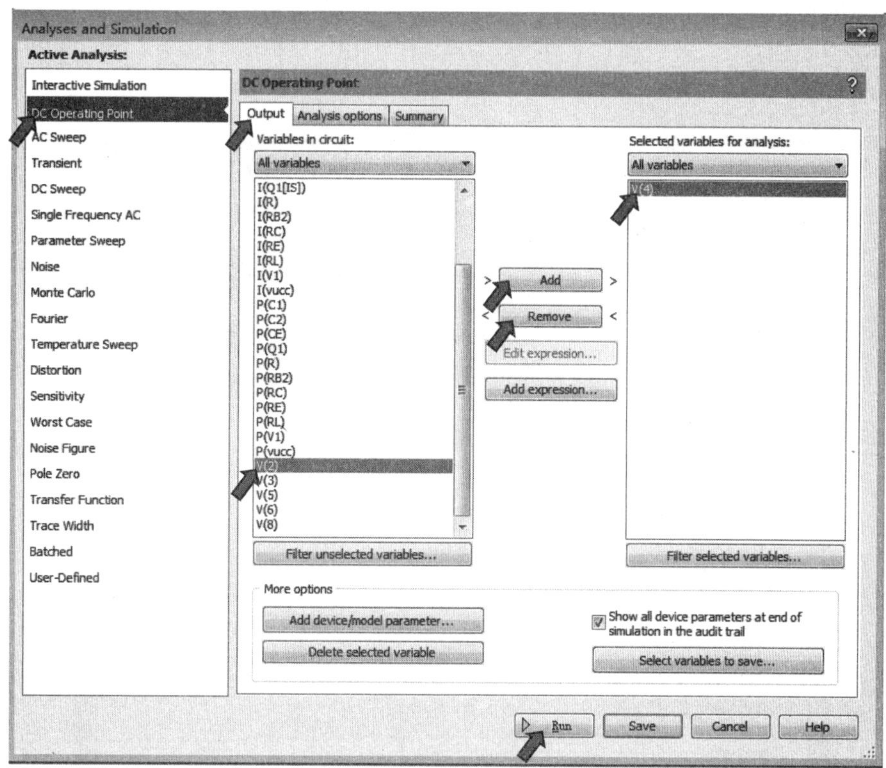

图 3.3.2　直流工作点分析

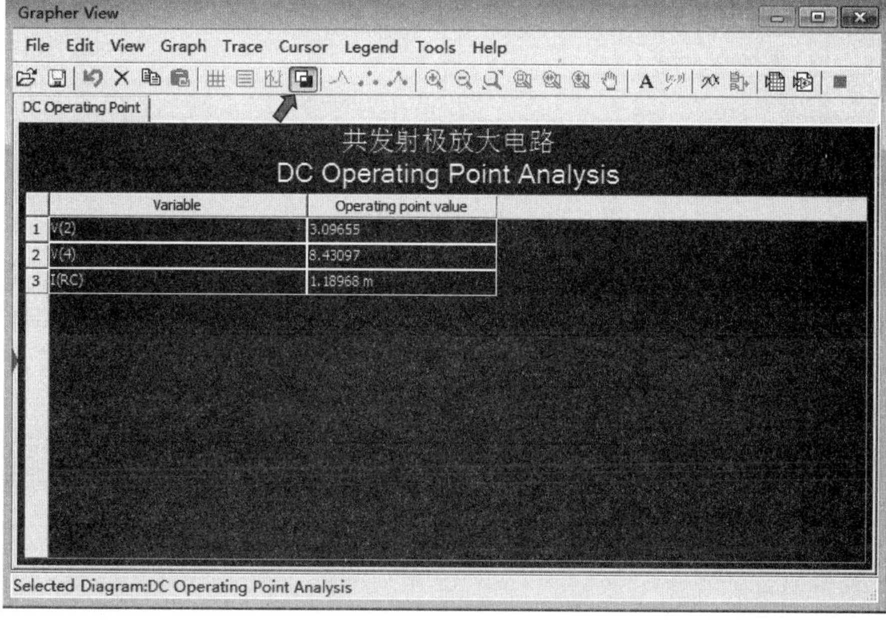

图 3.3.3　直流工作点分析结果

(4)如果电路图上没有显示节点号,单击菜单栏中的"Options"→"Sheet properties",这时"Sheet Properties"窗口弹出。单击"Sheet visibility"选项卡,选择"Net names"栏中的"Show all"选项,最后单击"OK",如图 3.3.4 所示。

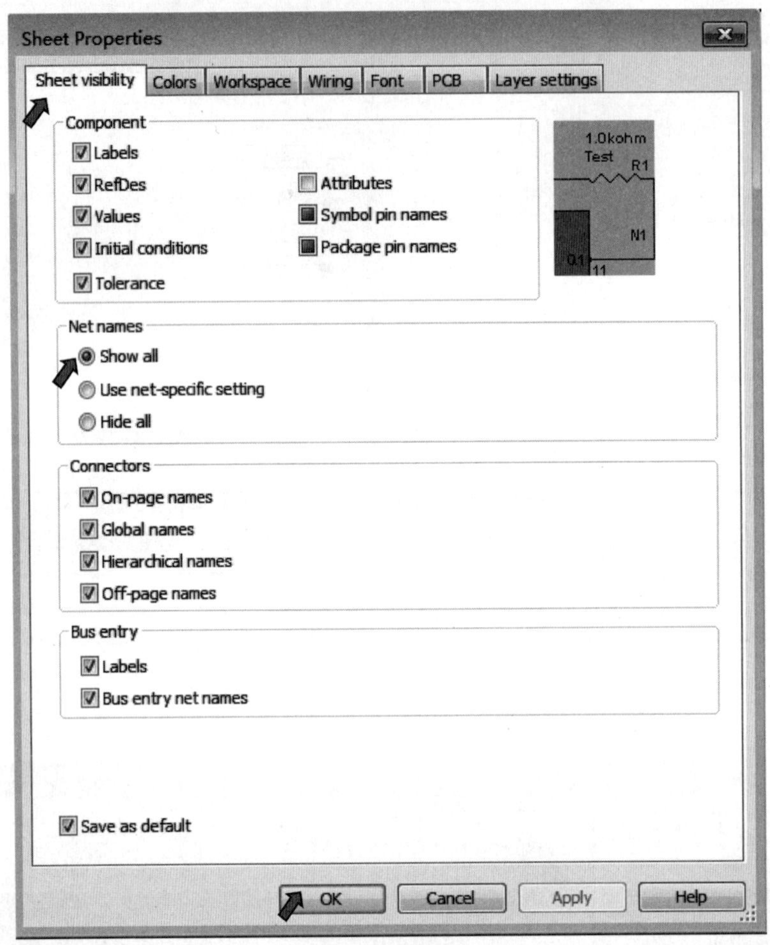

图 3.3.4 在电路图上显示节点号

二、交流分析

交流分析用于在一定频率范围内计算电路的频率响应。在进行交流分析之前,电路中至少要有一个交流电源。交流分析的步骤如下:

(1)单击菜单栏中的"Simulate"→"Analyses and simulation",这时"Analyses and Simulation"窗口弹出。在该窗口中选择"AC Sweep",如图 3.3.5 所示。

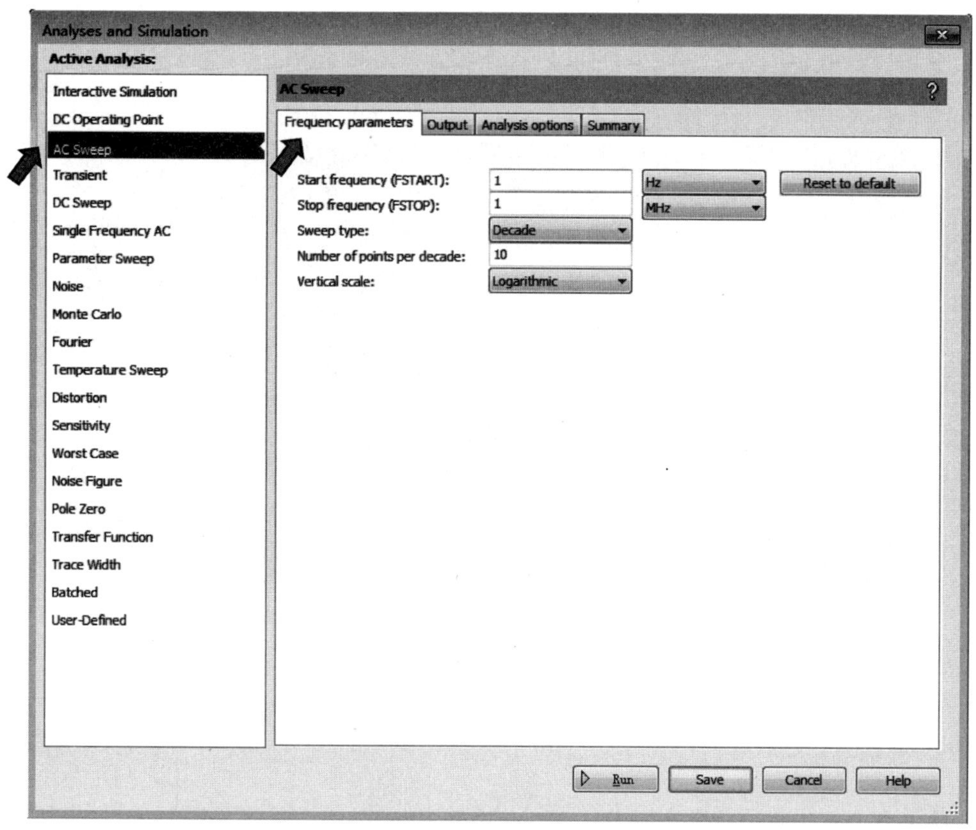

图 3.3.5　交流分析

(2)在“Frequency parameters”(频率参数)选项卡中设置恰当的参数：

①Start frequency (FSTART)：设置交流分析的起始频率。

②Stop frequency (FSTOP)：设置交流分析的终止频率。

③Sweep type：设置扫描类型。有三种选择：Decade(十倍程扫描)、Octave(八倍程扫描)、Linear(线性扫描)。

④Number of points (per decade 或 per octave)：设置测试点数目。

⑤Vertical scale：设置纵坐标刻度。有四种选择：Linear(线性)、Logarithmic(对数)、Decibel(分贝)、Octave(八倍)。

⑥Reset to default：重置为默认值。

(3)在“Output”(输出)选项卡中设置输出变量，方法与直流工作点分析相同。

(4)单击“Run”按钮，或者单击“Save”按钮，关闭“Analyses and Simulation”窗口后单击仿真工具栏中的“运行仿真”按钮 ▷，即可开始仿真。此时“Grapher View”窗口将弹出，显示仿真结果如图 3.3.6 所示。

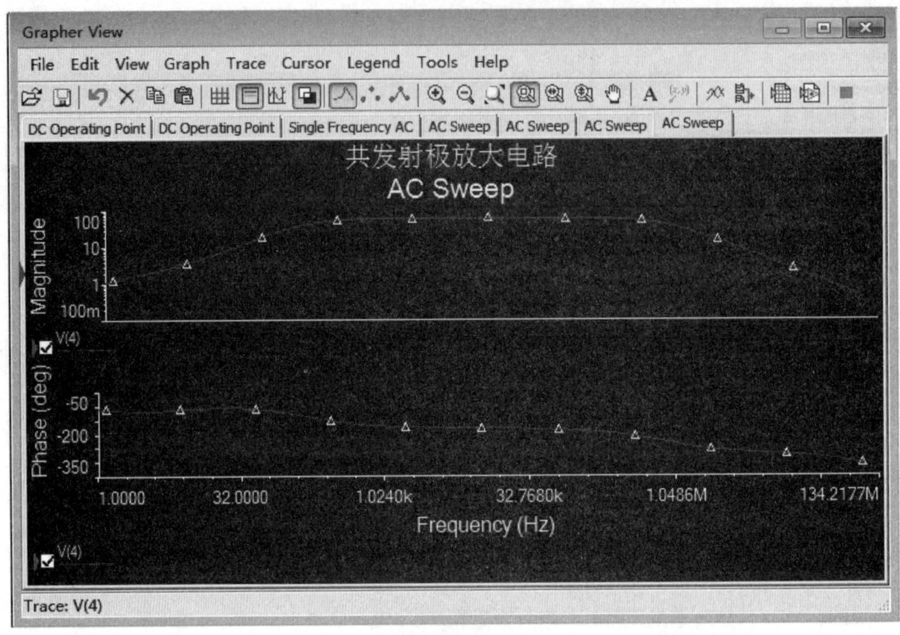

图 3.3.6　交流分析结果

三、其他分析

除了直流工作点分析和交流分析之外，Multisim 14.0 还提供了瞬态分析、直流扫描分析、噪声分析、蒙特卡罗分析、傅里叶分析、灵敏度分析等 17 种分析方式。由于篇幅有限，本章将不作详细介绍。

第四章　模拟电子技术实验

实验 1　常用电子仪器的使用

一、实验目的

通过实验，学会低频信号发生器、示波器、交流毫伏表、万用表等常用电子仪器的操作和使用；初步掌握用示波器测量交流电压的幅值、相位、频率和脉冲信号的有关参数的方法。

二、实验仪器

函数信号发生器、双踪示波器、数字万用表、交流毫伏表、直流稳压电源。

三、实验原理

在电子线路实验中，测量和定量分析电路的静态和动态工作状况时，常用的电子仪器有函数信号发生器、双踪示波器、数字万用表、交流毫伏表、直流稳压电源等。这些仪器在测量中的连接方式如图 4.1.1 所示。接线时需要注意的是：为了防止外界干扰，各种仪器的接地端应连接在一起，称为“共地”。函数信号发生器、交流毫伏表的引线通常用屏蔽线或专用电缆线，示波器接线使用专用电缆线，只有直流稳压电源的接线用普通导线。

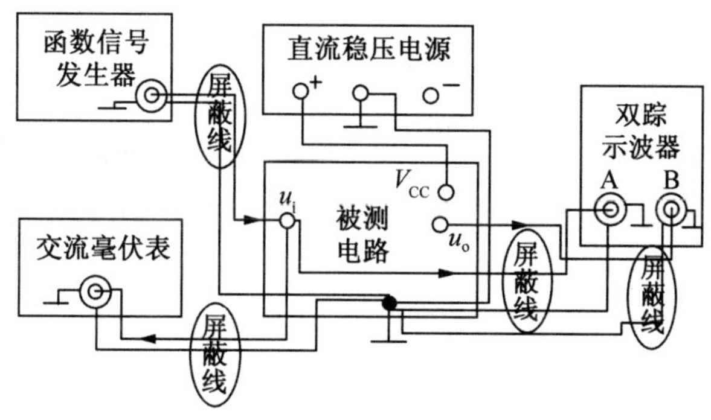

图 4.1.1　电子线路中常用测量仪器的连接

图 4.1.1 中各部分器件在测量中起的作用如下：

(1)直流稳压电源为被测电路提供直流供电电压。

(2)万用表用于测量静态工作点。

(3)函数信号发生器为实验电路提供实验信号，根据测量要求，可为电路提供各种不同频率和幅度的输入信号。它可以是正弦波、方波、三角波。通过输出衰减开关和输出幅度调节旋钮，可以使输出电压在毫伏级到伏级范围内连续可调。函数信号发生器的输出信号频率可以通过频率分挡开关进行调节。

函数信号发生器作为信号源，它的输出端不允许短路。

(4)交流毫伏表用于测量输入、输出交流信号的有效值。交流毫伏表只能在其工作频率范围之内，用来测量正弦交流电压的有效值。为了防止交流毫伏表过载而损坏，测量前应先把其量程开关置于量程较大的位置上，然后在测量中逐挡减小量程。

接通电源后，将输入端短接，进行调零，然后断开短路线即可进行测量。

(5)双踪示波器是一种常用的测量仪器，可以同时测量输入、输出信号的波形。它能直接测量和真实显示被测信号的波形。它不仅能够观测电路的动态过程，还可以测量电信号的幅度、频率、周期、相位、脉冲宽度、上升和下降时间等参数。

四、实验内容

(1)练习函数信号发生器和交流毫伏表的使用。用交流毫伏表测量函数信号发生器的输出电压。

(2)用双踪示波器测量交流信号的参数：

①开启函数信号发生器，用示波器观察波形，调信号发生器的输出信号电压 $u_s=1\sim2$ V，$f=1$ kHz，将该信号由“电压输出”端送到示波器的通道 1，调节示波器的有关旋钮，使荧光屏上显示一个或几个稳定的正弦波。

②改变信号频率为 100 Hz、1 kHz、5 kHz、15 kHz，幅度不变，调节有关旋钮，显示出清晰稳定且适当的波形。

③用示波器测量被观察的正弦波的电压峰-峰值 U_{p-p}、频率 f(或周期 T)、有效值，将示波器测量的结果与交流毫伏表测量的结果进行对比。

(3)用示波器测量直流电源电压。分别测量±12 V、±5 V、±15 V，并与电源指示值进行比较。

(4)测量频率为 1 kHz，幅度分别为 10 mV、20 mV、200 mV、1 V、10 V 的正弦信号。

五、实验报告要求

(1)总结双踪示波器、函数信号发生器、交流毫伏表的主要旋钮的功能和正确的使用方法。

(2)列表整理实验数据并进行必要的分析、计算。

实验2　晶体管伏安特性的测试

二极管(Diode,简记为D)、晶体管(Transistor,简记为T)是分立电子电路的核心器件,它们的性能参数直接影响应用电路的性能指标。晶体管的性能参数可以根据管子的型号、借助元器件手册或者产品说明书查到,但由于管子的性能参数范围一般较宽,在使用前应该对其进行测量。

一、实验目的

通过实验掌握二极管、晶体三极管的基本工作原理;掌握用万用表辨别二极管、晶体三极管电极的基本方法;学习用Multisim分析半导体器件的伏安特性,研究二极管对直流量和交流量表现的不同特点。

二、实验仪器及备用元器件

1. 实验仪器

直流电源、万用表。

2. 实验备用器件

普通二极管、稳压二极管、发光二极管、双极型晶体管、绝缘栅场效应管。

三、实验原理

测试二极管、三极管前,应首先辨别器件的电极和好坏,再用晶体管特性图示仪测试器件的伏安特性,然后获得器件的具体参数。

1. 二极管的测量

普通二极管一般分为塑料封装和玻璃封装,在它们的外壳上印有型号和标记,标记的箭头指向器件的负极,有色点的一端为负极。发光二极管一般为直插封装,较长的引脚为正极,如图4.2.1所示。当电极标记模糊或者难以辨别时,需要根据二极管的单向导电性,用万用表测试。

(1)用模拟万用表测试

用模拟万用表的欧姆挡(使用前需要调零)可以简单地辨别二极管的电极和好坏。模拟万用表欧姆挡的简化等效电路如图4.2.2所示。图中的电压源为万用表的内电源,电阻为万用表的内等效电阻。

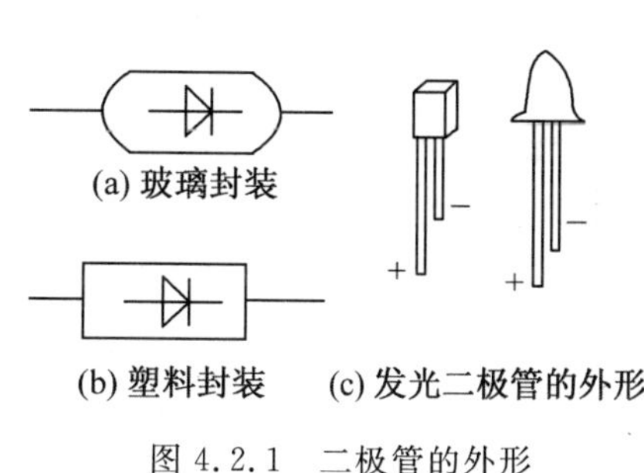

图4.2.1　二极管的外形

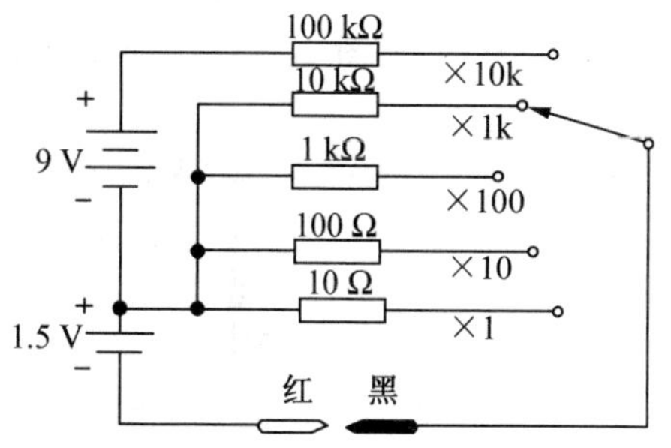

图4.2.2　模拟万用表欧姆挡的等效电路

由图 4.2.2 知，当万用表处于 Ω×1、Ω×10、Ω×100、Ω×1k 挡时，内电压为 1.5 V，测量回路中的电流较大；处于 Ω×10k 挡时，内电压为 9 V 与 1.5 V 串联，电压较高。为了避免超过 PN 结允许通过的电流和额定反向击穿电压而损坏管子，一般采用 Ω×100 或 Ω×1k 挡进行测量。必须注意的是：模拟万用表的红表笔带负电，因为它对应表内电源的负极（对应表笔插孔“+”）；黑表笔带正电，因为它对应表内电源的正极（对应表笔插孔“*”）。

判断二极管的电极时，将黑表笔接到二极管的一个电极上，红表笔接另一个电极，如图 4.2.3 所示。若万用表指示的电阻值较小（约几千欧数量级），表头指针向右偏，如图 4.2.3(a)所示；而将黑、红表笔对调后万用表指示的电阻值较大（约几百千欧数量级），表头指针向左偏，如图 4.2.3(b)所示，说明二极管是好的。同时对应的图 4.2.3(a)的情况，黑表笔的一端为二极管的正极，红表笔的一端为二极管的负极。若正向和反向电阻值均为无穷大，说明二极管内部断路；若正向和反向电阻值均为零，说明二极管内部短路；若正向和反向电阻值接近，说明二极管已经失去单向导电的特性。

在两只不同材料的二极管中，相比之下正偏和反偏电阻均较低的一只为锗管。

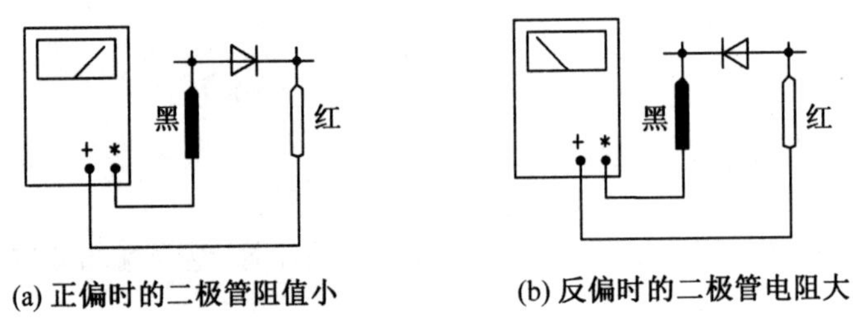

(a) 正偏时的二极管阻值小　　(b) 反偏时的二极管电阻大

图 4.2.3　用模拟万用表判断二极管的电极及好坏

(2)用数字万用表测试

用数字万用表的欧姆挡同样可以判断二极管的好坏和电极，其基本原理和方法与模拟万用表相似，主要区别为：数字万用表的红表笔带正电，因为它对应表内电源的正极（对应表笔插孔“V · Ω”）；黑表笔带负电，因为它对应表内电源的负极（对应表笔插孔“COM”）。因此，在正常情况下，若测得二极管的等效电阻较小，则红表笔接的一端是二极管的正极，而黑表笔接的一端为二极管的负极。

用数字万用表的二极管检测挡测试二极管的正偏压降更加直观，当给二极管施加正向电压时，如图 4.2.4(a)所示，对于硅管显示屏显示 500～800 mV，对于锗管显示 100～300 mV。若显示“000”说明管子已经短路，若显示溢出符号“1”说明管子不通。当给二极管施加反向电压时，如图 4.2.4(b)所示，无论何种二极管均显示“1”，否则说明二极管已经损坏。

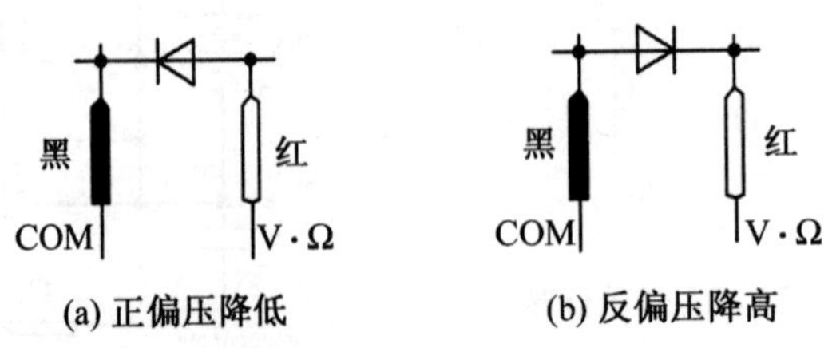

(a) 正偏压降低　　(b) 反偏压降高

图 4.2.4　用数字万用表判断二极管的电极和好坏

发光二极管极性的简易辨别法和普通二极管的辨别法基本一样，所不同的是：发光二极管的正向工作电压一般在 1.5 V 以上，所以，测试时需串接一个 1.5 V 的干电池，将万用表的黑表笔接于干电池的负极，红表笔和干电池的正极分别接发光二极管的两端，若测出的电阻较小，且管子发亮，则与红表笔相连的一端为管子的负极。

稳压二极管的检测见第二章第四节中的特种二极管。

2.晶体管的测试

晶体管的三个电极和类型必须正确辨认，若不能正确辨认而盲目接入电路中，不但不能获得预定的指标，相反还会给测试电路带来诸多的麻烦，甚至可能将管子烧毁。一般情况下，在管子的封装壳上都印有管子的型号，用于说明管子的类型、半导体材料和主要的技术指标。使用时需要查阅手册。若不能判别管子的电极和类型，则需要检测。

(1)双极型晶体管的测试

双极型晶体管(Bipolar Junction Transistor，简记为 BJT)，可简称晶体三极管、半导体三极管、三极管。

①用模拟万用表测试三极管

通过用模拟万用表的欧姆挡测量 PN 结的正反向电阻，能够方便地辨别出管脚的极性。

a.基极和管子类型的判别

当 NPN 型管基极所加电压相对于集电极、发射极所加电压为正，而 PNP 型管基极所加电压相对于集电极、发射极所加电压为负时，三极管的发射结和集电结将同时出现正向特性，根据这一原则可以判别管子的类型，同时确定基极。具体方法是：

将黑表笔接在三极管的某一电极上，红表笔先后接其他两个电极，若测出的电阻均很小(几百欧至几千欧)，则说明此管是 NPN 型管，而且黑表笔接的电极是基极。若黑表笔接某一电极，而红表笔接其他两个电极，测出的电阻都很大(几千欧至十几千欧)，则说明此管是 PNP 型管，黑表笔接的电极是基极，如图 4.2.5 所示。

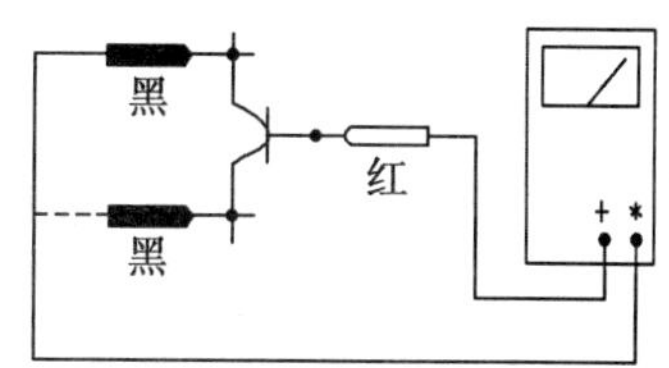

图 4.2.5　基极和管子类型的判别

b.集电极和发射极的辨别

由于在制造工艺上已保证了在正确接法下发射极发射的载流子能顺利地被集电极收集，因此在判别出管子类型和找出基极后，利用万用表的 Ω×100 挡或 Ω×1k 挡，用手捏住假设的集电极 c 和基极 b(但不能让 b、c 直接接触)，如图 4.2.6 所示。通过人体，相当于在 b、c 之间接入偏置电阻，然后在发射极和集电极之间正反测两次电阻，其中阻值小的一次对 NPN 型管来说，红表笔接的是发射极，黑表笔接的是集电极；而对 PNP 型管则相反。

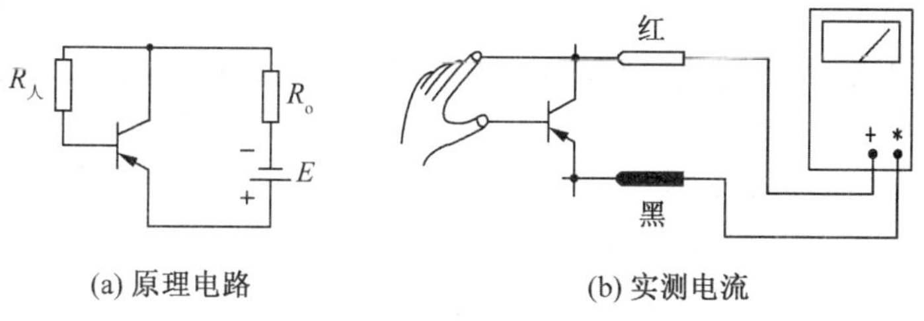

(a) 原理电路　　(b) 实测电流

图 4.2.6　集电极和发射极的辨别

c. 检测集电极与发射极间的穿透电流

测试穿透电流的方法如图 4.2.7 所示。在双极型晶体管三个电极已确定的前提下，将基极 b 开路，测集电极 c 与发射极 e 间的电阻值。一般此电阻值在几十千欧姆以上。如阻值太小，表明 I_{CEO} 较大；如阻值接近于零，表明管子已穿透。

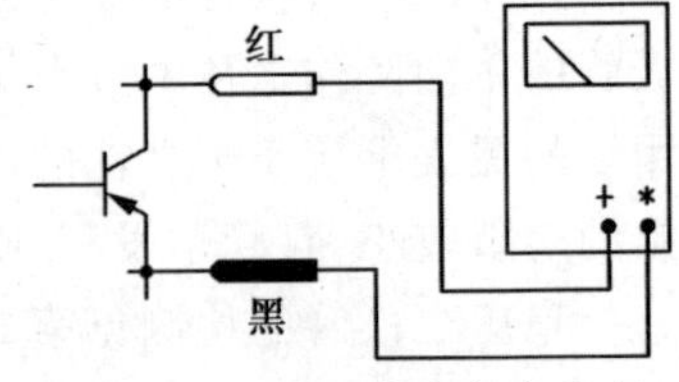

图 4.2.7 测量集电极与发射极间的穿透电流

d. 辨别是高频管还是低频管

目前生产的管子，低频管是合金型晶体管，高频管是扩散型管。高频管基区的杂质浓度不均匀，靠近发射极一边杂质浓度大，电阻率小，而靠近集电极一边杂质浓度小，电阻率大，所以集电结阻挡层比发射结阻挡层的厚度大得多；低频管基区的杂质浓度均匀，故发射结和集电结的阻挡层厚度相差不多。根据这一原理，测晶体管的集电结、发射结的反向电阻，若二者的阻值相差不多，说明是低频管；若集电结的反向电阻比发射结的反向电阻大五倍以上，则说明是高频管。

②用数字万用表测试

这里主要介绍用数字万用表的二极管检测挡和 h_{fe} 插座判别双极型晶体管的电极和好坏的基本方法。

a. 判别电极和管型

将数字万用表置于二极管检测挡。先将一只表笔接在双极型晶体管某一认定的管脚上，另一只表笔分别接到其余两个管脚上。如果测得两个 PN 结均导通（或均不导通），然后将两表笔对换重新测得两个 PN 结均不导通（或均导通），则可确定该认定的管脚是基极。若基极接红表笔时，两个 PN 结均导通，表明该管是 NPN 型管，否则是 PNP 型管。两个 PN 结中正向压降大些的是 be 结，小些的是 bc 结。

b. 检测共射电流放大倍数

首先将数字万用表置于 h_{fe} 挡位，然后按照 h_{fe} 插座上的电极标注将已经确认了管脚的双极型晶体管插入插座，即可直接从显示屏上读出 β 值。若显示屏显示“000”，则说明管子已损坏。

(2)绝缘栅型场效应晶体管的测试

绝缘栅型场效应晶体管（Insulated Gate Field Effect Transistor，IGFET）因栅极是金属铝又称为 MOSFET（Metal Oxide Semiconductor Field Effect Transistor），或简称 MOS 场效应管、MOS 管。

用 500 型模拟万用表的 $\Omega\times1k$ 欧姆挡测试绝缘栅型场效应晶体管最为简单易行。由于绝缘栅型场效应晶体管栅-源间和栅-漏间是绝缘的，因此若任选一管脚，其对另外两个管脚的阻值均为无穷大，则该管脚必为栅极 g。然后测试另外两个管脚间的等效阻值，当阻值为无穷大或较大时，则黑表笔接的是漏极 d，红表笔接的是源极 s。

确定三个电极后，将黑表笔接漏极 d，红表笔接源极 s 的同时再接触一下栅极 g，这时 d 与 s 之间的阻值应为无穷大。若黑表笔离开漏极 d，碰一下栅极 g，此后 d 与 s 之间的阻值应接近于零，即表头指针摆动较大，说明管子的性能基本上是好的。

以上方法只能粗略地辨别晶体管的好坏，如要对晶体管性能的好坏作比较精确的了解，则必须借助于示波器或晶体管特性图示仪。

四、Multisim 测试

1. 普通二极管的测试

在 Multisim 主界面的元器件库栏目中，从二极管库(Diodes)普通二极管系列(DIODE)中找到 IN4009 器件，在仪器栏中选用 IV 分析仪(IV-Analysis)，按图 4.2.8(a)连接，仿真参数设置如图 4.2.8(b)所示，分析其伏安特性。记录 1N4009 的伏安特性曲线；移动光标，读出二极管的导通电压 $U_{D(on)}$ 和反向截止电流 I_R[见图 4.2.8(c)]。

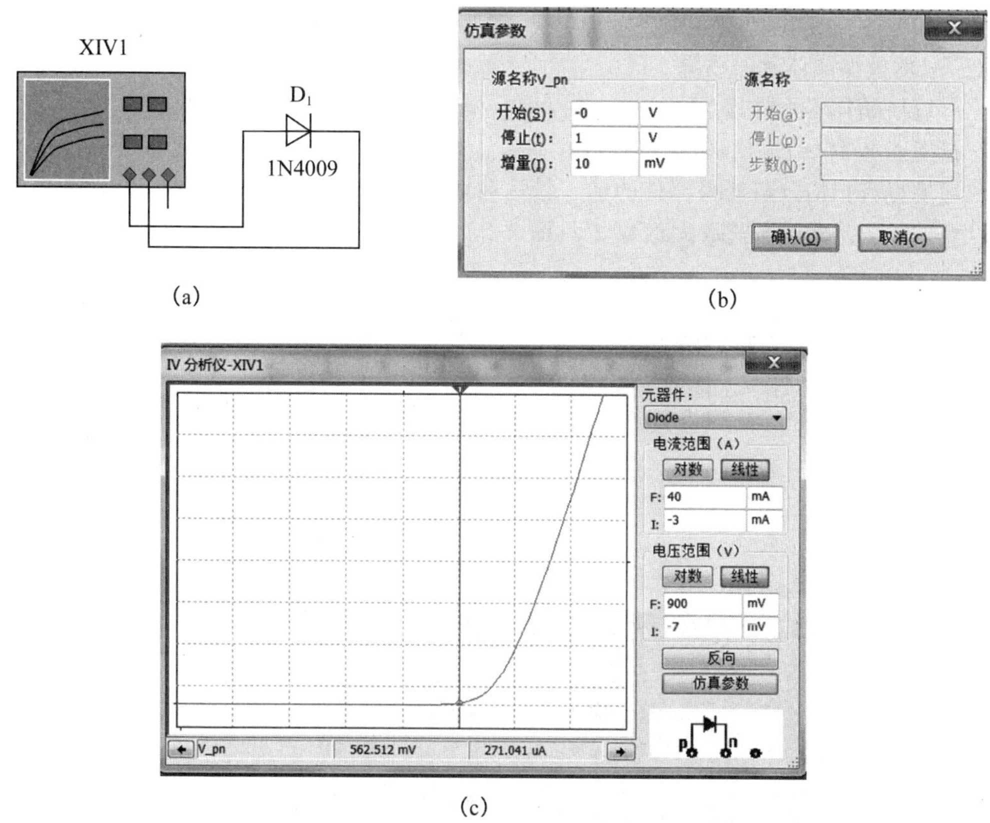

(a)　(b)

(c)

图 4.2.8　二极管伏安特性的测试

2. 稳压管的测试

从二极管库(Diodes)稳压二极管系列(ZENER)中找到 1N4684 器件，按图 4.2.9(a)连接，仿真参数设置如图 4.2.9(b)所示，分别用 IV 分析仪和直流扫描分析命令分析管子的伏安特性。记录管子的稳压值 U_Z 和伏安特性曲线。

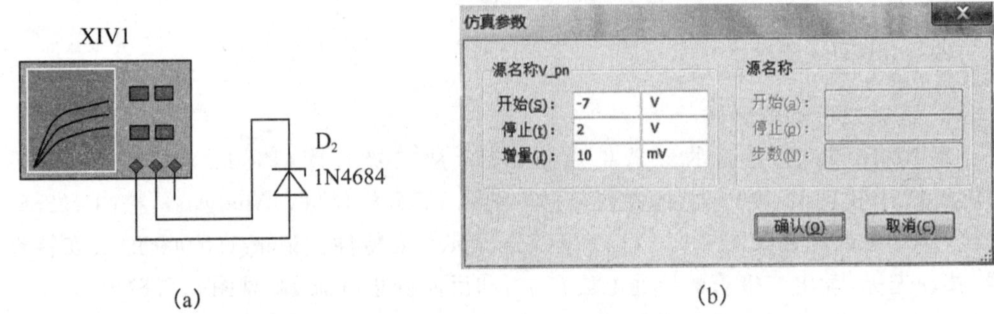

(a)　　(b)

图 4.2.9　稳压二极管伏安特性的测试

3. 双极型晶体管的测试

(1)从晶体管元件库(Transistors)NPN 型管系列(BJT_NPN)中找到 MPSW06G 器件，按图 4.2.10(a)连接，仿真参数设置如图 4.2.10(b)所示，用 IV 分析仪和直流扫描分析，通过直流扫描分析获得器件的输入特性和输出特性。记录管子的伏安特性曲线和导通电压 $U_{BE(on)}$、共射电流放大倍数 β[见图 4.2.10(c)]。

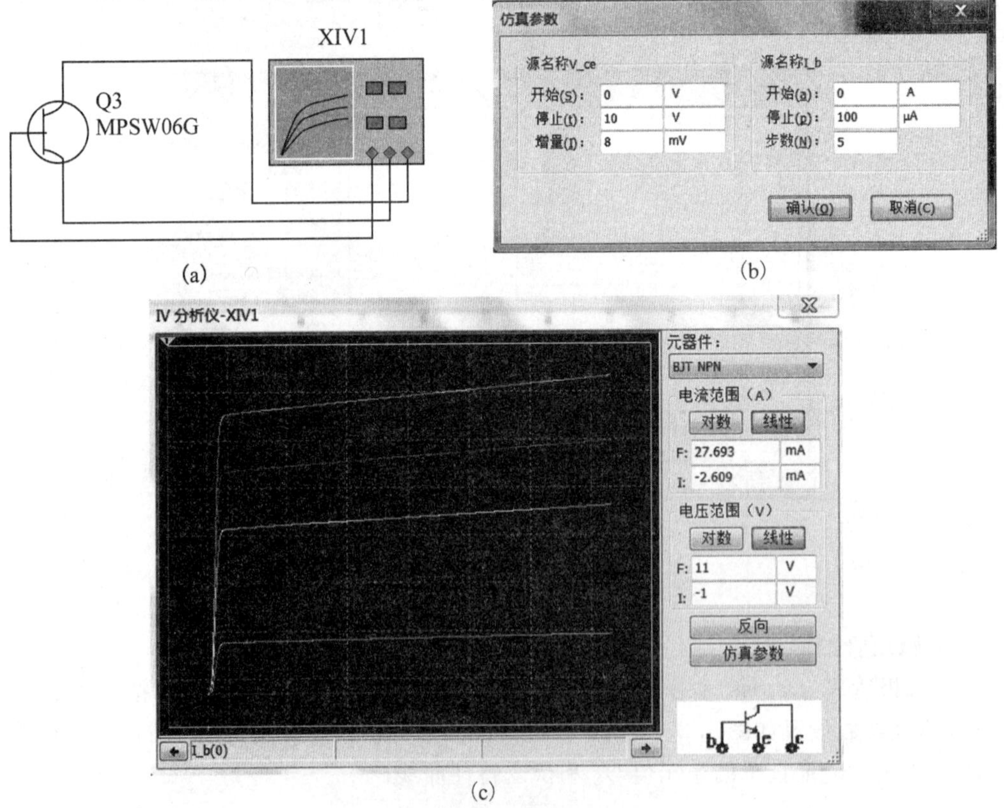

(a)　　(b)

(c)

图 4.2.10　三极管伏安特性的测试

(2)从晶体管元件库(Transistors)PNP 型管系列(BJT_PNP)中找到 2N4125 器件，仿照(1)项对其进行分析。

4. 绝缘栅型场效应晶体管的测试

从晶体管元件库(Transistors)N沟道增强型MOS管系列(MOS-3TEN)中找到BS170器件，分析器件的转移特性和输出特性。记录管子的伏安特性曲线，说明管子的开启电压U_{th}和跨导g_m。

5. 用Multisim仿真研究半导体二极管对直流量和交流量表现的不同特点

仿真电路如图4.2.11所示。在低频小信号状态下，二极管可以等效为一个电阻，由于交流信号很小，输出电压不失真，所以万用表上测量的是电阻上的直流和交流电压值。

(1)仿真直流电压U_2不同时(通过二极管的直流电流不同)，二极管管压降的变化。将结果填入表4.2.1中。

(2)仿真直流电压U_2不同时(通过二极管的直流电流不同)，二极管交流等效电阻的变化。将结果填入表4.2.1中。

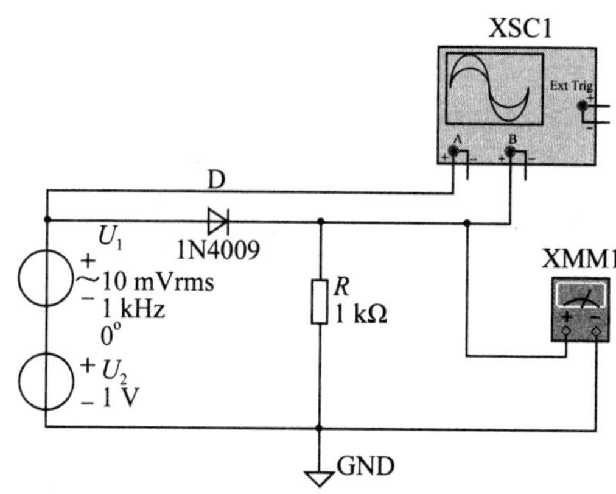

图4.2.11　二极管静态和动态电压的测试

表4.2.1　二极管特性的仿真

直流电源 U_2/V	交流电源 U_1/mV	R上直流电压 U_R/mV	R上交流电压 U_R/mV	二极管上直流电压 U_D/mV	二极管上交流电压 U_D/mV
1	10				
4	10				

(3)对表4.2.1进行分析：

①比较直流电压变化对二极管直流管压降的影响，并得出结论。

②比较直流电压变化对二极管交流管压降的影响，分析动态电阻的变化，并得出结论。

五、实验任务

1. 普通二极管的测试

(1)用万用表从多只二极管中选出性能较好的一只，判别其正负极性，并判断构成该二极管的半导体材料，说明理由。

(2)在实验箱上按照图 4.2.11 连接实验电路，并按照表 4.2.2 进行测量。将测量结果填入表中，得到相应的结论，并与仿真结果进行比较。

表 4.2.2　二极管特性的测量

直流电源 U_2/V	交流电源 U_1/mV	R 上直流电压 U_R/mV	R 上交流电压 U_R/mV	二极管上直流电压 U_D/mV	二极管上交流电压 U_D/mV
1	10				
4	10				

2. 稳压管的测试

(1)用万用表判断稳压管的正负电极。

(2)参照图 4.2.12 连接实验电路。图中电压 U_S 由可调的直流电压源提供。

(3)改变直流电压 U_S，使之从零缓慢增加至 12 V。用万用表的直流电压挡测试稳压管的端电压 U_O，若 $U_O = U_S$，说明稳压管处于反向截止状态。若随着 U_S 的增加，$U_O < U_S$ 且基本恒定，说明稳压管已经反向击穿，此时的输出电压 U_O 就是稳压管的稳压值 U_Z。

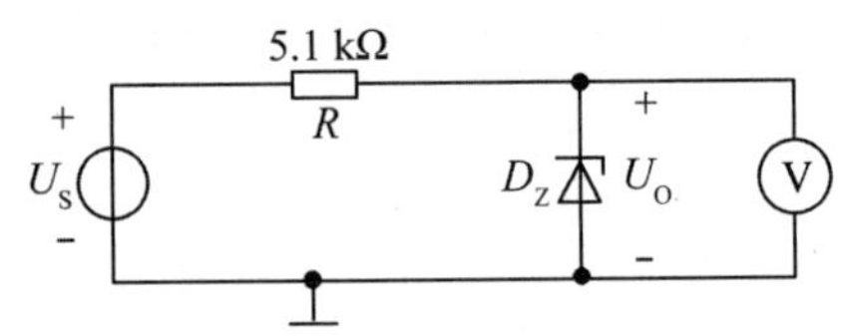

图 4.2.12　稳压管稳压值的测试

六、预习内容

(1)预习二极管、晶体管的工作原理，理解测试电路的基本原理。

(2)理解用万用表、晶体管特性图示仪和 Multisim 测试晶体管的基本步骤。准备实验所需的记录纸。

(3)用 Multisim 分析晶体管的伏安特性，并记录仿真分析结果。

(4)根据实验任务，预习万用表、晶体管特性图示仪的基本使用方法。

七、思考题

(1)在实际应用中，有几种判断双极型晶体管电极的方法？它们分别是什么？

(2)如何判断二极管的优劣？

(3)能否用模拟万用表的 Ω×10 挡测试二极管和晶体管？Ω×10k 挡呢？

(4)在图 4.2.12 中，用置于直流电压挡的万用表可以测试稳压管的稳压值，用同样的方法是否可以测试二极管的正偏压降？如果可以，试画出测试电路图。

(5)若图 4.2.12 所示的实验电路中稳压管的极性接反了，会出现何种现象？

(6)在图 4.2.11 中，二极管直流和交流管压降如何获得？

(7)用万用表测试双极型晶体管的基本原理是什么？

(8)用模拟万用表和数字万用表测试二极管和双极型晶体管有何异同之处？

(9)NPN 型晶体管和 PNP 型晶体管在使用方法上有何异同之处？

(10)用万用表判别 MOS 管电极的基本原理是什么?

实验 3　单管小信号放大电路实验

实验 3-1　验证性实验——单管共发射极放大电路实验

双极型晶体管 BJT 共发射极放大电路具有电压放大倍数高,输入、输出电阻适中等特点,常作为基本放大电路或多级放大电路的中间级,得到了广泛的应用。

一、实验目的

(1)进一步熟悉各种测量仪器的使用方法。

(2)进一步掌握各种元器件的识别及测量方法。

(3)掌握基本共发射极放大电路的基本测试方法。

(4)学习掌握放大器静态工作点的测量方法及电压放大倍数的测量方法。

(5)了解电路元件参数改变对静态工作点及电压放大倍数的影响。

(6)掌握放大电路输入、输出电阻的测量方法。

二、实验仪器及备用元器件

1. 实验仪器

函数信号发生器、双踪示波器、数字万用表、交流毫伏表。

2. 实验备用器件

实验可选用 2N5551、9012、9013 等系列的晶体三极管(其封装和引脚如图 4.3.1 所示),电阻、电容若干。

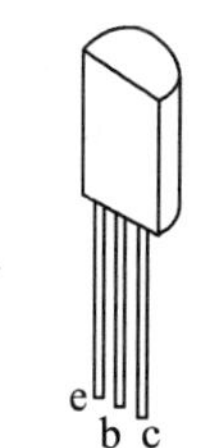

图 4.3.1　晶体三极管 2N555/2N5551、9012、9013 等系列的封装和引脚

三、实验电路原理

常用的单管共发射极放大电路如图 4.3.2 所示。

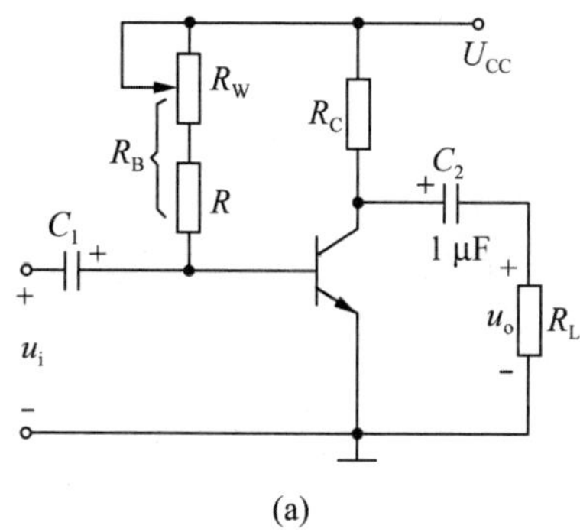

(a)

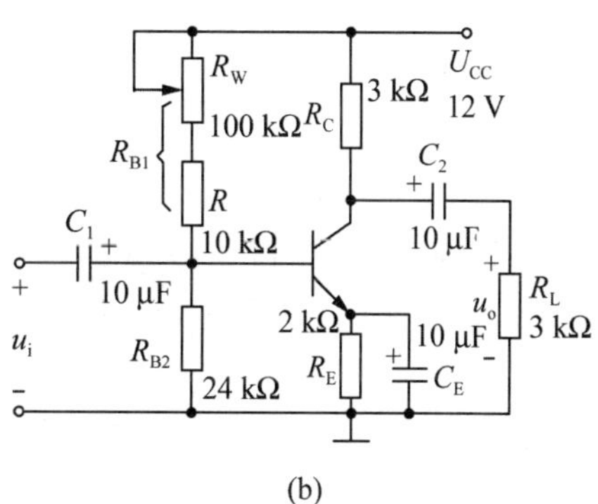

(b)

图 4.3.2　常用的单管共发射极放大电路

在图 4.3.2 中,图(a)为固定偏置的放大电路,图(b)为分压偏置的放大电路。放大器的基本任务是不失真地放大信号,要使放大器能够正常工作,必须设置合适的静态工作点 Q。为了获得最大不失真的输出电压,静态工作点应该选在输出特性曲线上交流负载线的中点,若静态工作点选择得不合理,当输入信号较大时,输出信号将产生失真。工作点选得太低,输入信号增大时,输出信号首先出现截止失真;工作点选得太高,输入信号增加时,输出信号首先出现饱和失真。

对于小信号放大器而言,由于输出交流信号幅度很小,非线性失真不是主要问题,因此 Q 点不一定选在交流负载线的中点,而可根据其他要求来选择。例如,希望放大器耗电小、噪声小或输入阻抗高,Q 点可选得低一些;希望放大器增益高就要求 Q 点适当高一些等。

1. 偏置电路形式及静态工作点电压、电流的计算

放大器偏置电路有固定偏置、分压式偏置电路等形式。

固定偏置电路如图 4.3.3(a)所示,可通过调节电路中的 R_W 值达到调节静态工作点的目的。这种电路的特点是当环境温度变化或者更换三极管时,Q 点变化。因此,其静态工作点的稳定性差。静态工作点的电压、电流可按照下列各式估算:

$$I_{BQ}=\frac{U_{CC}-U_{BE(on)}}{R_B} \qquad [4.3.1(a)]$$

$$I_{CQ}=\beta I_{BQ} \qquad [4.3.1(b)]$$

$$U_{CEQ}=U_{CC}-I_{CQ}R_C \qquad [4.3.1(c)]$$

分压式偏置电路如图 4.3.3(b)所示,这种电路具有自动调节静态工作点的能力,当环境温度变化或者更换三极管时,Q 点能够基本保持不变。欲改变静态工作点,可调节图中的 R_W 值实现。若流过偏置电阻 R_{B1} 和 R_{B2} 的电流远大于流过三极管的基极电流 I_{BQ}(一般为 5～10 倍)时,则电路的静态工作点可以近似估算,近似估算过程如下:

$$U_{BQ}=\frac{R_{B2}}{R_{B1}+R_{B2}}U_{CC} \qquad [4.3.2(a)]$$

$$I_{EQ}=\frac{U_{BQ}-U_{BE(on)}}{R_E}\approx I_{CQ} \qquad [4.3.2(b)]$$

$$U_{CEQ}=U_{CC}-I_{CQ}(R_C+R_E) \qquad [4.3.2(c)]$$

$$I_{BQ}=\frac{I_{EQ}}{1+\beta} \qquad [4.3.2(d)]$$

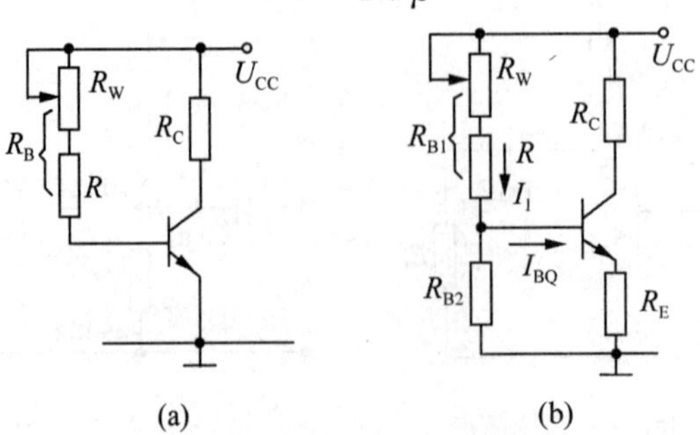

图 4.3.3　放大器偏置电路的两种形式

显然 $I_1 \gg I_{BQ}$ 是保证 U_{BQ} 固定的条件。为此 R_{B1}、R_{B2} 的取值越小越好。但 R_{B1}、R_{B2} 过小,将增大电源 U_{CC} 的无谓损耗,所以 R_{B1}、R_{B2} 的选择原则是

$$I_1=\begin{cases}(5\sim10)I_{BQ}(\text{硅管})\\(10\sim20)I_{BQ}(\text{锗管})\end{cases} \qquad [4.3.3(a)]$$

并兼顾 R_E、U_{CEQ} 而取

$$U_{BQ}=\left(\frac{1}{5}\sim\frac{1}{3}\right)U_{CC} \qquad [4.3.3(b)]$$

根据式(4.3.2)和式(4.3.3)即可确定 R_{B1}、R_{B2} 和 R_E 的阻值。

2. 静态工作点对放大器交流参数的影响

小信号放大器一般采用微变等效电路分析其交流参数。共发射极放大器的电压放大倍数、输入电阻、输出电阻可以由式(4.3.5)计算。

式(4.3.5)中,r_{be} 为三极管的共发输入电阻,它与静态工作点电流有关,可由下式计算:

$$r_{be}=r_{bb'}+(1+\beta)\frac{26(\text{mV})}{I_{EQ}(\text{mA})} \qquad (4.3.4)$$

由式(4.3.4)和式(4.3.5)可知,静态工作点的电流不仅影响放大器的放大倍数及最大电压输出幅度,还会影响放大器的输入等效电阻。

本实验采用图 4.3.2(b)所示的原理电路,在电路静态工作点设置合理的情况下,当在放大器的输入端加上输入信号 u_i 后,在放大器的输出端便可以得到与输入信号 u_i 相位相反,但幅值被放大了的输出信号 u_o,从而实现了电压放大。

3. 动态性能

电路的动态质量指标电压放大倍数、输入电阻、输出电阻的计算公式分别为

$$A_u=\frac{U_{om}}{U_{im}}=-\frac{\beta R_L'}{r_{be}} \qquad [4.3.5(a)]$$

$$R_i=r_{be}/\!/R_{B1}/\!/R_{B2} \qquad [4.3.5(b)]$$

$$R_o\approx R_C \qquad [4.3.5(c)]$$

由于电子器件性能的分散性比较大,在设计、制作晶体管放大电路时,离不开测量和调试技术。放大器的测量和调试内容包括:放大器静态工作点的测量和调试,放大器各项动态性能指标的测量与调试,干扰与自激振荡的消除等。下面通过具体的实验内容,学习放大电路的测量与调试方法。

4. 放大器输入电阻的测量原理

放大器输入电阻的大小表明放大电路从信号源索取电流或分得电压的多少。输入电阻越大,从信号源分得的电压越多。

放大器的输入阻抗大小不同,为了减少测量误差,采用的测量方法有区别。

(1)低输入阻抗的测量方法

测量放大器输入电阻的原理电路(低输入阻抗)如图 4.3.4(a)所示,由图可见:

$$R_i=\frac{U_i}{I_i}=\frac{U_i}{\dfrac{U_s-U_i}{R_X}}=\frac{U_iR_X}{U_s-U_i} \qquad (4.3.6)$$

其中电阻 R_X是专为测量输入电阻 R_i 而串入的已知电阻。

(2)高输入阻抗的测量方法

由测量电路图 4.3.4(b)可以看出，当 S 闭合时，测量输出电压 U_{o1}，则 $U_{o1}=A_v\times U_s$；当 S 断开时，测量输出电压 U_{o2}，则 $U_{o2}=A_v\times U_i$。

因为
$$U_i=\frac{R_i}{R_X+R_i}U_s$$

所以
$$R_i=\frac{U_i}{U_s-U_i}R_X=\frac{U_{o2}}{U_{o1}-U_{o2}}R_X$$

注意：

①交流毫伏表一般测量对地电压，由于 R_X两端没有接地端，所以不能直接测量 R_X上的电压，应分别测量 R_X 两端对地电压 U_s 和 U_i，然后计算出 R_X 上的交流压降。

$$U_{R_X}=U_s-U_i$$

②串联电阻 R_X不宜取得过大，否则容易引起干扰；也不宜取得过小，过小将产生较大的测量误差。通常取 R_X 与 R_i 为同一数量级。

③测量前毫伏表应校零，并且测量时 U_s 和 U_i 应用同一量程进行测量，以减小因换挡而引起的测量误差。

④在测量输入电阻时，必须用示波器检测输出，应在输出波形不失真的条件下进行测量。

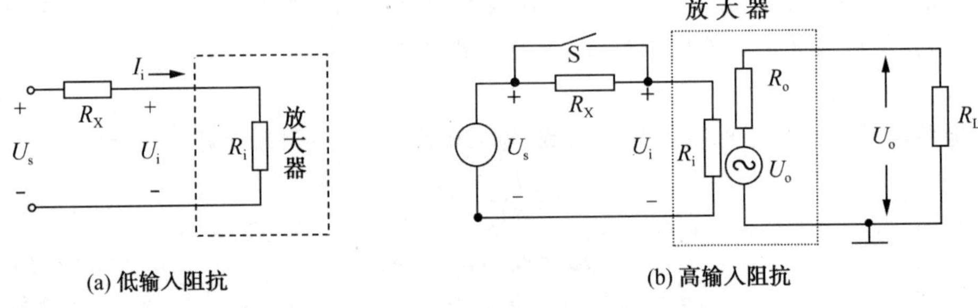

图 4.3.4 测量放大器输入电阻的原理电路

5. 放大器输出电阻的测量

输出电阻的大小能够体现放大电路的带负载能力。输出电阻越小，放大器带负载能力越强。输出电阻就是电路输出端的戴维宁等效电阻。为了避免测量输出电流需要更改实验电路，分析输出电阻时，通常借助电路空载时的输出电压间接得到。其基本原理是：

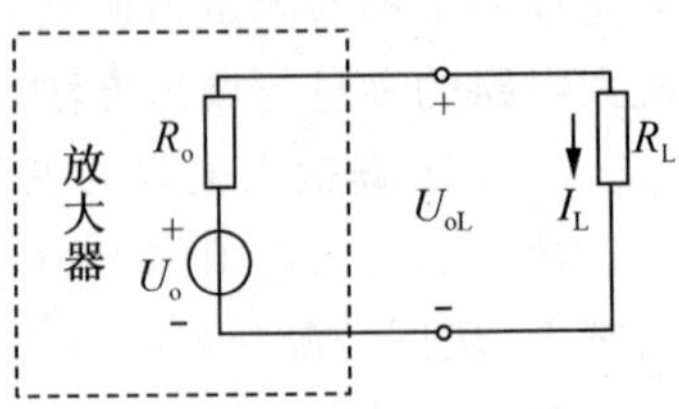

图 4.3.5 测量放大器输出电阻的原理电路

测量放大器输出电阻的原理电路如图 4.3.5 所示，将放大器用等效电源代替，其等效电压源 u_o 为空载($R_L=\infty$)时的输出电压，等效内阻 R_o即为放大器的等效输出电阻。由图可见：

$$R_o=\frac{U_o-U_{oL}}{I_L}=\frac{U_o-U_{oL}}{\frac{U_{oL}}{R_L}}=\left(\frac{U_o}{U_{oL}}-1\right)R_L \tag{4.3.7}$$

注意：

(1)为了提高测量的精确度，负载电阻 R_L 的取值应与待测电阻 R_o 在同一数量级。

(2)测量过程中，应保持输出信号不失真。

(3)当电路的输出电阻太小时(如射随器)，负载电阻 R_L 取值较小时，应减小输入信号以保持输出信号不失真。

6. 放大器频率特性的测量

放大器的频率特性(响应)是指当放大电路输入幅度相同的正弦波信号时，输出信号(放大倍数)的幅度与相位随信号频率变化的特性。

产生这种现象的原因是电路中存在电抗元件，这些电抗元件对不同频率的信号，电抗值不同，对放大倍数的影响也不同。影响低频区频率特性的主要因素是耦合电容和旁路电容，而影响高频区频率特性的主要因素是晶体管内部的结电容。

测量放大器频率特性的方法有：

(1)使用频率特性测试仪测量(将在高频电子线路课程中使用)。

(2)用逐点法测量频率特性(主要用于测量幅频特性，将在高频电子线路课程中使用)。

(3)用示波器观测。

通常情况下，改变输入信号的频率，保持输入信号的幅度不变，直到输出电压(放大倍数)的幅度降为中频时的 $\frac{1}{\sqrt{2}}\approx 0.707$ 时对应的低频端的频率称为下限截止频率 f_L，高频端的频率称为上限截止频率 f_H。放大器的通频带宽度为

$$BW_{0.7}=f_H-f_L \tag{4.3.8}$$

四、Multisim 分析

1. 编辑原理电路

根据图 4.3.2(b)，借助式(4.3.2)、式(4.3.5)、式(4.3.6)、式(4.3.7)对电路进行定性估算，将估算结果记入表 4.3.1、表 4.3.2、表 4.3.4 和表 4.3.5 中。

在 Multisim 的设计窗口中，按照图 4.3.2(b)绘制电路图。为了便于仿真，电路图中的三极管应选择与实际三极管参数相仿的 2N5551，然后进行参数修正。

修正的方法如下：首先测量实验中所采用的三极管参数 β，然后编辑器件模型。双击 2N5551，将出现如图 4.3.6 所示的“BJT_NPN”对话框，在该对话框中单击右下方的选项“Edit Model”，即可进入编辑模型的操作。根据需要，将电流放大倍数 β_f 改为测试值 β，发射结压降 U_{je} 和集电结压降 U_{jc} 改为 0.7，集电结电容 C_{jc} 改为20 pF及基极电阻 R_b 改为 300 Ω，如图 4.3.7 所示。编辑结束后单击“Change All Models”表示确认。编辑完成后，原理图中的 BJT 管的型号变为 2N5551*。

注意：在修正参数的过程中，软件对用户提出警告 Original model has been changed，属于正常现象。

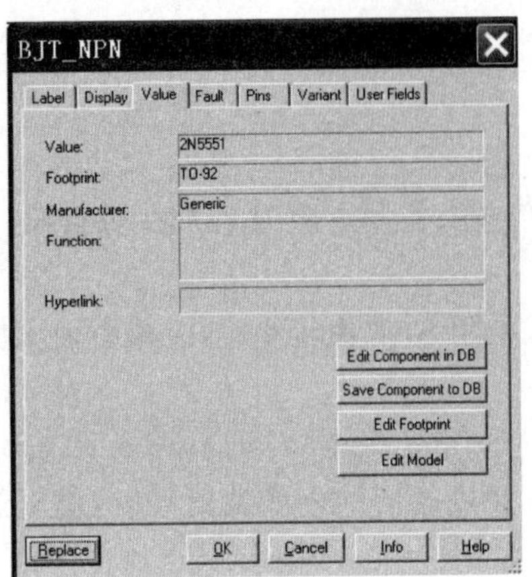

图 4.3.6　2N5551 的“BJT_NPN”对话框

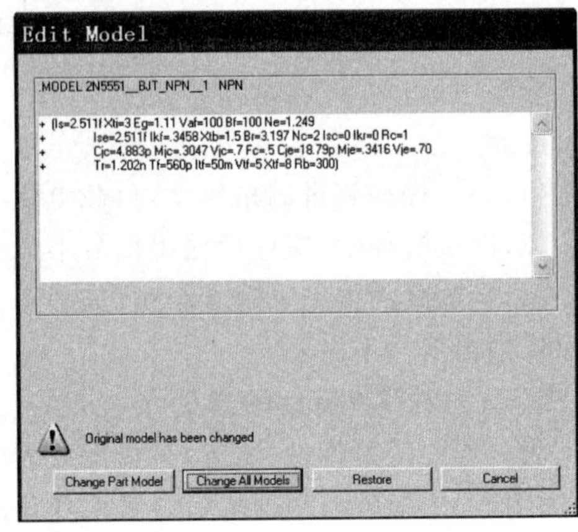

图 4.3.7　2N5551 的“Edit Model”对话框

2. 静态工作点的调试

首先按照估算结果，粗调上偏置电阻 R_{B1}，用示波器观察，在负载电阻 $R_L=3\ \text{k}\Omega$，放大器输入端的输入信号 $U_{im}=10\ \text{mV}$、$f=1\ \text{kHz}$ 时，调节上偏置电阻 R_{B1}，保证不失真放大倍数为-60的情况下，记录 R_{B1} 的值，该值为最佳取值。通常情况下，为了降低电路的静态功耗，在确保放大倍数(可以留有 5%的余量)的前提下，尽量减小 I_{CQ}，压低 Q 点。

3. 静态工作点的分析

静态工作点是放大电路工作在线性放大区的保证和主要依据，包括 U_{BEQ}、I_{BQ}、U_{CEQ}、I_{CQ}，可以用直流电压表和电流表进行测量，也可以直接对电路进行直流工作点分析。特别值得注意的是，用 Multisim 分析的是结点电压，而不是电位差。当电路工作在线性放大状态时，对于 NPN 型 BJT，应有 $U_{CC}>U_{CQ}>U_{BQ}>U_{EQ}>0$。将仿真结果记入表 4.3.1 中。

4. 放大倍数的仿真

在保证输出电压不失真的情况下(用示波器观察)，分别用交流毫伏表测量当 $R_L=\infty$、10 kΩ、3 kΩ、0.5 kΩ的情况下，输出电压 U_o 的值，并记入表 4.3.2 中。

5. 输入电阻的分析

在信号源与被测放大器之间串接一已知电阻，根据表 4.3.4 中的参数进行测量，并将结果记录在其中，由式(4.3.6)求得 R_i 的值。

6. 输出电阻的分析

用交流毫伏表分别测量空载($R_L=\infty$)时的输出电压 U_o 和有载($R_L=3\ \text{k}\Omega$)时的输出电压 U_{oL}，并记入表 4.3.5 中，由式(4.3.7)求得输出电阻 R_o 的值。

7. 放大器频率特性的仿真分析

放大器的频率特性(频率响应特性)包括幅频特性和相频特性，可以用虚拟频率特性图示仪分析得到，也可以直接对输出信号进行交流分析得到。利用幅频特性，测试令电压放大倍数降为中频时的$\frac{1}{\sqrt{2}}\approx 0.707$时的上限截止频率 f_H 和下限截止频率 f_L；利用相频特性，可以得到放大电路输出信号的附加相移 φ_H 和 φ_L。

五、实验内容及方法步骤

1. 放大电路静态工作点的测量与调试

(1)放大电路静态工作点的测量方法

测量放大电路的静态工作点,应在输入信号 $u_i=0$ 的情况下进行。即将放大器输入信号端对地短接,然后将万用表置于量程合适的直流电流和直流电压挡,测量放大器的集电极电流 I_C 以及各极对地的电位 U_B、U_C、U_E。此时

$$U_{CE}=U_C-U_E \tag{4.3.9(a)}$$

$$U_{BE}=U_B-U_E \tag{4.3.9(b)}$$

但由于直接测量集电极电流需要断开集电极,再把电流表串接在集电极回路中,很不方便。所以一般情况下都采用间接测量方法测量集电极电流 $I_C(I_E)$,用已经测得的集电极电压 U_C 或发射极电压 U_E 换算出电流 $I_C(I_E)$即可。

$$I_C=\frac{U_{CC}-U_C}{R_C} \quad 或 \quad I_C\approx I_E=\frac{U_E}{R_E} \tag{4.3.10}$$

为了减少测量误差,提高测量精度,应选用内阻较高的直流电压表。

(2)放大电路静态工作点的调试方法

放大电路静态工作点的调试是指针对管子集电极电流 I_C(或 U_{CE})的调整与调试。

放大器的最大不失真输出幅度(最大不失真动态范围)与电路的静态工作点有关。静态工作点偏高,当输入信号的幅度增大时,最先产生饱和失真;静态工作点偏低,当输入信号幅度增大时,最先产生截止失真。这两种情况都会使放大器的最大不失真动态范围减小,只有静态工作点选在交流负载线的中点时,才能够获得最大不失真输出电压。

放大电路的静态工作点是否合适,对放大器的性能和输出波形都有很大的影响。所以必须进行动态调试,即在放大器输入端加入一定的 u_i,检查输出电压 u_o 的大小和波形是否满足要求,如果不满足应该调节静态工作点的位置。

改变电路参数 U_{CC}、R_C、R_B(R_{B1}、R_{B2})都会引起电路静态工作点的变化。但通常多采用调节上偏置电阻 R_{B1} 的方法实现,如减小 R_{B1},可使静态工作点提高等。

需要说明的是,前面提到的静态工作点"偏高"或"偏低"不是绝对的,而是相对信号的幅度而言的,如果信号的幅度很小,即使工作点较高或较低也不一定会出现失真。确切地说,产生波形失真是信号幅度与静态工作点设置配合不当所致。如果需要满足较大信号幅度的要求,静态工作点最好尽量选择在交流负载线的中点附近。

(3)测量放大电路静态工作点的步骤

①按图 4.3.2(b)所示的实验原理电路连接线路,注意电容 C_1、C_2、C_E 的极性不要接反。最后连接电源线。

②将电位器 R_W 调至最大,输入信号 $u_i=0$。

③仔细检查连接好的线路,确认无误后接通直流稳压电源。

④调电位器 R_W,使 R_{B1} 为仿真时的最佳值,按表 4.3.1 中的要求用万用表的直流电压挡测量各静态电压值,并将结果记入表 4.3.1 中。

表 4.3.1 静态工作点实验数据 测试条件:$U_{CC}=12$ V

	U_B/V	U_E/V	U_C/V	U_{BE}/V	U_{CE}/V	I_C/mA	I_B/μA	R_{B1}/kΩ
仿真值								
估算值				0.7				
测量值								

2. 放大器放大倍数的研究与测量

(1)放大倍数的测量

调节信号发生器为放大电路提供 1 kHz 的正弦信号 u_i,适当调节信号发生器的输入幅度 U_{im}的值,在保证输出信号电压 u_o 不失真的情况下,用数字示波器的双踪分别测量输入电压 U_{im}和输出电压 U_{om}的值,此时放大器的放大倍数为

$$A_u=\frac{U_{om}}{U_{im}}$$

(2)静态工作点对放大器放大倍数的影响

调偏置电阻 R_W 的大小,使 $I_C\approx0.5$ mA($U_E\approx1$ V),微调输入信号使输出电压的波形不失真,测量此时的输入电压 u_i 和输出电压 u_o 的幅值,计算放大器的电压放大倍数,并与(1)的测量结果进行比较。

通过总结上述的测量结果分析 A_u 与 I_C 的关系,并进行理论解释。

(3)负载对放大倍数的影响

在保持输入信号电压 u_i 的幅值不变的情况下,改变负载电阻 R_L 的大小,测量输出电压 u_o 的幅值,观察负载变化时对电压放大倍数的影响,将测量结果记入表 4.3.2 中。

表 4.3.2 负载对放大倍数的影响 测试条件:U_{im}保持不变,$U_{CC}=12$ V

R_L	U_{om}/V	A_u 仿真值	A_u 估算值	A_u 测量值
∞				
10 kΩ				
3 kΩ				
0.5 kΩ				

(4)静态工作点对放大器输出波形的影响

①放大器最大动态范围的测量

调偏置电阻 R_W 的大小,把静态工作点调整在交流负载线的中点(逐渐增加信号发生器的输出电压幅值,也就是增大放大器的输入电压 u_i 的幅值 U_{im},用示波器观察输出波形,直到刚刚同时产生饱和、截止失真为止),使放大电路处于最大不失真电压状态,测量此时的输入电压和输出电压,即放大器的最大不失真输入电压 U_{imax}、输出电压 U_{omax},那么放大器的输入动态范围为 $2U_{imax}$、输出动态范围为 $2U_{omax}$。

测量并记录此时放大器的静态工作点电流 I_C 以及上偏置电阻 R_{B1}的值。

②静态工作点对放大器输出波形的影响

在放大电路处于最大不失真电压状态的情况下，按表 4.3.3 中的要求调偏置电阻 R_{B1}(R_W)的大小，观察 R_{B1} 变化对静态工作点及输出波形的影响，将结果记入表 4.3.3 中。

表 4.3.3 R_{B1} 变化对静态工作点及输出波形的影响 测试条件：$U_{CC}=12$ V

测试条件 $R_L=\infty$	静态工作点				输出波形（保持 U_{imax} 不变）	若出现波形失真，请判断失真的性质
	I_C/mA	U_E/V	U_C/V	U_{CE}/V		
$R_{B1}=51$ kΩ						
$R_{B1}=70$ kΩ						
$R_{B1}=90$ kΩ						

3. 输入电阻的测量

(1)关闭直流电源和信号源，在信号源和放大电路间接入已知电阻 R_X。

(2)接通直流电源和信号源，在输出电压 u_o 不失真的情况下，用交流毫伏表测试信号源电压 u_s 和电路的输入电压 u_i 的有效值 U_s 和 U_i，将测试结果记入表 4.3.4 中。

(3)根据式(4.3.6)计算 R_i 的值。

表 4.3.4 输入电阻的测量数据 测试条件：$U_{CC}=12$ V

	U_o/mV	U_s/mV	U_i/mV	R_X/kΩ	R_i/kΩ
估算值	\	\	\	\	
仿真值					
测量值					

4. 输出电阻的测量

(1)将负载电阻与电路断开，接通直流电源和信号源，在输出信号电压 u_o 不失真的情况下，测量此时的空载输出电压 u_o 的有效值 U_o。

(2)将负载电阻接入电路中，测量不失真输出电压 u_{oL} 的有效值 U_{oL}，将测试结果记入表 4.3.5 中。

(3)根据式(4.3.7)计算 R_o 的值。

表 4.3.5 输出电阻的测量数据 测试条件：$U_{CC}=12$ V

	U_i/mV	U_{oL}/mV	U_o/mV	R_L/kΩ	R_o/kΩ
估算值	\	\	\	\	
仿真值	10				
测量值					

5. 放大器频率特性的测量

(1)在放大电路输入端加入 $f=1$ kHz 的正弦信号 u_i（如 $U_{im}=10$ mV），用示波器观测放大电路处于正常放大状态，改变信号源的频率，观察信号源的频率对输出电压幅度的影响，初步确定放大电路的通频带范围及中频段的输出电压幅值U_{om}，并记入表4.3.6中。

表4.3.6　频率特性的测量数据　　测试条件：$U_{CC}=12$ V

	U_{im}/mV	U_{om}/V	f_H	f_L	$BW_{0.7}$
仿真值	10				
测试值					

(2)逐渐增大信号发生器的频率（保持$U_{im}=10$ mV的值不变），观察输出电压幅值随频率变化的趋势。随着频率的升高，输出电压会降低，记录使输出电压降低为中频段的$\frac{1}{\sqrt{2}}\approx0.707$时的信号频率$f_H$，并记入表4.3.6中。

(3)逐渐减小信号发生器的频率（保持$U_{im}=10$ mV的值不变），输出电压随着频率的降低而降低，记录使输出电压降低为中频段的$\frac{1}{\sqrt{2}}\approx0.707$时的信号频率$f_L$，并记入表4.3.6中。

六、思考题

(1)如何正确地选择放大器的静态工作点？在调试中应注意什么？

(2)负载变化时对放大器的静态工作点有无影响？对电压放大倍数有无影响？

(3)放大器的静态与动态测试有何区别？

(4)哪些元件决定放大器的静态工作点？

(5)当负载无限增大时，是否可以使放大倍数无限增大？为什么？说明理由。

七、实验报告要求

(1)整理实验数据，将实验过程中的所有实验数据与理论计算数据进行比较，分析产生误差的原因。

(2)总结静态工作点、R_C、R_L对放大器放大倍数、输入电阻、输出电阻的影响。

(3)总结静态工作点对放大器输出波形的影响。

(4)你在实验调试过程中出现过什么问题？你是如何解决的？并从理论上加以分析。

八、预习内容

(1)复习基本共发射极放大电路的工作原理和性能指标的计算。

(2)根据实验内容，估算测试电路在放大倍数为-60时的上偏置电阻R_{B1}的值，以及测试电路的静态工作点、输入电阻、输出电阻。令$\beta=100$，$r_{bb'}=300\ \Omega$，$U_{BE(on)}=0.7$ V。

(3)完成Multisim的所有仿真分析，并将仿真分析结果记录在相应的表格内。

实验3-2　验证性实验——射极输出电路实验

射极输出器（共集电极放大器）的电压放大倍数接近1，具有输入电阻高、输出电阻低、带负载能力强的特点。所以经常作为缓冲驱动器,用于多级级联放大器的输入级和输出级。

一、实验目的

(1)掌握共集电极放大器的基本特性与基本调试方法。

(2)掌握共集电极放大器的放大倍数、输入电阻、输出电阻的基本分析方法。

(3)理解电压跟随的含义,学会电压跟随范围的测量方法。

(4)理解放大器带负载能力的含义以及共集电极放大器带负载能力的测量。

二、实验仪器及备用元器件

1. 实验仪器

函数信号发生器、双踪示波器、数字万用表、交流毫伏表。

2. 实验备用器件

实验可选用 2N5551、9012、9013 等系列的晶体三极管,电阻、电容若干。

三、实验电路原理

图 4.3.8(a)为共集电极放大电路的原理图,图 4.3.8(b)为其直流通路。

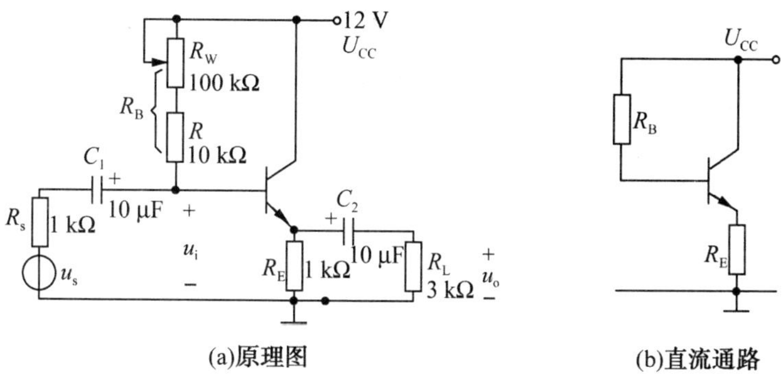

图 4.3.8　共集电极放大器的原理图和其直流通路

根据直流通路,这种电路的特点是依靠发射极电阻 R_E,自动调节静态工作点,当环境温度变化或者更换三极管而造成 Q 点升高时,依靠电流负反馈电阻 R_E 的反馈作用能够抑制 Q 点的变化。电路的静态工作点的近似估算过程如下:

$$I_{BQ}=\frac{U_{CC}-U_{BE(on)}}{R_B+(1+\beta)R_E} \qquad [4.3.11(a)]$$

$$I_{CQ}\approx I_{EQ}=(1+\beta)I_{BQ} \qquad [4.3.11(b)]$$

$$U_{CEQ}=U_{CC}-I_{CQ}R_E \qquad [4.3.11(c)]$$

由于电阻 R_E 是电路交流负载的一部分,所以调整电路的静态工作点,通常是通过改变基极偏置电阻 R_B 实现的,如果调整的结果满足 $U_{BEQ}<U_{CEQ}<U_{CC}$,说明管子工作在放大状态。与共发射极放大电路类似,电阻 R_B 越大,Q 点越低,电路越容易进入截止状态。为了便于电路调试,基极偏置电阻 R_B 常用固定电阻 R 和可调电阻 R_W 取代,如图 4.3.8(a)所示。

共集电极电路的动态质量指标电压放大倍数、输入电阻、输出电阻的计算公式分别为

$$A_u=\frac{U_{om}}{U_{im}}=\frac{(1+\beta)R_L'}{r_{be}+(1+\beta)R_L'} \quad [4.3.12(a)]$$

$$R_i=[r_{be}+(1+\beta)R_L']/\!/R_B \quad [4.3.12(b)]$$

$$R_o=R_E/\!/\frac{r_{be}}{1+\beta} \quad [4.3.12(c)]$$

其中 $R_L'=R_E/\!/R_L$。

在共集电极电路的输入回路中，由于管子的输入等效电阻 r_{be} 和 $(1+\beta)(R_E/\!/R_L)$ 的串联，使输入电阻比共发射极电路的输入电阻大得多，更有利于电路吸收信号源提供的电压信号；而在电路的输出回路中，由于 R_E 是和减小了 $(1+\beta)$ 倍的 r_{be} 并联，使得输出电阻可以减小到欧姆数量级，从而提高了电路的带负载能力。同时由式[4.3.12(a)]知，当满足 $r_{be}\ll(1+\beta)(R_E/\!/R_L)$ 时，电路的放大倍数接近 1，即 $A_u\approx1$，此时 $u_o\approx u_i$，说明输入与输出电压近似相等，所以该电路称为电压跟随器。电路的电压跟随范围为

$$U_{op\text{-}p}=U_{omax}-U_{omin}=2U_{om} \quad (4.3.13)$$

四、Multisim 分析

1. 编辑原理电路

根据图 4.3.8(a)，借助式(4.3.11)和式(4.3.12)对电路的静态工作点和交流质量指标进行定性估算，将估算结果记入表 4.3.7、表 4.3.8、表 4.3.9 和表 4.3.10 中。

在 Multisim 的设计窗口中，按照图 4.3.8(a)绘制电路图。为了便于仿真，电路图中的三极管应选择与实际三极管参数相仿的 2N5551，然后进行参数修正。

修正要求：将电流放大倍数 β_f 改为测试的 β 值，发射结压降 U_{je} 和集电结压降 U_{jc} 改为 0.7 V，集电结电容 C_{jc} 改为 20 pF 及基极电阻 R_b 改为 200 Ω。

2. 静态工作点的调试

首先按照估算结果，粗调偏置电阻 R_W 以及输入信号电压 u_s 的幅值，用示波器观察 u_i 和 u_o 的波形，电路工作在放大状态，输出电压没有明显失真。选择负载电阻($R_L=$ 3 kΩ)两端的输出电压进行交流分析，在输入端加入 $f=1$ kHz 的输入信号，逐渐增大输入信号的幅度并同时调节偏置电阻 R_B，输出电压的正负半周出现对称性失真时，为 R_B 的最佳值，记录此时的 R_B 值。

3. 静态工作点的仿真

静态工作点是放大电路工作在线性放大区的保证和主要依据，分析方法直接采用 Simulate 命令对电路进行直流工作点分析。当电路工作在线性放大状态时，对于 NPN 型 BJT，应有 $U_{BEQ}<U_{CEQ}<U_{CC}$。仿真结果请记入表 4.3.7 中。

4. 输出电压跟随范围的分析

逐渐增大输入信号的幅度，使输出电压不失真且幅度最大，用示波器测量输出电压的峰-峰值 $U_{op\text{-}p}$，并记入表 4.3.8 中。

5. 带负载能力的分析

当负载电阻 R_L 分别为∞和 10 kΩ 的情况下，适当减小输入信号的幅值，测量电路在

空载($R_L=\infty$)和 $R_L=10\ \text{k}\Omega$ 的情况下的输出电压峰-峰值 $U_{op\text{-}p}$，并记入表 4.3.8 中。

6. 输入电阻的分析

在信号源与被测放大器之间串接一已知电阻，所串接的电阻应与估算值在同一数量级，同时注意负载电阻 R_L 对输入电阻 R_i 的影响，测量方法与图 4.3.4 相同。将结果记入表 4.3.9 中，由式(4.3.6)求得 R_i 的值。

7. 输出电阻的分析

用交流电压表分别测量空载($R_L=\infty$)时的输出电压 U_o 和有载($R_L=3\ \text{k}\Omega$)时的输出电压 U_{oL}，并记入表 4.3.10 中，由式(4.3.7)求得输出电阻 R_o 的值。

8. 频率特性仿真

用交流分析或波特图示仪(频率特性测试仪)分析电路的上、下限截止频率，并记入表 4.3.11 中。

五、实验任务

1. 放大电路静态工作点的测量与调试

(1)参照图 4.3.8(a)连接电路。

(2)关闭信号源，即将放大器信号输入端对地短接，保证输入信号 $u_s=0$。接通直流电源，调节 R_W 使三极管的发射极电位与仿真情况接近。

(3)接入信号源，调信号源幅值与仿真情况接近，并用示波器观察。微调信号源幅度和偏置电阻 R_W，使电路的输出幅度最大且不失真。

(4)关闭信号源，用万用表测量三极管的各极直流电压，并记入表 4.3.7 中。

(5)关闭直流电源，断开与基极电阻 R_B 并联的支路，用万用表测量 $R_B=R+R_W$ 的值。

表 4.3.7　静态工作点实验数据　测试条件：$U_{CC}=12$ V，$R_B=$____

	U_B/V	U_E/V	U_C/V	U_{BE}/V	U_{CE}/V	I_C/mA	I_B/μA	R_{B1}/kΩ
仿真值								
估算值				0.7				
测量值								

2. 测量放大器输出电压的跟随范围

(1)空载($R_L=\infty$)时输出电压的跟随范围

恢复基极电阻 R_B 与电路的连接，接通直流电源和交流信号源，测量输出电压的跟随范围 $U_{op\text{-}p}$，用交流毫伏表测量输出电压的有效值 U_o 和输入电压的有效值 U_i，记入表 4.3.8 中，并与计算结果和仿真结果进行比较。

(2)有载($R_L\neq\infty$)时输出电压的跟随范围

分别接入 3 kΩ 和 10 kΩ 的负载电阻，在保证静态工作点不变的情况下，适当减小输入信号的幅度以保证不失真且输出最大，测量输出电压的跟随范围 $U_{op\text{-}p}$，用交流毫伏表测量输出电压的有效值 U_o 和输入电压的有效值 U_i，记入表 4.3.8 中，并与计算结果和仿真结果进行比较。

表 4.3.8 负载对动态范围和放大倍数的影响 测试条件：$U_{CC}=12$ V

R_L	$U_{op\text{-}p}$/V 仿真值	$U_{op\text{-}p}$/V 估算值	$U_{op\text{-}p}$/V 测量值	U_o 测量值	U_i 测量值	$A_u=\frac{U_o}{U_i}$
∞						
3 kΩ						
10 kΩ						

3. 输入电阻的测量

参照实验 3-1 中的测试方法，将测量结果记入表 4.3.9 中，并与计算结果和仿真结果进行比较。

表 4.3.9 输入电阻的测量 测试条件：$U_{CC}=12$ V，$R_B=$________

$R_L=3$ kΩ	U_{om}/mV	U_{sm}/mV	U_{im}/mV	R_X/kΩ	R_i/kΩ
估算值	╲	╲	╲	╲	
仿真值					
测量值					

4. 输出电阻的测量

同样参照实验 3-1 中的测试方法，将测量结果记入表 4.3.10 中，并与计算结果和仿真结果进行比较。

表 4.3.10 输出电阻的测量 测试条件：$U_{CC}=12$ V

	U_{im}/mV	U_{oLm}/mV	U_{om}/mV	R_L/kΩ	R_o/kΩ
估算值	╲	╲	╲	╲	
仿真值	10				
测量值	10				

5. 放大器频率特性的测量

(1)在放大电路输入端加入 $f=1$ kHz 的正弦信号 u_i(如 $U_{im}=30$ mV)，用示波器观测放大电路处于正常放大状态，改变信号源的频率，观察信号源的频率对输出电压幅度的影响，初步确定放大电路的通频带范围及中频段的输出电压幅值 U_{om}，并记入表 4.3.11 中。

(2)逐渐增大信号发生器的频率(保持 U_{im} 的值不变)，观察输出电压的幅值随频率变化的趋势。随着频率的升高，输出电压会降低，记录使输出电压降低为中频段的 $\frac{1}{\sqrt{2}}\approx 0.707$ 时的信号频率 f_H，记入表 4.3.11 中。

(3)逐渐减小信号发生器的频率(保持 U_{im} 的值不变)，输出电压随着频率的降低而降低，记录使输出电压降低为中频段的 $\frac{1}{\sqrt{2}}\approx 0.707$ 时的信号频率 f_L，记入表 4.3.11 中。

表 4.3.11　频率特性的测量　测试条件：$U_{CC}=12$ V

	U_{im}/mV	U_{om}/V	f_H	f_L	$BW_{0.7}$
仿真值	30				
测试值					

六、思考题

(1)共集电极放大器与共发射极放大器的静态工作点的测量方法有何不同？

(2)共集电极放大器在有载和空载时的动态范围以及电压放大倍数相同吗？为什么？

(3)在测量共集电极放大器的输入电阻时，为何要注明电路的带负载情况？

(4)当共集电极放大器的输出电压出现底部切割失真时，说明电路出现了饱和失真还是截止失真？为了减小这种失真，应增大还是减小 R_B？

(5)带负载能力指的是什么？共集电极放大器的带负载能力是强还是弱？

七、实验报告要求

(1)整理实验数据，将实验过程中的所有实验数据与理论计算数据进行比较、总结，并分析产生误差的原因。

(2)你在实验调试过程中出现过什么问题？你是如何解决的？并从理论上加以分析。

(3)简略回答思考题中所提出的问题。

八、预习内容

(1)复习共集电极放大电路的工作原理和性能指标的计算。

(2)根据实验内容，估算电路的偏置电阻 R_B 的值，以及测试电路的静态工作点、输入电阻、输出电阻。令 $\beta=200$，$r_{bb'}=300\ \Omega$，$U_{BE(on)}=0.7$ V。

(3)完成 Multisim 的所有仿真分析，并将仿真分析结果记录在相应的表格内。

实验 3-3　验证性实验——场效应管放大器实验

一、实验目的

(1)熟悉场效应管放大器的特点及工作原理。

(2)学会场效应管参数 I_{DSS}、$U_{(off)}$ 的测量方法。

(3)掌握场效应管放大器静态工作点的调试方法。

(4)掌握场效应管放大器交流指标的测试方法。

二、实验仪器及备用元器件

1. 实验仪器

函数信号发生器、示波器、数字万用表、交流毫伏表、直流稳压电源。

2. 实验备用器件

场效应管 3DJ6(或 2SK30A),电位器 1 kΩ,电阻、电容若干。

三、实验电路原理

场效应管是利用电压产生的电场效应控制电流的半导体器件,与三极管相比,具有输入阻抗高、噪声低、抗辐射能力强、易于制作、便于集成等特点。根据结构的不同,场效应管分为结型和绝缘栅型场效应管:结型场效应管包括 N 沟道和 P 沟道两种类型;绝缘栅型场效应管也有 N 沟道和 P 沟道两种类型,而每一种又可以分为增强型和耗尽型两种。

图 4.3.9(a)是采用自偏压电路的 N 沟道结型场效应管组成的共源极放大器的原理电路。利用场效应管组成放大电路的原则与三极管类似:首先要有合适的静态工作点,保证场效应管工作在放大状态;其次要有合理的交流通路,使信号能够被顺利地传输并放大。

1. 直流通路与静态工作点的计算

直流通路如图 4.3.9(b)所示。由于栅极没有电流,所以 $U_{GS}=-I_D R_S$。通常场效应管的静态漏极电流 I_D 选择在 $I_{DSS}/3 \sim I_{DSS}/2$ 的范围内,在 U_{DD} 一定的情况下,只要合理地选择电阻 R_S,就可以保证场效应管有一个合理的静态工作点。该电路的静态工作点由式(4.3.14)求解。

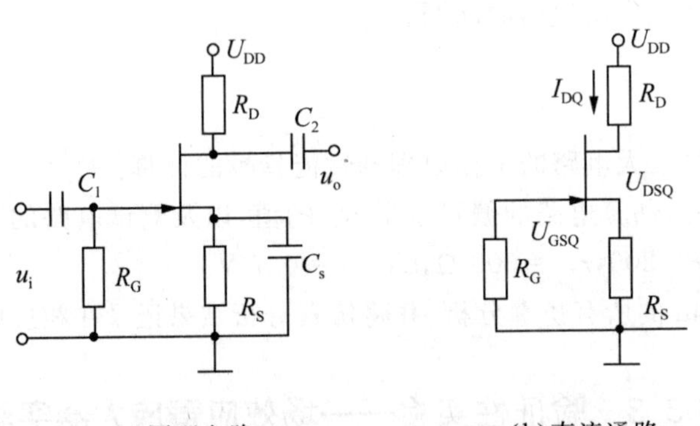

图 4.3.9　采用自偏压电路的共源极放大器

$$\begin{cases} U_{GSQ}=-I_{DQ}R_S \\ I_{DQ}=I_{DSS}\left(1-\dfrac{U_{GSQ}}{U_{off}}\right)^2 \end{cases} \tag{4.3.14}$$

联立这两个方程即可求出 I_{DQ} 和 U_{GSQ},同时可以计算出场效应管在静态工作点处的跨导 g_m。

由于场效应管的伏安特性为

$$i_D=I_{DSS}\left[1-\frac{u_{GS}}{U_{(off)}}\right]^2$$

所以

$$g_m=\frac{\partial i_D}{\partial u_{GS}}=-\frac{2I_{DSS}}{U_{(off)}}\left[1-\frac{U_{GSQ}}{U_{(off)}}\right] \tag{4.3.15}$$

2. 放大器交流性能指标的计算

电路在交流小信号状态下的交流性能指标电压放大倍数为

$$A_u=\frac{u_o}{u_i}=-g_m R_D \tag{4.3.16}$$

输入电阻为

$$R_i=R_G \tag{4.3.17}$$

输出电阻为

$$R_o=R_D \tag{4.3.18}$$

四、Multisim 仿真分析

1. 编辑原理电路

在 Multisim 的设计窗口中，创建如图 4.3.10 所示的原理电路。

2. 电路调试

调节电位器 R_4，用示波器观察输出波形，直到不失真为止，测量此时电路的静态工作点电流 I_{DQ} 及 U_{GSQ}、U_{DSQ}。

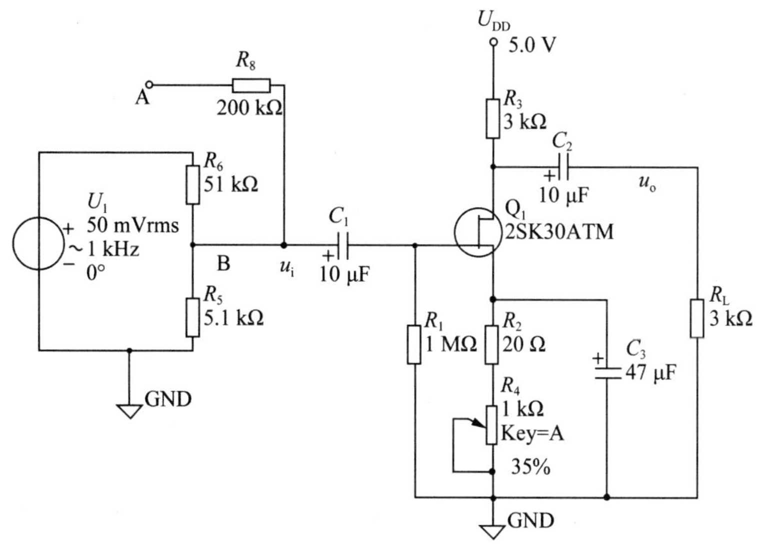

图 4.3.10　仿真电路

3. 测量交流性能指标

测量在输入电压 U_1 的激励下放大器的电压放大倍数、输入电阻、输出电阻（输入电阻、输出电阻的测量方法参见实验 3-1）。

五、实验任务

1. 场效应管主要参数 I_{DSS} 和 $U_{(off)}$ 的测量

(1) N 沟道结型场效应管漏极饱和电流 I_{DSS} 的测量

测量电路如图 4.3.11 所示。令场效应管的栅源电压 $U_{GS}=0$ V，供电电源 U_{DD} 由 0 V

逐渐增大，测量电压 U_{DS} 的大小，当 $U_{DS}=8$ V 时，停止增加 u_{DD}，并测量此时的 u_{DD} 的值，计算漏极电流为

$$i_D=I_{DSS}=\frac{V_{DD}-U_{DS}}{R_D} \tag{4.3.19}$$

(2)N 沟道结型场效应管夹断电压 $U_{(off)}$ 的测量

N 沟道结型场效应管夹断电压 $U_{(off)}$ 的测量电路如图 4.3.12 所示。U_{DD} 接12 V的固定电源，用万用表的直流电压挡测量电阻 R_D 两端的直流电压值，调节可调电位器 R_W，使栅源电压 U_{GS} 由 0 逐渐变为负值，当测量的 R_D 两端的电压值由非零刚好变为约等于0 V 时，停止调节电位器 R_W，此时所测量的栅源之间的电压 U_{GS} 即为夹断电压 $U_{(off)}$。

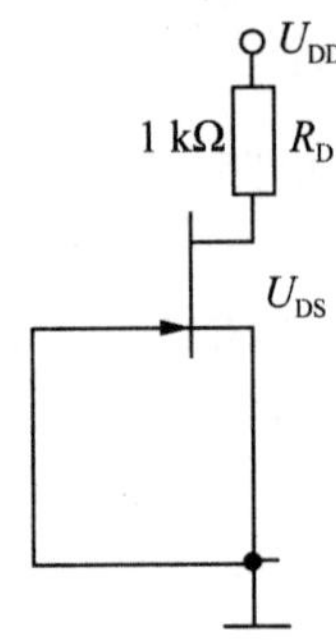

图 4.3.11　测量 N 沟道结型场效应管漏极饱和电流 I_{DSS} 的电路

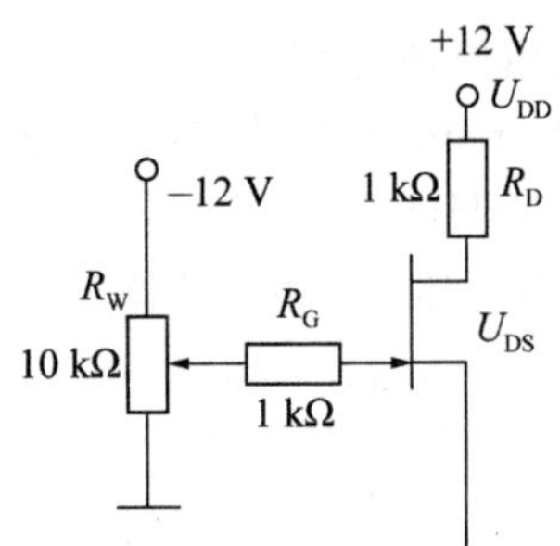

图 4.3.12　测量 N 沟道结型场效应管夹断电压 $U_{(off)}$ 的电路

2. 共源极放大器实验

实验电路如图 4.3.10 所示。

(1)静态工作点的测量

按照图 4.3.10 连接电路，令交流输入信号 $u_i=0$ V，调节源极电位器 R_4，使源极 S 的直流电位 U_S 约等于−0.8 V，此时测量 G、D 点的电位 U_G、U_D，计算 U_{GS}、U_{DS} 和 I_D 的值，并列表记录，判断场效应管的工作状态。

(2)电压放大倍数的测量

按照图 4.3.10 连接电路，函数信号发生器输出 1 kHz 的正弦信号，调节函数信号发生器 U_1 的输出幅值，使输入电压 u_i 的有效值为 $U_i=50$ mV，用示波器观察输出波形，在不失真的情况下，测量放大器空载(R_L 开路)和带负载(接入 R_L)时的输出电压 u_o 的有效值 U_o，分别计算放大器空载和带负载时的电压放大倍数。

(3)放大器输出电阻的测量

根据步骤(2)测得的负载开路时的输出电压 U_o 和带负载情况下的输出电压 U_{oL}，计算放大器的输出电阻。计算公式为

$$R_o=\left(\frac{U_o}{U_{oL}}-1\right)R_L$$

(4)放大器输入电阻的测量

函数信号发生器输出 1 kHz 的正弦信号，调节函数信号发生器 U_1 的输出幅值，使输

入电压 u_i 的有效值为 $U_i = 50\ \text{mV}$，测量放大器的输出电压 U_{o1}（可以将负载开路）；再将函数信号发生器从 A 点接入（此时输入信号 u_i 的有效值仍为 $U_i = 50\ \text{mV}$），再次测量放大器的输出电压 U_{o2}，即可计算放大器的输入电阻值为

$$R_i = \left(\frac{U_{o2}}{U_{o1} - U_{o2}}\right) R_8$$

（5）放大器最大不失真输出电压 U_{om} 的测量

电路的静态工作点不变，逐渐增大函数信号发生器的输出幅值，用示波器观察输出电压的波形刚刚出现失真，记录此时的输出电压幅值即为最大不失真输出电压 U_{om}。

六、实验报告要求

（1）对电路进行理论计算，记录与整理实验数据，并将测量结果与理论计算值进行比较。

（2）总结场效应管放大器的特点，并与三极管放大器进行比较。

（3）简述实验过程中出现的问题和解决问题的措施。

（4）回答思考题中的问题。

七、思考题

（1）在测量场效应管放大器的静态工作点电压 U_{GSQ} 时，能否用直流电压表直接并在 G、S 两端测量，为什么？

（2）请推导实验中测量输入电阻的表达式，并说明该实验为什么采用测量输出电压的方法。

（3）增强型绝缘栅型场效应管可以采用自偏压电路吗？为什么？

实验 3-4　设计性实验——单管共发射极放大电路实验

一、实验目的

（1）进一步熟悉单管低频小信号放大器的基本原理。

（2）学习掌握放大器静态工作点的测量方法。

（3）学习掌握放大电路的调整方法。

（4）学习掌握放大电路各种交流参数的测量方法。

（5）通过实验进一步掌握放大器静态工作点与放大器工作状态之间的关系，静态工作点对放大器交流参数的影响。

（6）通过实验进一步了解放大电路中各种失真的现象及产生的原因。

二、实验仪器及备用元器件

1. 实验仪器

函数信号发生器、示波器、数字万用表、交流毫伏表。

2.实验备用器件

三极管 2N5551、9012、9013、3DJ6，电阻、电容若干。

三、实验要求及任务

1. 实验前的准备

(1)电路设计

用 NPN 型三极管设计单管共发射极小信号放大电路，电路采用分压偏置的形式，要满足以下主要技术指标的要求：

①输入信号：有效值：6～10 mV；频率：1 kHz。

②放大倍数：－60±5。

③供电电压：＋12 V。

④负载：3 kΩ。

⑤保证信号不失真放大。

根据理论和上述指标的要求设计电路图，计算出电路中各个元件的参数，注意电阻、电容应取标称值。

(2)用 Multisim 仿真软件进行仿真

①改变偏置电阻，进行静态工作点的仿真并记录。

②改变输入信号的幅值，测量输出信号的幅值并记录。

根据仿真结果选择最佳的电路元器件参数，再仿真并记录仿真结果。

(3)测试方案的设计

测试内容包括直流工作点的测试方案，交流输入、输出信号的测试方案，输入电阻、输出电阻及放大器通频带 $BW_{0.7}$ 的测量方案。

2. 实验任务

(1)检查实验仪器。

(2)根据自行设计的电路图及仿真所得到的最佳电路元器件参数，选择实验器件。

(3)检测器件和导线。

(4)根据自行设计的电路图插接电路。

(5)根据自行设计的测试方案进行如下工作：

①测量直流工作点，并与仿真结果、估算结果进行对比；将电路调整至满足技术指标的要求。

②在输入端加输入信号，测量输入、输出信号的幅值并记录，计算放大倍数并与仿真结果、估算结果比较。

③按照设计的输入电阻和输出电阻的测量方案进行测试并记录。

④按照设计的放大器通频带 $BW_{0.7}$ 的测量方法，测试通频带 $BW_{0.7}$。

(6)在实验电路中晶体管的发射极与 R_E、C_E 之间串接 100 Ω 的电阻，构成长尾式(电流串联负反馈)电路，测量该电路的电压放大倍数、输入电阻、输出电阻，与实验任务(5)中②③的结果进行比较，并得出结论。

3. 实验后的总结

(1)设计中遇到的问题及解决过程。

(2)调试中遇到的问题及解决过程。

(3)根据设计技术指标及实验记录总结实验体会。如：

①偏置电阻的变化对静态工作点的影响。

②静态工作点的变化对放大性能的影响。

③负载的变化对放大性能的影响。

四、拓展内容

用结型场效应管(3DJ6)组成上述基本放大器,并进行相应电路元器件参数的设计与计算,使之满足电路指标的要求,并完成静态工作点的测试、电路交流指标的测量。

五、思考题

(1)电路参数 U_{CC}、R_C、R_L 发生变化的情况下,对输出信号的动态范围将产生何种影响?

(2)为什么测量放大电路的放大倍数时,用晶体管毫伏表而不用万用表?

(3)测量放大器的输入电阻时,串入的电阻过大或过小都会出现测量误差,试对测量误差进行分析。

六、实验报告要求

(1)画出满足设计要求的原理图。

(2)写出设计步骤及结果。

(3)列出元器件表,要求有编号、型号名称。

(4)写出调试步骤。

(5)对实验结果要有正规的记录及分析。

(6)认真回答思考题中的问题。

(7)写出调试中遇到的问题及解决的方法。

(8)一定要有实验后的总结。

实验 3-5　设计性实验——共集电极放大电路实验

一、实验目的

(1)进一步熟悉单管低频小信号放大的基本原理。

(2)进一步掌握放大器静态工作点的测量方法。

(3)进一步掌握放大电路元件参数的计算和选择。

(4)掌握射极输出器电路各种交流参数的测量方法。

二、实验仪器及备用元器件

1. 实验仪器

函数信号发生器、示波器、数字万用表、交流毫伏表。

2. 实验备用器件

三极管 2N5551、9012、9013，电阻、电容若干。

三、实验要求及任务

1. 实验前的准备

(1)电路设计

用 NPN 型三极管设计射极输出器，要求：电路采用固定偏置的形式，设计射极输出器的偏置电路元件参数，确定电源电压的值；取 $R_L=1\ \text{k}\Omega$，所用三极管的 $\beta=100\sim150$，要求输出电压的幅度 $U_{om}\geqslant3\ \text{V}$。

根据理论和上述指标的要求设计电路图，计算出电路中各个元件的参数。确定 R_B、R_E、U_{CC}的值。

根据设计的元器件参数估算电路的电压跟随范围。

(2)用 Multisim 仿真软件进行仿真

①进行静态工作点的仿真并记录。

②测量输出信号的幅值并记录。

根据仿真结果选择最佳的电路元器件参数，再仿真电压跟随范围，并记录仿真结果。

(3)测试方案的设计

测试内容包括直流工作点的测试方案，交流输入、输出信号的测试方案，输入电阻、输出电阻的测量方案。

2. 实验任务

(1)检查实验仪器。

(2)根据自行设计的电路图及仿真所得到的最佳电路元器件参数，选择实验器件。

(3)检测器件和导线。

(4)根据自行设计的电路图插接电路。

(5)根据自行设计的测试方案进行如下工作：

①测量直流工作点，并与仿真结果、估算结果进行对比；将电路调整至满足技术指标的要求。

②在输入端加输入信号，测量输出信号的电压跟随范围并记录，并与仿真结果、估算结果比较。

③调节元器件参数使之达到设计要求。

④按照设计的输入电阻和输出电阻的测量方案进行测试并记录。

3. 实验后的总结

(1)设计中遇到的问题及解决过程。

(2)调试中遇到的问题及解决过程。

(3)根据设计技术指标及实验记录总结实验体会。

四、思考题

(1)共集电极放大器在空载和有载情况下的电压跟随范围、电压放大倍数是否相同?为什么?

(2)共集电极放大器在空载和有载情况下的输入电阻是否相同?为什么?

(3)在共集电极放大电路中,发射极电阻具有稳定静态工作点的作用吗?

(4)为什么测量放大器的输出电阻 R_o 时,需要保持输入电压 u_i 不变?

五、实验报告要求

(1)画出满足设计要求的原理图。

(2)写出设计步骤及结果。

(3)列出元器件表,要求有编号、型号名称。

(4)写出调试步骤。

(5)对实验结果要有正规的记录及分析。

(6)认真回答思考题中的问题。

(7)写出调试中遇到的问题及解决的方法。

(8)一定要有实验后的总结。

实验 3-6　设计性实验——提高与创新实验

一、实验目的

(1)进一步熟悉各种组态单管低频小信号放大的基本原理。

(2)学会简单电路的设计。

(3)综合应用各种组态放大器的特点,设计满足质量指标要求的放大电路,并进行参数测量。

二、实验仪器及备用元器件

1. 实验仪器

函数信号发生器、示波器、数字万用表、交流毫伏表。

2. 实验备用器件

三极管 2N5551、9012、9013,电阻、电容若干。

三、实验要求及任务

三极管组成的放大电路有三种组态,而且都具有各自的特点。在实际电路系统中,常用不同组态的两级电路进行组合,组成组合放大电路,以发挥各自的优点,如共集-共射组合电路、共射-共集组合电路、共射-共基组合电路等。

1. 设计任务

(1)提高设计与实验

在实验 3-1 至 3-4 的基本电路的基础上,若要求放大器的带负载能力强,放大倍数在 50 左右,请设计一组放大电路满足该要求。

(2)创新设计与实验

助听器的基本工作原理是通过驻极体话筒将声音转换成反映声音变化规律的电信号,经过放大器放大后,驱动低阻耳塞式耳机(8 Ω)再将该电信号转换为原来的声音。请利用三极管设计一个助听器放大电路,该放大器由 3 V 的直流电源提供能量,频率响应为 200～300 kHz,增益为 30～60 dB。

2. 要求

(1)提高设计与实验

①设计出满足要求的电路,画出原理电路,计算满足要求的电路元器件参数,给出元器件清单。

②用 Multisim 仿真软件进行仿真。

③自拟实验方法、步骤,并安装、调试电路。

(2)创新设计与实验

①设计出满足要求的电路,画出原理电路,计算满足要求的电路元器件参数。

②用 Multisim 仿真软件进行仿真,给出元器件清单。

③自拟实验方法、步骤,并安装、调试电路。

④写出完整的设计、调试及分析报告。

3. 实验后的总结

(1)设计中遇到的问题及解决过程。

(2)调试中遇到的问题及解决过程。

(3)根据设计技术指标及实验记录总结实验体会。

实验 4　差动放大电路实验

实验 4-1　验证性实验——基本差动放大器实验

一、实验目的

(1)进一步理解差动放大器的工作原理,掌握差动放大和共模抑制的作用。

(2)掌握差动放大器的基本调试方法和基本参数的测试方法。

(3)了解射极耦合电阻 R_e 对共模信号的抑制作用,从而理解提高直接耦合放大器共模抑制比的基本方法。

(4)了解差分放大器的电压传输特性。

二、实验仪器及备用元器件

1. 实验仪器

函数信号发生器、示波器、数字万用表、交流毫伏表。

2. 实验备用器件

差放对管 C1583 或双极型晶体管 9013×2、电阻若干。

三、实验电路原理

差动放大电路是构成多级直接耦合放大电路的基本单元电路，由典型的工作点稳定电路演变而来。为进一步减小零点漂移问题，该电路使用了对称晶体管电路，以牺牲一个晶体管放大倍数为代价获取了低零点漂移的效果。它还具有良好的低频特性，可以放大变化缓慢的信号，由于不存在电容，可以不失真地放大各类非正弦信号，如方波、三角波等等。差动放大电路有四种接法：双端输入单端输出、双端输入双端输出、单端输入双端输出、单端输入单端输出。

由于差动电路分析一般基于理想化(不考虑元件参数不对称)情形，因而很难作出完全分析。为了进一步抑制零点漂移，提高共模抑制比，可以用恒流源电路来代替一般电路中的 R_e，它的等效电阻极大，从而在低电压下实现了很高的零点漂移抑制和共模抑制比。

图 4.4.1 是差动放大器的基本结构。它由两个元件参数相同的基本共射放大电路组成。其中晶体管 T_1、T_2 称为差分对管。两个 100 Ω 的电阻为均衡电阻，给差动放大器提供对称的差模输入信号。由于电路参数完全对称，当外界温度变化，或电源电压波动时，对两边电路的影响是一样的，同时由于 R_e 为两管共用的发射极电阻，它对差模信号无负反馈作用，因而不影响差模电压放大倍数，但对共模信号有较强的负反馈作用，故可以有效地抑制零点漂移，稳定静态工作点。图 4.4.2 是典型的差动放大器，电位器 R_p 用来调节 T_1、T_2 管的静态工作点，使得输入信号 $u_i=0$ 时，双端输出电压 $u_o=0$，所以该电位器称为调零电位器。若电路完全对称，静态时，R_p 应处于中点位置；若电路不对称，应调节 R_p，使 u_{o1}、u_{o2} 两端静态时的电位相等。因此差动放大器能有效地抑制零点漂移。

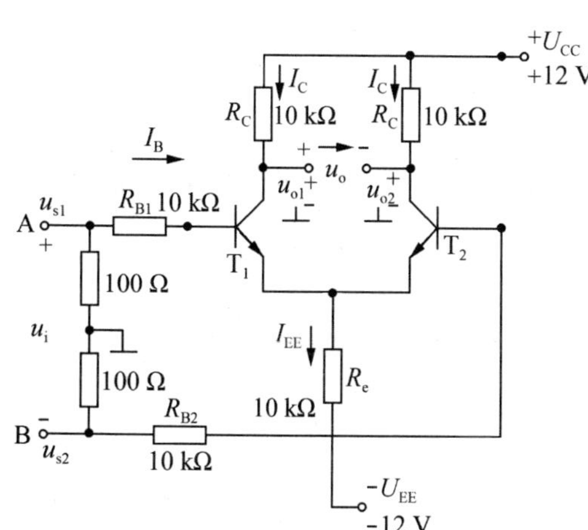

图 4.4.1　基本差动放大器电路

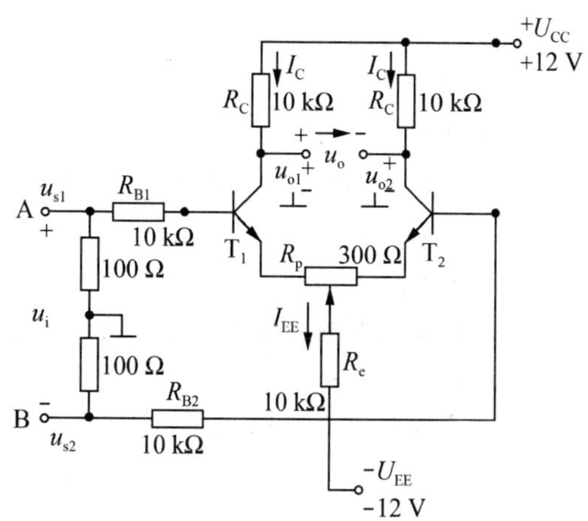

图 4.4.2　带调零电阻 R_p 的基本差动放大器电路

1. 差动放大电路的输入、输出方式

根据输入信号和输出信号的不同方式，差动放大电路可以有四种连接方式，即

(1)双端输入双端输出，u_{s1}(A)、u_{s2}(B)两端同时加入输入信号，取两个三极管的集电极之间的电压作为输出，即 $u_o=u_{o1}-u_{o2}$。

(2)双端输入单端输出，u_{s1}(A)、u_{s2}(B)两端同时加入输入信号，输出取自 u_{o1} 或 u_{o2} 到地，即 $u_o=u_{o1}$ 或 $u_o=u_{o2}$。

(3)单端输入双端输出，在 u_{s1}(A)端加输入信号，u_{s2}(B)端接地(或 u_{s1} 接地而信号加在 u_{s2} 上)，取两个三极管的集电极之间的电压作为输出，即 $u_o=u_{o1}-u_{o2}$。

(4)单端输入单端输出，在 u_{s1}(A)端加输入信号，u_{s2}(B)端接地(或 u_{s1} 接地而信号加在 u_{s2} 上)，输出取自 u_{o1} 或 u_{o2} 到地，即 $u_o=u_{o1}$ 或 $u_o=u_{o2}$。

连接方式不同，电路的性能参数也不同。差动放大器当输入差模信号时，差模电压放大倍数 A_{ud} 的大小与输出方式有关，而与输入方式无关。

2. 静态工作点的估算

静态时差动放大器的输入端不加信号，将 A、B 两端接地。

(1)基本电路

$$I_{EE}=\frac{|U_{EE}|-U_{BE(on)}}{R_e+\dfrac{R_{B2}}{2(1+\beta)}}\approx\frac{|U_{EE}|}{R_e}\text{(认为 }u_{s1}=u_{s2}=0\text{)} \qquad [4.4.1(a)]$$

$$I_{C1}=I_{C2}=I_C=\frac{1}{2}I_{EE} \qquad [4.4.1(b)]$$

$$U_C=U_{CC}-I_CR_C$$

$$U_E=I_{EE}R_e-|U_{EE}|$$

$$U_{CE}=U_C-U_E=U_{CC}+|U_{EE}|-I_CR_C-I_{EE}R_e \qquad [4.4.1(c)]$$

(2)带调零电阻 R_p 的电路

$$I_{EE}=\frac{|U_{EE}|-U_{BE(on)}}{R_e+\dfrac{R_{B2}}{2(1+\beta)}+\dfrac{R_p}{4}}\approx\frac{|U_{EE}|}{R_e}$$

显然与式[4.4.1(a)]相同。

3. 差动电路的技术指标计算

(1)差模电压放大倍数

差模信号是差动放大器的两个输入端同时加上大小相等、相位相反的两个信号，即 $u_{sd}=u_{s1}=-u_{s2}$，$u_{od}=u_{o1}-u_{o2}$。

①基本电路

当差动放大器的射极电阻 R_e 足够大时，差模电压放大倍数 A_{ud} 由输出方式决定，而与输入方式无关。

双端输入双端输出时，差模电压增益为

$$A_{ud}=\frac{U_{od}}{U_{sd}}=-\frac{\beta R_C}{R_{B2}+r_{be}} \qquad [4.4.2(a)]$$

双端输入单端输出时，差模电压增益为

$$A_{ud1}=\frac{U_{o1}}{U_{sd}}=\frac{1}{2}A_{ud}=-\frac{1}{2}\frac{\beta R_C}{R_{B2}+r_{be}} \qquad [4.4.2(b)]$$

$$A_{ud2}=\frac{U_{o2}}{U_{sd}}=-\frac{1}{2}A_{ud}=\frac{1}{2}\frac{\beta R_C}{R_{B2}+r_{be}} \qquad [4.4.2(c)]$$

②带调零电阻 R_p 的电路

若电路对称，R_p 在中心位置，双端输入双端输出时的差模电压增益为

$$A_{ud}=\frac{U_{od}}{U_{sd}}=-\frac{\beta R_C}{R_{B2}+r_{be}+\frac{1}{2}(1+\beta)R_p} \qquad (4.4.3)$$

双端输入单端输出时，差模电压增益为

$$A_{ud1}=\frac{U_{o1}}{U_{sd}}=\frac{1}{2}A_{ud}$$

$$A_{ud2}=\frac{U_{o2}}{U_{sd}}=-\frac{1}{2}A_{ud}$$

(2)共模电压放大倍数

共模信号是差动放大器的两个输入端同时加上大小相等、相位相同的两个信号，即 $u_{sc}=u_{s1}=u_{s2}$。

单端输出的情况下，基本差放电路的共模电压增益为

$$A_{uc1}=A_{uc2}=\frac{U_{oc1}}{U_{sc}}=\frac{-\beta R_C}{R_{B2}+r_{be}+(1+\beta)2R_e}\approx-\frac{R_C}{2R_e} \qquad (4.4.4)$$

带调零电阻 R_p 的差放电路，单端输出情况下的共模电压增益为

$$A_{uc1}=A_{uc2}=\frac{U_{oc1}}{U_{sc}}=\frac{-\beta R_C}{R_{B2}+r_{be}+(1+\beta)\left(\frac{1}{2}R_p+2R_e\right)}\approx-\frac{R_C}{2R_e}$$

显然，两种情况下的共模电压增益接近，且共模电压增益 $A_{uc1}<1$，共模信号得到了抑制。

双端输出时，在电路完全对称的理想情况下，输出电压 $U_{oc1}=U_{oc2}$，共模增益为

$$A_{uc}=\frac{U_{oc}}{U_{sc}}=0$$

上式说明，双端输出时，差动电路对零点漂移、电源电压的波动等干扰信号有很强的抑制能力。实际上，由于元件不可能完全对称，因此 A_{uc} 也不会绝对等于零。

(3)共模抑制比 K_{CMR}

为了表征差动放大器对有用信号(差模信号)的放大作用和对共模信号的抑制能力，通常用一个综合指标来衡量，即共模抑制比为

$$K_{CMR}=\left|\frac{A_{ud}}{A_{uc}}\right| \quad 或 \quad K_{CMR}=20\log\left|\frac{A_{ud}}{A_{uc}}\right|(\text{dB}) \qquad (4.4.5)$$

四、Multisim 分析

1. 编辑原理电路

在 Multisim 的设计窗口中，按照图 4.4.1 绘制电路图。为了便于仿真，电路图中的三极管同样应选择与实际三极管 9013 参数相仿的 2N5551，然后进行参数修正。需要修正的参数如下：首先测量实验中所采用的三极管参数 β。双击 2N5551，出现如图 4.3.6 所示的“BJT_NPN”对话框，单击对话框右下方的选项“Edit Model”，进入编辑模型的操作。将电流放大倍数 β_f 改为测试值 β，发射结压降 U_{je} 和集电结压降 U_{jc} 改为 0.7，集电结电容 C_{jc} 改为 20 pF 及基极电阻 R_b 改为 200 Ω。编辑结束后单击“Change All Models”即可。

2. 静态工作点的分析

根据图 4.4.1，借助式(4.4.1)对电路进行定性估算，将估算结果记入表 4.4.1 中。

根据表 4.4.1 中的参数对电路进行直流工作点分析(DC Operating Point Analysis)，将结果记入表中。

3. 差模放大倍数的分析

按照单端输入双端输出、单端输入单端输出两种工作模式，估算差模放大倍数，将结果记入表 4.4.2 中。再用 Multisim 进行瞬态分析(Transient Analysis)，将分析结果记入表 4.4.2 中，并计算两种工作模式下的放大倍数。

4. 共模抑制比的分析

按照单端输入双端输出、单端输入单端输出两种工作模式，首先估算共模放大倍数，将结果记入表 4.4.3 中。再用 Multisim 中的虚拟示波器测量输出电压 U_{o1}、U_{o2}，将测量数据记入表 4.4.3 中，分析电路的共模放大倍数和共模抑制比，将分析结果记入表 4.4.3 中。

5. 差分放大器电压传输特性的分析

给电路提供单端输入信号，对差分放大器的两个输出端点进行直流分析(DC Sweep Analysis)，得到放大器的电压传输特性曲线，确定电路的线性工作范围。

6. 带调零电阻 R_p 的基本差动放大电路电压传输特性的仿真

用 Multisim 的直流分析(DC Sweep Analysis)对图 4.4.2 所示电路的电压传输特性进行分析，将结果与图 4.4.1 所示电路的仿真结果进行比较，应特别注意线性范围的变化。

五、实验内容及方法步骤

1. 基本差动放大电路实验

(1)静态工作点的测试

按照图 4.4.1 连接电路，检查无误后将 A、B 两端对地短接，接通电源 $U_{CC}=|U_{EE}|=12$ V，分别测量三极管各极对地的电压值，推算静态电流，记入表 4.4.1 中，并与仿真结果、估算结果进行比较，得出结论。

表 4.4.1　静态工作点实验数据　　测试条件：$U_{CC}=|U_{EE}|=12$ V

	U_{C1}/V	U_{C2}/V	U_E/V	U_{B1}/V	U_{B2}/V	I_C/mA	I_B/μA	I_{EE}/mA
仿真值								
估算值				0.7				
测量值								

(2)差模放大倍数的分析

关闭电源，将放大器 B(或 A)端接地，在 A(或 B)端加入 $U_{im}=50$ mV，$f=1$ kHz 的正弦输入信号，检查无误后接通电源，测量此时的 $U_A=U_{i1}=$？ $U_B=U_{i2}=$？ 用示波器和毫伏表测量输出端 u_{o1}、u_{o2} 的不失真输出电压幅值 U_{o1}、U_{o2}。注意输入、输出信号间的相位关系，将结果记入表 4.4.2 中，计算电路双端输出和单端输出情况下的差模放大倍数，并与估算结果、仿真结果进行比较。

表 4.4.2　差模放大性能实验数据　　单端输入双端输出、单端输出

	U_{i1}/V	U_{i2}/V	U_{id}/V	U_{o1}/V	U_{o2}/V	U_{od}/V	A_{ud1}	A_{ud2}	A_{ud}	波形
估算值			0.05							u_{i1}/V, t
仿真值			0.05							u_{o1}/V, t
实测值										u_{o2}/V, t

(3)共模特性的分析

关闭电源，断开接地的 B(或 A)端，将 A、B 两端短接后直接接入 $U_{im}=50$ mV，$f=1$ kHz的正弦输入信号，检查无误后接通电源，用示波器和毫伏表测量输出端 u_{o1}、u_{o2} 的不失真输出电压的幅值 U_{o1}、U_{o2}。注意输入、输出信号间的相位关系，将结果记入表 4.4.3 中，计算电路双端输出和单端输出情况下的共模放大倍数和共模抑制比，并与估算、仿真结果进行比较。

表 4.4.3　共模放大性能实验数据　　单端输入双端输出、单端输出

	U_{ic}/V	U_{o1}/V	U_{o2}/V	U_{oc}/V	A_{uc1}	A_{uc2}	A_{uc}	$K_{CMR单}$	$K_{CMR双}$	波形
估算值	0.05									u_{ic}/V　t
仿真值	0.05									u_{o1}/V　t
实测值										u_{o2}/V　t

(4)输出电阻的测量

①双端输出情况下输出电阻的测量

关闭直流电源和信号源,在两个三极管的集电极间接入 20 kΩ 的负载电阻 R_L,保持差模信号不变,测量两个集电极对地的电压,记入表 4.4.4 中的 U_{o1L}、U_{o2L}。将负载电阻 R_L 断开,再次测量两个集电极对地的电压,记入表 4.4.4 中的 U_{o1}、U_{o2},计算 $R_{o双}$ 的值记入表中。

表 4.4.4　放大器输出电阻的实验数据

	U_{o1}/V	U_{o2}/V	U_{o1L}/V	U_{o2L}/V	U_{od}/V	U_{odL}/V	$R_{o单}$	$R_{o双}$
估算值								
实测值(单端输出)								
实测值(双端输出)								

②单端输出情况下输出电阻的测量

关闭直流电源和信号源,在三极管 T_1(或 T_2)的集电极对地接入20 kΩ的负载电阻 R_L,保持差模信号不变,测量该集电极对地(负载 R_L 两端)的电压,记入表 4.4.4 中的 U_{o1L}(或 U_{o2L})。将负载电阻 R_L 断开,测量集电极对地的电压,记入表 4.4.4 中的 U_{o1}(或 U_{o2}),计算 $R_{o单}$ 的值记入表中。

(5)放大器输入电阻的测量

在 A、B 两端分别串入与估算输入电阻值在同一数量级的电阻 R_s,分别测量 A、B 两点之间的电压 U_s 和 R_s 右方的输入电压 U_i,将结果记入表 4.4.5 中,计算出输入电阻 R_i。

表 4.4.5　放大器输入电阻的实验数据

	U_s/mV	U_i/mV	R_s/kΩ	R_i/kΩ
估算值				
实测值				

2. 带调零电阻 R_p 的基本差动放大电路的实验

关闭直流电源和信号源，在三极管的发射极接入 300 Ω 的电位器(R_p)，重复上述(2)(3)(4)(5)中的实验任务。

六、思考题

(1)差动放大电路中两管及元器件不对称对电路有何影响？

(2)电路中的 R_e 起何作用？它的大小对电路的哪些性能有影响？

(3)图 4.4.2 中的电位器 R_p 的作用是什么？为何电路工作前需要调零？

(4)差动放大器双端输入、单端输入情况下的等效输入电阻大小相同吗？

(5)差动放大器双端输出、单端输出情况下的等效输出电阻大小相同吗？若不相同，大约相差多少？

(6)如何扩大差动放大器的线性范围？

七、实验报告要求

(1)整理实验数据，将实验过程中的所有实验数据与理论计算数据进行比较，分析产生误差的原因。

(2)总结 R_e 对静态工作点、差模放大倍数、共模放大倍数、输入电阻、输出电阻的影响。

(3)总结 R_p 对放大器放大特性的影响。

(4)你在实验调试过程中出现过什么问题？你是如何解决的？从理论上加以分析。

八、预习内容

(1)复习差动放大电路的工作原理和性能指标的计算。

(2)根据实验内容，估算测试电路的静态工作点、差模特性参数、共模特性参数并填入相应的表格内。取 $\beta=100$，$r_{bb'}=300\ \Omega$，$U_{BE(on)}=0.7\ V$。

(3)完成 Multisim 的所有仿真分析，并将仿真分析结果记录在相应的表格内。

实验 4-2　设计性实验——恒流源差动放大器实验

一、实验目的

(1)进一步熟悉差动放大器的工作原理。

(2)加深对差动放大器性能及特点的理解。

(3)进一步掌握差动放大电路静态工作点的测量方法。

(4)进一步掌握差动放大器主要性能指标的测试方法。

(5)熟悉恒流源的恒流特性。

(6)根据要求，锻炼独立设计基本电路的能力。

(7)练习使用电路仿真软件，简化电路设计工作量。

(8)培养在实际工作中分析问题、解决问题的能力。

二、实验仪器及备用元器件

1. 实验仪器

函数信号发生器、直流电源、示波器、数字万用表、交流毫伏表。

2. 实验备用器件

三极管 2N5551×3 或 9013×3(要求 T_1、T_2 管特性参数一致)、电阻若干。

三、实验电路原理

恒流源差动放大电路可以很好地抑制零点漂移，提高共模抑制比。图 4.4.3 是恒流源差动放大电路，T_3 和 R_1、R_2、R_3 组成恒流源电路，为差分对提供恒流电流 I_{C3}。图 4.4.4 是可调增益差动放大器，电位器 R_{W2} 用来调节差动放大器增益的大小。

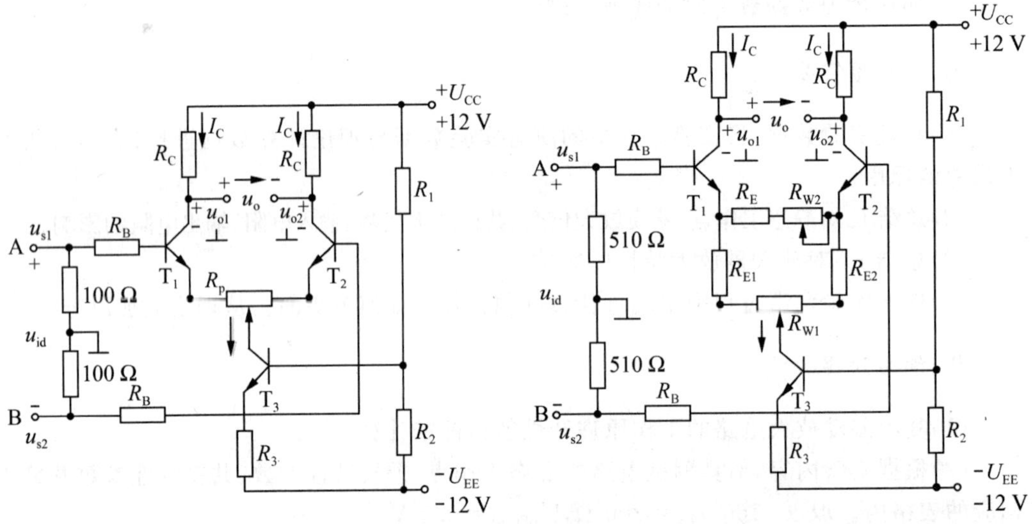

图 4.4.3 恒流源差动放大器电路　　　图 4.4.4 可调增益差动放大器电路

差动放大器的输入信号可采用直流信号，也可采用交流信号。本实验由函数信号发生器提供频率 $f=1$ kHz 的正弦信号作为输入信号。

1. 电路静态工作点的估算

$$U_{R_2}=\frac{R_2}{R_1+R_2}(U_{CC}+|U_{EE}|)=U_{BE3(on)}+I_{E3}R_3$$

$$I_{E3}=\frac{U_{R_2}-U_{BE3(on)}}{R_3}$$

$$I_{C1}=I_{C2}=\frac{1}{2}I_{C3}\approx\frac{1}{2}I_{E3}$$

2. 差动电路的技术指标计算

(1)差模电压放大倍数

若电路对称，R_p 在中心位置，双端输入双端输出时的差模电压增益为

$$A_{ud}=\frac{U_o}{U_{sd}}=-\frac{\beta R_C}{R_B+r_{be}+\frac{1}{2}(1+\beta)R_p}$$

双端输入单端输出时，电压增益为

$$A_{ud1}=\frac{U_o}{U_{sd}}=\frac{1}{2}A_{ud}$$

$$A_{ud2}=\frac{U_o}{U_{sd}}=-\frac{1}{2}A_{ud}$$

(2)共模电压放大倍数

单端输出的情况下，基本差放电路的共模电压增益为

$$A_{uc1}=A_{uc2}=\frac{U_{oc1}}{U_{sc}}\approx-\frac{R_C}{2R_{o3}}$$

其中，R_{o3}是恒流源电路的等效输出电阻。由于$R_{o3}\gg R_C$，共模电压增益$A_{uc}\ll 1$，抑制共模信号的能力更强。

四、实验要求及任务

1. 实验前的准备

(1)电路设计

根据差动放大器的工作原理，结合给定范围内的实验器材，仿照前述的基本差动放大电路，用 NPN 型三极管设计出满足以下几种指标的差动放大电路，合理选择元器件，以满足相应的性能指标要求。

①发射极接有恒流源的差动放大电路

根据图 4.4.3 设计电路，要求满足：

输入信号：正弦波交流信号；有效值：100 mV；频率：1 kHz。

供电电压：+12 V，−12 V；恒流源提供的电流 $I_{C3}=2$ mA。

负载电阻：$R_L=10$ kΩ。

单端输出差模增益：不小于 30。

单端输出共模增益：不大于 0.005；双端输出共模增益：不大于 0.0005，接近于零。

输入与输出同相。

保证信号不失真放大。

②增益可调的差动放大电路

根据图 4.4.4 设计电路，要求满足：

双端输出差模增益的可调范围为 15～40，其他条件同①。

根据理论和上述指标的要求设计电路图，并写出计算公式，计算出电路中各个元件的参数，列出元器件表。

(2)用 Multisim 仿真软件进行仿真

按照要求，把设计好的电路在仿真软件中进行测试，并根据仿真结果调整电路中各个元器件的参数，使之满足设计指标的要求，再仿真并记录仿真结果。仿真时应注意使用示波器观察实时输出波形，结合理论知识，调整电路偏置，消除饱和失真与截止失真。记录

选用的元器件，画出设计好的电路图。

(3)自行设计实验步骤和测试表格

①测试内容包括直流工作点的测试，交流输入、输出信号的测试，差模放大倍数、共模放大倍数、共模抑制比等质量指标的测量与计算。

②自拟实验步骤和测试方法。

③根据实验任务自拟测试表格。

④分析实验结果，并说明电路的特点。

2. 实验任务

在实验箱上搭建所设计的电路，并按照自行设计的实验步骤测试、验证设计的电路方案。

(1)实验准备工作

①检查实验仪器。

②根据自行设计的电路图选择实验器件。

③检测器件和导线，排除具有接触不良和断路的导线。

(2)根据自行设计的电路图搭建实际的电路。

(3)测量性能指标，按照要求作相应的调整。

①测量直流工作点，将测量结果记录在自行设计的表格内，与仿真结果、估算结果进行对比，并调整至完全满足质量指标的要求。

②在输入端加输入信号，测量输入、输出信号的幅值并记录在自行设计的表格内，计算出差模、共模放大倍数并与仿真结果、估算结果比较。

③按照设计的输入电阻和输出电阻测量方案进行测试并记录在自行设计的表格内。

3. 实际问题分析与研究

(1)电路配置对交流指标的影响分析

①改变调零电阻 R_p 阻值的量级，分析调零电阻阻值的大小对差模增益的最终影响。

②分析三极管的 β 值是否对差模增益有较大影响。

(2)由于考虑不周，在实验过程中遇到的电路设计错误及其分析，并详略得当地予以阐述。

4. 实验后的总结

(1)设计中遇到的问题及解决过程。

(2)调试中遇到的问题及解决过程。

(3)根据设计技术指标及实验记录总结实验体会。

五、思考题

(1)恒流源差动放大电路有什么特点？

(2)若将图 4.4.3 中的电阻 R_2 换成稳压二极管，何种稳压二极管能够满足电路设计内容中①的要求？电阻 R_1 的取值呢？

(3)写出可调增益差动放大器的放大倍数的表达式。

六、实验报告要求

(1)写出设计步骤及计算结果。
(2)列出元器件清单,要求有编号、型号名称。
(3)写出调试步骤。
(4)对实验结果要有正规的记录及分析。
(5)认真回答思考题中的问题。
(6)写出调试中遇到的问题及解决的方法。
(7)对实验结果进行总结。

实验5　负反馈放大电路实验

实验5-1　验证性实验——两级阻容耦合负反馈放大器实验

一、实验目的

(1)掌握多级级联基本放大器电压放大倍数、输入电阻、输出电阻的基本测量方法。
(2)掌握负反馈放大器电压放大倍数、输入电阻、输出电阻的测试方法。
(3)了解负反馈对放大器性能的影响。

二、实验仪器及备用元器件

1.实验仪器
函数信号发生器、示波器、数字万用表、交流毫伏表。
2.实验备用器件
双极型晶体管 9013×2,电阻、电容若干。

三、实验电路原理

负反馈是电子线路中非常重要的技术之一,它虽然降低了电压放大倍数,但是能够提高电路的电压放大倍数的稳定性,改变输入电阻、输出电阻,减小非线性失真以及展宽通频带。因此,在实际应用中,几乎所有的放大器都具有负反馈电路部分。

放大电路引入负反馈后,放大倍数要下降 $1+AF$ 倍,但其稳定性也提高了 $1+AF$ 倍,即

$$A_f=\frac{A}{1+AF} \tag{4.5.1}$$

$$\frac{dA_f}{A_f}=\frac{1}{1+AF}\cdot\frac{dA}{A} \tag{4.5.2}$$

$1+AF$ 是负反馈放大器的反馈深度,反映了负反馈对电路指标的影响程度。例如,负反馈可以使通频带展宽 $1+AF$ 倍,使非线性失真和噪声干扰减小为原来的 $1/(1+AF)$。

$1+AF$ 越大，这种影响越强。其中 A 为考虑到反馈网络的负载效应时，基本放大电路的放大倍数，也称为开环放大倍数；F 为反馈网络的反馈系数；A_f 是负反馈放大电路的闭环放大倍数。显然 A 越大，负反馈效果越明显。当电路满足深度负反馈条件 $1+AF \gg 1$ 时，可以近似认为

$$A_f \approx \frac{1}{F} \tag{4.5.3}$$

即电路的闭环放大倍数仅与反馈系数有关，而与基本放大电路中的一些不稳定因素基本无关。

在放大电路中，通常根据负反馈网络与基本放大电路的连接方式不同，将负反馈分为电压串联负反馈、电压并联负反馈、电流串联负反馈、电流并联负反馈四种反馈组态。对于不同的反馈组态，开环放大倍数 A、反馈系数 F、闭环放大倍数 A_f 的物理意义各不相同，对电路指标的影响也不同。电压负反馈使环内输出电阻减小为原来的 $1/(1+A'F)$，电流负反馈使环内输出电阻增加 $1+A'F$ 倍，串联负反馈使环内输入电阻增加 $1+AF$ 倍，并联负反馈使环内输入电阻减小为原来的 $1/(1+AF)$。其中 A' 是基本放大电路的空载放大倍数，A 是基本放大电路的带负载放大倍数。例如，图 4.5.1(a)所示的放大电路引入了电压串联负反馈后，对电路指标的改善如下：

闭环电压放大倍数为

$$A_{uf} = \frac{A_u}{1+A_u F_u}$$

电压放大倍数的相对变化量为

$$\frac{dA_{uf}}{A_{uf}} = \frac{1}{1+A_u F_u} \cdot \frac{dA_u}{A_u}$$

深度负反馈情况下的闭环电压放大倍数为

$$A_{uf} = \frac{1}{F_u}$$

通频带为

$$BW_f \approx (1+A_u F_u) BW \tag{4.5.4}$$

当引入电压串联负反馈时，闭环输入电阻为

$$R_{if} = (1+A_u F_u) R_i \tag{4.5.5}$$

闭环输出电阻为

$$R_{of} = \frac{R_o}{1+A'_u F_u} \tag{4.5.6}$$

电压反馈系数为

$$F_u = \frac{U_f}{U_o} = \frac{U_{e1}}{U_{o2}} \tag{4.5.7}$$

改变反馈深度(调整 R_f 的大小)，可使放大器的性能指标得到不同程度的改变。

本实验中的电路由两级阻容耦合的共射放大电路组成，在电路中引入了电压串联负反馈，构成负反馈放大电路，如图 4.5.1(a)所示，图 4.5.1(b)为其考虑反馈网络的负载效应时的基本(开环)放大器。这样电路既可以稳定输出电压，又可以提高输入电阻，降低输出电阻，提高电路的带负载能力。

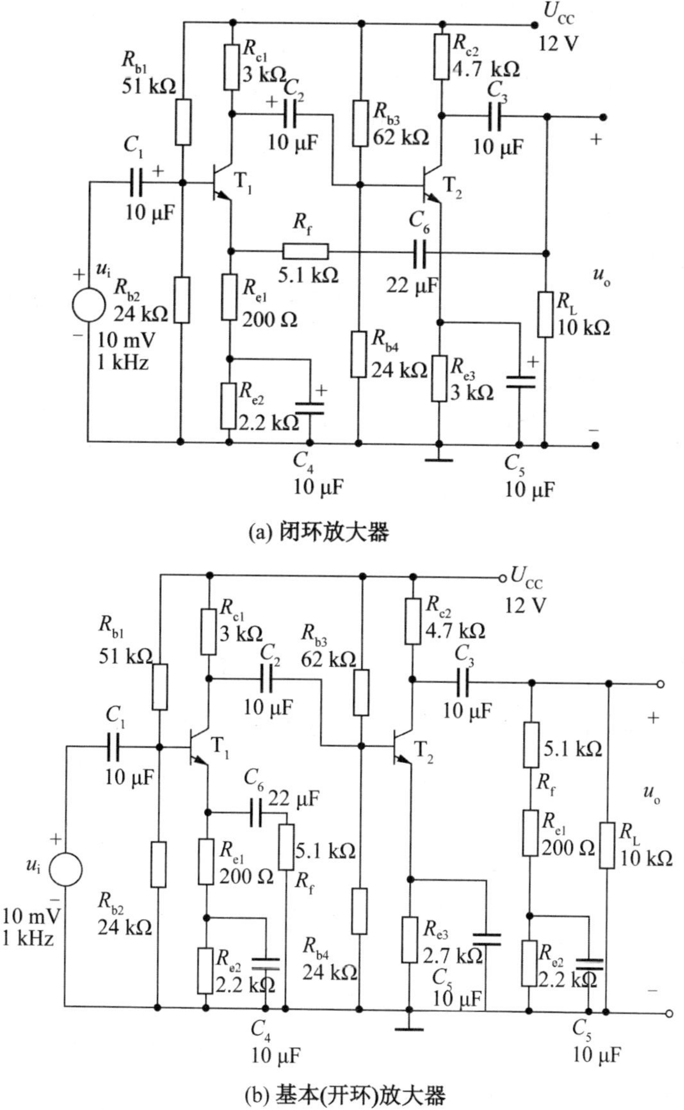

(a) 闭环放大器

(b) 基本(开环)放大器

图 4.5.1　两级阻容耦合负反馈放大器

四、Multisim 分析

首先根据图 4.5.1 对电路进行定性估算，将估算结果记入相应的表格中。

1. 编辑原理电路

在 Multisim 的设计窗口中，按照图 4.5.2 绘制电路图。为了便于仿真，电路图中的三极管同样应选择与实际三极管 9013 参数相仿的 2N5551，然后进行参数修正。BJT 的参数编辑方法与共发射极放大电路实验相同。为了便于仿真，图中接入了几个单刀单掷开关，其中开关 J_2～J_4 由按键 A 控制，用于在闭环放大电路和基本放大电路之间转换。开关 J_5 由按键 B 控制，用于在电路空载和有载两种情况之间转换。开关 J_1 由空格键控制，用于分析放大电路的输入电阻。放大器输入端加入 $f=1$ kHz,$U_{im}=10$ mV 的正弦信号。

2. 静态工作点的分析

根据表 4.5.1 中的参数对电路进行直流工作点分析(DC Operating Point Analysis),并判断三极管的工作状态,将结果记入表中。

3. 空载放大性能的分析

将开关 J_1 关闭、J_5 打开,分析电路在空载情况下的放大倍数。

(1)基本放大电路的分析

单击按键 A,将开关 J_3 断开,J_2、J_4 闭合,分析基本放大电路的电压放大倍数 A'_u,将结果记入表 4.5.2 中。

(2)反馈放大电路的分析

单击按键 A,将开关 J_3 闭合,J_2、J_4 断开,分析反馈放大电路的电压放大倍数 A'_{uf},将结果记入表 4.5.2 中。

(3)反馈深度的测量与计算

根据电路图 4.5.2 估算反馈系数,再根据表 4.5.3 中的测量参数由式(4.5.7)计算电路的反馈系数,将结果记入表 4.5.3 中。

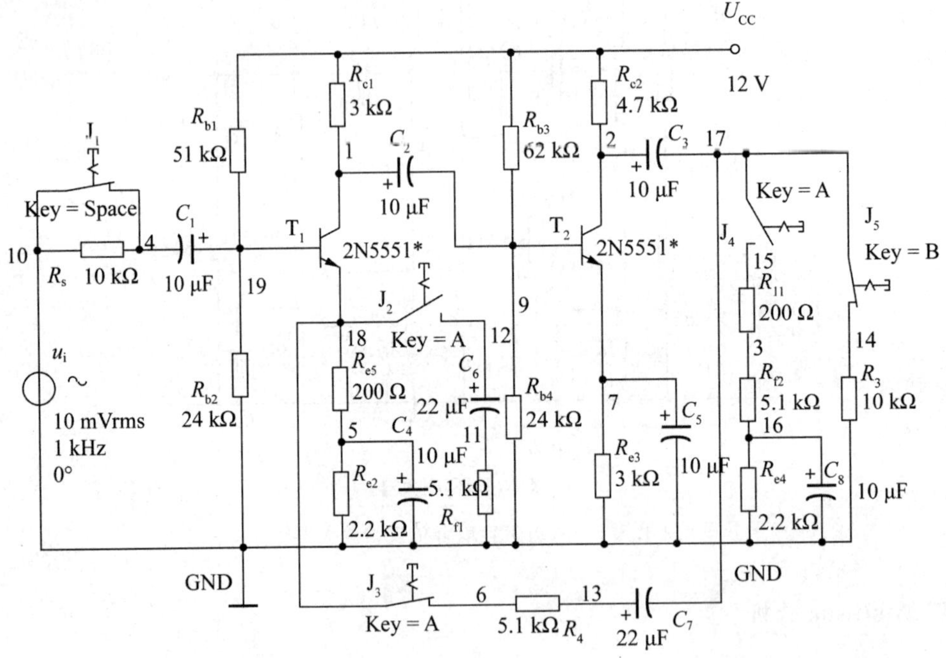

图 4.5.2 两级阻容耦合负反馈放大器仿真图

4. 有载放大性能的分析

将开关 J_1、J_5 关闭,分析电路在有载情况下的放大倍数。分析内容及方法步骤参照 3。将结果记入表 4.5.4 中。

5. 放大电路输出电阻的分析

根据 3 和 4 中的结果,参照表 4.5.2 和表 4.5.4,分析并计算基本放大电路和负反馈放大电路的输出电阻，将结果记入表 4.5.5 中。

6. 放大电路输入电阻的分析

将开关 J_1 打开，分别分析基本放大电路和反馈放大电路的输入电阻，将结果记入表 4.5.6 中。

7. 放大电路频率特性的分析

将开关 J_1 闭合，按照表 4.5.7 中的参数进行测量，注意测量过程中应保持 $U_{im}=10\ \text{mV}$ 不变，将测量结果记入表中。从表中找到使电压放大倍数降为中频段时的 0.707 倍时的上限频率和下限频率，记入表 4.5.8 中，并计算放大电路反馈前后的通频带宽度。

五、实验内容及方法步骤

参照图 4.5.1(a)连接电路，在放大器输入端加入 $U_{im}=10\ \text{mV}$，$f=1\ \text{kHz}$ 的正弦信号，并确认电路连接无误。

1. 测量静态工作点

令 $u_i=0$，接通电源，根据表 4.5.1 中的参数对电路直流工作点进行测量，将结果记入表中，并与仿真结果进行比较。

表 4.5.1　静态工作点实验数据　　测试条件：$U_{CC}=12\ \text{V}$

	U_{C1}/V	U_{C2}/V	U_{E1}/V	U_{E2}/V	I_{C1}/mA	I_{C2}/mA
仿真值						
估算值						
测量值						

2. 空载放大性能的分析

断开负载电阻 R_L，分析电路在空载情况下的放大倍数。接入 u_i 并接通电源。

(1)反馈放大电路的分析

用示波器或毫伏表测量 U_i、U'_{o1}、U'_{of}，分析反馈放大电路的电压放大倍数 A'_{uf}，将结果记入表 4.5.2 中。

(2)基本放大电路的分析

关闭电源，参照图 4.5.1(b)连接电路，检查无误后接通电源，保持 U_i 为步骤(1)中的值，用示波器或毫伏表测量 U_i、U'_{o1}、U'_o，将结果记入表 4.5.2 中，并分析基本放大电路的电压放大倍数 A'_u。

表 4.5.2　空载情况下放大电路反馈前后的放大倍数

	U_i/mV	U'_{o1}/mV	U'_o/mV	A'_{u1}	A'_{u2}	A'_u	U'_{of}/mV	A'_{uf}
仿真值								
测量值								

(3)反馈深度的测量与计算

根据电路图 4.5.1 估算反馈系数，再根据表 4.5.3 中的测量参数由式(4.5.7)计算电路的反馈系数和反馈深度，将结果记入表 4.5.3 中。

3. 有载放大性能的分析

接上负载电阻 R_L，分析电路在有载情况下的放大倍数。分析内容及方法步骤参照 2。将结果记入表 4.5.4 中。

表 4.5.3 反馈系数与反馈深度

	U_i/mV	U'_{e1}/mV	U'_o/mV	A'_u	F'	$1+A'_uF'$
估算值						
仿真值						
实测值						

表 4.5.4 有载情况下放大电路反馈前后的放大倍数

	U_i/mV	U_{o1}/mV	U_o/mV	A_{u1}	A_{u2}	A_u	U_{of}/mV	A_{uf}
仿真值								
测量值								

4. 放大电路输出电阻的分析

根据 2 和 3 中的结果，参照表 4.5.2 和表 4.5.4，分析并计算基本放大电路和负反馈放大电路的输出电阻，将结果记入表 4.5.5 中。计算输出电阻。

表 4.5.5 放大电路的输出电阻

	R_L/kΩ	基本放大电路			反馈放大电路		
		U_o/mV	U'_o/mV	R_o/kΩ	U_{of}/mV	U'_{of}/mV	R_{of}/kΩ
仿真值	10						
实测值							

5. 放大电路输入电阻的分析

关闭直流电源和信号源，在信号源与电路之间接入阻值为 10 kΩ 的电阻 R_s，接通直流电源和信号源，参照表 4.5.6 中的参数进行测量，将结果记入表中，并与仿真结果进行比较。计算输入电阻。

表 4.5.6 放大电路的输入电阻 $R_L=10$ kΩ

	U_{sm}/mV	基本放大电路			反馈放大电路		
		U_{im}/mV	R_s/kΩ	R_i/kΩ	U_{im}/mV	R_s/kΩ	R_i/kΩ
仿真值	10		10			10	
实测值	10		10			10	

6. 放大电路频率特性的分析

关闭直流电源和信号源，将电路恢复为图 4.5.1(a)的形式(拆掉 R_s)，按照表 4.5.7 中的参数进行测量，将测量结果记入表中。从表中找到使电压放大倍数降为中频段时的 0.707 倍时的上限频率和下限频率，记入表 4.5.8 中，并计算放大电路反馈前后的通频带宽度。

表 4.5.7　反馈接入前后的放大器通频带测量方案　保持 $U_{im}=10$ mV 不变

频率	10 Hz	100 Hz	1 kHz	10 kHz	100 kHz	500 kHz	700 kHz	1 MHz	10 MHz	100 MHz
反馈前增益										
反馈后增益										

表 4.5.8　放大电路的通频带

	反馈前			反馈后		
	f_L/kHz	f_H/kHz	BW	f_{Lf}/kHz	f_{Hf}/kHz	BW_f
仿真值						
测量值						

六、思考题

(1)负反馈放大电路的反馈深度 $1+AF$ 决定了电路性能的改善程度，那么是不是 $1+AF$ 越大越好？为什么？

(2)试解析为什么负反馈能够改善放大电路的波形失真。

(3)在图 4.5.1(a)中，有没有直流反馈？如果有，它的作用是什么？

(4)若将图 4.5.1(a)中的反馈电阻的左端改接在 T_1 管的基极，会发生什么现象？请简述原理。

七、实验报告要求

(1)整理实验数据，将实验过程中的所有实验数据与理论计算数据进行比较，分析产生误差的原因。

(2)总结反馈深度 $1+AF$ 的大小对放大倍数、输入电阻、输出电阻、通频带的影响。

(3)你在实验调试过程中出现过什么问题？你是如何解决的？请从理论上加以分析。

(4)认真回答思考题中的问题。

八、预习内容

(1)复习教材中负反馈放大电路的性能指标的计算。

(2)根据实验内容，估算测试电路的静态工作点、开环及闭环两种状态下的放大倍数、输入电阻、输出电阻，并填入相应的表格内。取 $\beta=100$，$r_{bb'}=300\ \Omega$，$U_{BE(on)}=0.7$ V。

(3)完成 Multisim 的所有仿真分析，并将仿真分析结果记录在相应的表格内。

实验 5-2　设计性实验——两级阻容耦合负反馈放大器的设计与实验

一、实验目的

(1)进一步了解多级放大器的组成和特点。

(2)进一步掌握多级放大器的测试方法。

(3)加深理解负反馈放大器的工作原理。

(4)了解放大电路中引入负反馈的方法。

(5)深入研究负反馈对放大器性能的影响。

(6)掌握负反馈放大器性能的测试和调试方法。

二、实验仪器及备用元器件

1. 实验仪器

函数信号发生器、示波器、数字万用表、交流毫伏表。

2. 实验备用器件

双极型晶体管 9013×2，电阻、电容若干。

三、实验要求和任务

自行设计两级阻容耦合的负反馈放大电路，反馈类型采用电压串联负反馈。完成以下内容：

1. 实验前的准备

(1)电路设计

用 NPN 型三极管 9013 设计两级负反馈放大电路，放大器要满足以下主要技术指标的要求：

①输入信号：有效值：6～10 mV；频率：1 kHz。

②单级电压放大倍数：大于 20。

③供电电压：+12 V。

④负载：3 kΩ。

⑤保证信号不失真放大。

⑥闭环电压放大倍数：大于 50。

根据理论和上述指标的要求设计电路图，计算出每级电路中各个元件的参数；根据计算出来的参数，设定反馈电阻的大小。

(2)用 Multisim 仿真软件进行仿真

①进行静态工作点的仿真并记录。

②测量空载和有载两种情况下的放大倍数。

③测量电路的反馈深度。

④测量反馈前后电路的输入、输出电阻。

⑤测量反馈前后放大电路的通频带。

注意事项：

①进行电路调试时，容易发现输出电压有高频自激现象，可在三极管的基极和集电极之间加一个 200 pF 左右的电容。

②若电路工作不正常，先检查各级静态工作点是否合适，如果合适，则将交流输入信号一级一级地送到放大电路中去，逐级检查。

(3)测试方案的设计

根据测试内容，所设计的方案包括各级直流工作点的测试方案，反馈接入前后的放大倍数的测试方案，反馈接入前后的输入电阻、输出电阻的测量方案，反馈接入前后的放大器通频带的测量方案以及反馈深度的测量方案。

2. 实验任务

(1)检查实验仪器。

(2)根据自行设计的电路图选择实验器件。

(3)检测器件和导线。

(4)根据自行设计的电路图插接电路。

(5)根据自行设计的测试方案进行如下工作：

①测量直流工作点，并与仿真结果、估算结果进行对比；将电路调整至满足技术指标的要求。

②在输入端加输入信号，分别测量反馈前后空载和有载两种情况下的输入、输出信号的幅值并记录，计算放大倍数并与仿真结果、估算结果比较。

③按照设计的输入电阻和输出电阻的测量方案进行测试并记录。

④在输入端加输入信号，分别测量反馈前后放大电路的频率响应，计算放大电路的通频带宽度。

参考实验表格如表 4.5.9 至表 4.5.12 所示。

表 4.5.9　无反馈时，放大器在空载和有载情况下放大倍数、输出电阻的测量

	U_{im}/mV	U_{om}/mV	U_{omL}/mV	A_{uf}	A_{Lu}	R_o/kΩ
计算值						
仿真值	2					
测量值	2					

表 4.5.10　有反馈时，放大器在空载和有载情况下放大倍数、输出电阻的测量

	U_{im}/mV	U_{om}/mV	U_{omL}/mV	A_{uf}	A_{Luf}	R_{of}/kΩ
计算值						
仿真值	10					
测量值	10					

表 4.5.11　放大电路输入电阻　测试条件：$R_L=3\ k\Omega, f=1\ kHz$

	U_{im}/mV	基本放大器			反馈放大器		
		U_{im}/mV	$R_X/k\Omega$	$R_i/k\Omega$	U_{im}/mV	$R_X/k\Omega$	$R_{if}/k\Omega$
仿真值	10						
测量值	10						

表 4.5.12　放大电路的通频带　保持 $U_{im}=10\ mV$ 不变

	U_{im}/mV	U_{om}/mV	U_{omL}/mV	A_{uf}	A_{Lu}	$R_o/k\Omega$
计算值						
仿真值	2					
测量值	2					

3. 实验后的总结

(1)写出设计过程。

(2)整理实验数据并对所测的数据进行对比总结。

(3)设计中遇到的问题及解决过程。

(4)调试中遇到的问题及解决过程。

(5)根据设计技术指标及实验记录总结实验体会。如：

①反馈电阻的变化对放大器性能的影响。

②反馈接入位置的不同对放大器性能的影响。

四、拓展内容

自选电路形式及指标，根据自己设定的指标设计分立元件负反馈放大电路，要求：

(1)确定电压并联负反馈放大电路的电阻参数，测量并分析反馈对电路性能的影响。

(2)确定电流并联负反馈放大电路的电阻参数，测量并分析反馈对电路性能的影响。

五、实验报告要求

(1)画出满足设计要求的原理图。

(2)写出设计步骤及结果。

(3)列出元器件表，要求有编号、型号名称。

(4)写出调试步骤。

(5)对实验结果要有正规的记录及分析。

(6)认真回答思考题中的问题。

(7)写出调试中遇到的问题及解决的方法。

(8)一定要有实验后的总结。

实验 5-3　设计性实验——由集成运放组成的两级电压串联负反馈放大器实验

一、实验目的

(1)进一步了解多级放大器的组成和特点。

(2)加深理解负反馈放大器的工作原理。

(3)进一步了解放大电路中引入负反馈的方法。

(4)深入研究深度负反馈对放大器性能的影响。

二、实验仪器及备用元器件

1. 实验仪器

函数信号发生器、示波器、数字万用表、交流毫伏表。

2. 实验备用器件

集成运放 LM324,电阻、电容若干。

三、实验要求及任务

用集成运放自行设计两级电压串联负反馈放大电路,完成以下内容:

1. 实验前的准备

(1)电路设计

用集成运放 LM324 设计两级负反馈放大电路,放大器要满足以下主要技术指标的要求:

①输入信号:有效值:6～10 mV;频率:1 kHz。

②单级电压放大倍数:第一级不低于 100,第二级不低于 10。

③供电电压:+12 V,−12 V。

④闭环电压放大倍数:不低于 50。

根据理论和上述指标的要求设计电路图,计算出每级电路中各个元件的参数;根据计算出来的参数,设定反馈电阻的大小。

(2)用 Multisim 仿真软件进行仿真

①测量开环和闭环两种情况下的放大倍数。

②测量电路的反馈深度。

③测量反馈前后放大电路的通频带。

④讨论反馈前后增益的稳定性。

(3)测试方案的设计

根据测试内容,所设计的方案包括反馈接入前后的放大倍数的测试方案,反馈深度的测量方案,反馈接入前后的放大器通频带的测量方案以及反馈前后增益稳定性的讨论方案。

2. 实验任务

(1)检查实验仪器。

(2)根据自行设计的电路图选择实验器件。

(3)检测器件和导线。

(4)根据自行设计的电路图插接电路。

(5)根据自行设计的测试方案进行如下工作：

①在输入端加输入信号，分别测量反馈前后的输出信号的幅值并记录，计算放大倍数并与仿真结果、估算结果比较。

②根据①的测量结果，计算反馈深度。

③在输入端加输入信号，分别测量反馈前后放大电路的频率响应，计算放大电路的通频带宽度。

④改变开环增益，讨论加入反馈前后的增益稳定性。

3. 实验后的总结

(1)写出设计过程。

(2)整理实验数据并对所测的数据进行对比总结。

(3)设计中遇到的问题及解决过程。

(4)调试中遇到的问题及解决过程。

(5)根据设计技术指标及实验记录总结实验体会。如：

①反馈电阻的变化对放大器性能的影响。

②开环电路参数如何改变？

四、拓展内容

设计一个第一级由差分放大器构成的两级级联的负反馈放大电路，要求：

构成电压串联负反馈放大电路，按照自行设定的指标设计电阻参数，测量并分析反馈对电路性能的影响。

五、创新设计

来自磁带记录器的磁头信号约 5 mV，信号频率范围为 400 kHz～1.6 MHz，因此需要设计一个低噪声、宽频带放大器作为前置放大。试设计一个输入阻抗不低于1 kΩ，单端输入单端输出，带宽为 400 kHz～2 MHz，电压放大倍数不低于 10 倍的低噪声宽频带放大器。要求：写出简单的设计过程，有简单的方案比较；写出完整的实验方案，并进行实际安装、调试、测量。

六、实验报告要求

(1)画出满足设计要求的原理图。

(2)写出设计步骤及结果。

(3)列出元器件表，要求有编号、型号名称。

(4)写出调试步骤。

(5)对实验结果要有正规的记录及分析。

(6)认真回答思考题中的问题。

(7)写出调试中遇到的问题及解决的方法。

(8)一定要有实验后的总结。

七、思考题

(1)由集成运放组成的两级负反馈放大电路如图 4.5.3 所示。试分析:①反馈电阻 R_1 断开的情况下,电路的开环增益;②电阻 R_5 从10 kΩ增加到100 kΩ,再增大到 1000 kΩ 时,开环增益分别增大到多少,开环增益的变化量 ΔA 分别为多少;③反馈电阻 R_1 接上的情况下,电路的闭环增益;④电阻 R_5 从10 kΩ增加到100 kΩ,再增大到 1000 kΩ 时,闭环增益分别增大到多少,闭环增益的变化量 ΔA_f 分别为多少。

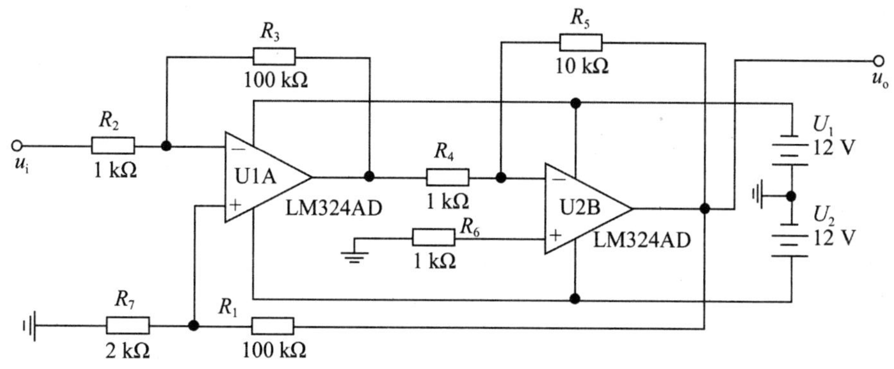

图 4.5.3　由集成运放组成的两级负反馈放大电路

(2)两级级联的负反馈放大电路如图 4.5.4 所示。

①分析电路的反馈类型。

②断开电阻 R_8,若三极管的 $\beta=200$,分析电路的开环电压放大倍数。

③接上电阻 R_8,若三极管的 $\beta=200$,分析电路的闭环电压放大倍数。

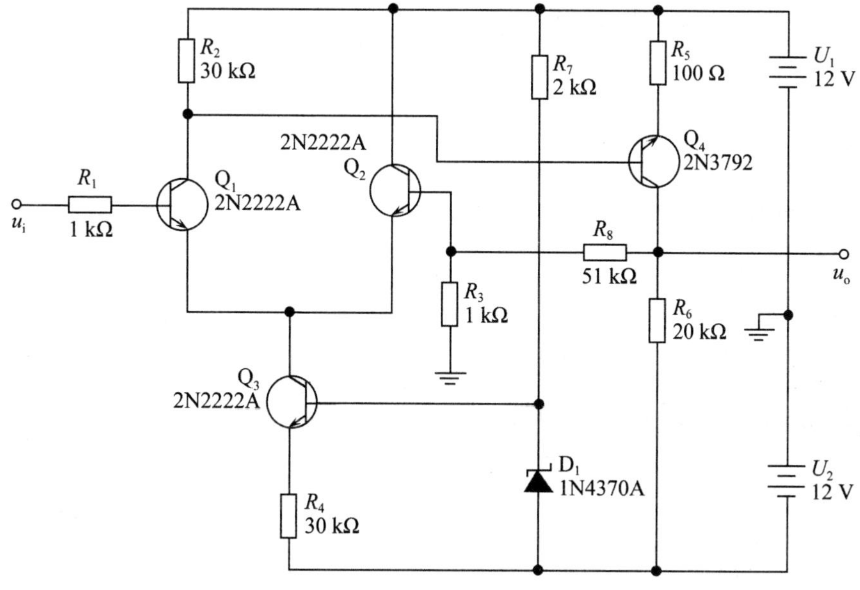

图 4.5.4　两级级联的负反馈放大电路

实验 6 集成运算放大器的线性应用

集成运算放大器是一种高性能多级直接耦合电压放大电路。它是一个具有两个输入端、一个输出端的高增益、高输入阻抗的电压放大器。在它的输出端与输入端之间加上反馈网络,可以实现各种不同的电路功能。当反馈网络为线性电路时,运算放大器可以完成放大、加、减、积分、微分等功能;当反馈网络为非线性电路时,运算放大器可以实现指数、对数、乘除等电路功能。还可以组成各种波形发生器。开环或闭环正反馈的情况下,可以构成电压比较器。集成运算放大器和无源电阻、电容还可以构成各种有源滤波器。所以集成运算放大器是一种应用非常广泛的通用型器件。常用的集成运算放大器外引线管脚如图 4.6.1 所示。

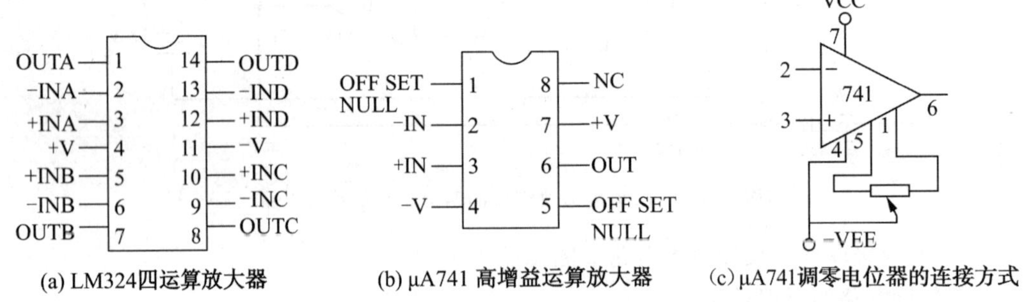

(a) LM324四运算放大器 (b) μA741 高增益运算放大器 (c) μA741调零电位器的连接方式

图 4.6.1 典型的集成运放外引脚排列

实验 6-1 验证性实验——比例、求和运算电路实验

由运算放大器构成的运算电路,实际上是利用运放在线性应用时具有“虚短”“虚断”的特点,通过调节电路的负反馈深度,实现特定的电路功能。

一、实验目的

(1)熟悉由集成运算放大器组成的基本运算电路的运算关系。

(2)掌握基本运算电路的调试和实验方法,验证理论分析结果。

(3)掌握运算电路的基本分析方法,理解运算电路的基本特点。

二、实验仪器及备用元器件

1. 实验仪器

函数信号发生器、示波器、数字万用表、交流毫伏表。

2. 实验备用器件

集成运算放大器 LM324 或 μA741、电阻若干。

三、实验电路原理

集成运算放大器配备很小的几个外接电阻，可以构成各种比例运算电路和求和电路。

图 4.6.2(a)示出了典型的反相比例放大电路。依据负反馈理论和理想运放的“虚短”“虚断”的概念，不难求出输出、输入电压之间的关系为

$$u_o = A_u u_i = -\frac{R_f}{R_1} u_i \tag{4.6.1}$$

式中的“－”说明电路具有倒相的功能，即输出、输入的相位相反。当 $R_f = R_1$ 时，$u_o = -u_i$，电路成为反相器。合理选择 R_f、R_1 的比值，可以获得不同比例的放大功能。

反相比例放大器的性能指标为

$$A_u = -\frac{R_f}{R_1} \quad [4.6.2(a)]$$

$$R_i = R_1 \quad [4.6.2(b)]$$

$$R_o = 0 \quad [4.6.2(c)]$$

反相比例放大电路的共模输入电压很小，带负载能力很强，不足之处是它的输入电阻为 $R_i = R_1$，其值不够高。为了保证电路的运算精度，除了设计时要选择高精度运放外，还要选择稳定性好的电阻器，而且电阻的取值既不能太大也不能太小，一般为几十千欧到几百千欧。为了使电路的结构对称，运放的反相等效输入电阻应等于同相等效输入电阻，即 $R_+ = R_-$，图 4.6.2(a)中，应为 $R_p = R_1 /\!/ R_f$，电阻 R_p 称为平衡电阻。

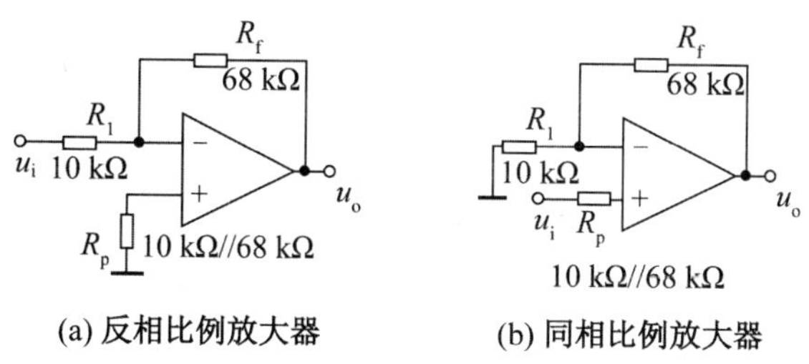

(a) 反相比例放大器　　(b) 同相比例放大器

图 4.6.2　典型的比例放大电路

图 4.6.2(b)示出了典型的同相比例放大器。依据理想运放的“虚短”“虚断”的概念可以推知，其输出、输入电压之间的关系为

$$u_o = A_u u_i = \left(1 + \frac{R_f}{R_1}\right) u_i \tag{4.6.3}$$

由该式知，当 $R_f = 0$ 或 $R_1 = \infty$ 时，$u_o = u_i$，电路构成了同相电压跟随器。

同相比例放大电路的性能指标为

$$A_u = 1 + \frac{R_f}{R_1} \quad [4.6.4(a)]$$

$$R_i = \infty \quad [4.6.4(b)]$$

$$R_o = 0 \quad [4.6.4(c)]$$

同相比例放大电路中运放的 $u_+ = u_- = u_i$，说明运放的共模输入电压取决于输入信号的大小。

尽管同相比例放大电路的共模输入电压不为零，但由于它的最大特点是输入电阻很大、输出电阻很小，故常被作为系统电路的缓冲级或隔离级。同样，为了保证电路的运算精度，要选择高精度运放和稳定性好的电阻器，而且电阻的取值一般在几十千欧到几百千欧。为了使电路的结构对称，同样应满足 $R_p=R_1 /\!/ R_f$。

图 4.6.3(a)为典型的反相求和电路，利用叠加原理和线性运放电路"虚短""虚断"的概念可以求得

$$u_o=-\left(\frac{R_f}{R_1}u_{i1}+\frac{R_f}{R_2}u_{i2}\right) \qquad [4.6.5(a)]$$

当满足 $R_1=R_2=R$ 时，输出电压为

$$u_o=-\frac{R_f}{R}(u_{i1}+u_{i2}) \qquad [4.6.5(b)]$$

实现比例求和功能。当满足 $R_f=R_1=R_2$ 时，输出电压为

$$u_o=-(u_{i1}+u_{i2}) \qquad [4.6.5(c)]$$

实现了两个信号的相加运算。电路同样要求 $R_p=R_1 /\!/ R_2 /\!/ R_f$。该电路的性能特点与反相运算电路相同。

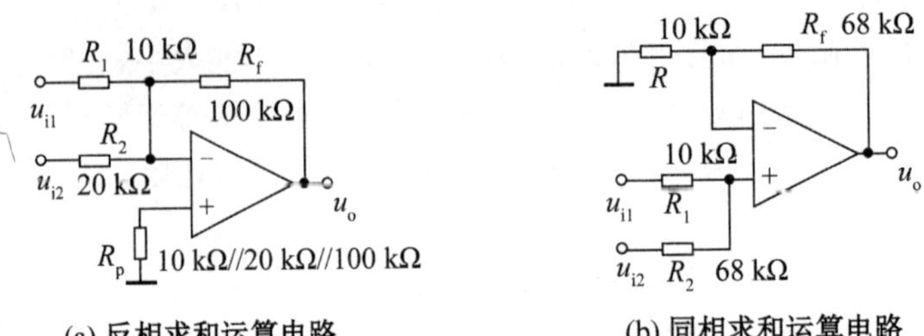

(a) 反相求和运算电路　　(b) 同相求和运算电路

图 4.6.3 典型的求和运算电路

同理，对于图 4.6.3(b)所示的同相求和电路，利用叠加原理和线性运放电路"虚短""虚断"的概念可以求得

$$u_o=\left(1+\frac{R_f}{R}\right)\frac{R_1R_2}{R_1+R_2}\left(\frac{u_{i1}}{R_1}+\frac{u_{i2}}{R_2}\right)$$

当电路满足 $R_1 /\!/ R_2=R /\!/ R_f$ 的条件时，可以得到输出电压为

$$u_o=\frac{R_f}{R_1}u_{i1}+\frac{R_f}{R_2}u_{i2} \qquad [4.6.6(a)]$$

当进一步满足 $R_1=R_2=R_f$ 时，可得

$$u_o=u_{i1}+u_{i2} \qquad [4.6.6(b)]$$

同相求和电路的特点、设计思路与同相比例运算电路类似。

图 4.6.4(a)示出了典型的差动放大器，又称为"单运放减法电路"，用叠加原理和线性运放电路"虚短""虚断"的概念可以推知，其输出、输入电压之间的关系为

$$u_o=\left(1+\frac{R_f}{R_1}\right)\frac{R_3}{R_2+R_3}u_{i2}-\frac{R_f}{R_1}u_{i1} \qquad [4.6.7(a)]$$

当满足 $R_1 // R_f = R_3 // R_2$ 的条件时，可以求得

$$u_o = \frac{R_f}{R_2} u_{i2} - \frac{R_f}{R_1} u_{i1} \quad [4.6.7(b)]$$

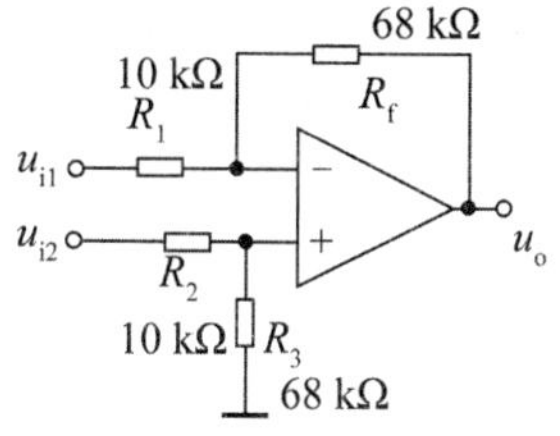

(a) 单运放减法运算(差放)电路

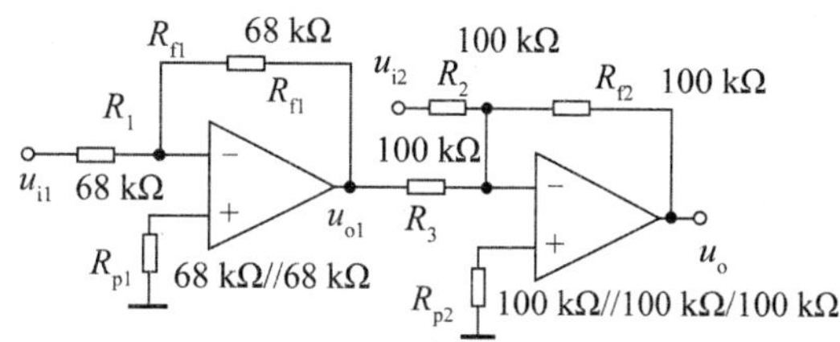

(b) 双运放减法运算电路

图 4.6.4　典型的减法运算电路

当进一步满足 $R_1 = R_2 = R_f$ 的条件时；可得

$$u_o = u_{i2} - u_{i1} \quad [4.6.7(c)]$$

实现了两个信号的减法运算。

图 4.6.4(b)为双运放减法电路。大家可以自行分析：电路应该满足什么条件，才能够实现 $u_o = u_{i1} - u_{i2}$ 的功能？

四、Multisim 分析

1. 反相比例放大电路的仿真

首先根据图 4.6.2(a)对电路进行定性估算，估算电路的放大倍数及输入、输出电阻值。

(1)编辑原理电路

在 Multisim 的设计窗口中，绘制如图 4.6.5 所示的电路图，如 LM324AD 可以在 Multisim 的模拟器件库(Analog)的运算放大器(OPAMP)系列中找到。放大器输入端加入 $f = 1$ kHz，$U_{im} = 100$ mV 的正弦信号。

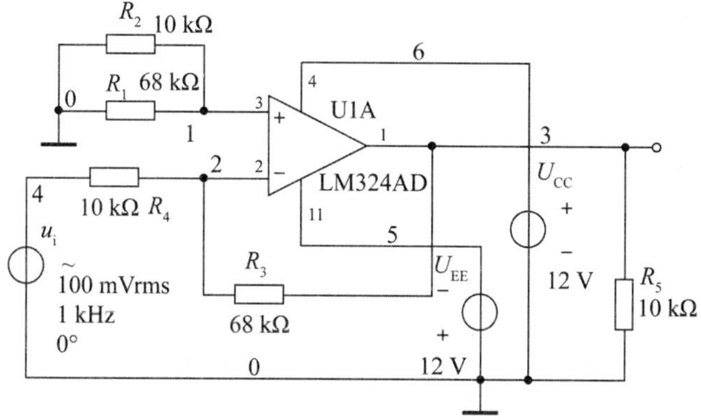

图 4.6.5　反相放大器的仿真图

(2)静态工作点的分析

对电路的反相输入端、同相输入端、输出端进行直流分析,并记入表 4.6.1 中。

(3)放大倍数的分析

启动仿真按钮,用虚拟示波器观察输入、输出波形,注意输入、输出波形的相位关系。移动示波器的游标,记录输入、输出波形的幅度,计算闭环电压放大倍数,并与理论估算值进行比较。

(4)输入、输出电阻的分析

分析方法与单管共发射极放大电路相同。

(5)频率特性的分析

通过交流分析命令 AC Analysis 可以获得电路的频率特性,求出上、下限截止频率。

2.同相比例放大电路的仿真

首先根据图 4.6.2(b)对电路进行定性估算,估算电路的放大倍数及输入、输出电阻值。

同相比例放大电路的仿真过程与反相比例放大电路的仿真过程及仿真的参数相同。

3.反相求和运算电路的仿真

首先根据图 4.6.3(a)对电路进行定性估算,分析电路输入、输出之间的函数关系。

在 Multisim 的设计窗口中,绘制如图 4.6.6 所示的电路图。在放大器输入端加入 $f=10\ \text{kHz}$,$U_{i1}=10\ \text{mV}$ 的正弦信号和 $f=1\ \text{kHz}$,$U_{i2}=200\ \text{mV}$ 的方波信号。

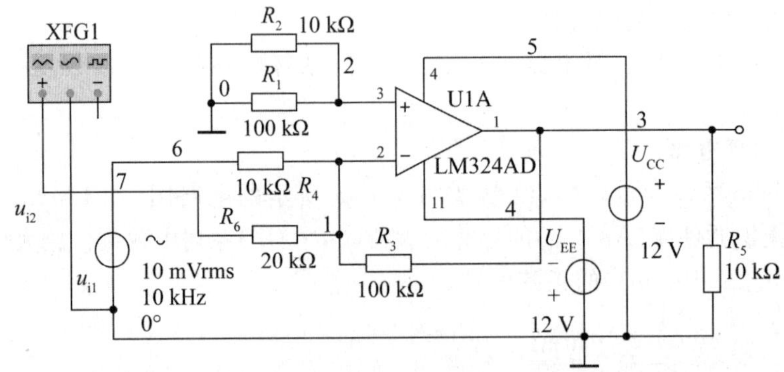

图 4.6.6　反相求和运算电路的仿真图

单击仿真按钮,用虚拟示波器观察输入、输出波形,注意输入、输出波形的相位关系。移动示波器的游标,记录输入、输出波形及其幅度,分析输入、输出之间的函数关系,并与理论分析结果进行比较。

4.同相求和运算电路的仿真

首先根据图 4.6.3(b)对电路进行定性估算,分析电路输入、输出之间的函数关系。同相求和运算电路的仿真过程与反相求和运算电路的仿真过程相同。

5.单运放减法运算(差动)电路的仿真

首先根据图 4.6.4(a)对电路进行定性估算,分析电路输入、输出之间的函数关系。

在 Multisim 的设计窗口中,绘制如图 4.6.7 所示的电路图。在放大器输入端加入

$f=10$ kHz,$U_{i1}=10$ mV的正弦信号和 $f=1$ kHz,$U_{i2}=200$ mV 的方波信号。

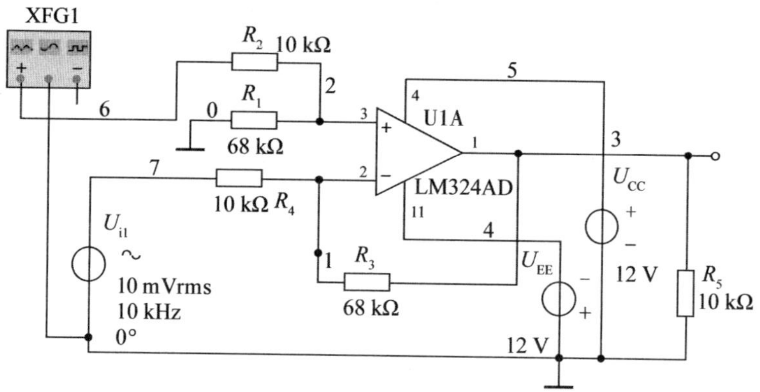

图 4.6.7 单运放减法电路的仿真图

单击仿真按钮,用虚拟示波器观察输入、输出波形,注意输入、输出波形的相位关系。移动示波器的游标,记录输入、输出波形及其幅度,分析输入、输出之间的函数关系,并与理论分析结果进行比较。

6. 双运放减法运算电路的仿真

双运放减法运算电路的仿真要求与单运放减法运算(差动)电路的仿真相同。

五、实验内容及方法步骤

1. 反相比例放大电路实验

参照图 4.6.2(a)连接电路,确认无误后接通电源。

(1)测量静态工作点

根据表 4.6.1 中的参数对电路直流工作点进行测量,将结果记入表中,并与仿真结果进行比较。

表 4.6.1 静态工作点实验数据 测试条件:$U_{CC}=|U_{EE}|=12$ V

	U_+/mV	U_-/mV	U_o/mV
仿真值			
测量值			

(2)放大倍数的分析

用信号发生器输出 $f=1$ kHz,$U_i=100$ mV 的正弦信号加在放大器的输入端,用示波器观察输出波形,注意输入、输出的相位关系,测量输出幅度,计算放大倍数。将结果与仿真和估算的结果进行比较。

(3)输入电阻、输出电阻的测量

在放大器的输入端加入 $f=1$ kHz,$U_i=100$ mV 的正弦信号,测量输入电阻,测量方法同共发射极放大电路。

输出电阻的测量条件与输入电阻相同,方法同共发射极放大电路。

(4)频率特性的分析

在放大器的输入端加入 $U_i=100$ mV 的正弦信号，改变信号频率，保持 $U_i=100$ mV 不变，按照表 4.6.2 中的参数进行测量，将测量结果记入表中。从表中找到使电压放大倍数降为中频段时的 0.707 倍时的上限频率 f_H。

表 4.6.2　反相放大器的频率特性　　保持 $U_i=100$ mV 不变

频率	10 Hz	100 Hz	1 kHz	10 kHz	100 kHz	300 kHz	500 kHz	800 kHz	1 MHz	10 MHz	100 MHz
U_o/mV											
$\dot{A}_{uf}$											

2. 同相比例放大电路实验

根据图 4.6.2(b)连接电路，检查无误后接通电源。

仿照反相比例放大电路的实验过程进行参数测试，记录测试结果。

3. 反相求和运算电路实验

根据图 4.6.3(a)连接电路，检查无误后接通电源。

在放大器的输入端加入 $f=10$ kHz，$U_{i1}=100$ mV 的正弦信号和 $f=1$ kHz，$U_{i2}=200$ mV的方波信号，用示波器观察输出波形，注意输入、输出的相位关系，测量输出幅度，记录输入、输出波形及其幅度，分析输入、输出之间的函数关系，并与仿真和估算的结果进行比较。

4. 同相求和运算电路实验

根据图 4.6.3(b)连接电路，检查无误后接通电源。

实验内容与反相求和运算电路的内容相同。

5. 单运放减法运算(差动)电路实验

参照图 4.6.4(a)连接电路，检查无误后接通电源。

在电路输入端加入 $f=10$ kHz，$U_{i1}=100$ mV 的正弦信号和 $f=1$ kHz，$U_{i2}=200$ mV 的方波信号。用示波器观察输出波形，注意输入、输出的相位关系，测量输出幅度，记录输入、输出波形及其幅度，分析输入、输出之间的函数关系，并与仿真和估算的结果进行比较。

6. 双运放减法运算电路实验

双运放减法运算电路的实验要求与单运放减法运算(差动)电路相同。

六、思考题

(1)理想运算放大器的性能指标有哪些？

(2)在图 4.6.2 所示的电路中，流经电阻 R_p 的电流为零，在该电阻上不会产生压降，因此电路的放大倍数与该电阻无关，实验电阻 R_p 可以省去，这种说法正确吗？为什么？

(3)比例放大电路的带负载能力很强，体现在何处？

(4)比例放大电路的精度与哪些因素有关？

(5)为什么不需要分析比例放大电路的下限截止频率？

(6)反相求和电路与反相放大电路在电路结构和运算函数关系上有何异同？有何规律可循？

(7)同相求和电路与同相放大电路在电路结构和比例系数上有何异同？有何规律可循？

七、实验报告要求

(1)整理实验数据，将实验过程中的所有实验数据与理论计算数据、仿真数据进行比较，分析产生误差的原因。

(2)总结各个实验电路的特点及异同点。

(3)你在实验调试过程中出现过什么问题？你是如何解决的？

(4)认真回答思考题中的问题。

八、预习内容

(1)复习教材中有关比例放大电路、求和电路、减法电路的工作原理及输入、输出之间的函数关系。

(2)完成 Multisim 的所有仿真分析，并将仿真分析结果记录在相应的表格内。

实验 6-2　设计性实验——比例、求和运算电路的设计与实验

一、实验目的

(1)掌握由常用集成运放组成的比例放大电路的基本设计方法。

(2)掌握各种求和电路的设计方法。

(3)熟悉比例放大电路、求和电路的调试及测量方法。

二、实验仪器及备用元器件

1. 实验仪器

函数信号发生器、示波器、数字万用表、交流毫伏表。

2. 实验备用器件

集成运算放大器 LM324 或 μA741、电阻若干。

三、设计任务

(1)设计一个反相比例放大电路，要求放大倍数为-10。

(2)设计一个放大倍数为 11 的同相比例放大电路。

(3)设计一个反相求和电路，实现 $u_o=-10(u_1+u_2)$的功能。

(4)设计一个求和电路，完成 $u_o=11(u_1+u_2)$。

(5)设计一个求和电路，要求 $u_o=4u_1-u_2$。

(6)设计一个能够实现 $u_o=0.5u_i$ 的电路。

四、实验要求

1. 实验前的准备

(1)电路设计

根据理论和上述任务要求，自行设计实验电路，计算出电路中各个元件的参数。

(2)用 Multisim 仿真软件进行仿真

①选择一组输入电压。

②用虚拟仪器测量输入电压、输出电压的幅值，记入自行设计的表格内。验证上述理论设计的正确性，并与理论计算结果进行比较。

(3)测试方案的设计

自拟实验步骤、方法。

2. 实验任务

(1)检查实验仪器，检测器件和导线。

(2)根据自行设计的电路图选择实验器件。

(3)根据自行设计的电路图插接电路。

(4)根据自行设计的测试方案进行如下工作：

①选择仿真时的一组输入电压值。

②在输入端加输入信号，测量输入、输出信号的波形与幅值并记录，并与仿真结果、估算结果进行比较。

3. 实验后的总结

(1)根据设计技术指标及实验记录总结实验体会。

(2)分析误差产生的原因。

五、思考题

(1)反相求和电路与反相比例放大电路在电路结构和函数运算式上有何异同？

(2)同相求和电路与同相比例放大电路在电路结构和比例系数上有何异同？

(3)估算值、仿真值、测量值三者相同吗？若不相同，试分析产生误差的原因。

六、实验报告要求

(1)画出实验电路，整理实验数据。

(2)将实验结果与理论计算值进行比较，分析产生误差的原因。

(3)写出设计过程，列出所选的电路元器件参数表。

实验 6-3 验证性实验——积分、微分电路实验

一、实验目的

(1)了解由集成运放组成的积分运算、微分运算电路的基本运算关系。

(2)理解积分、微分电路的基本特点。

(3)掌握积分、微分电路的调试方法。

二、实验仪器及备用元器件

1. 实验仪器

函数信号发生器、示波器、数字万用表、交流毫伏表。

2. 实验备用器件

集成运算放大器 LM324 或 μA741，电阻、电容若干。

三、实验电路原理

1. 积分电路

积分运算的典型形式为

$$u_o = K\int u_i \mathrm{d}t \tag{4.6.8}$$

实现基本积分运算的电路如图 4.6.8(a)所示。利用电容两端的电压和流过电容的电流关系，结合理想运放“虚短”“虚断”的条件，可以得到图 4.6.8(a)所示的积分电路输入、输出电压之间的关系为

$$u_o = -\frac{1}{RC}\int_0^t u_i \mathrm{d}t + u_o(0) \tag{4.6.9}$$

式中，$u_o(0)$为 $t=0$ 时电容上的初始电压。由式(4.6.9)知，当 u_i 为不同形式的信号时，就会得到不同形式的输出电压 u_o。

例如，当输入信号 $u_i=U$，即在直流恒压的情况下，输出电压为

$$u_o = -\frac{1}{RC}U\times t \tag{4.6.10}$$

工作波形如图 4.6.8(b)所示。

当输入信号 u_i 是周期为 T、峰-峰值 $U_{ip\text{-}p}=2$ V 的对称方波时，则在运放为非饱和的情况下，输出电压 u_o 将变为同周期的三角波，如图 4.6.8(c)所示。该三角波的峰-峰值 $U_{op\text{-}p}$为

$$U_{op\text{-}p} = \frac{1}{RC}\frac{U_{ip\text{-}p}}{2}\frac{T}{2} \tag{4.6.11}$$

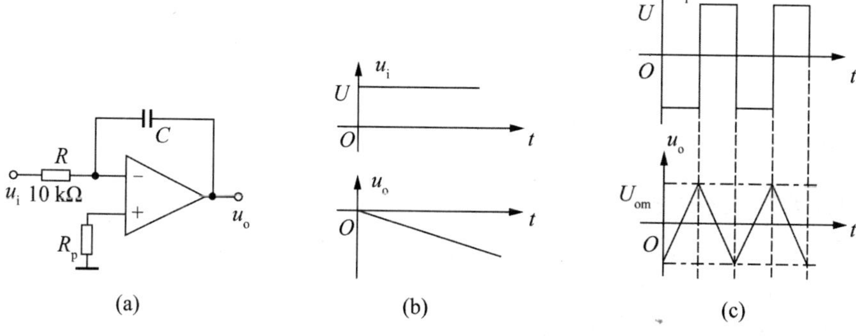

图 4.6.8　积分运算电路及其工作波形

同理，当输入信号 u_i 是角频率为 ω、幅值为 U_{im} 的正弦信号时，在正弦稳态情况下，输出信号 u_o 将为同频率的余弦波，即

$$u_o = \frac{U_{im}}{\omega RC}\cos \omega t \tag{4.6.12}$$

实现了超前相移 90°的功能。

集成运放的非理想指标参数对积分运算的影响很大。通常情况下，为了减小误差，保证积分运算的精度，应选用输入偏置电流、失调和温漂都较小的宽带运放，且积分时间常数 $\tau=RC$ 应大于积分时间。积分电容越小，运算误差越大，所以在满足输入电阻的条件下，应尽量加大电容的容量。然而，电容容量大其漏电流也随之增大，故应选用漏电流较小的聚苯乙烯电容作为积分电容，容量一般小于 1 μF。同时考虑到运放的零点漂移现象，为了限制运放在超低频时的放大倍数，在应用中积分电容的两端应并接一个电阻 R_f，一般要求 $R_f \approx 10R$，同时运放同相输入端的平衡电阻 $R_p = R /\!/ R_f$。

2. 微分电路

由于微分运算与积分运算呈现对偶关系，所以将积分电路中的电阻、电容对调，即可以实现微分功能。微分电路如图 4.6.9 所示，输出、输入电压之间的函数关系为

$$u_o = -RC\frac{\mathrm{d}u_i}{\mathrm{d}t} \tag{4.6.13}$$

当输入信号 u_i 是角频率为 ω、幅值为 U_{im} 的正弦信号时，输出信号 u_o 将为同频率的余弦波，即

$$u_o = -\omega RCU_{im}\cos \omega t \tag{4.6.14}$$

实现了滞后相移 90°的功能。

对于微分电路，通常应该满足 $RC \ll \frac{T}{2}$ 的条件，其中 T 为输入信号的周期。

在实际电路中，为了解决直流漂移和高频噪声等问题，通常在 C 支路中串接一个电阻 R_1，在 R 支路两端并接一个电容 C_1，如图 4.6.10 所示。

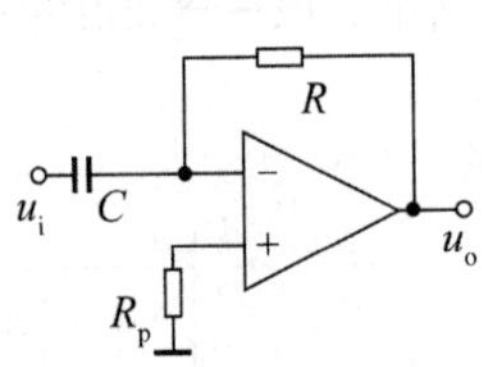

图 4.6.9 微分电路

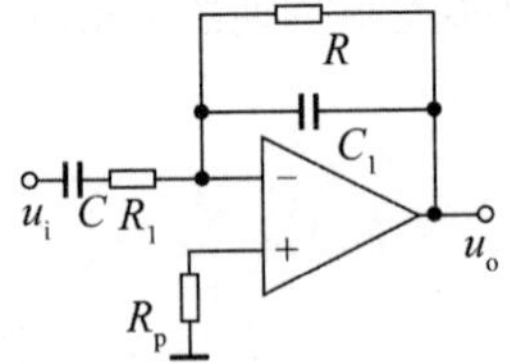

图 4.6.10 实际微分电路

四、Multisim 仿真

1. 积分运算电路的仿真

用 Multisim 编辑的积分运算仿真电路如图 4.6.11 所示。这是一个反相输入式积分运算电路。图中端点 3 是信号 u_i 输入端，端点 6 是信号 u_o 输出端。开关 J_1 一旦断开，积分电路便开始积分，开关由按键 A 控制。

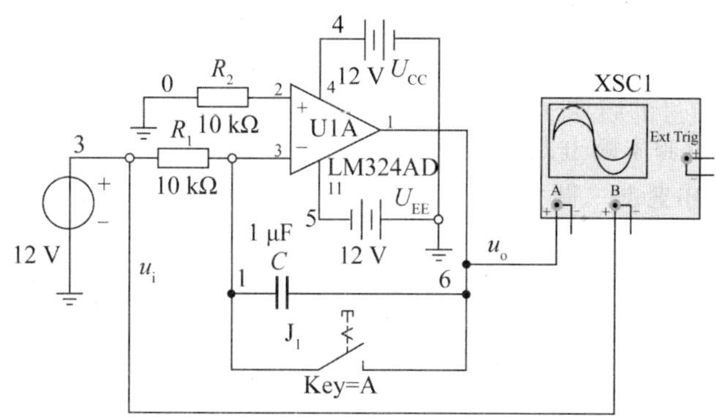

图 4.6.11　反相输入式积分运算仿真电路

(1)在输入端加入 u_i=12 V 的直流电压信号,单击仿真按钮 Run,单击按键 A 利用开关 J_1 控制电路的工作情况,用虚拟示波器观察积分电路输出信号 u_o 的波形,记录电路的时间和输出电压的最大值。

(2)保持其他参数不变,改变输入电压值,重复以上实验内容并记录。

(3)保持其他参数不变,改变电阻 R_1、R_2 的值(应保持 $R_1=R_2$),重复以上实验内容并记录。

(4)保持其他参数不变,改变电容 C 的值,重复以上实验内容并记录。

(5)保持其他参数不变,改变电源电压的值,重复以上实验内容并记录。

通过以上(1)~(5)中实验内容的仿真结果,分析积分电路的积分时间与哪些参数有关,输出电压与哪些参数有关。

(6)用函数信号发生器在输入端 u_i 加入占空比为 50%的方波信号,要求频率 f=100 Hz、峰值 U_{ip}=1.5 V,单击仿真按钮 Run,用虚拟示波器观察积分电路输出信号 u_o 的波形。

(7)改变方波信号的峰值(逐渐增大到 U_{ip}=5 V),保持其他参数不变,用虚拟示波器观察积分电路输出信号 u_o 的波形有什么变化。

(8)改变方波信号的频率,保持其他参数不变,用虚拟示波器观察积分电路输出信号 u_o 的波形有什么变化。

(9)保持其他参数不变,改变电源电压的值,用虚拟示波器观察积分电路输出信号 u_o 的波形有什么变化。

通过以上(6)~(9)中实验内容的仿真结果,分析以上现象产生的原因,说明积分电路的时间常数与方波信号周期之间有何种关系。

(10)用函数信号发生器在输入端 u_i 加入正弦信号,要求频率 f=100 Hz、峰值 U_{im}=15 V,单击仿真按钮 Run,用虚拟示波器观察积分电路输出信号 u_o 的波形有何变化。

2. 微分运算电路的仿真

用 Multisim 编辑的微分运算仿真电路如图 4.6.12 所示,这是一个反相输入式微分运算电路,图中电阻 R_3 用于减小直流漂移和高频噪声等问题。

(1)用函数信号发生器在输入端加入占空比为 50%的方波信号,要求频率 f=100 Hz、峰值 U_{ip}=3 V,单击仿真按钮 Run,用虚拟示波器观察微分电路输出信号的波形并记录。

(2)改变输入信号的振幅 U_{ip} 为 5 V、10 V，重新观察微分电路输出信号的波形并记录。

(3)改变输入信号的频率 f 为 100 Hz、500 Hz、1000 Hz，再观察微分电路输出信号的波形并记录。

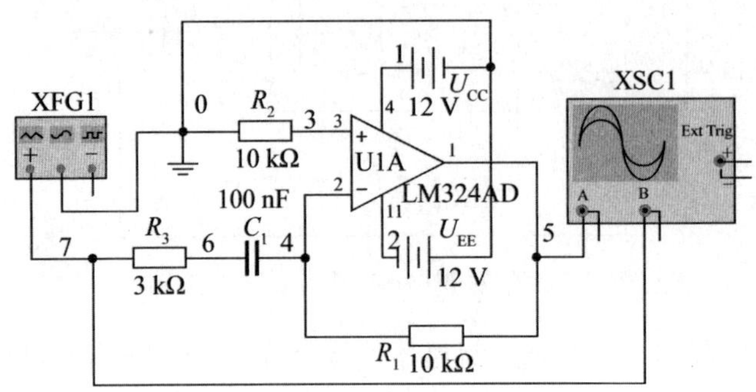

图 4.6.12　反相输入式微分运算仿真电路

通过以上(1)～(3)中实验内容的仿真结果，分析以上现象产生的原因，说明微分电路的时间常数与方波信号周期之间有何种关系。

五、实验内容及方法步骤

1. 积分运算电路

参照图 4.6.11 连接电路。

(1)用函数信号发生器在输入端加入占空比为 50%、频率 $f=100$ Hz、峰值 $U_{ip}=3$ V 的方波信号，用双踪示波器观察积分电路输出、输入信号的波形，分析输入、输出波形间的关系。

(2)用函数信号发生器在输入端加入频率 $f=100$ Hz、峰值 $U_{im}=3$ V 的正弦信号，用双踪示波器观察积分电路输出、输入信号的波形，分析输入、输出波形间的关系。

2. 微分运算电路

实验内容与积分运算电路的内容相同。

六、思考题

(1)积分运算电路在将方波转换为三角波时，积分电路的积分时间常数与方波信号的周期之间应满足何种关系？

(2)积分电路的最大输出电压与哪些因素有关？

(3)积分电路能否实现对输入正弦信号的 90°相移？

(4)微分运算电路在将方波转换为尖峰脉冲波时，微分电路的时间常数与方波信号的周期之间应满足何种关系？

(5)微分电路能否实现对输入正弦信号的 90°相移？

七、实验报告要求

(1)整理实验数据、波形，将实验过程中的所有实验结果与仿真结果进行比较，得出结论。

(2)写出微分电路实现微分作用的条件式。

(3)将实验过程中的所有结论用理论知识加以解析。

(4)认真回答思考题中的问题。

八、预习内容

(1)复习有关积分、微分电路的工作原理及特点。

(2)完成 Multisim 的所有仿真分析,并将仿真分析结果记录在相应的表格内。

实验 6-4　设计性实验——积分、微分电路的设计与实验

一、实验目的

(1)进一步理解积分运算、微分运算电路的基本性能特点。

(2)掌握积分运算、微分运算电路的设计方法。

(3)熟悉积分运算、微分运算电路的调试及测量方法。

二、实验仪器及备用元器件

1. 实验仪器

函数信号发生器、示波器、数字万用表、交流毫伏表。

2. 实验备用器件

集成运算放大器 LM324,电阻、电容若干。

三、设计任务

(1)设计能够将频率为 1 kHz、峰-峰值为 4 V 的正负半周对称的方波转换为三角波的积分运算电路。

(2)设计能够将频率为 1 kHz 的矩形波转换为尖峰脉冲波的电路。

四、实验要求

1. 实验前的准备

(1)电路设计

根据理论和上述设计任务的要求,自行设计实验电路,计算出电路中各个元件的参数。

(2)用 Multisim 仿真软件进行仿真

①当输入信号为幅度为 2 V、频率为 500 Hz 且正负半周对称的方波的情况下,用虚拟示波器观察积分运算电路的输入、输出信号的波形,并记录其峰值和相位,记入自行设计的表格内。

②当输入信号为峰-峰值为 4 V,频率分别为 200 Hz、500 Hz、1000 Hz 的正弦波的情况下,用虚拟示波器观察积分运算电路的输入、输出信号的波形,并记录其峰值和相位,记

入自行设计的表格内。

③当输入信号为幅度为 5 V、频率为 200 Hz 的矩形波的情况下，用虚拟示波器观察微分运算电路输入、输出信号的波形，并记录其峰值和相位，记入自行设计的表格内。

④当输入信号为幅度为 5 V，频率分别为 100 Hz、200 Hz、500 Hz 的正弦波的情况下，用虚拟示波器观察微分运算电路输入、输出信号的波形，并记录其峰值和相位，记入自行设计的表格内。

(3)测试方案的设计

自拟实验步骤、方法及测试表格。

2.实验任务

(1)检查实验仪器，检测器件和导线。

(2)根据自行设计的电路图选择实验器件。

(3)根据自行设计的电路图插接电路。

(4)根据自行设计的测试方案，完成下述实验任务：

①当输入信号为幅度为 2 V、频率为 500 Hz 且正负半周对称的方波的情况下，用示波器观察积分运算电路的输入、输出信号的波形，并记录其峰值和相位，记入自行设计的表格内，并与仿真结果、估算结果进行比较。

②当输入信号为峰-峰值为 4 V，频率分别为 200 Hz、500 Hz、1000 Hz 的正弦波的情况下，用示波器观察积分运算电路的输入、输出信号波形，并记录其峰值和相位，记入自行设计的表格内，并与仿真结果、估算结果进行比较。

③当输入信号为幅度为 5 V、频率为 200 Hz 的矩形波的情况下，用示波器观察微分运算电路输入、输出信号的波形，并记录其峰值和相位，记入自行设计的表格内，并与仿真结果、估算结果进行比较。

④当输入信号为幅度为 5 V，频率分别为 100 Hz、200 Hz、500 Hz 的正弦波的情况下，用示波器观察微分运算电路输入、输出信号的波形，并记录其峰值和相位，记入自行设计的表格内，并与仿真结果、估算结果进行比较。

3.实验后的总结

(1)根据设计技术指标及实验记录总结实验体会。

(2)分析误差产生的原因。

五、思考题

(1)有源积分电路和无源积分电路的主要区别是什么？

(2)积分电路可以将方波转换为三角波，那么当改变方波的频率时，三角波会发生何种变化？当改变方波的峰值时，三角波又有何种变化？

(3)在向积分器输入正弦波时，若逐渐增加输入信号的频率，输出信号将如何变化？

(4)在向微分器输入正弦波时，若逐渐增加输入信号的频率，输出信号将如何变化？

六、实验报告要求

(1)画出自行设计的实验电路，整理实验数据。

(2)将实验结果与理论计算值进行比较,分析产生误差的原因。

实验7　非正弦信号发生器实验

实验7-1　验证性实验——各种非正弦信号发生器实验

一、实验目的

(1)了解集成运放在波形产生方面的应用,构成波形发生器的原理、结构。

(2)理解由集成运放构成的各种非正弦波发生器的基本性能及特点。

(3)掌握波形发生电路的调整方法和振荡频率、输出幅度的测量方法。

二、实验仪器及备用元器件

1.实验仪器

数字示波器、数字万用表、交流毫伏表。

2.实验备用器件

集成运算放大器 LM324 或 μA741,二极管 1N4148,6V 稳压二极管 2DW231,电位器,电阻、电容若干。

三、实验电路原理

非正弦波主要有方波、三角波、矩形波及锯齿波。非正弦波信号发生器利用积分电路可以将方波转换为三角波,利用电压比较器可以将三角波转换为方波。因此非正弦波信号发生器的电路主要由电压比较器、积分器以及反馈环节组成,电路框图如图 4.7.1 所示。

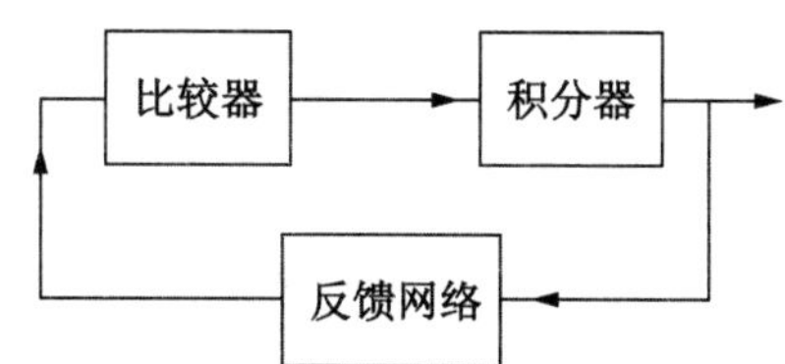

图 4.7.1　非正弦波信号发生器的电路组成框图

1.方波发生器

简单的方波发生器电路如图 4.7.2(a)所示。电路由滞回电压比较器和 RC 积分电路共同构成。稳压二极管作为限幅器,限定输出电压的幅度。稳压二极管采用 2DW231,稳压值为6 V,引脚排列如图 4.7.3 所示。利用一阶 RC 电路的三要素法可以求得方波的振荡周期,见式(4.7.1)。电路的工作波形如图 4.7.2(b)所示。

$$T=2RC\ln\left(1+\frac{2R_1}{R_2}\right) \tag{4.7.1}$$

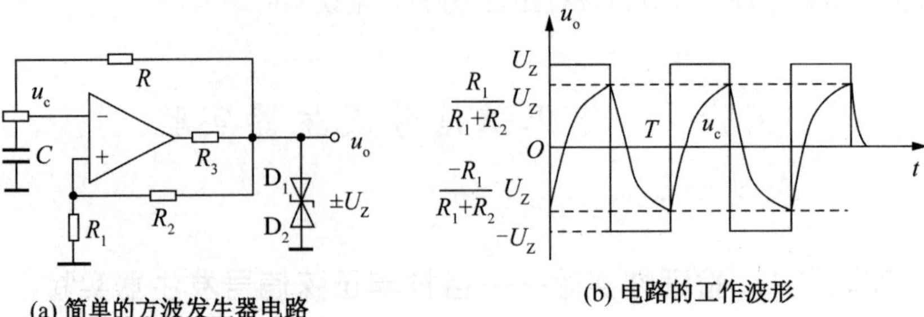

图 4.7.2　简单的方波发生器电路及其工作波形

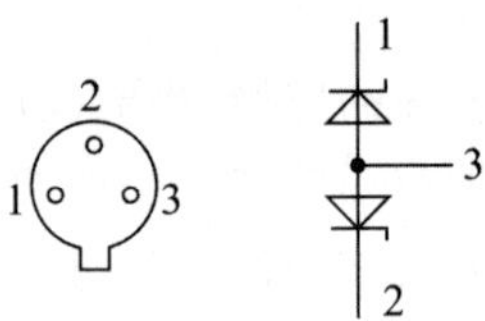

图 4.7.3　2DW231 的管脚排列及等效电路

2. 占空比可调的矩形波发生器

在方波发生器的负反馈 R 支路中串接一个由二极管 D_3、D_4 和电位器 R_W 构成的电路，可以构成占空比可调的矩形波发生器，电路如图 4.7.4 所示。它是利用电位器 R_W 的滑动端和二极管的单向导电性，使得电容的充、放电时间常数不再相同，从而得到非对称的矩形波。滑动电位器 R_W 的滑动端，就可以改变电容的充、放电时间常数，达到改变占空比的目的，从而得到占空比可调的矩形波。可以证明，矩形波的高电平持续时间为

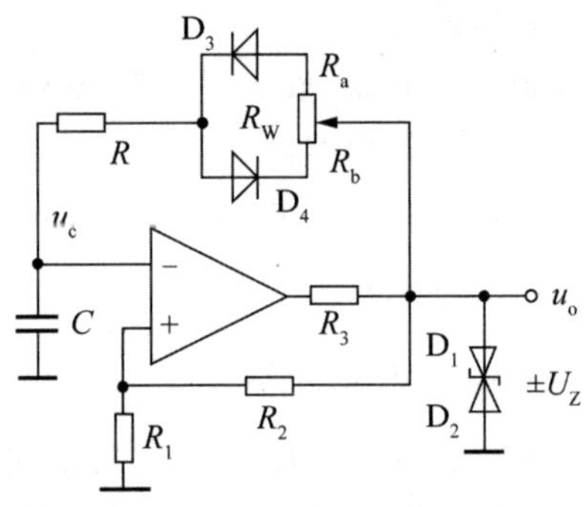

图 4.7.4　占空比可调的矩形波发生器

$$T_H=(R+R_a)C\ln\left(1+\frac{2R_1}{R_2}\right)$$

矩形波的低电平持续时间为

$$T_L=(R+R_b)C\ln\left(1+\frac{2R_1}{R_2}\right)$$

其中 $R_W=R_a+R_b$。

矩形波的周期为

$$T=T_H+T_L=(2R+R_W)C\ln\left(1+\frac{2R_1}{R_2}\right) \tag{4.7.2}$$

占空比为

$$D=\frac{T_H}{T}=\frac{R+R_a}{2R+R_W}\times 100\% \tag{4.7.3}$$

3. 方波—三角波发生器

常见的方波—三角波发生器的原理电路如图 4.7.5 所示。运放 A_2、RC 构成反相积

分器，A_1为滞回电压比较器，积分器将滞回电压比较器输出的方波转换成三角波。三角波的峰值电压就是比较器的门限电压。若稳压二极管的稳定电压值为U_Z，且其正向导通压降为$U_{D(on)}=0$，则当A_1的输出u_{o1}为高电平U_Z，即$u_{o1}=U_Z$时，电容C将被充电，输出电压u_o下降。此时A_1同相输入端的电压为

$$U_{1+}=\frac{R_1}{R_1+R_2}U_Z+\frac{R_2}{R_1+R_2}u_o \tag{4.7.4}$$

当输出电压u_o下降到使A_1的同相输入端电压$U_{1+}=0$，即$\frac{R_1}{R_1+R_2}U_Z+\frac{R_2}{R_1+R_2}u_o=0$时，则

$$u_o=-\frac{R_1}{R_2}U_Z \tag{4.7.5}$$

此后输出电压u_o继续下降，并立即引起A_1的输出u_{o1}反转为低电平$-U_Z$。

当$u_{o1}=-U_Z$时，电容C将被反向充电，输出电压u_o增大，A_1同相输入端的电压为

$$U_{1+}=-\frac{R_1}{R_1+R_2}U_Z+\frac{R_2}{R_1+R_2}u_o \tag{4.7.6}$$

当输出电压u_o增大到使$U_{1+}=0$，即$-\frac{R_1}{R_1+R_2}U_Z+\frac{R_2}{R_1+R_2}u_o=0$时，则

$$u_o=\frac{R_1}{R_2}U_Z \tag{4.7.7}$$

此后输出电压u_o继续上升，A_1的输出u_{o1}再次反转为高电平U_Z。以上过程周而复始，可得到方波u_{o1}和三角波u_o的工作波形，如图 4.7.6 所示。

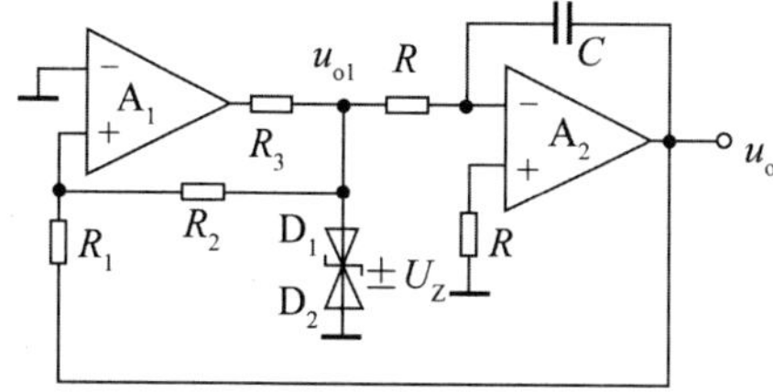

图 4.7.5　方波—三角波发生器的原理电路

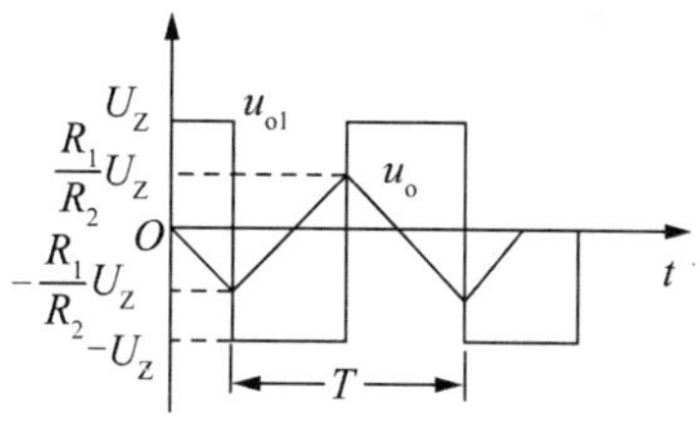

图 4.7.6　方波—三角波的工作波形

由上述工作过程可见，比较器的输出电压u_{o1}在U_Z和$-U_Z$之间转换时，积分器输出电压u_o在$-\frac{R_1}{R_2}U_Z$和$\frac{R_1}{R_2}U_Z$之间转换，输出三角波电压的幅值为

$$U_{om}=\frac{R_1}{R_2}U_Z \tag{4.7.8}$$

由该式知，要改变三角波输出电压的幅值，就要改变R_1、R_2的大小以改变它们的比值。

输出电压u_o和u_{o1}的关系为

$$u_o(t)=-\frac{1}{RC}\int_o^t u_{o1}(t_1)\mathrm{d}t_1+U_o(0) \tag{4.7.9}$$

设$U_o(0)$为$t=0$时$u_o(t)$的值，且$U_o(0)=-\frac{R_1}{R_2}U_Z$，那么当$u_{o1}(t_1)=-U_Z$时，电路进

入稳定工作状态，此时

$$u_o(t)=\frac{1}{RC}U_Z t-\frac{R_1}{R_2}U_Z \tag{4.7.10}$$

将式(4.7.10)代入式(4.7.6)中，即可得到

$$U_{1+}(t)=-\frac{2R_1}{R_1+R_2}U_Z+\frac{R_2}{R_1+R_2}\frac{U_Z}{RC}t$$

当 $U_{1+}(t)=0$ 时，$t=T_1$ 是 u_{o1} 从 $-U_Z$ 积分到 U_Z 所用的时间，所以可以求得

$$T_1=2RC\frac{R_1}{R_2}$$

据此可以得到方波—三角波的周期 T 为

$$T=2T_1=4RC\frac{R_1}{R_2} \tag{4.7.11}$$

由该式可见，改变三角波的周期(频率)，应该调节 R 或 C 的大小。

4. 锯齿波发生器

与占空比可调的矩形波相似，利用二极管的单向导电性改变积分电容的充、放电回路及时间常数，就可以得到锯齿波发生器，其电路如图 4.7.7 所示。

可以证明，锯齿波的上升时间为

$$T_1=2(R+R_a)C\frac{R_1}{R_2} \tag{4.7.12}$$

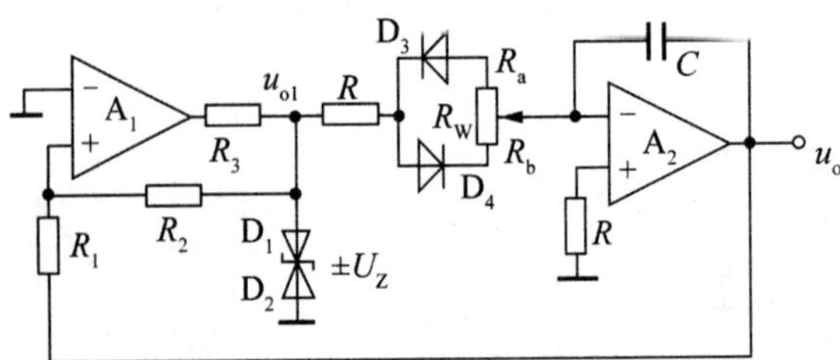

图 4.7.7　锯齿波发生器的原理电路

下降时间为

$$T_2=2(R+R_b)C\frac{R_1}{R_2} \tag{4.7.13}$$

波形周期为

$$T=T_1+T_2=2(2R+R_W)C\frac{R_1}{R_2} \tag{4.7.14}$$

四、Multisim 仿真

1. 方波发生器的仿真

用 Multisim 编辑的方波发生器仿真电路如图 4.7.8 所示。根据图中的参数，利用式(4.7.1)可计算方波信号的周期 T。

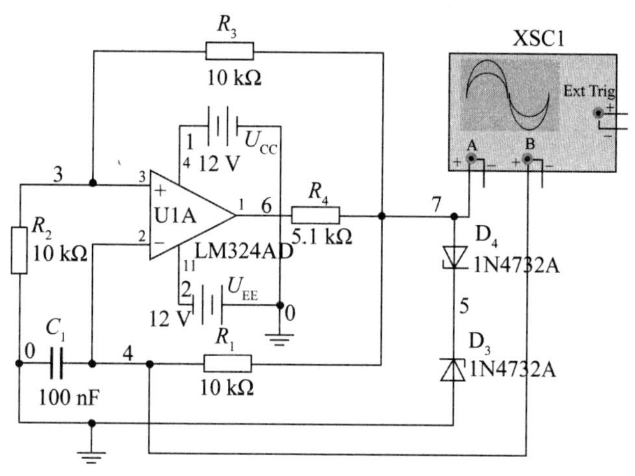

图 4.7.8　方波发生器的仿真电路

用 Multisim 中的虚拟示波器观察节点 4 和 7 的波形，用示波器的游标测量方波（三角波）的周期，并与理论计算结果进行比较。

改变电阻 R_2 或 R_3 的大小，观察方波的变化并记录。

改变电阻 R_1 或 C_1 的大小，观察方波的变化并记录。

2. 占空比可调的矩形波发生器的仿真

改变图 4.7.8 中的电阻 R_1 支路，可得到如图 4.7.9 所示的仿真电路。按键 A 可以控制电位器 R_5 的触点位置。若 R_5 的触点分别在中间点 50%处、25%处、75%处，根据图中所标的参数和式(4.7.2)、式(4.7.3)可计算输出矩形波的周期和占空比。

单击按键 A，改变电位器 R_5 触点的位置，使 R_5 的触点分别在中间点 50%处、25%处、75%处，分别观察这三种情况下的节点 7、8 的波形，用示波器的游标测量矩形波的周期和占空比，并与理论计算结果进行比较。

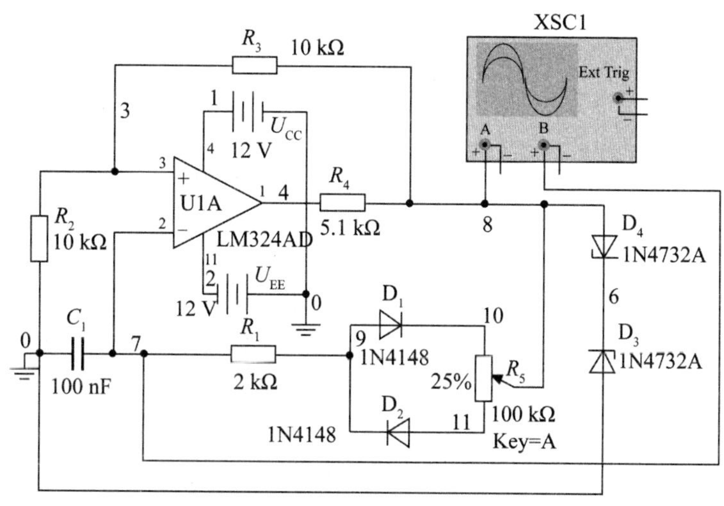

图 4.7.9　占空比可调的矩形波发生器的仿真

3. 方波—三角波发生器的仿真电路

用 Multisim 编辑的方波—三角波发生器的仿真电路如图 4.7.10 所示。根据图中的参数，利用式(4.7.8)、式(4.7.11)可计算三角波信号的电压振幅值和周期 T。

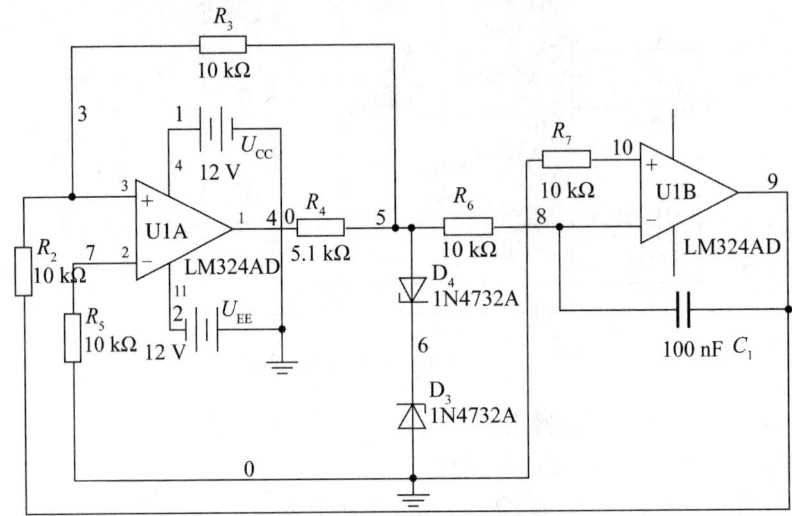

图 4.7.10　方波—三角波发生器的仿真电路

用 Multisim 中的虚拟示波器观察节点 5 和 9 的波形，用示波器的游标测量方波的周期和三角波的输出振幅值，并与理论计算结果进行比较。

改变电阻 R_2 或 R_3 的大小，观察方波—三角波的变化并记录。

改变电阻 R_6 或 C_1 的大小，观察方波—三角波的变化并记录。

4. 锯齿波发生器的仿真电路

用图 4.7.9 所示电路中的 R_1、R_5、D_1、D_2 支路取代图 4.7.10 中的电阻 R_6，重复内容 3 的仿真。

五、实验内容

1. 方波发生器实验

参照图 4.7.8 搭建电路，检查无误后接通电源。

依照仿真过程，利用双踪示波器测量输出波形，记录测试结果并与仿真结果、估算结果进行比较。

2. 占空比可调的矩形波发生器实验

参照图 4.7.9 搭建电路，检查无误后接通电源。

依照仿真过程，利用双踪示波器测量输出波形，记录测试结果并与仿真结果、估算结果进行比较。

3. 三角波、方波发生器实验

参照图 4.7.10 搭建电路，检查无误后接通电源。

依照仿真过程，利用双踪示波器测量输出的三角波、方波波形，记录测试结果并与仿真结果、估算结果进行比较。

4.锯齿波发生器实验

依照仿真修改电路并测试。将结果与仿真结果、估算结果进行比较。

六、思考题

(1)非正弦波信号发生器由哪些部分组成？各部分的作用是什么？

(2)图4.7.8中节点4的波形是不是三角波？为什么？

(3)图4.7.5所示的电路中，改变方波—三角波发生器的振荡周期为什么用改变积分参数R或C的大小实现，而不用改变R_1、R_2的大小来实现？

(4)图4.7.4所示的电路中，改变电位器的触点位置可以改变矩形波的占空比，也可以改变矩形波的周期，这种说法对吗？为什么？

(5)图4.7.7所示的电路中，改变电位器的触点位置可以改变锯齿波的上升时间和下降时间，能否改变锯齿波的周期和振幅值？

七、实验报告要求

(1)整理实验数据、波形，将实验过程中的所有实验结果与仿真结果进行比较，得出结论。

(2)认真回答思考题中的问题。

八、预习内容

(1)根据实验任务，自行设计测试表格。

(2)复习有关非正弦波发生器电路的工作原理及特点。

(3)参照各个仿真电路给的参数，计算输出信号的周期、振幅值，将结果记入自行设计的表格内。

(4)完成Multisim的所有仿真分析，并将仿真分析的结果记录在自行设计的表格内。

实验7-2　设计性实验——非正弦波形发生电路的设计与实验

一、实验目的

(1)进一步了解由集成运放组成的非正弦波发生器的电路结构。

(2)掌握非正弦波发生电路的基本设计、分析和调试方法。

(3)进一步理解非正弦波发生器的基本性能及特点。

(4)全面掌握波形发生电路的理论设计与实验调整相结合的设计方法。

二、实验仪器及备用元器件

1.实验仪器

数字示波器、数字万用表、交流毫伏表。

2. 实验备用器件

模拟集成运放块 LM324 或 μA741，二极管 1N4148，6 V 稳压二极管 2DW231，电位器，电阻、电容若干。

三、设计任务

(1)设计一个用集成运放构成的方波发生器，并满足以下设计要求：

输出电压幅值为 6 V，频率在 500 Hz～1 kHz 范围内可调。

(2)设计一个用集成运放构成的占空比可调的矩形波发生器，并满足以下设计要求：

振荡频率在 500 Hz～1 kHz 范围内可调。

输出电压幅值为 6 V，占空比 D 在 40%～80%之间可调。

(3)设计一个用集成运放构成的方波—三角波发生器，并满足以下设计要求：

振荡频率在 500 Hz～1 kHz 范围内可调。

输出电压幅值为 6 V。

(4)设计一个用集成运放构成的锯齿波发生器，并满足以下设计要求：

振荡频率在 500 Hz～1 kHz 范围内可调。

占空比 D 在 40%～80%之间可调。

输出锯齿波电压的幅值可调节范围为 2～4 V。

四、实验要求

1. 实验前的准备

(1)电路设计

根据理论和上述设计任务的要求，自行设计实验电路，计算出电路中各个元件的参数。

(2)用 Multisim 仿真软件进行仿真

用 Multisim 仿真软件进行以上自行设计的各种非正弦波发生器的瞬态分析，调试并测试频率、占空比和输出幅度，使它们满足设计要求，并将结果记录在自行设计的表格内。

(3)设计测试方案

包括自拟实验步骤、方法和测试表格。

2. 实验任务

(1)检查实验仪器，检测器件和导线。

(2)根据自行设计的电路图选择实验器件。

(3)根据自行设计的电路图插接电路。

(4)根据自行设计的测试方案，完成各信号发生器的调试和测试(频率、幅度、高低电平、占空比等)，将结果记入自行设计的表格内，并与仿真结果、计算结果进行比较。

3. 实验后的总结

(1)根据设计技术指标及实验记录总结实验体会。

(2)分析误差产生的原因。

五、思考题

(1)方波和锯齿波的差异是什么?它们的周期是如何计算的?

(2)在方波—三角波发生器中,改变方波的频率时,三角波会发生何种变化?当改变方波的峰值时,三角波又有何种变化?

六、实验报告要求

(1)画出自行设计的实验电路,整理实验数据。

(2)将实验结果与理论计算值进行比较,分析产生误差的原因。

(3)绘出各个电路的输出波形。

实验8 有源滤波器实验

实验8-1 验证性实验——有源滤波器实验

一、实验目的

(1)了解集成运算放大器在信号处理方面的应用。

(2)了解由集成运算放大器组成的有源滤波器的性能及特点。

(3)掌握有源滤波器的调试及测量方法。

(4)熟悉有源滤波器幅频特性的测试。

二、实验仪器及备用元器件

1.实验仪器

函数信号发生器、数字示波器、数字万用表、交流毫伏表、稳压电源。

2.实验备用器件

模拟集成运放块 LM324 或 μA741,电阻、电容若干。

三、实验电路原理

滤波器的功能是让一定频率范围内的信号通过,抑制或急剧衰减该频率范围外的信号。根据频率范围的选择不同,滤波器可分为低通滤波器、高通滤波器、带通滤波器和带阻滤波器。它们的理想幅频特性如图 4.8.1 所示,图中虚线为实际滤波器的幅频特性。

滤波器主要用在信息处理、数据传输、干扰抑制等方面。由运算放大器及 *RC* 元件组成的滤波器称为 *RC* 有源滤波器。由于受运算放大器频带的限制,有源滤波器主要用在低频范围。目前有源滤波器的最高工作频率只能达到 1 MHz 左右。

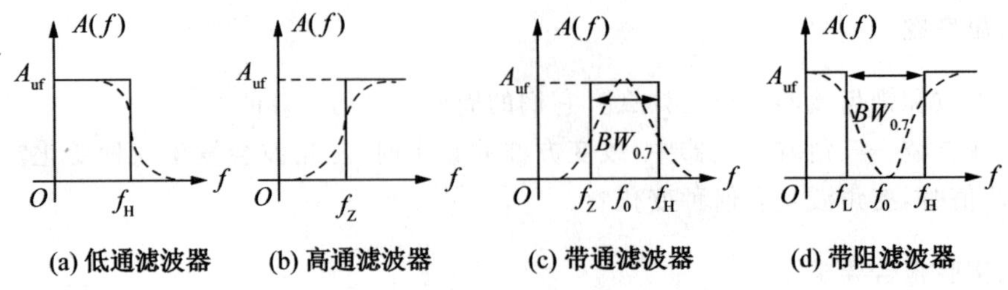

图 4.8.1 各种滤波器的理想幅频特性

1. 有源低通滤波器

图 4.8.2 为二阶有源低通滤波器的原理电路，电路特点是将 RC 滤波器件接在运放的同相输入端，运放的反相输入端为深度负反馈，因此集成运放工作在线性区域。需要注意的是，该电路的第一级滤波电容接在输出端，相当于在电路中接入了正反馈，其作用是使得输出在高频段迅速下降，而在接近截止频率的范围内，输出电压又不致下降太多，从而有利于改善滤波特性。该电路的电压传递函数为

$$A(\mathrm{j}\omega)=\frac{\dot{U}_{\mathrm{o}}}{\dot{U}_{\mathrm{i}}}=\frac{A_{\mathrm{uf}}\omega_{\mathrm{c}}^{2}}{-\omega^{2}+\mathrm{j}\,\frac{\omega_{\mathrm{c}}}{Q}\omega+\omega_{\mathrm{c}}^{2}}=\frac{A_{\mathrm{uf}}}{1-\frac{\omega^{2}}{\omega_{\mathrm{c}}^{2}}+\mathrm{j}\omega\,\frac{1}{Q\omega_{\mathrm{c}}}} \tag{4.8.1}$$

其幅频特性为

$$A(\omega)=\frac{A_{\mathrm{uf}}}{\sqrt{\left(1-\frac{\omega_{\mathrm{c}}^{2}}{\omega^{2}}\right)^{2}+\left(\frac{\omega}{Q\omega_{\mathrm{c}}}\right)^{2}}} \tag{4.8.2}$$

式中

$$A_{\mathrm{uf}}=1+\frac{R_2}{R_1} \tag{4.8.3}$$

$$\omega_{\mathrm{c}}=\frac{1}{RC} \tag{4.8.4}$$

$$Q=\frac{1}{3-A_{\mathrm{uf}}} \tag{4.8.5}$$

Q 称为等效品质因数，$\frac{1}{Q}$称为阻尼系数。由式(4.8.2)知，当 $Q=1$ 且 $\omega=\omega_{\mathrm{c}}$ 的情况下，$A(\omega)=A_{\mathrm{uf}}$。这就是说，在这种情况下滤波器将保持通频带内的增益，而高频幅度衰减很快，因而滤波效果好。而当 $A_{\mathrm{uf}}=3$ 时，Q 值将趋于无穷大，阻尼系数为零，意味着电路将产生自激振荡。因此要求 $A_{\mathrm{uf}}<3$，即 $R_2<2R_1$。

根据式(4.8.2)所得到的不同 Q 值下的幅频特性如图 4.8.2(b)所示。

式(4.8.1)中的角频率 ω_{c} 是特征角频率，也是 3 dB 截止角频率，因此上限截止频率为 $f_{\mathrm{H}}=\frac{1}{2\pi RC}$，当 $Q=0.707$ 时，这种滤波器称为巴特沃斯滤波器。

2. 有源高通滤波器

若将图 4.8.2 中的电阻 R、电容 C 互换位置，就构成了二阶有源高通滤波器，如图 4.8.3 所示。由于二阶有源低通滤波器与二阶有源高通滤波器在电路结构上存在对偶关系，所以它们的传递函数和幅频特性也存在对偶关系。由图 4.8.3 所示的电路可以导出

其传递函数为

$$A(\mathrm{j}\omega)=\frac{-A_{uf}\omega^2}{\omega^2+\mathrm{j}\frac{\omega\omega_c}{Q}-\omega_c^2}=\frac{A_{uf}}{\left(\frac{\omega_c}{\omega}\right)^2-1-\mathrm{j}\frac{\omega_c}{Q\omega}} \tag{4.8.6}$$

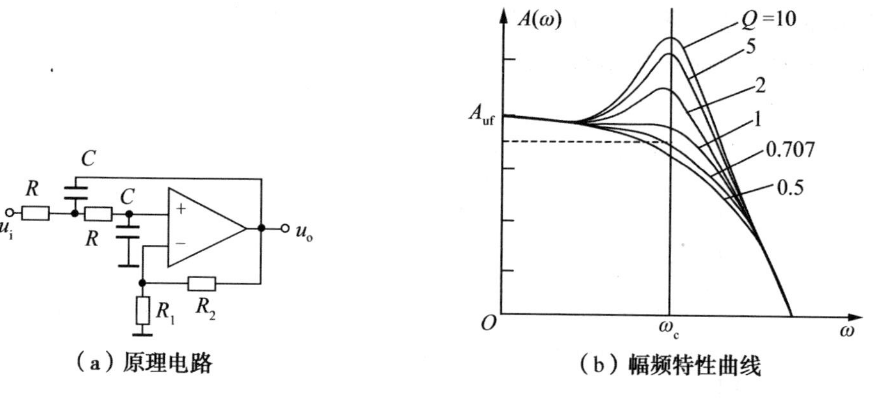

图 4.8.2　二阶有源低通滤波器的原理电路和幅频特性曲线

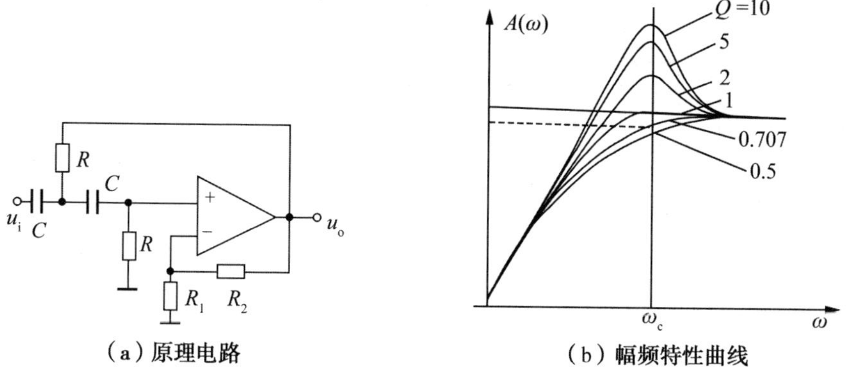

图 4.8.3　二阶有源高通滤波器的原理电路和幅频特性曲线

若取 $A_{uf}=3-1.414=1.586$，就构成了巴特沃斯滤波器。其幅频特性为

$$A(\omega)=\frac{A_{uf}}{\sqrt{\left(\frac{\omega_c^2}{\omega^2}-1\right)^2+\left(\frac{\omega_c}{Q\omega}\right)^2}} \tag{4.8.7}$$

式中

$$A_{uf}=1+\frac{R_2}{R_1}$$

$$\omega_c=\frac{1}{RC}$$

$$Q=\frac{1}{3-A_{uf}}$$

同样要求 $A_{uf}<3$，即 $R_2<2R_1$，否则电路将产生自激振荡。式(4.8.6)中的角频率 ω_c 就是 3 分贝截止角频率，因此下限截止频率为 $f_L=\frac{1}{2\pi RC}$。

根据式(4.8.7)所得到的不同 Q 值下的幅频特性如图 4.8.3(b)所示。

3.有源带通滤波器

根据带通滤波器的幅频特性及高通、低通滤波器的幅频特性可以得到：若将低通与高通滤波电路串联连接，就可以得到带通滤波器，条件是低通滤波器的截止角频率 f_H 大于高通滤波器的截止角频率 f_L，二者覆盖的通带就提供了一个带通响应，如图 4.8.4 所示。

二阶带通滤波器的原理电路如图 4.8.5 所示。其传递函数为

$$A(j\omega)=\frac{A_0\dfrac{j\omega}{Q\omega_c}}{1-\dfrac{\omega^2}{\omega_c^2}+\dfrac{j\omega}{Q\omega_c}}=\frac{A_0}{1+jQ\left(\dfrac{\omega}{\omega_c}-\dfrac{\omega_c}{\omega}\right)} \tag{4.8.8}$$

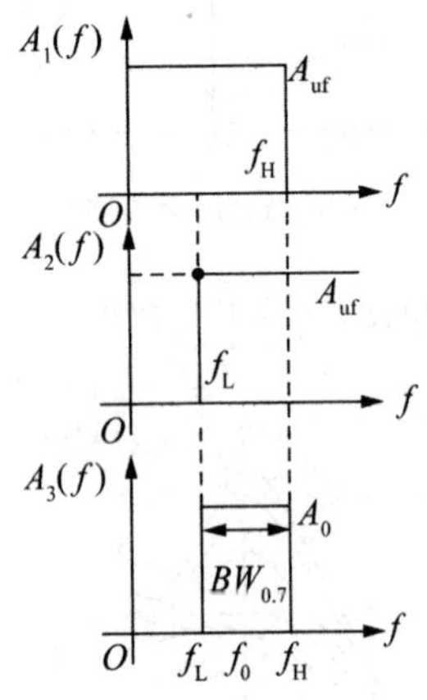

图 4.8.4 带通滤波器的构成

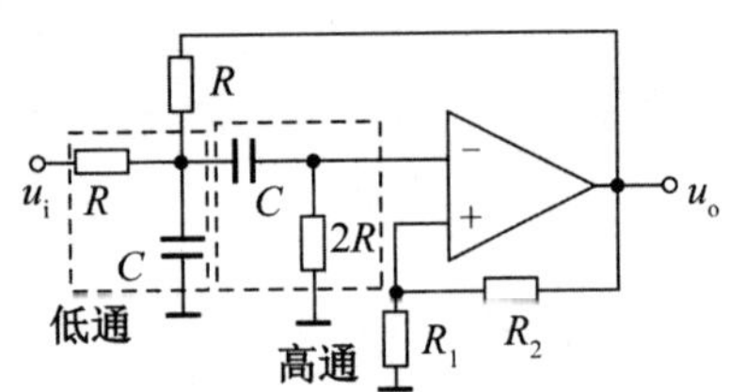

图4.8.5 二阶带通滤波器的原理电路

其幅频特性为

$$A(\omega)=\frac{A_0}{\sqrt{1+Q^2\left(\dfrac{\omega}{\omega_c}-\dfrac{\omega_c}{\omega}\right)^2}} \tag{4.8.9}$$

式中

$$A_0=\frac{A_{uf}}{3-A_{uf}},\quad A_{uf}=1+\frac{R_2}{R_1}$$

$$\omega_c=\frac{1}{RC}$$

$$Q=\frac{1}{3-A_{uf}}$$

同样要求 $A_{uf}<3$，电路才能稳定地工作。

由式(4.8.9)知，当 $\omega=\omega_c$ 时，图 4.8.5 具有最大电压增益，且 $A(\omega_c)=A_0=\dfrac{A_{uf}}{3-A_{uf}}$。这就是带通滤波器通带内的电压增益，而 $\omega_c=\dfrac{1}{RC}$为带通滤波器的中心角频率。

令 $A(\omega)=\dfrac{1}{\sqrt{2}}$，即式(4.8.9)的分母中 $Q^2\left(\dfrac{\omega}{\omega_c}-\dfrac{\omega_c}{\omega}\right)^2=1$，即可求出带通滤波器的两个截止频率，从而得到其带宽为

$$BW=\frac{\omega_c}{2\pi Q}=\frac{f_c}{Q} \tag{4.8.10}$$

4. 滤波器的设计

设计滤波器时，习惯上首先选择滤波电容，然后根据截止频率确定滤波电阻。因为电容的标称值种类比较少，而电阻的取值可以借助电位器微调。滤波电容的取值范围与滤波器的截止频率（即低通滤波器的上限截止频率 f_H、高通滤波器的下限截止频率 f_L、带通滤波器的中心频率 f_c）有关，可以参考表 4.8.1。

表 4.8.1　滤波电容的取值范围与滤波器的中心频率

f_c/Hz	1～10	10～100	100～10^3	10^3～10^4	10^4～10^5	10^5～10^6
C	20～1 μF	1～0.1 μF	0.1～0.01 μF	10^4～10^3 pF	10^3～10^2 pF	10^2～10 pF

例如：设计一个二阶低通滤波器，要求上限截止频率 $f_H=1$ kHz，品质因数 $Q=0.707$。

根据设计指标，由于 $f_H=1$ kHz，此时根据表 4.8.1 可以选滤波电容 $C=4.7$ nF，而由式（4.8.4）知

$$f_H=\frac{1}{2\pi RC}$$

所以
$$R=\frac{1}{2\pi f_H C}=\frac{1}{2\times 3.14\times 1000\times 4.7\times 10^{-9}}=33.88(\text{k}\Omega)$$

又要求 $Q=0.707$，根据式（4.8.5）知

$$Q=\frac{1}{3-A_{uf}}=\frac{1}{\sqrt{2}}$$

所以要求滤波器通带内的电压放大倍数

$$A_{uf}=3-\sqrt{2}=1.586$$

而
$$A_{uf}=1+\frac{R_2}{R_1}$$

于是得到
$$R_2=0.586R_1$$

根据电路结构，保证运放输入端平衡，要求

$$R_1 /\!/ R_2=2R=67.76\ \text{k}\Omega$$

可以求得 $R_1=183.4$ kΩ，$R_2=107.5$ kΩ。

四、Multisim 仿真

1. 二阶有源低通滤波器的仿真

在 Multisim 软件平台上按照图 4.8.2 所示的电路绘制二阶有源低通滤波器的仿真电路，如图 4.8.6(a)所示。用波特图示仪观察幅频特性曲线[见图 4.8.6(b)]、相频特性曲线，移动图示仪的滑动指针，测量滤波器的上限截止频率 f_H，并与理论估算结果进行比较。

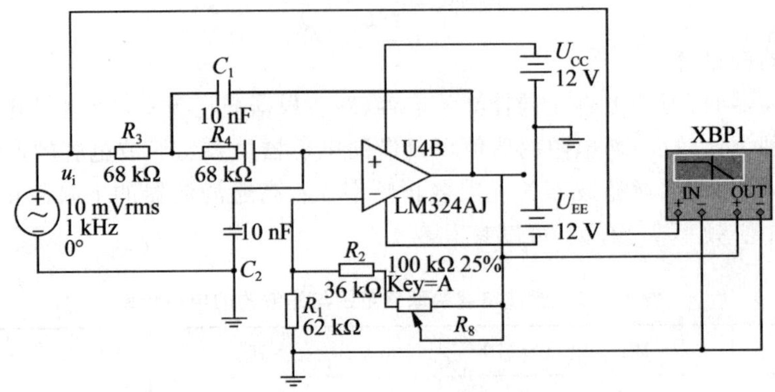

(a) 二阶有源高通滤波器的仿真电路

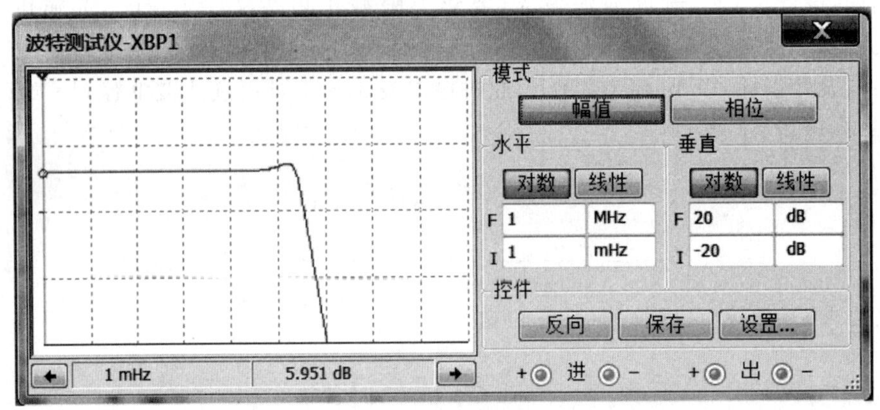

(b) 图(a)中电位器为25%的情况下的幅频特性

图 4.8.6　二阶有源低通滤波器的仿真电路和幅频特性

改变电位器 R_8 的阻值，观察幅频特性曲线的变化，找到带宽最宽情况下 R_8 的阻值，分析原因。

2. 二阶有源高通滤波器的仿真

将图 4.8.6 中的电阻 R、电容 C 交换位置，可以得到二阶有源高通滤波器，如图 4.8.7(a)所示。再用波特图示仪观察幅频特性曲线[见图 4.8.7(b)]、相频特性曲线，移动图示仪的滑动指针，测量滤波器的下限截止频率 f_L，并与理论估算结果进行比较。

改变电位器 R_8 的阻值，观察幅频特性曲线的变化，找到带宽最宽情况下 R_8 的阻值，分析原因。

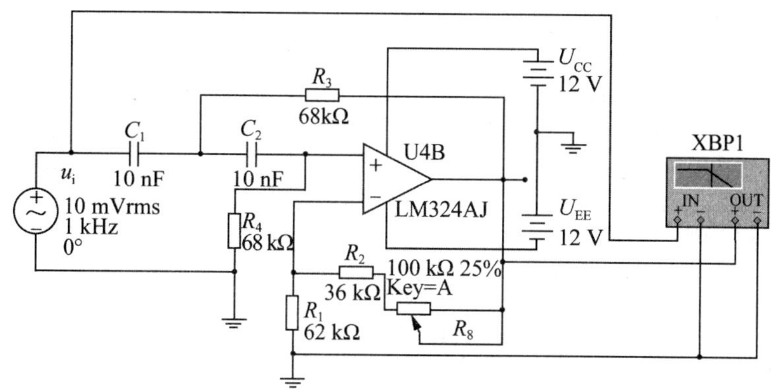

（a）二阶有源高通滤波器的仿真电路

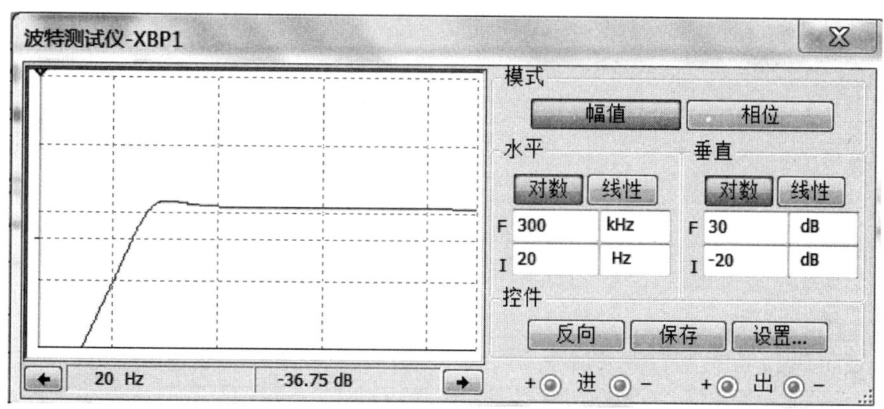

（b）图（a）中电位器为25%的情况下的幅频特性

图 4.8.7　二阶有源高通滤波器的仿真电路和幅频特性

3. 二阶有源带通滤波器的仿真

在 Multisim 软件平台上按照图 4.8.5 所示的电路绘制二阶有源带通滤波器的仿真电路，如图 4.8.8(a)所示。用波特图示仪观察幅频特性曲线[见图 4.8.8(b)]、相频特性曲线，移动图示仪的滑动指针，测量滤波器的上限截止频率 f_H、下限截止频率 f_L、通频带宽度 BW，并与理论估算结果进行比较。

改变电位器 R_8 的阻值，观察幅频特性曲线的变化，找到带宽最宽情况下 R_8 的阻值，分析原因。

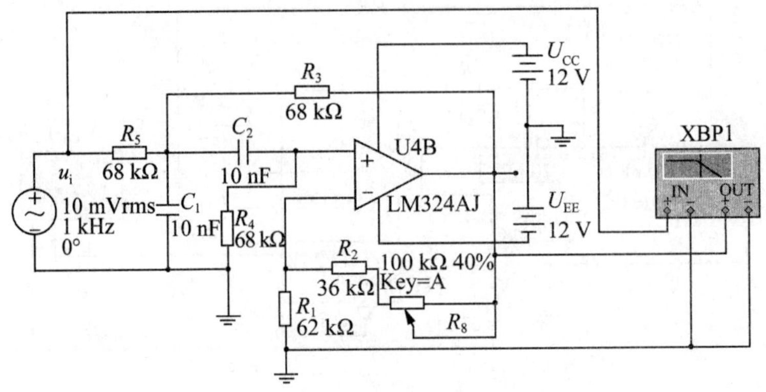

（a）二阶有源高通滤波器的仿真电路

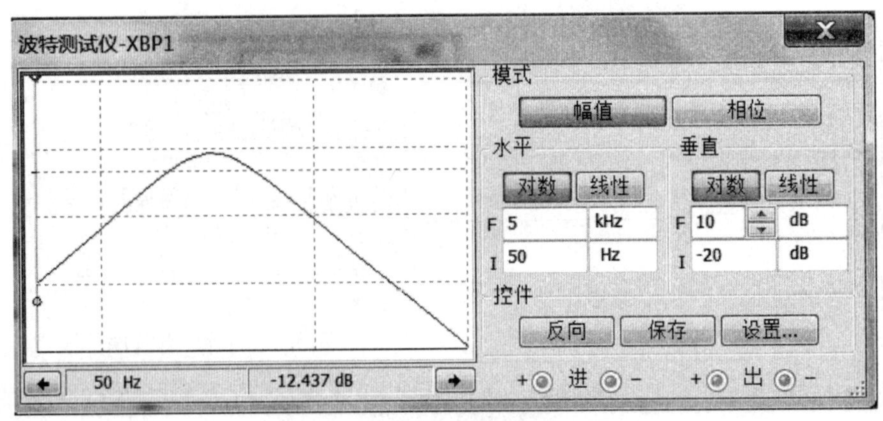

（b）有源带通滤波器的幅频特性

图 4.8.8　二阶有源带通滤波器的仿真电路和幅频特性

五、实验内容与步骤

1. 测试二阶有源低通滤波器的幅频特性

按照图 4.8.6 连接电路，用示波器观察输出端波形，改变输入信号频率，保持输入幅度不变，测量输出电压的幅度，根据式 $20\lg\frac{U_o}{U_i}$(dB)得到滤波器的幅频特性曲线。求出滤波器的上限截止频率 f_H、通频带内的电压增益 A_{uf}，再与仿真结果和理论计算结果进行比较。自拟实验测试表格。

2. 测试二阶有源高通滤波器的幅频特性

按照图 4.8.7 连接电路，重复 1 中的内容。自拟实验测试表格。

3. 测试二阶有源带通滤波器的幅频特性

按照图 4.8.8 连接电路，用示波器观察输出端波形，改变输入信号频率，保持输入幅度不变，测量输出电压的幅度，根据式 $20\lg\frac{U_o}{U_i}$(dB)得到滤波器的幅频特性曲线。求出滤波器的上限截止频率 f_H、下限截止频率 f_L、通频带宽度 BW 及通频带内的电压增益 A_{uf}，再与仿真结果和理论计算结果进行比较。自拟实验测试表格。

六、思考题

(1)在图 4.8.6 中，若输入信号的频率为 1 kHz，我们会发现输出幅度比输入幅度小得多，为什么？

(2)如何区别滤波器是一阶电路还是二阶电路？它们有什么异同点？它们的幅频特性曲线有区别吗？

(3)在幅频特性曲线的测量过程中，改变信号的频率时，信号的幅度是否要作相应的调整？为什么？

(4)怎样用简便方法辨别滤波电路属于哪种类型(低通、高通、带通、带阻)？

七、实验报告要求

(1)用表列出实验结果，以频率的对数为横坐标、电压增益的分贝数为纵坐标，在同一坐标上分别画出各种滤波器的幅频特性。

(2)认真回答思考题中的问题。

八、预习内容

(1)根据实验要求，自行设计实验用的测试表格。

(2)预习教材中有关有源滤波器的内容。

(3)根据实验电路，分析各个电路的传递函数和幅频特性，求出截止频率以及带宽。

实验 8-2　设计性实验——有源滤波器的设计与实验

一、实验目的

(1)进一步了解由集成运放组成的有源滤波器的性能及特点。

(2)学习有源滤波器的设计方法。

(3)掌握有源滤波器的调试及测量方法，体会调试方法在电路设计中的重要性。

二、实验仪器及备用元器件

1. 实验仪器

函数信号发生器、数字示波器、数字万用表、交流毫伏表、稳压电源。

2. 实验备用器件

模拟集成运放块 LM324，电阻、电容若干。

三、设计任务

(1)设计一个二阶有源低通滤波器，要求满足以下条件：

截止频率：$f_H=1$ kHz。

通频带增益：$A_{uf}=10$。

品质因数：$Q=0.707$。

(2)设计一个二阶有源高通滤波器，要求满足以下条件：

截止频率：$f_L=100$ Hz。

通频带增益：$A_{uf}=10$。

品质因数：$Q=0.707$。

(3)设计一个二阶有源音频带通滤波器，要求满足以下条件：

截止频率：$f_L=10$ Hz，$f_H=1$ kHz。

通频带增益：$A_{uf}=10$。

品质因数：$Q=0.707$。

四、实验要求及任务

1. 实验前的准备

(1)电路设计

根据设计任务，设计出满足指标要求的二阶有源低通、高通、带通滤波器电路，并计算电路中的元件参数。

(2)用 Multisim 仿真软件进行仿真

用 Multisim 的波特图示仪仿真幅频特性曲线，并移动游标测量其截止频率，记入自行设计的表格内。

(3)测试方案的设计

自拟实验步骤、方法。

2. 实验任务

(1)按自行设计的低通滤波器电路图接线，根据自拟的实验步骤，改变信号源频率，测试二阶有源低通滤波器对应不同频率时的幅频响应，将结果记入自行设计的表格内。

(2)按自行设计的高通滤波器电路图接线，根据自拟的实验步骤，改变信号源频率，测试二阶有源高通滤波器对应不同频率时的幅频响应，将结果记入自行设计的表格内。

(3)按自行设计的带通滤波器电路图接线，根据自拟的实验步骤，改变信号源频率，测试二阶有源带通滤波器对应不同频率时的幅频响应，将结果记入自行设计的表格内。

3. 实验后的总结

将上述测试结果绘成曲线，分别得到低通、高通、带通滤波器的幅频特性曲线，并与仿真结果进行比较。

五、思考题

(1)为什么高通滤波器的电压增益会随着频率的升高而下降？

(2)你能用有源低通滤波器和有源高通滤波器组成有源带通滤波器吗？请画出原理电路，并说明电路参数应如何选择。

六、实验报告要求

(1)整理实验数据(实验结果列表表示)。

(2)以频率的对数为横坐标、电压增益的分贝数为纵坐标在同一坐标上画出三种滤波器的幅频特性曲线。

(3)将实验结果与仿真结果、理论计算结果进行比较,分析产生误差的原因。

实验9 功率放大器实验

实验9-1 验证性实验——分立元件"OTL"功率放大器实验

功率放大器通常作为电子设备的输出级,它的基本功能是向负载提供大功率输出,即具有一定的输出电压幅度和输出电流能力。因此,在相同电源电压下,功率放大电路具有两大特点:一是静态功耗低、电源转换效率高;二是输出电阻低,带负载能力强。

一、实验目的

(1)掌握分立元件"OTL"功率放大电路的工作原理及其静态工作点的调试方法。

(2)掌握功率放大电路性能指标的基本分析方法和基本参数的测试方法。

(3)理解影响功率放大电路性能指标的常见因素。

(4)通过实验进一步掌握功率放大电路的失真现象和消除失真的方法。

二、实验仪器及备用元器件

1.实验仪器

函数信号发生器、数字示波器、数字万用表、交流毫伏表、直流毫安表。

2.实验备用器件

大功率三极管 TIP41C、TIP42C,小功率三极管 2N5551、二极管 1N4148×2,滑线电阻器100 kΩ,扬声器,电阻、电容。

三、实验电路原理

电子系统中的最后一级通常是功率放大器,其作用是向负载提供足够大的输出功率。而对于功率放大器的要求如下:一是能够输出一定的功率;二是非线性失真和频率失真都在允许的范围内;三是要有尽可能高的效率。目前应用最广泛的是双电源互补对称功率放大器(Output Capacitor Less,OCL)和单电源互补对称功率放大器(Output Transformer Less,OTL)。

由大功率晶体管构成的"OCL"功率放大电路如图 4.9.1 所示。功率管 T_1 为 NPN 型,T_2 为 PNP 型,它们的参数相等,互为对偶关系,构成互补推挽 OCL 功率放大电路。

由于每一个管子都接成射极输出器形式,因此具有输出电阻低、带负载能力强等优点。二极管 D_1、D_2 和电阻 R_4、R_5 构成三极管的基极偏置电路,用于消除 OCL 电路的交越失真。当开关 S 闭合时,功率管 T_1、T_2 失去偏置,电路将产生交越失真。

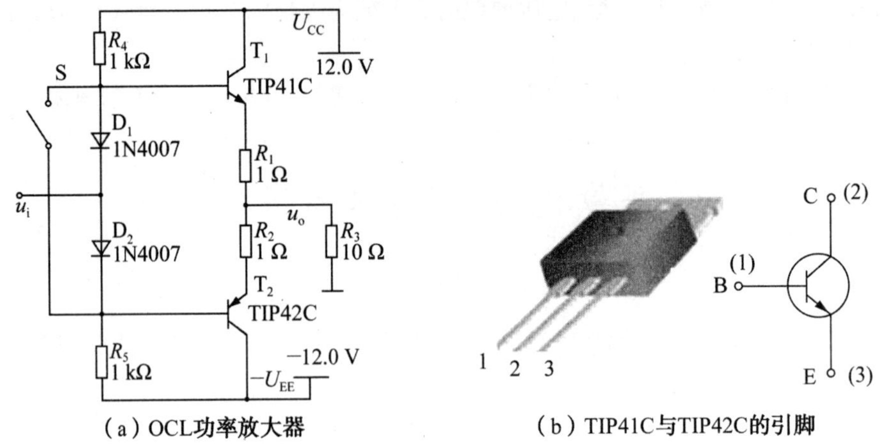

(a) OCL功率放大器　(b) TIP41C与TIP42C的引脚

图 4.9.1　OCL 功率放大器及功率管的引脚

当电路输入 u_i 为正弦信号时,输出电压的幅值为 U_{om},电路的性能指标计算如下:

输出功率为

$$P_o=\frac{U_{om}^2}{2R_L} \tag{4.9.1}$$

直流电源提供的功率为

$$P_E=\frac{2}{\pi}\frac{U_{CC}U_{om}}{R_L} \tag{4.9.2}$$

晶体管的集电极效率为

$$\eta=\frac{P_o}{P_E}=\frac{\pi}{4}\frac{U_{om}}{U_{CC}} \tag{4.9.3}$$

其中 U_{om} 为负载 R_L 两端的输出电压的幅值。

习惯上将放大器输出最大不失真功率 P_{om} 时所对应的输入信号的有效值 U_i 称为功放电路的输入灵敏度。

当输入的正弦信号 u_i 增大到使功放管工作在极限状态时,两个三极管轮流工作在饱和导通状态。若设三极管的饱和压降为 $U_{CE(sat)}$,则放大器的最大不失真输出电压的有效值为

$$U_o=\frac{U_{CC}-U_{CE(sat)}}{\sqrt{2}} \tag{4.9.4}$$

输出功率为

$$P_o=\frac{[U_{CC}-U_{CE(sat)}]^2}{2R_L} \tag{4.9.5}$$

直流电源提供的功率为

$$P_E=\frac{2}{\pi}\frac{U_{CC}[U_{CC}-U_{CE(sat)}]}{R_L} \tag{4.9.6}$$

晶体管的集电极效率为

$$\eta=\frac{P_{\mathrm{o}}}{P_{\mathrm{E}}}=\frac{\pi}{4}\frac{U_{\mathrm{CC}}-U_{\mathrm{CE(sat)}}}{U_{\mathrm{CC}}} \tag{4.9.7}$$

理想情况下，$U_{\mathrm{CE(sat)}}\approx 0$，$U_{\mathrm{om}}\approx U_{\mathrm{CC}}$，此时可以获得最大输出功率为

$$P_{\mathrm{om}}=\frac{U_{\mathrm{om}}^2}{2R_{\mathrm{L}}}\approx\frac{U_{\mathrm{CC}}^2}{2R_{\mathrm{L}}} \tag{4.9.8}$$

直流电源提供的最大功率为

$$P_{\mathrm{Em}}=\frac{2}{\pi}\frac{U_{\mathrm{CC}}^2}{R_{\mathrm{L}}} \tag{4.9.9}$$

集电极效率达到最大，为

$$\eta_{\mathrm{m}}=\frac{P_{\mathrm{om}}}{P_{\mathrm{Em}}}=\frac{\pi}{4}\approx 78.5\% \tag{4.9.10}$$

在功率放大电路中，大功率输出对功放管提出了较高的要求，为了保障功放管安全工作，就“OCL”电路而言，通常应选择满足以下极限参数的大功率管：

$$\begin{cases} I_{\mathrm{CM}}>\dfrac{U_{\mathrm{CC}}}{R_{\mathrm{L}}} \\ U_{\mathrm{(BR)CEO}}>2U_{\mathrm{CC}} \\ P_{\mathrm{CM}}>0.2P_{\mathrm{om}} \end{cases} \tag{4.9.11}$$

需要强调的是：在选择晶体管时，其极限参数特别是 P_{CM} 应留有一定的余量，并严格按照手册要求安装散热片。

2.单电源互补对称功率放大器(OTL)

图 4.9.2 是单电源互补对称功率放大器(OTL)电路，图中放大管 T_1 构成共发射极放大电路，作为 T_2、T_3 的推动级(也称为前置放大级)，工作在甲类状态，它的集电极电流由电位器 R_{W2} 调节。T_2、T_3 组成互补对称的功率输出级。静态时，调节电位器 R_{W1} 使 T_2、T_3 工作在微导通状态，避免功率放大器出现输出交越失真；调节电位器 R_{W2} 使 T_1 有合适的静态工作点，并保证 A 点电位为 $U_{\mathrm{CC}}/2$，电容 C_2 上的电压也等于 $U_{\mathrm{CC}}/2$。由于电容 C_2 的容量很大，当满足 $R_{\mathrm{L}}C_2\gg T$(信号的周期)时，电容 C_2 两端的电压基本不变，它相当于一个电压为 $U_{\mathrm{CC}}/2$ 的直流电源。同时 C_2 还具有隔直流通交流的耦合作用。

由于静态时，要求输出端 A 点的电位 $U_{\mathrm{A}}=\dfrac{U_{\mathrm{CC}}}{2}$，可以通过调节 R_{W1} 实现，又由于电阻 R_{W1} 和 R_{B1} 构成了深度交流、直流电压并联负反馈，不仅能够稳定放大器的静态工作点，同时也改善了非线性失真。

当电路输入 u_{i} 为正弦信号时，经 T_1 管放大、倒相后同时作用于 T_2、T_3 管的基极，u_{i} 的负半周使 T_2 管导通，T_3 管截止，有电流流过负载 R_{L}，同时向电容 C_2 充电，u_{i} 的正半周使 T_3 管导通，T_2 管截止，已经充好电的电容 C_2 起着电源的作用，通过负载 R_{L} 放电，这样在负载 R_{L} 上就得到了完整的正弦波。

电容 C 和 R 构成自举电路，用于提高输出电压正半周的幅度，以得到大的动态范围。

静态时，$U_{\mathrm{B2}}-U_{\mathrm{B3}}=U_{\mathrm{D(on)}}+U_{R_{\mathrm{W2}}}\approx 1.4\ \mathrm{V}$，电路处于临界导通状态，静态功耗很低。

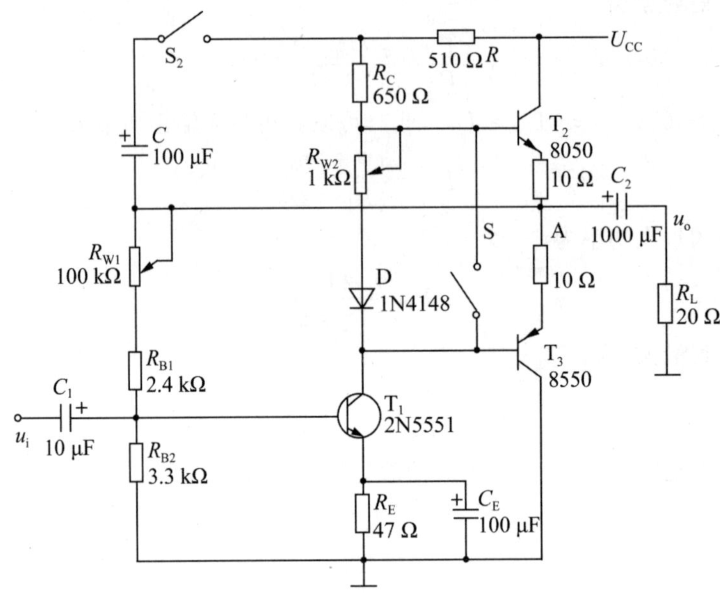

图 4.9.2　单电源互补对称功率放大器(OTL)电路

当电路输入的正弦信号 u_i 足够大时，输出电压的最大幅值为

$$U_{om}=\frac{U_{CC}}{2}-U_{CE(sat)}$$

电路的性能指标计算如下：

输出功率为

$$P_o=\frac{U_{om}^2}{2R_L} \tag{4.9.12}$$

直流电源提供的功率为

$$P_E=\frac{1}{\pi}\frac{U_{CC}U_{om}}{R_L} \tag{4.9.13}$$

晶体管的集电极效率为

$$\eta=\frac{P_o}{P_E}=\frac{\pi}{2}\frac{U_{om}}{U_{CC}} \tag{4.9.14}$$

其中，$U_{CE(sat)}$ 为功放管的饱和压降；U_{om} 为负载 R_L 两端的输出电压的幅值。

当功放管的输入(即推动级的输出)信号幅度足够大，可以认为 $U_{CE(sat)}\approx 0$，$U_{om}=\frac{U_{CC}}{2}-U_{CE(sat)}\approx\frac{U_{CC}}{2}$，此时可以获得最大输出功率为

$$P_{om}=\frac{U_{om}^2}{2R_L}\approx\frac{\left(\frac{U_{CC}}{2}\right)^2}{2R_L}=\frac{U_{CC}^2}{8R_L} \tag{4.9.15}$$

直流电源提供的最大功率为

$$P_{Em}=\frac{1}{2\pi}\frac{U_{CC}^2}{R_L} \tag{4.9.16}$$

集电极效率达到最大，即

$$\eta_m = \frac{P_{om}}{P_{Em}} = \frac{\pi}{4} \approx 78.5\% \tag{4.9.17}$$

在功率放大电路中，大功率输出对功放管提出了较高的要求，就“OTL”电路而言，通常应选择满足以下极限参数的大功率管：

$$\begin{cases} I_{CM} > \dfrac{U_{CC}}{2R_L} \\ U_{(BR)CEO} > U_{CC} \\ P_{CM} > 0.2P_{om} \end{cases} \tag{4.9.18}$$

为了保证功率放大器具有良好的低频响应，输出耦合电容 C_2 应满足

$$C_2 \geqslant \frac{1}{2\pi f_L R_L} \tag{4.9.19}$$

式中 f_L 为放大器所要求的下限频率。除此之外，还应考虑器件正常工作时的散热条件。

四、Multisim 仿真

1. 编辑原理电路

用 Multisim 编辑的分立元件 OTL 功率放大器的仿真电路如图 4.9.3 所示。

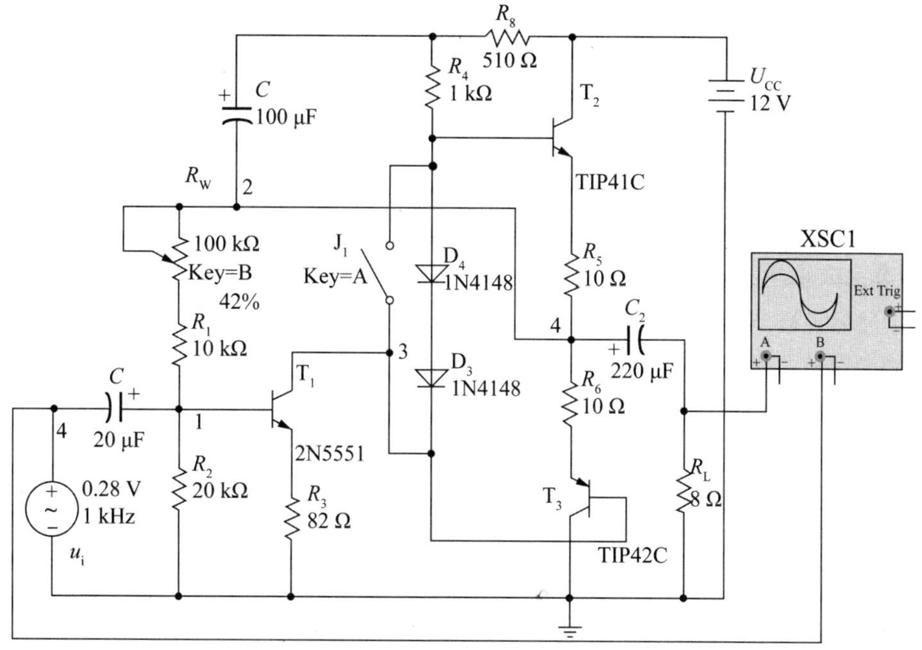

图 4.9.3　分立元件 OTL 功率放大器的仿真电路

2. 静态工作点的调试与仿真

按动电位器 R_W 的控制键 B，将节点 4 的直流电位调整为 $\frac{U_{CC}}{2}$，对三极管的各极电压、电流进行直流分析(DC Operating Point Analysis)，将结果记录在自备的表格内。

3.交越失真分析

在电路的输入端加入 $U_{im}=0.28\ V$，$f=1\ kHz$ 的正弦波输入电压 u_i，按动按键 A 切换开关 J_1 的状态，观察输出波形，分析二极管 D_1、D_2的作用。

4.功率指标分析

逐渐加大输入信号 U_{im}，使电路输出获得最大不失真信号，测量此时的输入、输出信号的幅度，得到电路的输入灵敏度、输出功率、直流电源提供的功率、集电极效率和最大输出功率时功放管的集电极损耗，将结果记录在自备的表格内。

5.自举电容 C 的作用

在步骤 4 的电路状态下，将电容 C 从节点 2 处断开，观察输出波形的变化，并记录结果。

五、实验任务

1.双电源互补对称功率放大器(OCL)实验

根据图 4.9.1 连接电路。注意二极管 D_1、D_2的极性不要接反或断开，开关 S 可以用移动的导线代替。电路检查无误后方可通电。

特别提醒:实验过程中应随时用手触摸功放管，一旦发热应立即关断电源检查电路。

(1)测试静态工作点

将输入端接地(输入信号 $u_i=0$)，开关 S 断开，测量晶体管各极的直流电压，得出相应的结论。

(2)观察交越失真波形

将开关 S 闭合，在输入端加入输入信号 u_i，将输入信号的幅度 U_{im} 由小到大逐渐增加，直到用示波器观察到负载两端有输出电压的波形为止，观察输出波形的特点。

(3)功率指标测试

将开关 S 断开，在输入端加入输入信号 u_i，将输入信号的幅度 U_{im} 由小到大逐渐增加，用示波器观察负载两端的电压波形，使之得到最大且不失真的输出信号，测量此时的输入、输出信号的幅度，得到电路的输入灵敏度、输出功率、直流电源提供的功率、集电极效率和最大输出功率时功放管的集电极损耗。将结果记录在自备的表格内。

2.单电源互补对称功率放大器(OTL)实验

按照图 4.9.2 连接电路，开关 S_1、S_2 可以用移动的导线代替，S_2 处于闭合的状态。检查无误后接通电源。

(1)调试静态工作点

参照仿真调试过程，使 $U_A=\dfrac{U_{CC}}{2}$，然后测量各个晶体管的各极电压，将结果记录在自备的表格中，并与仿真结果进行比较。

(2)交越失真分析

用示波器观察负载两端的电压波形，仿照仿真的操作过程，分析二极管 D 和 R_{W2} 对输出信号的影响，并记录波形的变化。

(3)功率指标分析

仿照仿真的操作过程及其内容，逐渐加大输入信号的幅度，用示波器观察负载两端的电压波形，使之得到最大且不失真的信号，测量此时的输入、输出信号的幅度，得到电路的输入灵敏度、输出功率、直流电源提供的功率、集电极效率和最大输出功率时功放管的集电极损耗，将结果记录在自备的表格内。

(4)将三极管 T_2、T_3 的发射极短接，重复(3)的内容，说明两个 10 Ω 电阻的作用。

(5)自举电容 C_2 的作用

在步骤(3)的电路状态下，使 S_2 处于断开的状态，观察输出波形的变化，并记录结果。

六、预习内容

(1)预习教材中有关功率放大器的工作原理及质量指标的计算。

(2)根据测试内容设计测试表格。

(3)完成 Multisim 的仿真内容并记录仿真结果。

(4)根据实验任务，估算 $U_{CE(sat)}=1.5$ V 的情况下，实验电路的输入灵敏度、输出功率、直流电源提供的功率、集电极效率和最大输出功率时功放管的集电极损耗。将结果记录在自备的表格内。

七、思考题

(1)图 4.9.1 中二极管 D_1、D_2的作用是什么？

(2)简述电路 4.9.1 中限流电阻 R_1、R_2 的限流原理。

(3)电源电压提供的功率，除了用式(4.9.13)计算外，还可以用何种方法测量或计算？

(4)实际的实验电路 4.9.2 中，功放管 T_2、T_3的饱和压降 $U_{CE(sat)}$应为多少？

(5)功率放大电路与电压放大电路的区别是什么？

(6)分析电路为何负载电阻越小，输出电压越低，而输出功率却越高。

(7)为了保证功率放大器具有良好的低频响应，输出耦合电容 C_2 应满足式(4.9.19)，那么图 4.9.2 中的下限截止频率 f_L 应为多少？

八、实验报告要求

(1)写出调试方案、步骤。

(2)将各个测试量的理论值计算出来，作为实验值的参照。

(3)严格按照测试的结果记录各波形。

(4)认真回答思考题中的问题。

(5)写出调试中遇到的问题及解决的方法。

(6)一定要有实验后的总结。

实验 9-2　验证性实验——集成功率放大器实验

一、实验目的

(1)掌握集成功率放大电路的工作原理及使用特点。

(2)掌握集成功放外围电路元件参数的选择及集成功放的应用。

(3)掌握集成功率放大电路的调整方法。

(4)熟练掌握集成功放主要性能指标的测试方法。

二、实验仪器及备用元器件

1. 实验仪器

函数信号发生器、数字示波器、数字万用表、交流毫伏表。

2. 实验备用器件

集成功放块 LA-4100 或 LM386 或 TDA2030,扬声器 8 Ω,电阻、电容若干。

三、实验电路原理

图 4.9.4 给出了 LM386 的典型外接电路。LM386 是一种 OTL 结构的小功率集成功率放大器,可以处理300 kHz以下的音频信号,最大输出功率为 1 W,具有电源电压范围宽(LM386-1/-3 为 4～12 V,LM386-4 为 5～18 V)、电压增益可调、自身功耗低、外接元件少、饱和压降低和失真度低等优点。

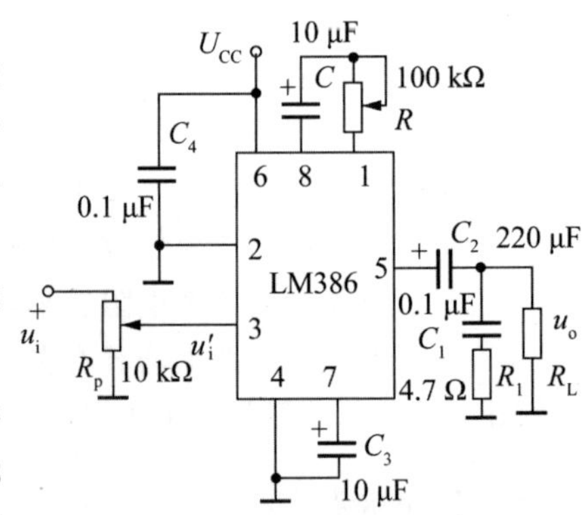

图 4.9.4　LM386 的典型外接电路

LM386 功放电路的电压放大倍数 A_u 由器件内部电阻和 1、8 脚之间所接电阻 R 确定。当 1、8 脚间开路时,$A_u=20$;当 1、8 脚间接电容 $C=10\ \mu F$ 时,$A_u=200$;当 1、8 脚间接电容 $C=10\ \mu F$和电位器 R(100 kΩ)时,A_u 在 20～200 之间,计算公式为

$$A_u=2\times\left(1+\frac{15\ k\Omega}{1.35\ k\Omega /\!/ R+150\ \Omega}\right) \tag{4.9.20}$$

电容 C_4用于放大倍数较高时削弱电源纹波对电路的影响。C_3为功放的旁路电容。R_1和 C_1构成相位补偿网络,用于提高电路的稳定性,防止产生高频自激。电容 C_2为 OTL 电路的输出电容。输入电位器 R_p用于调节功放的输入信号即输出音量的大小。若忽略晶体管的饱和压降,则输入电压的灵敏度为

$$U'_{im}=\frac{U_{om}}{A_u}=\frac{\dfrac{U_{CC}}{2\sqrt{2}}}{A_u} \tag{4.9.21}$$

图 4.9.5 给出了 LA-4100 集成音频功率放大器的典型外接电路。图中外接电容 C_1、C_2、C_7 为耦合电容,C_3 为滤波电容,C_4 为自举电容,C_5、C_6 用于消除自激振荡。R_f、C_2 组成负反馈电路,改变 R_f 的阻值可以改变组件的电压增益。

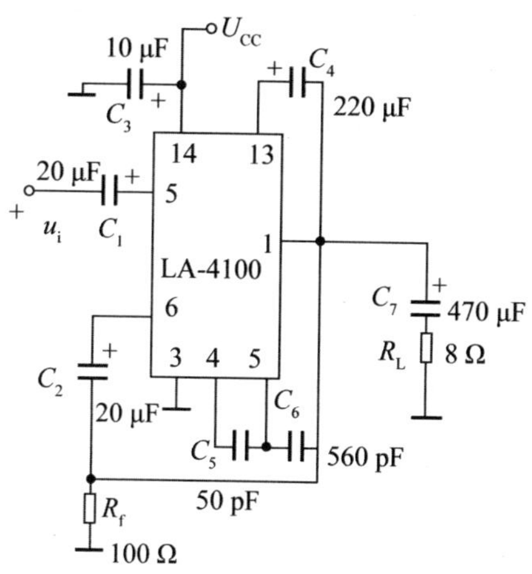

图 4.9.5　LA-4100 的典型外接电路

图 4.9.6 给出了 TDA2030 的典型外接电路。TDA2030 为单声道音频功率放大集成电路,采用 5 脚塑料封装结构。引脚排列是:字面朝向自己,管脚向下,从左至右依次为 1～5 脚。其中 1 脚为同相输入端,2 脚为反相输入端,3 脚为负电源,4 脚为输出端,5 脚为正电源。

TDA2030 功率放大集成电路具有转换速率高、失真小、输出功率大、外围电路简单等特点。它的内部电路包含由恒流源差动放大电路构成的输入级,中间电压放大级,复合互补对称式 OCL 电路构成的输出级,启动和偏置电路以及短路、过热保护电路等。TDA2030 是目前应用得较为普遍的集成功率放大器之一,可以用于高保真立体声扩音机及收录机作为音频功率放大器。

TDA2030 的电源电压为±6～±18 V,静态电流为 40 mA(典型值),1 脚的输入阻抗为 5 MΩ(典型值),当电压增益为 30 dB,R_L＝4 Ω,输出功率 P_o＝12 W 时,频带宽度为 10 Hz～14 kHz。当电源电压为±14 V、负载电阻为 4 Ω 时,输出功率达 18 W。

TDA2030 功率放大集成电路的接法分单电源和双电源两种,如图 4.9.6 所示。

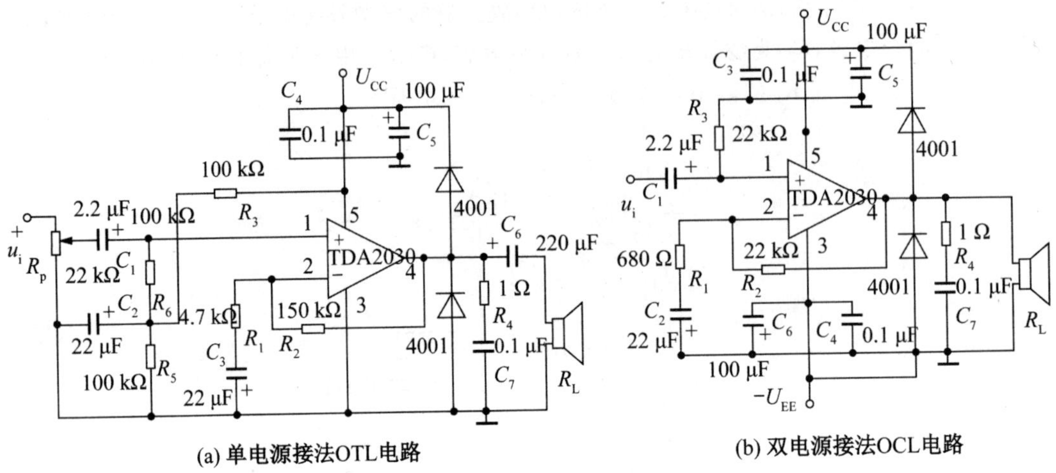

(a) 单电源接法OTL电路
(b) 双电源接法OCL电路

图 4.9.6 TDA2030 的典型外接电路

TDA2030 功率放大器，当电源电压为 U_{CC} 时，最大输出功率的理想值为

$$P_{om}=\frac{U_{CC}^2}{2R_L} \tag{4.9.22}$$

实际上，由于输出管的饱和压降随着输出电流的增加而有一定的增加，实验实际输出功率应乘以一个小于 1 的系数 K，此时

$$P_{om}=K\frac{U_{CC}^2}{2R_L} \tag{4.9.23}$$

工程计算的经验值是：当 R_L 的阻值为 8 Ω 时，$K=0.7$；当 R_L 的阻值为 4 Ω 时，$K=0.6$。

四、实验内容

1. LM386 的实验

(1)参照图 4.9.4 连接电路，选择 $U_{CC}=12$ V，$R_L=1$ kΩ，检查无误后接通电源。

特别提醒：实验过程中应特别注意观察和触摸功放块，一旦芯片发热，应立即切断电源检查电路，以防损耗功放块。

(2)静态测试

将输入信号调整为零，测量器件各引脚对地的电压并记录。

(3)动态特性分析

在同相输入端端点 3 接入 $f=1$ kHz 的正弦波输入电压 u_i，将电位器 R 调至零，逐渐增大输入信号 u_i' 的振幅 U_{im}'，调节电位器 R_p 使电路获得最大不失真输出电压 U_{om}，讨论 $U_{CC}=12$ V 情况下的性能指标，将结果记入表 4.9.1 中。

表 4.9.1　动态特性分析实验数据　　测试条件：U_{CC}=____V　R_L=____Ω

		U_{im}/mV	U_{om}/V	A_u	P_o/kW	P_E/kW	η/%
C=10 μF	估算值						
	仿真值						
C 开路	估算值						
	仿真值						

将电位器 R 由零逐渐增大，观察输出电压 U_{om} 的变化，讨论 A_u 的变化范围。

(4)将负载改为 R_L=8 Ω(扬声器)，重复(2)的内容。

2. TDA2030 的实验

按照图 4.9.6(b)连接电路，选择 U_{CC}=12 V，R_L=8 Ω(扬声器)，确认电路连接正确。

特别注意以下几点：

①由于放大器的输出电压、电流都较大，实验过程中绝对不能出现短路现象，以防烧坏功放管。

②功放电路的信号较强，走线不合理容易产生自激振荡，在实验过程中，应随时用示波器观察输出波形，如有异常现象立即切断电源。

③输出功率较大时，集成功放块容易发烫，为了防止烧坏集成块，应尽可能加上散热片。

在接入负载电阻之前，先接通直流电源，测量各个端点的直流电压，特别是输出端电压，如果输出端直流电压不为零，应仔细查明原因，然后才能接入负载。

(1)观察波形

在输入端接入 f=1 kHz 的正弦波输入电压 u_i，幅度从零逐渐增大，用示波器观察输出波形，特别要注意交越失真现象。比较两个输入端的信号波形，如果有差异说明什么？加大输入信号时正负半周是否同时出现削顶失真？如果不同则说明什么？

(2)测量最大不失真输出功率

在输出波形刚要出现削顶失真时，测量输出电压值，计算输出功率。

(3)测量电路的最大效率

在最大不失真功率下，测量电源电流，计算直流电源提供的功率，得到最大效率。

五、预习内容

(1)预习教材中有关 LM386 集成功率放大器的基本工作原理及性能指标。

(2)查阅资料，找到 TDA2030 的原理电路，分析 TDA2030 的基本工作原理及性能指标。

(3)估算实验电路的输入电压的灵敏度、最大输出功率和效率。

六、思考题

(1)说明电路图 4.9.4 中各个电容的作用。

(2)图 4.9.4 中的低频截止频率 f_L 为多少？

(3)图 4.9.4 中若电位器 R=10 kΩ，电路的电压放大倍数大约是多少？

(4)分析图 4.9.6(b)中各个元件的功能。

(5)实验内容中,要计算直流电源提供的功率,需要测量电源电流,应该如何测量?

(6)图 4.9.6(b)中,可否通过改变反馈量来改变功放电路的输出功率?

(7)分析实验电路为何负载电阻越小,输出电压越低,而输出功率却越高。

七、实验报告要求

(1)将各个测试量的理论值计算出来,作为实验值的参照。

(2)认真回答思考题中的问题。

(3)写出调试中遇到的问题及解决的方法。

(4)一定要有实验后的总结。

实验 9-3　设计性实验——功率放大器的设计与实验

一、实验目的

(1)通过设计性实验,掌握分立元件功率放大电路的设计方法和元件参数的选择。

(2)熟练掌握功率放大器电路的调试、调整方法和指标测试。

二、实验仪器及备用元器件

1. 实验仪器

函数信号发生器、数字示波器、数字万用表、交流毫伏表。

2. 实验备用器件

集成运放 LM324 或集成功放 LM386,功率管 TIP41C、TIP42C,二极管 1N4001,电阻若干。

三、设计任务

用实验器件中提供的器件设计一个功率放大电路,参考电路如图 4.9.7 所示。根据以下要求及主要技术指标设计电路中各个元件的参数,设计要求如下:

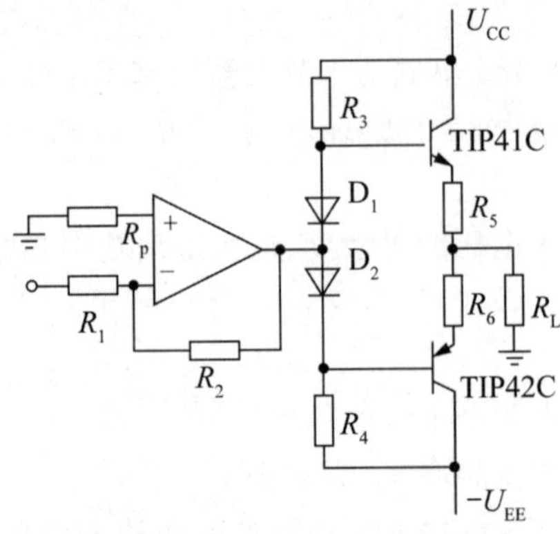

图 4.9.7　设计参考电路

(1)用集成运放 LM324 或集成功放 LM386 作推动级，分立元件功率管 TIP41C、TIP42C 构成 OCL 功率输出级。

(2)输入灵敏度：$U_i \geqslant 500$ mV。

(3)最大不失真输出功率：$P_{om} \geqslant 1$ W。

(4)负载：8 Ω(扬声器)。

四、实验要求及任务

1. 实验前的准备

(1)根据理论和上述指标的要求设计电路图，计算出电路中各个元件的参数。

(2)用 Multisim 仿真软件进行仿真。根据设计的参数进行仿真，调试电路中电阻的大小，使电路达到设计指标的要求。

(3)测试方案的设计。测试内容包括直流工作点的测试方案，交流输入、输出信号的测试方案，根据测量结果分析电路的技术指标。

2. 实验任务

(1)检查实验仪器。

(2)根据自行设计的电路图及仿真所得到的最佳电路元件参数，选择实验器件。

(3)检测器件和导线。

(4)根据自行设计的电路图插接电路。

(5)根据自行设计的测试方案，做如下工作：

①测量直流工作点，并与仿真结果、估算结果进行对比；将电路调整至最佳技术指标要求。

②进行功率指标分析，并与仿真结果、估算结果进行比较。

3. 实验后的总结

(1)设计中遇到的问题及解决的方法。

(2)调试中遇到的问题及解决的方法。

(3)当电路的静态工作点、输入信号强度、负载等变化时对电路的功率指标是否有影响？

五、思考题

(1)图 4.9.7 中，二极管 D_1、D_2 及 R_3、R_4 的作用是什么？

(2)图 4.9.7 中，R_5、R_6 的作用是什么？

(3)图 4.9.7 中，R_1、R_p、R_2 的作用是什么？

六、实验报告要求

(1)画出满足设计要求的电路图。

(2)写出调试步骤。

(3)将各个测试量的理论值计算出来，作为实验值的参照。

(4)严格按照测试的结果记录各波形。

(5)认真回答思考题中的问题。

(6)写出调试中遇到的问题及解决的方法。

(7)一定要有实验后的总结。

实验 9-4 设计性实验——集成功率放大器的设计与实验

一、实验目的

(1)掌握集成功率放大电路的工作原理及使用特点。

(2)掌握集成功放外围电路元件参数的选择及集成功放的应用。

(3)掌握集成功率放大电路的调整方法。

(4)熟练掌握集成功放主要性能指标的测试方法。

二、实验仪器及备用元器件

1. 实验仪器

函数信号发生器、数字示波器、数字万用表、交流毫伏表、直流毫安表。

2. 实验备用器件

集成功放块 TDA2030,集成运放 LM324,扬声器 8 Ω,电阻、电容若干。

三、设计任务

合理选择实验备用器件中提供的器件,设计一个低频功率放大电路,要满足以下主要技术指标的要求:

(1)输入灵敏度:不低于 200 mV。

(2)最大不失真输出功率:$P_{om} \leqslant 4$ W。

(3)负载:8 Ω。

(4)低频截止频率:$f_L \leqslant 80$ Hz。

四、实验要求及任务

1. 实验前的准备

(1)查阅所给定的集成功率放大器的原理电路并分析其工作原理,了解器件的典型外接电路及外接元器件的作用、电源电压值的范围及手册给出的主要技术指标值,各引脚功能。

(2)电路设计。根据理论和上述指标的要求,选择合适的集成功放块,设计电路图,计算出电路中各个元件的参数。

(3)自拟实验步骤及测试方案。

2. 实验任务

(1)检查实验仪器。

(2)根据自行设计的电路图选择实验器件。

(3)检测器件和导线,并根据自行设计的电路图插接电路。

(4)观察输入、输出波形。

(5)根据自行设计的测试方案,测量输入、输出信号的幅值并记录,计算功放的功率参数并与估算结果进行比较。

(6)试音。用微音器代替输入信号,倾听扬声器发出的声音。

3. 实验后的总结

(1)写出设计报告。

(2)验证设计指标,若不满足要求,请重新设计。

五、思考题

(1)输出电压、输出功率分别与负载电阻的关系是什么?

(2)相比于分立元件功放,集成功放电路的主要优点是什么?

(3)通常功率放大器的主要技术指标中也有电压增益,那么功率放大器的电压放大倍数与电压放大器的电压放大倍数的计算方法有无差别?

六、实验报告要求

(1)画出满足设计要求的电路图。

(2)写出调试方案、步骤。

(3)将各个测试量的理论值计算出来,作为实验值的参照。

(4)认真回答思考题中的问题。

(5)写出调试中遇到的问题及解决问题的方法。

实验 10　直流稳压电源实验

在电子电路与设备中,都需要稳定的直流电源供电。小功率单相直流稳压电源,将频率为50 Hz、有效值为220 V的单相交流电转换为幅值稳定、输出电流为几十安以下的直流电压。

单相交流电经过电源变压器、整流电路、滤波电路和稳压电路转换成稳定的直流电压,其组成方框图如图 4.10.1(a)所示,图 4.10.1(b)为各组成部分的输入、输出波形。

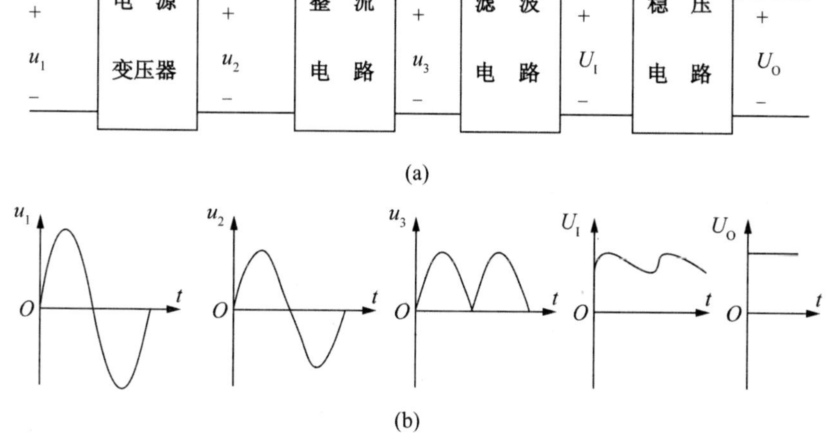

图 4.10.1　小功率单相直流稳压电源的组成方框图及工作波形

直流稳压电源的稳压电路部分可以是稳压管稳压电路、分立元件构成的串联稳压电路或集成稳压电路。稳压管稳压电路的输出电流小、输出电压不可调，不能满足很多场合下的应用，因此实际中较少采用。串联型稳压电源以稳压管稳压电路为基础，利用晶体管的电流放大作用增大负载电流，并在电路中引入深度负反馈使输出电压稳定，而且可以通过改变反馈网络参数使输出电压可调。当然，分立元件电路复杂，不易调整。采用集成稳压电路，不仅能够使电路简单，而且使用灵活，输出电压更加稳定。

实验 10-1　验证性实验——分立元件稳压电源实验

分立元件稳压电源指的是小功率单相直流稳压电源的稳压电路部分采用分立元件构成的直流稳压电源。

一、实验目的

(1)掌握常用整流、滤波电路的工作原理及基本调试方法。

(2)掌握常用整流、滤波电路的性能指标的测试方法。

(3)掌握分立元件稳压电路的工作原理及性能指标的基本含义和基本测试方法。

(4)理解影响直流稳压电源性能指标的常见因素及故障产生的原因和排除方法。

二、实验仪器及备用元器件

1. 实验仪器

数字示波器、数字万用表、交流毫伏表。

2. 实验备用器件

三极管 9013、BD237、TIP41C，稳压二极管 6 V、4.3 V，整流二极管 4007，整流桥，100 kΩ电位器，大功率电阻 10 Ω/10 W，电容 2000 μF/50 V、0.1 μF。

三、实验电路原理

1. 稳压电源的电路原理

在图 4.10.1 所示的小功率单相直流稳压电源组成方框图中，各部分电路的作用及参数计算如下：

(1)电源变压器

电源变压器的作用是将电网 220 V、50 Hz 的交流电压 u_1 变换成整流、滤波电路所需要的交流电压 u_2。变压器副边与原边的功率比为

$$\eta=\frac{P_2}{P_1} \tag{4.10.1}$$

式中，η 为变压器的效率。一般小型变压器的效率如表 4.10.1 所示。因此，当算出了副边功率 P_2 后，就可以根据表 4.10.1 算出原边功率 P_1。

表 4.10.1　小型变压器的效率

副边功率 P_2/VA	<10	10～30	30～80	80～200
效率 η	0.6	0.7	0.8	0.85

(2)整流电路

对电源变压器副边输出的交流电压[波形见图 4.10.1(b)中的 u_2]进行整流,使其变为单向脉动的电压[波形见图 4.10.1(b)中的 u_3]。常用的整流电路有半波整流和全波整流电路两种。这里仅介绍桥式全波整流电路及其参数的计算。单相桥式全波整流电路如图 4.10.2 所示。图中整流二极管 D_1～D_4 组成桥式结构,所以称之为桥式整流电路。整流二极管 D_1、D_2 和 D_3、D_4 分别在工频电压 u_2 的正、负半周轮流导通,因此输出电压和输出电流的平均值分别为

$$U_{3(av)}=0.9U_2 \tag{4.10.2}$$

$$I_{3(av)}=\frac{0.9U_2}{R_L} \tag{4.10.3}$$

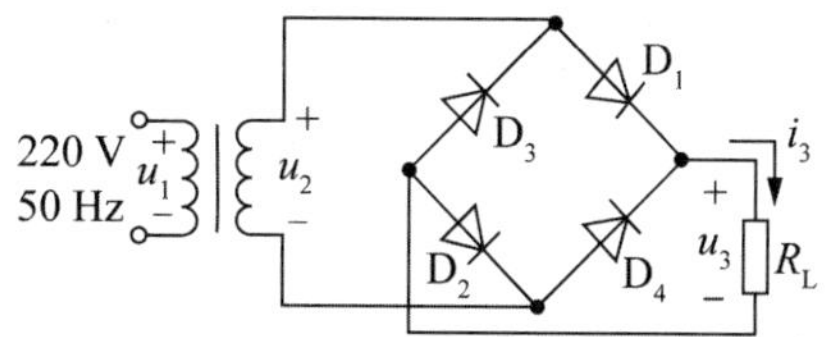

图 4.10.2　单相桥式全波整流电路

在单相桥式整流电路中,由于每只二极管只在变压器副边电压的半个周期内通过电流,所以每只二极管的平均电流只有负载电阻上电流平均值的一半,即

$$I_{D(av)}=\frac{1}{2}I_{3(av)}=\frac{0.45U_2}{R_L} \tag{4.10.4}$$

每只整流二极管承受的最大反向电压为

$$U_{DM}=\sqrt{2}U_2 \tag{4.10.5}$$

在选择整流二极管时,应根据流经管子的平均电流和其所承受的最大反向电压选取,且为了保证二极管安全工作,其参数的选择应至少留有 10%的余量。因此所选择的二极管的最大整流电流为

$$I_F=1.1\times\frac{0.45U_2}{R_L} \tag{4.10.6}$$

最高反向工作电压为

$$U_{RM}\geqslant 1.1\sqrt{2}U_2 \tag{4.10.7}$$

以上各式中,U_2 为电源变压器副边电压 u_2 的有效值。

(3)滤波电路

滤波电路有电容滤波、电感滤波及复合滤波电路。这里简单介绍电容滤波电路,如图 4.10.3 所示。

由整流电路整流后得到的单向脉动电压,利用滤波电容 C 的储能作用,滤除或削弱

其中的交流成分,保留其中的直流成分,从而得到纹波较小的直流输出电压 U_I。原理是:

当变压器的副边电压 $|u_2|$ 大于电容两端的电压 u_c 时,电网电压经整流电路向 C 充电,并向负载 R_L 供电;当变压器的副边电压 $|u_2|$ 小于电容两端的电压 u_c 时,由电容 C 向负载供电(电容通过 R_L 放电)。显然负载开路时,输出电压可达$\sqrt{2}U_2$。若 R_LC 放电时间常数满足

$$R_LC>\frac{(3\sim5)T}{2} \tag{4.10.8}$$

式中,T 为 50 Hz 交流电压 u_2 的周期,即 20 ms;R_L 为滤波电容后面所接的稳压电路的等效输入电阻。那么电路输出电压的平均值约为

$$U_I\approx1.2U_2 \tag{4.10.9}$$

该电压的脉动系数为

$$S=\frac{1}{\frac{4R_LC}{T}-1} \tag{4.10.10}$$

为了获得较好的滤波效果,在实际电路中滤波电容的选择应满足式(4.10.8)的条件。由于采用电解电容,考虑到电网电压的波动范围为 ±10%。电容的耐压值应大于$1.1\sqrt{2}U_2$。

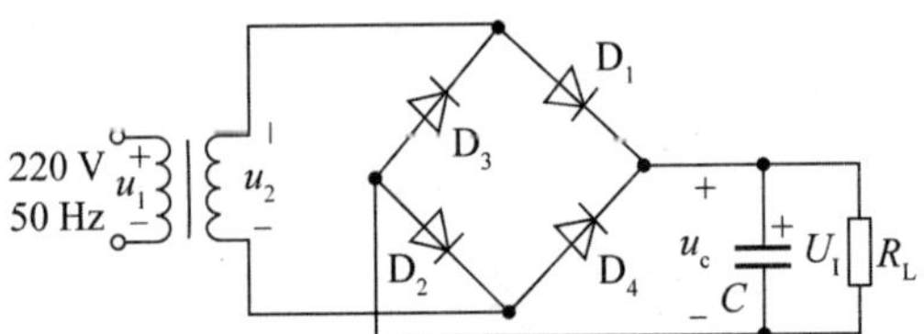

图 4.10.3 单相桥式整流、电容滤波电路

(4)稳压电路

当输入电压 u_1 发生波动、负载变化或温度发生变化时,滤波电路输出的直流电压 U_I 都会随着变化。因此,为了维持输出电压 U_I 稳定不变,还需加一级稳压电路。稳压电路的作用是当外界因素(电网电压、负载、环境温度)发生变化时,能使输出的直流电压不受影响,而维持稳定的输出。

常用的分立元件稳压电路有稳压管稳压电路和串联型稳压电路。

稳压管稳压电路如图 4.10.4(a)所示。稳压管稳压电路是利用稳压管反向击穿时,反向电流 I_Z 在 $I_{Zmin}\sim I_{Zmax}$的范围内变化,而管压降基本恒定的原理达到稳定电路输出电压的目的,如图 4.10.4(b)所示。

图中电阻 R 称为限流电阻,其作用是让二极管工作在 $I_{Zmin}<I_Z<I_{Zmax}$的范围内,根据电流的工作范围,可以得到 R 的取值范围是

$$\frac{U_{Imax}-U_Z}{I_{Zmax}+I_{Omin}}<R<\frac{U_{Imin}-U_Z}{I_{Zmin}+I_{Omax}} \tag{4.10.11}$$

当满足式(4.10.11)时,输出电压就基本稳定在

$$U_O=U_Z \tag{4.10.12}$$

若稳压管反向击穿时的等效电阻为 r_Z，那么稳压电路的稳压系数、输出电阻分别为

$$S=\left.\frac{\frac{\Delta U_O}{U_O}}{\frac{\Delta U_I}{U_I}}\right|_{R_L=\text{常数}}=\frac{\Delta U_O}{\Delta U_I}\frac{U_I}{U_O}=\frac{r_Z/\!/R_L}{R+r_Z/\!/R_L}\frac{U_I}{U_O}\approx\frac{U_I}{U_O}\frac{r_Z}{R} \qquad [4.10.13(a)]$$

$$R_o=-\left.\frac{\Delta U_O}{\Delta I_O}\right|_{U_I=0}=R/\!/r_Z\approx r_Z \qquad [4.10.13(b)]$$

在实际电路中选择稳压管时，应保证稳压二极管的反向电流 I_Z 的可调范围大于负载电流的最大值，即

$$I_{Z\max}-I_{Z\min}\geqslant I_{O\max}$$

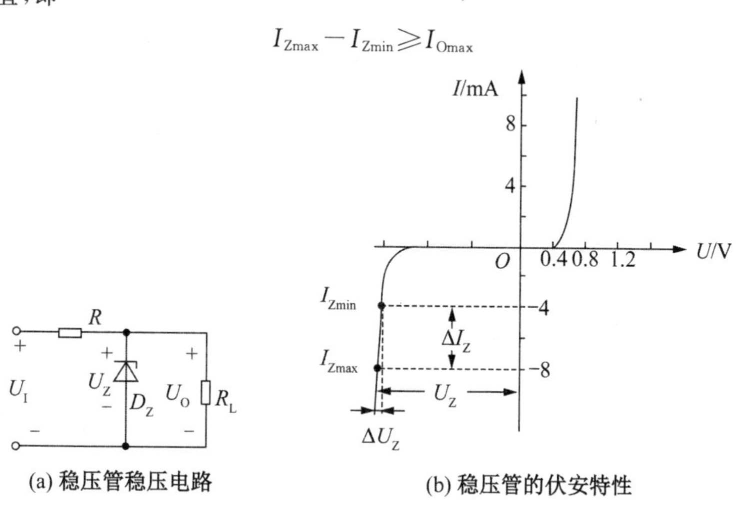

(a) 稳压管稳压电路　　(b) 稳压管的伏安特性

图 4.10.4　稳压管稳压电路及稳压管的伏安特性

串联型稳压电路的组成如图 4.10.5 所示。其工作原理是：取样环节取出稳压电路输出电压 U_O 的一部分送入比较放大器，与基准电压进行比较，将比较后的误差电压放大后输入调整管，使其对输出电压 U_O 作新的调整，从而保持 U_O 不变，达到稳定输出电压 U_O 的目的。这种稳压电路的实质是利用在电路中引入的串联电压负反馈，更好地稳定输出电压，扩大负载电流可调整范围的效果。典型电路如图 4.10.6 所示。

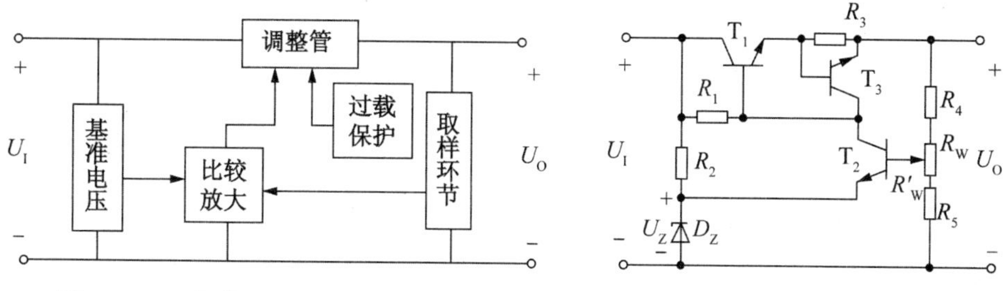

图 4.10.5　串联型稳压电路的组成框图　　图 4.10.6　典型的串联稳压电路的原理电路

在图 4.10.6 中，R_4、R_5、R_W 组成取样电路（反馈支路），取样电压为

$$U_F=\frac{R_5+R'_W}{R_4+R_5+R_W}U_O$$

其中，R'_W 为 R_W 的下半部分；基准电压为稳压二极管的稳压值 U_Z，R_2 为稳压二极管的限

流电阻；T_2 管为比较放大器；T_1 为调整管，R_1 为其偏流电阻，保证调整管 T_1 始终工作在放大状态；T_3、R_3 组成过载保护电路。

2. 稳压电源的主要性能指标

(1)输出电压和输出电压的调节范围

输出电压为

$$U_O=\frac{R_4+R_5+R_W}{R_5+R'_W}[U_Z+U_{BE(on)2}] \tag{4.10.14}$$

调节电位器 R_W 可以改变输出电压，于是电路输出电压的调节范围是

$$\frac{R_4+R_5+R_W}{R_5+R_W}U_Z<U_O<\frac{R_4+R_5+R_W}{R_5}U_Z \tag{4.10.15}$$

(2)输出电阻

稳压电源输出电阻的定义为：当输入电压 U_I 保持不变时，由于负载变化而引起的输出电压的变化量与输出电流的变化量之比，即

$$R_o=\left.\frac{\Delta U_O}{\Delta I_O}\right|_{U_I=\text{常数}} \tag{4.10.16}$$

(3)稳压系数 S(电压调整率)

稳压系数 S 的定义为：当负载保持不变时，输出电压的相对变化量与输入电压的相对变化量之比，即

$$S=\left.\frac{\dfrac{\Delta U_O}{U_O}}{\dfrac{\Delta U_I}{U_I}}\right|_{R_L=\text{常数}} \tag{4.10.17}$$

由于工程上常把电网电压波动±10%作为极限条件，因此也有将此时的输出电压的相对变化量$\frac{\Delta U_O}{U_O}$作为衡量指标的，称为电压调整率。

(4)纹波电压和纹波抑制比 S_{rip}

输出纹波电压是指在额定负载条件下，输出电压中含有的交流分量的有效值(或峰值)。

纹波抑制比 S_{rip} 的定义为：输入电压交流纹波峰-峰值 $U_{ip\text{-}p}$ 与输出电压交流纹波峰-峰值 $U_{op\text{-}p}$ 之比的分贝数，即

$$S_{rip}=20\lg\frac{U_{ip\text{-}p}}{U_{op\text{-}p}} \tag{4.10.18}$$

四、Multisim 仿真

1. 整流、滤波电路的仿真

在 Multisim 仿真软件工作平台上建立仿真电路，如图 4.10.7 所示。变压器在基本元件库(Basic)的变压器系列(TRANSFORMER)中。变压器 T 与整流管 D 间串入的熔断丝 FU 在电源组件库(Power Component)的熔断器(FUSE)系列中，单刀双掷开关 J_1、J_2 存放在基本元件库(Basic)的开关(SWITCH)系列中。通过按键 A、B 切换开关 J_1、J_2 的状态，用交流电压表 U_1 测量变压器次级线圈两端的电压有效值 U_2，直流电压表 U_2 测量

输出端端点 6 的电压 $U_{O(AV)}$，同时用示波器观察输出端的波形。分析滤波电容 C_1、C_2 和负载 R_4、R_5 对滤波效果和输出电压的影响，将结果记入表 4.10.2 中。

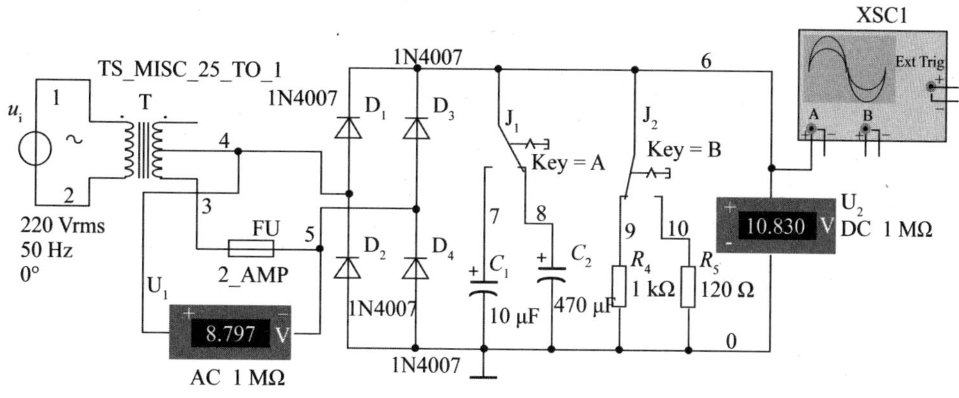

图 4.10.7　整流、滤波的仿真电路

2. 稳压管稳压电路的仿真

(1)稳压系数的仿真

稳压系数 S 的测量：依照图 4.10.8 所示电路，令输入电压 U_I 分别为10 V、9 V、11 V (以10 V为基准变化 10%)，用直流电压表测量稳压电路的输出电压值 U_O，将结果记入表 4.10.3 中。

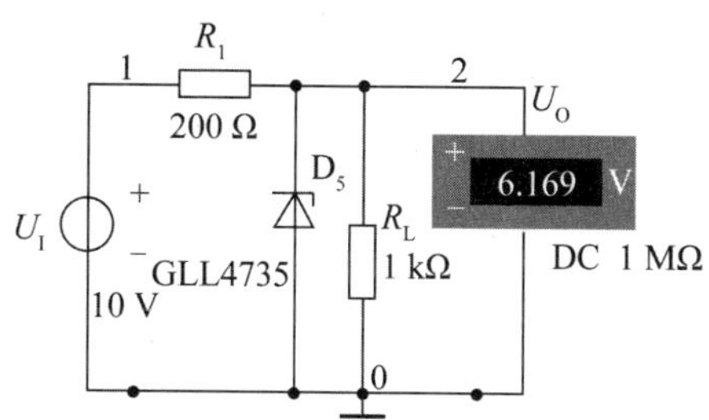

图 4.10.8　稳压管稳压电路的稳压系数仿真电路

(2)输出电阻的仿真

令输入电压 U_I 为 10 V，用直流电压表测量负载电阻分别为 $R_L=1$ kΩ 和 $R_L=0.1$ kΩ时的输出电压值 U_O，将结果记入表 4.10.4 中。

(3)纹波电压峰-峰值和纹波抑制比的仿真

在 Multisim 仿真软件工作平台上建立仿真电路，如图 4.10.9 所示。图中稳压管 D_5 选择的是稳压值为 6 V 的稳压二极管。通过按键 A 切换开关 J 的状态。用交流电压表 U_1 测量变压器次级线圈两端的电压有效值 U_2，直流电压表 U_2 测量输出端端点 1 的电压 U_O，同时用示波器观察端点 2 和 1 的波形。

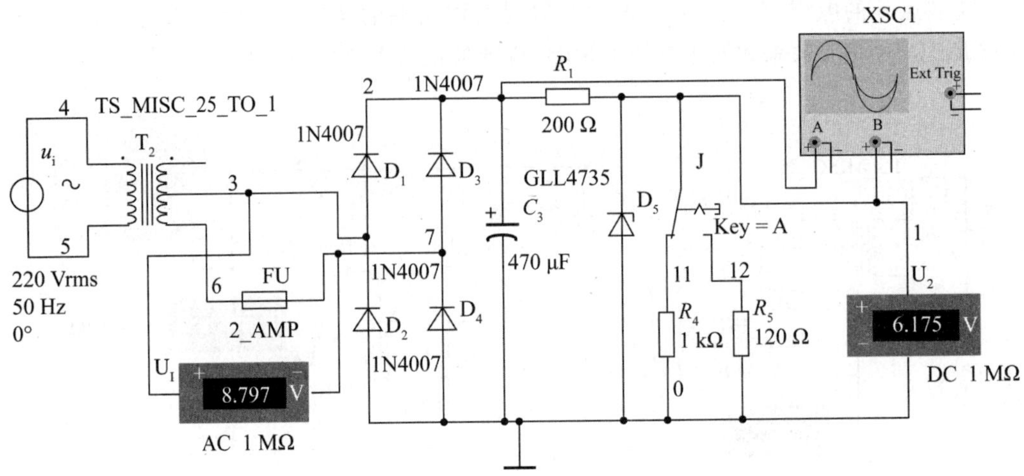

图 4.10.9　稳压管的稳压仿真电路

按动按键 A 切换开关 J 的位置，用示波器分析两种情况下的脉动电压，测量输出(节点 1)电压的纹波电压峰-峰值 $U_{\text{op-p}}$(示波器耦合在 AC 挡位)和输入(节点 2)电压的纹波电压峰-峰值 $U_{\text{ip-p}}$，计算纹波抑制比 S_{rip}。

3. 串联型稳压电路的仿真

在 Multisim 仿真软件工作平台上建立仿真电路，如图 4.10.10 所示。图中调整管 T_1 采用复合达林顿管 BCX38B，在晶体管(Transistor)库的达林顿 NPN 型(DARKINGTON_NPN)系列中，电阻 R_5 和发光二极管 LED 作为电路的限流保护环节，当电路过载时，LED 对调整管 T_1 分流的同时发光警示。稳压二极管作为基准电压，选择稳压值为 4.3 V的稳压管 IN4731。负载电阻 R_L 由 R_6 和 R_{W1} 构成。

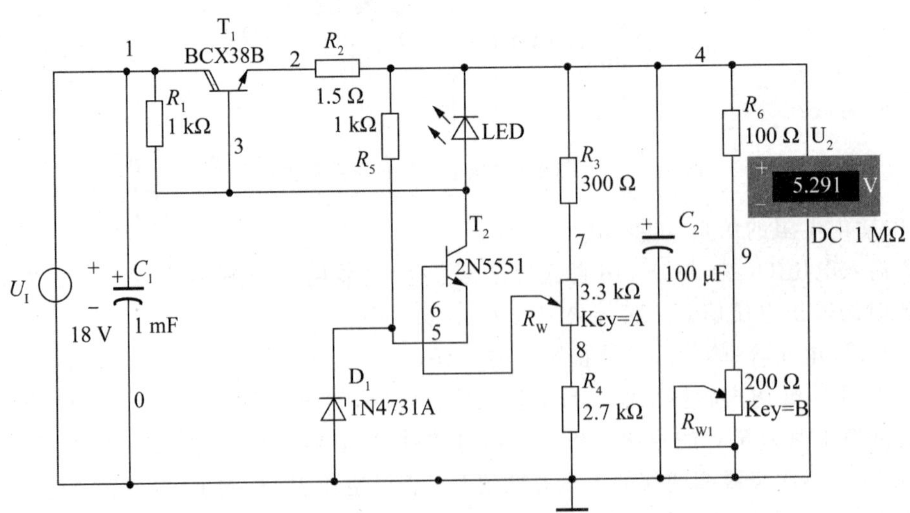

图 4.10.10　串联型稳压仿真电路

(1)静态工作点的仿真

单击按键 A 移动电位器 R_W 触点的位置，调整电路的输出电压为 $U_O=7$ V，对电路进行直流仿真，测量比较放大管 T_2 和调整管 T_1 的各极直流电位。

(2)输出电压调节范围的测试

单击按键 A 移动电位器 R_W 触点的位置，用直流电压表测量电路空载时($R_L=\infty$)输出电压的可调节范围，并与理论计算值进行比较。

(3)稳压系数的仿真

单击按键 A 移动电位器 R_W 触点的位置，调整电路空载时($R_L=\infty$)的输出电压为 $U_O=7$ V，改变输入电压 U_I 的值，以 18 V 为基准，分别增加和减小 10%，用直流电压表测量稳压电路的输出电压 U_O，将结果记入表 4.10.5 中。

(4)输出电阻的仿真

在电路空载($R_L=\infty$)的情况下，令输入电压 $U_I=18$ V，$U_O=7$ V，然后接入负载，用直流电压表测量负载电阻分别为 $R_L=100\ \Omega$ 和 $R_L=150\ \Omega$ 时的输出电压值 U_O，将结果记入表 4.10.6 中。

(5)纹波电压峰-峰值 $U_{ip\text{-}p}$、纹波抑制比 S_{rip} 的仿真分析

用 220 V 的工频电压经整流、滤波后的输出代替图 4.10.10 中的电压源 U_I，用示波器(取 AC 耦合方式)分析 $R_L=150\ \Omega$、$U_O=7$ V 情况下的脉动电压，测量输出(节点 4)电压的纹波电压峰-峰值 $U_{op\text{-}p}$ 和输入(节点 1)电压的纹波电压峰-峰值 $U_{ip\text{-}p}$，计算纹波抑制比 S_{rip}。

(6)过流保护分析

逐渐减小负载电阻，用直流电压表测量发光管刚点亮时的输出电压，计算此时的输出电流 $I_O=\dfrac{U_O}{R_L}$，记录分析结果。

五、实验任务

1. 整流、滤波电路实验

按图 4.10.7 连接电路，单刀双掷开关 J_1、J_2 可以用导线取代，通过改变导线的连接位置，达到改变滤波电容和负载电阻的目的。

用交流电压表测量变压器次级线圈两端的电压有效值 U_2，直流电压表测量输出端端点 6 的电压 $U_{O(AV)}$，同时用示波器观察输出端(端点 6)的波形。将结果记入表 4.10.2 中，并与估算、仿真结果进行比较。

表 4.10.2　整流、滤波电路实验数据

	$C=C_2=470\ \mu F$						$C=C_1=10\ \mu F$					
	$R_L=R_4=1\ k\Omega$			$R_L=R_5=120\ \Omega$			$R_L=R_4=1\ k\Omega$			$R_L=R_5=120\ \Omega$		
	U_2 /V	$U_{O(AV)}$ /V	$I_{O(AV)}$ /mA	U_2 /V	$U_{O(AV)}$ /V	$I_{O(AV)}$ /mA	U_2 /V	$U_{O(AV)}$ /V	$I_{O(AV)}$ /mA	U_2 /V	$U_{O(AV)}$ /V	$I_{O(AV)}$ /mA
估算值												
仿真值												
测量值												
波形	脉动电压峰-峰值 $U_{op\text{-}p}$ = ______ V u_o O t			脉动电压峰-峰值 $U_{op\text{-}p}$ = ______ V u_o O t			脉动电压峰-峰值 $U_{op\text{-}p}$ = ______ V u_o O t			脉动电压峰-峰值 $U_{op\text{-}p}$ = ______ V u_o O t		

2.稳压管稳压电路实验

(1)稳压系数的测量

参照图 4.10.8 连接电路，令输入电压 U_I 分别为 10 V、9 V、11 V(以10 V为基准变化10%)，用直流电压表测量稳压电路的输出电压值 U_O，将结果记录在表 4.10.3 中。

表 4.10.3　稳压管稳压电路的稳压系数 *S* 的测试

	U_I/V	U_O/V	U_I/V	U_O/V	ΔU_I/V	ΔU_O/V	S	U_I/V	U_O/V	ΔU_I/V	ΔU_O/V	S
估算值	10		9		−1			11		1		
仿真值	10		9		−1			11		1		
测量值												

(2)输出电阻的测量

仿照仿真过程，将测量结果记入表 4.10.4 中，并与估算值、仿真值进行比较。

表 4.10.4　输出电阻的测量

	U_{O1}/V	I_{O1}/mA	U_{O2}/V	I_{O2}/mA	ΔU_O/V	ΔI_O/mA	R_o/Ω
估算值							
仿真值							
测量值							

(3)纹波电压峰-峰值和纹波抑制比的测量

参照图 4.10.9 连接电路，开关 J 可以用移动的导线取代，检查无误后接通电源，用示波器观察端点 2 和 1 的波形。

用示波器分析负载分别为 1 kΩ 和 150 Ω 两种情况下的脉动电压，测量输出(节点 1)电压的纹波电压峰-峰值 $U_{op\text{-}p}$ 和输入(节点 2)电压的纹波电压峰-峰值 $U_{ip\text{-}p}$，计算纹波抑制比 S_{rip}。

3. 串联型稳压电路实验

参照图 4.10.10 连接电路。图中的调整管 T_1 采用 BD237 或 TIP41C，其引脚排列如图 4.10.11 所示。

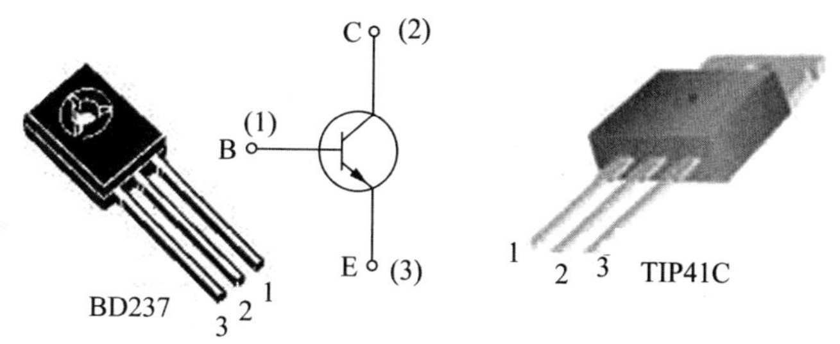

图 4.10.11　BD237 的引脚排列

(1)静态工作点的测试

依据仿真过程调试电路，将测试结果与仿真结果进行比较(自制表格)。

(2)输出电压调节范围的测试

仿照仿真分析的步骤，用直流电压表测量电路空载时($R_L=\infty$)输出电压的可调节范围，并与理论计算值、仿真值进行比较。

(3)稳压系数的测试

依照仿真过程，完成表 4.10.5 中的内容。

(4)输出电阻的测量

仿照仿真过程，将测量结果记入表 4.10.6 中，并与估算值、仿真值进行比较。

(5)纹波电压峰-峰值 $U_{ip\text{-}p}$、纹波抑制比 S_{rip} 的测量

依照仿真过程，取变压器的次级电压有效值为 18 V，用示波器测量 $R_L=120\ \Omega$、$U_O=7$ V情况下的脉动电压，测量输出(节点 4)电压的纹波电压峰-峰值 $U_{op\text{-}p}$ 和输入(节点 1)电压的纹波电压峰-峰值 $U_{ip\text{-}p}$，计算纹波抑制比 S_{rip}。

表 4.10.5　串联型稳压电路的稳压系数 *S* 的测试　　$R_L=\infty$

	U_I/V	U_O/V	ΔU_I/V	ΔU_O/V	S
仿真值	18				
测量值	18				
仿真值	19.8				

续表

	U_I/V	U_O/V	ΔU_I/V	ΔU_O/V	S
测量值	19.8				
仿真值	16.2				
测量值	16.2				

表 4.10.6 输出电阻的测量 U_I=18 V

	U_{O1}/V	I_{O1}/mA	U_{O2}/V	I_{O2}/mA	ΔU_O/V	ΔI_O/mA	R_o/Ω
估算值							
仿真值							
测量值							

(6)过流保护分析

仿照仿真分析过程，逐渐减小负载电阻，用直流电压表测量发光管刚点亮时的输出电压，计算此时的输出电流 $I_O=\frac{U_O}{R_L}$，记录分析结果。

注意：在过流保护分析的过程中，操作速度应尽量快，以防止元器件因电流过高而太热，烧坏器件。

六、预习内容

(1)预习教材中有关直流稳压电源的有关内容，熟悉稳压电路的质量指标的含义。
(2)理解整流电路的基本原理，掌握整流二极管的选择原则。
(3)完成所有的仿真内容，掌握稳压电路的调试及性能指标的测量方法，并记录仿真结果。
(4)完成电路的各种理论计算，熟悉实验方法、步骤，准备需要的记录表格。

七、思考题

(1)桥式整流、电容滤波电路中，负载的大小对滤波效果有影响吗？为什么？
(2)稳压管稳压电路中，限流电阻的选择原则是什么？
(3)串联型稳压电路有哪几部分组成，各部分的作用是什么？
(4)串联型稳压电路中，调整管的基本功能是什么，什么情况下调整管的功耗最大？
(5)能否用交流电压表分析稳压电路的脉动电压？为什么？

八、实验报告要求

(1)对实验结果要有正规的记录及分析。
(2)认真回答思考题中的问题。
(3)写出调试中遇到的问题及解决的方法。

实验 10-2　验证性实验——集成稳压电源实验

一、实验目的

(1)掌握集成直流稳压电源的工作原理、基本调试方法。

(2)掌握集成直流稳压电源性能指标的基本分析方法。

(3)理解影响集成直流稳压电源性能指标的常见原因及排除一般故障的方法。

二、实验仪器及备用元器件

1.实验仪器

数字示波器、数字万用表、交流毫伏表。

2.实验备用器件

稳压模块 7805、7905、W317,整流二极管,电阻、电容若干。

三、实验电路原理

集成稳压电源一般由集成稳压器和一些外围元件所组成。采用集成稳压器设计的稳压电源具有性能稳定、结构简单等优点。

1.集成稳压器简介

集成稳压器的类型很多,在小功率稳压电源中,普遍使用的是三端稳压器,其按输出电压类型可分为固定式和可调式,还可分为正电压输出和负电压输出两种类型。

(1)固定电压输出三端稳压器

常见的有 CW78××(LM78××)系列三端固定式正电压输出集成稳压器、CW79××(LM79××)系列三端固定式负电压输出集成稳压器。三端是指稳压器只有输入、输出和接地三个端子。型号中的最后两位数字表示输出电压的稳定值,有5 V、6 V、9 V、15 V、18 V和24 V。稳压器使用时,要求输入电压 U_I 与输出电压 U_O 的电压差 $U_I-U_O\geqslant 3$ V。稳压器的静态电流 $I_O=8$ mA。允许的最大输入电压为:输出电压 $U_O=5\sim18$ V的稳压器,U_I 的最大值 $U_{Imax}=35$ V;输出电压 $U_O=18\sim24$ V的稳压器,U_I 的最大值 $U_{Imax}=40$ V。它们的引脚功能及组成的典型稳压电路如图 4.10.12 所示。

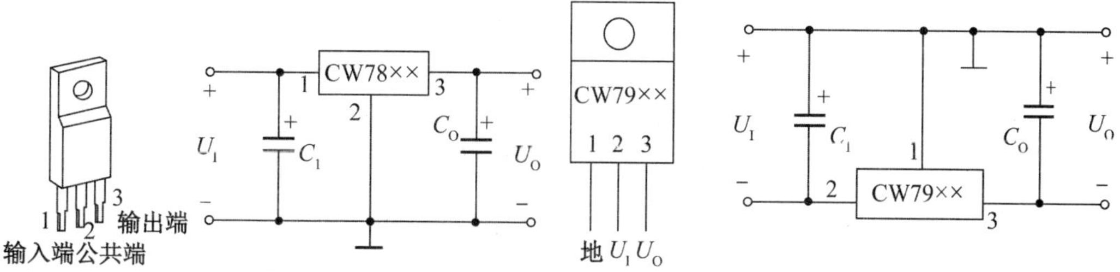

(a) CW78××系列的引脚及应用电路　(b) CW79××系列的引脚及应用电路

图 4.10.12　集成三端稳压器的引脚功能及组成的典型稳压电路

(2)可调式集成三端稳压器

可调式三端集成稳压器是指输出电压可以连续调节的稳压器，有输出正电压的CW317系列(LM317)三端稳压器，输出负电压的CW337系列(LM337)三端稳压器。在可调式三端集成稳压器中，稳压器的三个端是指输入端、输出端和调节端。稳压器输出电压的可调范围为$U_O=1.2\sim37$ V，最大输出电流$I_{Omax}=1.5$ A。输入电压与输出电压差的允许范围为$U_I-U_O=3\sim40$ V。三端可调式集成稳压器的引脚及其典型电路如图4.10.13所示。

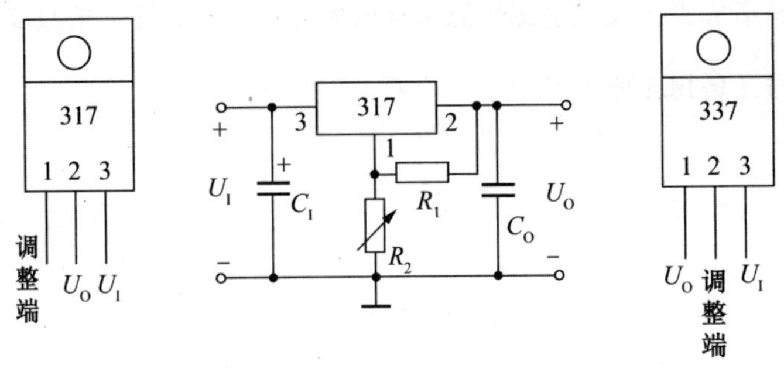

图4.10.13 三端可调式集成稳压器的引脚及其典型电路

说明：稳压器输入端的电容C_I用来进一步消除纹波，此外，输出端的电容C_O与C_I起到了频率补偿的作用，能防止自激振荡，从而使电路稳定工作。

2.集成稳压电源的性能指标及测试方法

(1)输出电压与最大输出电流的测试

测试电路如图4.10.14所示。一般情况下，稳压器正常工作时，其输出被测电流I_O要小于最大输出电流I_{Omax}，取$I_O=0.5$ A，可算出$R_L=10\ \Omega$，工作时R_L上消耗的功率为

$$P_L=U_OI_O=5\times0.5=2.5(\text{W})$$

故R_L取额定功率为2.5 W、阻值为10 Ω的电位器。

测试时，先使$R_L=18\ \Omega$，交流输入电压为220 V，用数字电压表测量的电压值就是U_O。然后慢慢调小R_L，直到U_O的值下降5%，此时流经R_L的电流就是I_{Omax}。记下I_{Omax}后，要马上调大R_L的值，以减小稳压器的功耗。

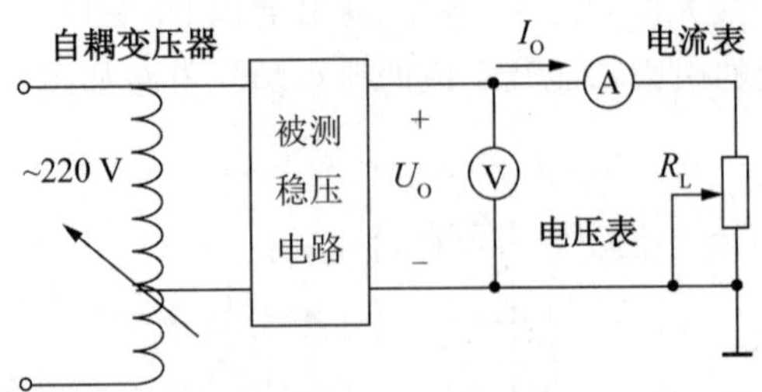

图4.10.14 输出电压与最大输出电流的测试电路

(2)稳压系数的测量

按图4.10.14连接电路，在$U_I=220$ V时，测出稳压电源的输出电压U_O。然后调节

自耦变压器使输入电压 $U_I=242$ V，测出稳压电源对应的输出电压 U_{O1}；再调节自耦变压器使输入电压 $U_I=198$ V，测出稳压电源的输出电压 U_{O2}。则稳压系数为

$$S=\frac{\frac{\Delta U_O}{U_O}}{\frac{\Delta U_I}{U_I}}=\frac{220}{242-198}\cdot\frac{U_{O1}-U_{O2}}{U_O} \tag{4.10.19}$$

(3)输出电阻的测量

按图 4.10.14 连接电路，保持稳压电源的输入电压 $U_I=220$ V，在不接负载 R_L 时测出开路电压 U_{O1}，此时 $I_{O1}=0$，然后接上负载 R_L，测出输出电压 U_{O2} 和输出电流 I_{O2}，则输出电阻为

$$R_o=-\frac{U_{O1}-U_{O2}}{I_{O1}-I_{O2}}=\frac{U_{O1}-U_{O2}}{I_{O2}} \tag{4.10.20}$$

(4)纹波电压的测试

用示波器观察 U_O 的峰值(此时 Y 通道输入信号采用交流耦合 AC)，测量 $\Delta U_{op\text{-}p}$ 的值(约几毫伏)。

(5)纹波因数的测量

用交流毫伏表测出稳压电源输出电压交流分量的有效值，用万用表(或数字万用表)的直流电压挡测量稳压电源输出电压的直流分量，则纹波因数为

$$\gamma=\frac{\text{输出电压交流分量的有效值}}{\text{输出电压的直流分量}} \tag{4.10.21}$$

3. 实验电路

(1)输出电压固定的稳压电路

输出电压固定的稳压电路如图 4.10.15 所示。图中三端稳压电源采用了 7805，它的主要参数有：输出直流电压 $U_O=+12$ V，输出电流 $I_O=0.1\sim0.5$ A，电压调整率为 10 mV/V，输出电阻 $R_o=0.15\ \Omega$。由于一般情况下要求输入比输出大 3～5 V，才能够保证集成稳压器工作在线性范围，所以输入电压的范围 $U_I=15\sim17$ V。

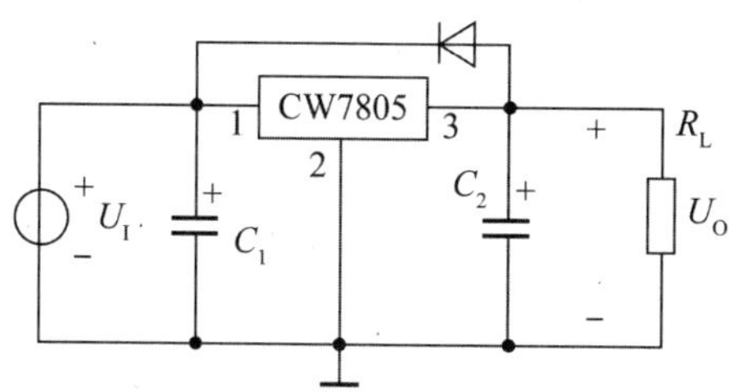

图 4.10.15　输出电压固定的稳压电路

在图 4.10.15 中，U_I 来自整流、滤波电路的输出。在输入端并接的电容 C_1(一般为 0.33 μF)，用以抵消电路的电感效应，防止产生自激振荡；在输出端并接的电容 C_2(一般为 0.1 μF)，用以消除输出端的高频信号，改善电路的暂态响应。为了防止输入端短路时电容 C_2 对稳压管反向放电损坏稳压器件，可以在输入、输出之间串接一个二极管，如图 4.10.15 所示。

(2)由 78××构成的输出电压可调的稳压电路

图 4.10.16 为由 7805 构成的输出电压可调的稳压电路，电位器 R_2 用于调节输出电

压的大小，输出电压为

$$U_O=U_{R_1}\left(1+\frac{R_2}{R_1}\right)+I_QR_2\approx\left(1+\frac{R_2}{R_1}\right)U_{R_1}=\left(1+\frac{R_2}{R_1}\right)U_{32} \tag{4.10.22}$$

式中，I_Q为稳压器的静态工作电流，通常比较小；U_{R_1}是稳压器的输出电压值U_O。对于图4.10.16而言，输出电压为

$$U_O=\left(1+\frac{R_2}{R_1}\right)\times 12$$

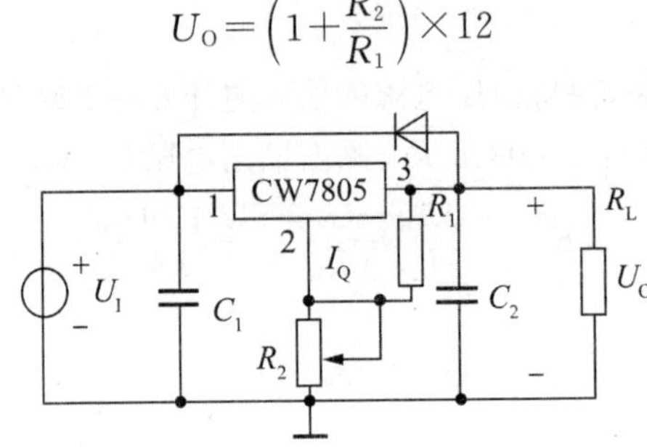

图 4.10.16　输出电压可调的稳压电路

(3)由可调式集成三端稳压器构成的稳压值可调的稳压电路

图4.10.17是由W317构成的输出电压可调的稳压电路，图中R_1、R_2为取样电阻，稳压器的基准电压为1.25 V，最小输出电流为5 mA，所以取样电阻R_1的最大值是250 Ω。若忽略调整端端点1的电流，则调节电位器R_2可以获得1.25～37 V的额定输出电压。

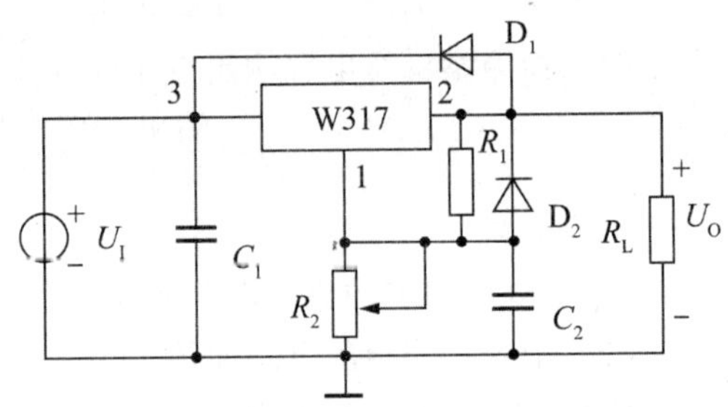

图 4.10.17　由 W317 构成的输出电压可调的稳压电路

$$U_O=U_{R_2}+1.25=\left(1+\frac{R_2}{R_1}\right)\times 1.25 \tag{4.10.23}$$

在图4.10.17中，为了获得稳定的输出电压，要求稳压器的输出电压和输入电压之间相差3～40 V，额定输出电流为0.1～1.5 A。C_1（一般为0.33 μF）是消振电容，C_2（一般为0.1 μF）用于消除U_{R_2}中的脉动分量，D_1与78××应用电路中二极管的作用相同，D_2当输出端短路时为电容C_2提供放电通路。

四、Multisim 仿真

1. 输出电压固定的三端稳压电路的仿真

在Multisim仿真软件工作平台上建立如图4.10.18所示的仿真电路，三端稳压器存放在混杂器件库(Power)的基准电压(VOLTAGE-REGULATOR)系列中。仿真内容和方法参照实验10-1中稳压管稳压电路的仿真内容和方法进行。所用实验表格也参照上述内容自拟。

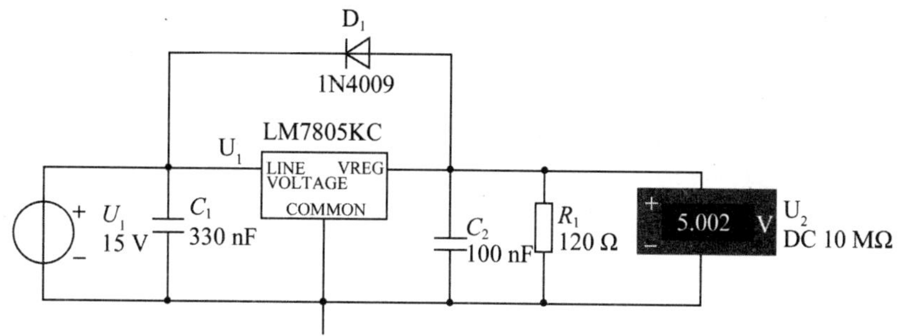

图 4.10.18　输出电压固定的稳压仿真电路

2. 输出电压可调的三端稳压电路的仿真

在 Multisim 仿真软件工作平台上建立如图 4.10.19、图 4.10.20 所示的仿真电路，参照实验 10-1 中串联稳压电路的仿真内容和方法进行。分别仿真空载情况下输出电压的调节范围、稳压系数、输出电阻和纹波电压峰-峰值 $U_{op\text{-}p}$、纹波抑制比 S_{rip}，所用实验表格也参照上述内容自拟。

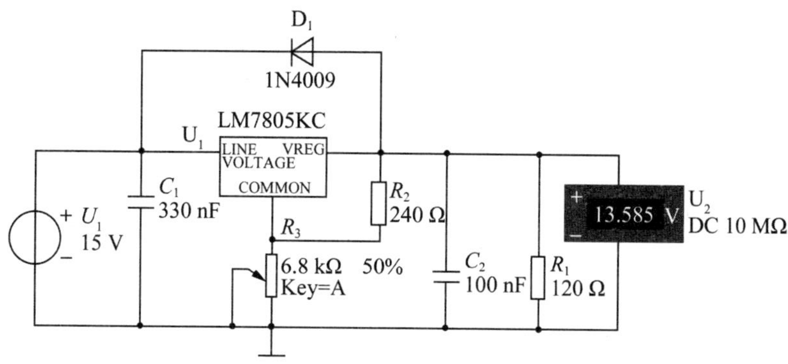

图 4.10.19　由 7812 构成的输出电压可调的稳压仿真电路

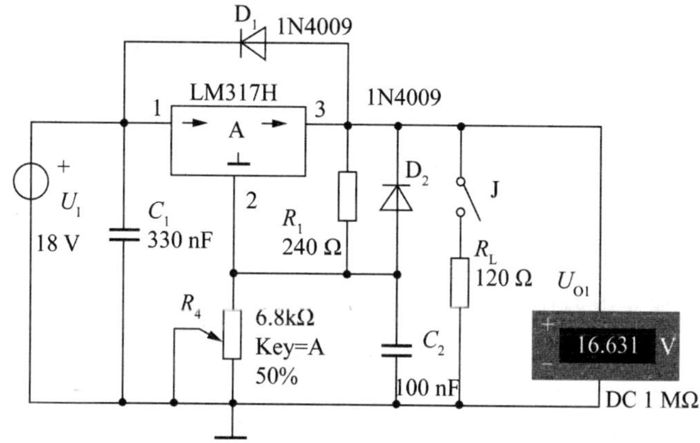

图 4.10.20　可调式集成三端稳压器的应用仿真电路

五、实验任务

1. 输出电压固定的三端稳压电路的实验

首先对电路进行初测。按照图 4.10.21 连接电路，检查无误后接通电源。测量变压器次级输出电压 U_2 的值、滤波器电路输出电压 U_I 的值和集成稳压器输出电压 U_O 的值，它们的值应该与理论计算值大致相同，否则说明电路有故障，应设法排除故障后方能进行实验。

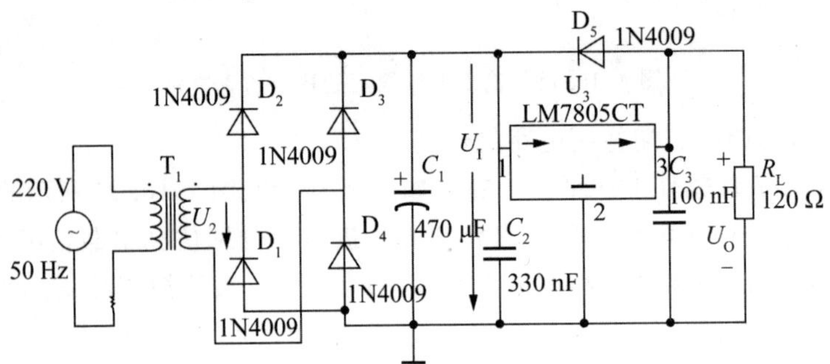

图 4.10.21 输出电压固定的三端稳压电路的实验电路

电路经初测进入正常工作状态后，再进行各项性能指标的测试。

(1)输出电压 U_O 和最大输出电流 I_{Omax} 的测量

稳压电源的输出电压 U_O 应不随负载电流 I_{OL} 而变化。随着负载 R_L 阻值的减小，负载电流 I_{OL} 将增大，输出电压 U_O 将减小，将输出电压 U_O 减小 0.5%时的电流定义为 I_{Omax}。

由于 7805 的输出电压 $U_O=5$ V，因此流过负载 R_L 的电流为

$$I_{Omax}=\frac{U_O}{R_L}=\frac{5}{120}\approx 41.7(\text{mA})$$

电路在有载和空载情况下的输出电压 U_O 应基本保持不变，若变化大说明集成块性能不稳定。

(2)稳压系数 S 的测量

(3)输出电阻 R_o 的测量

(4)输出纹波电压 $U_{op\text{-}p}$ 的测量

实验内容(2)(3)(4)的测量方法参照实验 10-1 中的稳压管稳压电路实验，记录测量结果。

2. 输出电压可调的三端稳压电路的实验

用图 4.10.21 所示电路中虚线以左的部分电路分别取代图 4.10.19 和图 4.10.20 中的直流电源 U_I，测量电路输出电压 U_O 的调节范围、稳压系数 S、输出电阻 R_o、输出纹波电压 $U_{op\text{-}p}$。测量方法参照实验 10-1 中的串联稳压电路实验，记录测量结果。

六、思考题

(1)在测量稳压系数和输出电阻时，应选择什么仪器？

(2)测量输出纹波电压 $U_{op\text{-}p}$ 时,示波器的 Y 通道应选择何种耦合方式?

(3)为了使稳压电源的输出电压 $U_O=8$ V,则输入电压的最小值 U_{Imin} 应为多少?交流输入电压的最小值 U_{2min} 应为多少?

(4)测量 ΔU_O 时,是否可以直接用万用表进行测量,为什么?

(5)采用图 4.10.12(a)所示的电路产生 5 V 的输出电压,稳压器的型号是什么?稳压器的最小输入电压 U_I 为多少?变压器副边电压的有效值 U_2 为多少?

(6)图 4.10.12(a)所示的电路中,若集成稳压器采用 7805,满足额定输出电流为 0.1~1 A时,那么负载电阻的最小值是多少?

七、预习内容

(1)预习教材中有关稳压电路的内容。

(2)列出实验内容中所需要的各种表格。

(3)根据实验任务,对电路进行理论估算。

(4)完成 Multisim 的仿真内容。

八、实验报告要求

(1)整理实验数据,计算稳压系数 S 和输出电阻 R_o。

(2)分析讨论实验中存在的现象和问题。

实验 10-3 设计性实验——串联型稳压电源的设计与实验

一、实验目的

(1)掌握常用整流、滤波电路的工作原理及设计方法。

(2)进一步掌握常用整流、滤波电路的基本调试方法和性能指标的测试方法。

(3)掌握串联型稳压电路的工作原理及设计方法。

(4)掌握串联型稳压电路的性能指标的含义及基本测试方法。

(5)理解影响直流稳压电源性能指标的常见因素及故障产生的原因和排除方法。

二、实验仪器及备用元器件

1. 实验仪器

数字示波器、数字万用表、交流毫伏表。

2. 实验备用器件

三极管 TIP41C,集成运放 LM324,整流二极管 4007,稳压二极管 IN4731,电位器 100 kΩ;电阻10 Ω/10 W、5 Ω/10 W,电容 2000 μF/50 V、0.1 μF。

三、设计任务

根据给定的实验器件,结合实验箱设计。

(1)小功率串联型单相直流稳压电源,要满足以下主要技术指标的要求:

①输入信号:频率为 50 Hz、有效值为 18 V 的交流电,来源于电源变压器副边。

②输出直流电压:6 V。

③输出电流:$I_{Omax} \leqslant 0.2$ A。

④输出纹波电压:不大于 100 mV。

(2)串联型直流稳压电源,参考电路如图 4.10.22 所示,要求满足:

①输入信号:频率为 50 Hz、有效值为 18 V 的交流电,来源于电源变压器副边。

②输出直流电压:10~15 V。

③输出电流:$I_{Omax} \leqslant 0.3$ A。

④输出电阻:小于 0.1 Ω。

⑤稳压系数:不大于 0.01。

利用给定的器件,根据理论和上述指标的要求设计电路图,计算出电路中各个元件的参数。

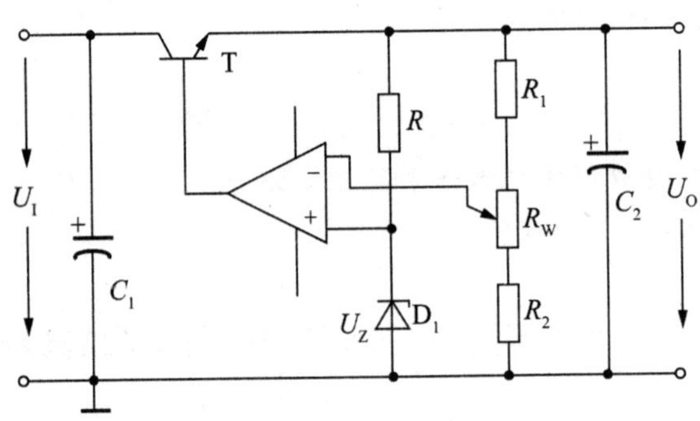

图 4.10.22 串联型直流稳压电源参考电路

四、实验要求及任务

1. 实验前的准备(参考电路如图 4.10.22 所示)

(1)用 Multisim 仿真软件对设计的电路进行仿真

①依照自行设计的电路编辑仿真电路,根据质量指标调整电路中各个元器件的参数,使之满足质量指标的要求。仿真并确定电路参数。

②用仿真软件提供的虚拟仪器测量电路的各项性能指标,包括各晶体管的静态工作点电压、输出电压、输出电流、纹波系数及输入、输出波形,记入自行设计的表格内。

(2)测试方案的设计

自行设计测试方案、方法、步骤以及测试表格。

测试内容包括各晶体管的静态工作点电压、输出电压、输出电流、纹波系数。

2. 实验任务

(1)检查实验仪器。

(2)根据自行设计的电路图及仿真所得到的最佳电路元件参数,选择实验器件。

(3)检测器件和导线。

(4)根据自行设计的电路图插接电路。

(5)根据自行设计的测试方案,进行如下工作:

在输出端分别连接 5 Ω/10 W 与 10 Ω/10 W 负载电阻的情况下,测量各晶体管的静态工作点电压、输出电压、输出电流、纹波系数及输入、输出波形并记录,并与仿真结果、估算结果进行比较。

3. 实验后的总结

(1)设计中遇到的问题及解决方法。

(2)调试中遇到的问题及解决方法。

(3)根据设计技术指标及实验记录总结实验体会。

五、思考题

(1)若整流电路中的某一个二极管开路、短路或反接,对电路会产生何种影响?

(2)滤波电容 C 的大小与脉动电压 U_I 的大小呈何种关系?

(3)稳压电路的等效输入电阻的大小对滤波效果会产生何种影响?

(4)限流电阻的选择依据是什么?

六、实验报告要求

(1)画出满足设计要求的电路图。

(2)写出设计步骤及结果。

(3)列出元器件表,要求有编号、型号名称。

(4)写出调试步骤。

(5)对实验结果要有正规的记录及分析。

(6)认真回答思考题中的问题。

实验 10-4　设计性实验——集成稳压电源的设计与实验

使用 78 系列和 79 系列集成稳压模块设计制作稳压电源,采用 LM317 可调稳压模块设计制作可调稳压电源是电源制作的常用方案。本次实验要求使用 7805 和 7905 设计稳压电源,采用 LM317 制作可调稳压电源。

一、实验目的

(1)掌握集成直流稳压电源的工作原理、基本设计与调试方法。

(2)掌握集成直流稳压电源性能指标的基本分析方法。

(3)理解影响集成直流稳压电源性能指标的常见原因及排除一般故障的方法。

二、实验仪器及备用元器件

1. 实验仪器

数字示波器、数字万用表、交流毫伏表。

2.实验备用器件

三端稳压器 7805、7905、LM317，整流二极管 4001，稳压二极管 IN4731，电位器 100 kΩ；电阻 10 Ω/10 W、5 Ω/10 W，电容 2000 μF/50 V、0.1 μF。

三、集成稳压电源的设计与安装、调试方法

1.集成稳压电源的设计方法

稳压电源的设计，是根据稳压电源的输出电压 U_O、输出电流 I_O、输出纹波电压 $\Delta U_{op\text{-}p}$ 等性能指标的要求，正确地确定出变压器、集成稳压器、整流二极管和滤波电路中所用元器件的性能参数，从而合理地选择这些器件。

稳压电源的设计一般可以分为以下三个步骤：

(1)根据稳压电源的输出电压 U_O、最大输出电流 $I_{O\max}$，确定电路形式，通过计算极限参数(电压、电流和功率)，选择稳压器的型号。

(2)根据稳压器所要求的输入电压 U_I，确定电源变压器副边电压 u_2 的有效值 U_2；根据稳压电源的最大输出电流 $I_{O\max}$，确定流过电源变压器副边的电流 I_2 和电源变压器副边的功率 P_2；根据 P_2，从表 4.10.1 中查出变压器的效率 η，从而确定电源变压器原边的功率 P_1。然后根据所确定的参数，选择电源变压器。

(3)确定整流二极管的正向平均电流 I_D、整流二极管的最大反向电压 U_{DM} 和滤波电容的电容值和耐压值。根据所确定的参数，选择整流二极管和滤波电容。

例如，图 4.10.23 为集成稳压电路的典型电路，其主要器件有电源变压器 T、整流二极管 $D_1 \sim D_4$、滤波电容 C 和集成稳压器、测试用的负载电阻 R_L。

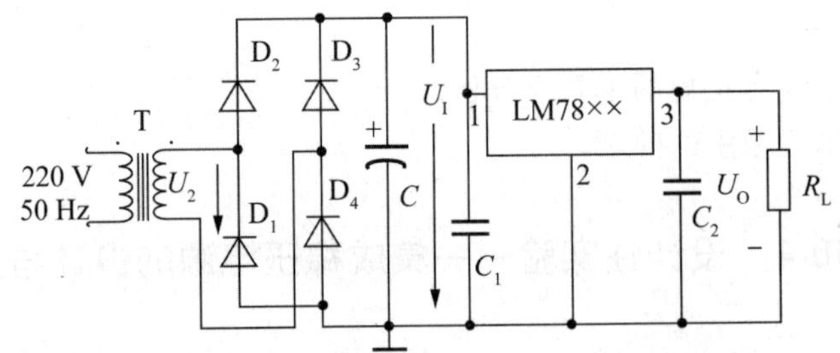

图 4.10.23　集成稳压电路的典型电路

图中集成稳压器的选择原则如下：

稳压器输入电压 U_I 的确定：由于集成稳压器正常工作的条件是稳压器的输入、输出电压差不低于3 V，即 $(U_I - U_O)_{\min} = 3$ V，所以确保稳压器在电网电压降低时仍处于稳压状态就应该满足

$$U_I \geqslant U_{O\max} + (U_I - U_O)_{\min}$$

按照一般电源指标的要求，当输入交流电压为(220±10%)V 时，电源应稳压，所以稳压器的最低输入电压 $U_I \approx [U_{O\max} + (U_I - U_O)_{\min}]/0.9$。

另外，稳压器允许的最大输入、输出电压差 $(U_I - U_O)_{\max} = 35$ V，为了保证稳压器安全工作，要求

$$U_I \leqslant U_{O\min} + (U_I - U_O)_{\max}$$

图中电源变压器的选择原则如下：

确定整流、滤波电路形式后，由变压器要求的最低输入直流电压 U_{Imin} 计算出变压器的次级电压 U_2、电流 I_2。

设计举例 1：设计一个直流稳压电源，性能指标的要求为

$$U_O=+3\sim+9\ \mathrm{V}$$

$$I_{\mathrm{Omax}}=800\ \mathrm{mA}$$

纹波电压的有效值　$\Delta U_O\leqslant 5\ \mathrm{mV}$

稳压系数　$S\leqslant 3\times10^{-3}$

设计步骤如下：

(1)选择集成稳压器，确定电路形式

集成稳压器选用 CW317，其输出电压的范围为 $U_O=1.2\sim37\ \mathrm{V}$，最大输出电流 I_{Omax} 为1.5 A。所确定的稳压电源电路如图 4.10.24 所示。

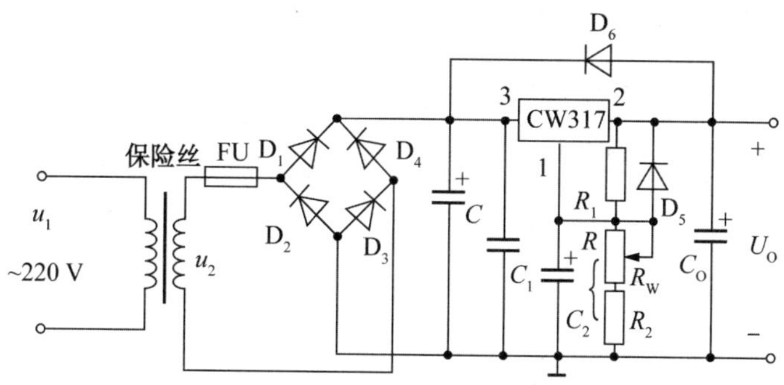

图 4.10.24　稳压电源电路的设计

(2)电源变压器的选择

由于 CW317 的输入电压与输出电压差的最小值 $(U_I-U_O)_{\min}=3\ \mathrm{V}$，输入电压与输出电压差允许的最大值 $(U_I-U_O)_{\max}=40\ \mathrm{V}$，所以稳压电路的最低输入直流电压为

$$U_{\mathrm{Imin}}\approx[U_{\mathrm{Omax}}+(U_I-U_O)_{\min}]/0.9=(9+3)/0.9\approx13.33(\mathrm{V})$$

这里取 14 V。

保证稳压器安全工作的条件是

$$U_I\leqslant U_{\mathrm{Omin}}+(U_I-U_O)_{\max}=3+40=43(\mathrm{V})$$

故 CW317 的输入电压范围为

$$14\ \mathrm{V}\leqslant U_I\leqslant 43\ \mathrm{V}$$

变压器副边电压为

$$U_2\geqslant\frac{U_{\mathrm{Imin}}}{1.1}=\frac{14}{1.1}\approx12.7(\mathrm{V})\text{，取 }U_2=14\ \mathrm{V}$$

变压器副边电流为

$$I_2>I_{\mathrm{Omax}}=0.8\ \mathrm{A}\text{，取 }I_2=1\ \mathrm{A}$$

因此，变压器副边输出功率为

$$P_2\geqslant I_2U_2=14\ \mathrm{W}$$

由于变压器的效率 $\eta=0.7$，所以变压器原边输入功率 $P_1 \geqslant \frac{P_2}{\eta}=20$ W。为留有余地，选用功率为25 W的变压器。

(3)选用整流二极管和滤波电容

由于 $U_{DM}>\sqrt{2}U_2=\sqrt{2}\times 14=20(\text{V})$，$I_{Omax}=0.8$ A。IN4001 的反向击穿电压 $U_{DM}\geqslant$ 50 V，额定工作电流 $I_D=1$ A $>I_{Omax}$，故整流二极管选用 IN4001。

根据式(4.10.19)，$S=\frac{\Delta U_O U_I}{U_O \Delta U_I}$，则

$$\Delta U_I=\frac{\Delta U_O U_I}{U_O S}$$

将已知数据 $U_O=9$ V，$U_I=14$ V，$\Delta U_O=5$ mV，$S=3\times 10^{-3}$ 代入上式，得到

$$\Delta U_I=\frac{\Delta U_O U_I}{U_O S}=\frac{0.005\times 14}{9\times 3\times 10^{-3}}=2.6(\text{V})$$

根据式(4.10.8)知，滤波电容应满足

$$C>\frac{(3\sim 5)T}{2}\frac{I_I}{U_I}=\frac{(3\sim 5)T}{2}\frac{I_{Imax}}{U_{Imin}}$$

所以
$$C>\frac{(3\sim 5)T}{2}\frac{I_{Imax}}{U_{Imin}}=\frac{3\sim 5}{2}\times\frac{1}{14}\times\frac{1}{50}=2142\sim 3571(\mu\text{F})$$

电容的耐压要大于 $1.1\sqrt{2}U_2=1.1\sqrt{2}\times 14\approx 22(\text{V})$。故滤波电容 C 取容量为4700 μF，耐压为 25 V 的电解电容。

(4)电阻 R_1、R_2 和电位器 R_W 的选择

在图 4.10.24 所示电路中，R_1 和 R_W 组成输出电压调节电路，由式(4.10.23)知，输出电压为

$$U_O\approx 1.25(1+R_W/R_1)$$

R_1 的取值范围是 120～240 Ω，流过 R_1 的电流为 5～10 mA。若取 $R_1=240$ Ω，则由该式可求得 $R_{min}=336$ Ω，$R_{max}=1488$ Ω。故取 $R_2=330$ Ω，R_W 为 1.2 kΩ 的精密线绕电位器。

另外，在图 4.10.24 中，取 $C_1=0.01$ μF，$C_2=10$ μF，$C_0=1$ μF。

2. 稳压电源的安装与调试

按照图 4.10.24 所示电路，首先在变压器的副边接上保险丝 FU，以防电路短路损坏变压器或其他器件，其额定电流要略大于 I_{Omax}，选 FU 的熔断电流为1 A，CW317 要加适当大小的散热片。先装集成稳压电路，再装整流、滤波电路，最后装变压器。安装一级测试一级。

安装集成稳压电路，需从稳压器的输入端加入直流电压 $U_I\leqslant 12$ V，调节 R_W，若输出电压也跟着发生变化，说明稳压电路工作正常。

安装整流、滤波电路主要是检查整流二极管和电解电容的极性不要接反。安装前用万用表测量整流二极管的正、反向电阻，正确判断出二极管的极性。接入电源变压器后，用示波器或万用表检查整流后输出电压 U_I 的极性，若 U_I 的极性为负，则说明整流电路没有接对，此时若接入稳压电路，就会损坏集成稳压器。因此确定 U_I 的极性为正后，需断开交流电源，将整流、滤波电路与稳压电路连接起来，然后再接通电源，调节 R_W 的值。若输

出电压 U_O 满足设计指标，说明稳压电源中各级电路都能正常工作，此时就可以进行各项指标的测试了。

四、设计任务

设计内容一：

用 7805 和 7905 结合实验箱设计正、负供电电源，要满足以下主要技术指标的要求：

(1)输入信号：有效值为 9 V 的交流电，频率为 50 Hz。

(2)输出：±5 V 直流，改变负载波动不大于 5%。

(3)输出电流：不大于 0.5 A。

(4)纹波系数：不大于 1%。

根据理论和上述指标的要求设计电路图，计算出电路中各个元件的参数。

设计内容二：

用 LM317 结合实验箱设计供电电源，要满足以下主要技术指标的要求：

(1)输入信号：有效值为 10 V 的交流电，频率为 50 Hz。

(2)输出：+5～+12 V 直流，改变负载波动不大于 5%。

(3)输出电流：不大于 1 A。

(4)纹波电压：不大于 5 mV。

根据理论和上述指标的要求设计电路图，计算出电路中各个元件的参数。

五、实验要求及任务

1. 实验前的准备

分别对上述所设计的两个电路用 Multisim 仿真软件进行仿真。

依照自行设计的电路编辑仿真电路，根据质量指标调整电路中各个元器件的参数，使之满足质量指标的要求。仿真并记录仿真结果及电路参数。

测试方案的设计：

(1)根据设计内容一设计电路的测试方案

测试内容包括：正、负电源输出分别用 5 Ω/10 W 电阻与 10 Ω/10 W 电位器作负载，电位器中心抽头接地，调节电位器在不同负载条件下，测试输出电压及输出波形、纹波系数，根据实验任务自拟测试表格。

(2)根据设计内容二设计电路的测试方案

测试内容包括：电源输出分别连接 5 Ω/10 W 电阻与 10 Ω/10 W 电位器，调节电位器在不同负载条件下，测试输出电压及输出波形、纹波系数，根据实验任务自拟测试表格。

2. 实验任务

(1)检查实验仪器。

(2)根据自行设计的电路图选择实验器件。

(3)检测器件和导线。

(4)根据自行设计的电路图插接电路。

(5)自行设计测试方案，进行如下工作：

①测量输出电压的幅度是否满足任务要求。

②在规定的范围内改变负载，保证输出电压符合任务要求。

③按照设计测量纹波系数。

3. 实验后的总结

(1)设计中遇到的问题及解决方法。

(2)调试中遇到的问题及解决方法。

(3)根据设计技术指标及实验记录总结实验体会。

五、思考题

(1)图 4.10.24 所示的电路中，若产生 1.25～37 V 的额定输出电压，当 $R_1=240\ \Omega$ 时，那么电阻 R_2 的取值范围是多少？

(2)用集成稳压器可以方便地构成输出电压可调的稳压电路，你能画出几种电路？

六、实验报告要求

(1)画出满足设计要求的电路图。

(2)写出设计步骤及结果。

(3)列出元器件表，要求有编号、型号名称。

(4)写出调试步骤。

(5)对实验结果要有正规的记录及分析。

(6)认真回答思考题中的问题。

(7)写出调试中遇到的问题及解决方法。

表 4.10.7、表 4.10.8 为实验用参考表格。

表 4.10.7　±5 V 稳压实验记录表格

	$R_L=\infty$	$R_L=50\ \Omega$	$R_L=25\ \Omega$	输出波形
U_O/V				
I_O/mA				
纹波				

表 4.10.8　5～12 V 可调电压稳压电源实验数据

	空载 1.5 V		空载 3 V		空载 5 V		输出波形
	$R_L=50\ \Omega$	$R_L=15\ \Omega$	$R_L=50\ \Omega$	$R_L=15\ \Omega$	$R_L=50\ \Omega$	$R_L=25\ \Omega$	
U_O/V							
I_O/mA							
纹波							

第五章　综合设计实验

实验1　差分放大器的拓展实验

一、实验目的

(1)锻炼能够根据设计要求独立设计基本电路的能力。

(2)练习使用电路仿真软件,简化电路设计工作量。

(3)培养在实际工作中分析问题、解决问题的能力。

二、实验仪器及备用元器件

1.实验仪器

函数信号发生器、直流电源、示波器、数字万用表、交流毫伏表。

2.实验备用器件

三极管 2N5551×3 或 9013×3(要求 T_1、T_2 管特性参数一致)、电阻若干。

三、设计任务

1.前级为发射极接有恒流源的差动放大电路,后级为共发射极放大电路的多级放大器,且前后级之间引入电压串联负反馈

(1)输入信号:正弦波交流信号;有效值:10 mV;频率:1 kHz。

(2)供电电压:+12 V,-12 V。

(3)输出端带有一定阻值的阻性负载。

(4)前级差动为单端输出,总电压增益不小于 200。

(5)输入与输出反相。

(6)保证信号不失真放大。

2.前级为发射极接有恒流源的差动放大电路,后级为能够克服交越失真的互补对称射极输出的两级放大电路

(1)输入信号:正弦波交流信号;有效值:10 mV;频率:1 kHz。

(2)供电电压：+12 V，-12 V。

(3)输出端带有一定阻值的阻性负载。

(4)保证信号不失真放大。

(5)总电压增益不小于40。

四、实验要求及任务

1.实验前的准备

(1)电路设计

根据差动放大器的工作原理和上述指标的要求，结合给定范围内的实验器材，设计出满足设计任务指标的放大电路。画出设计电路图，并写出计算公式，计算出电路中各个元件的参数，列出元器件表。

(2)用 Multisim 仿真软件进行仿真

按照要求，把设计好的电路在仿真软件中进行测试，并根据仿真结果调整电路中各个元器件的参数，使之满足设计指标的要求。仿真时应注意使用示波器观察实时输出波形，结合理论知识，调整电路。记录选用的元器件，画出设计好的电路图。

(3)自行设计实验步骤和测试表格

①测试内容包括直流工作点的测试，交流输入、输出信号的测试，差模放大倍数、共模放大倍数、输入电阻、输出电阻的测量。

②自拟实验步骤和测试方法。

③根据实验任务自拟测试表格。

④分析实验结果，并说明电路的特点。

2.实验任务

在实验箱上搭建所设计的电路，并按照自行设计的实验步骤测试、验证设计的电路方案。

(1)实验准备工作

①检查实验仪器。

②根据自行设计的电路图选择实验器件。

③检测器件和导线，排除具有接触不良和断路的导线。

(2)根据自行设计的电路图搭建实际的电路。

(3)测量性能指标，按照要求作相应的调整。

①测量直流工作点，将测量结果记录在自行设计的表格内，并与仿真结果、估算结果进行对比；调整至满足质量指标的要求。

②在输入端加输入信号，测量输入、输出信号的幅值并记录在自行设计的表格内，计算出差模、共模放大倍数并与仿真结果、估算结果进行比较。

③按照设计的输入电阻和输出电阻测量方案进行测试并记录在自行设计的表格内。

3.实验后的总结

(1)设计中遇到的问题及解决过程。

(2)调试中遇到的问题及解决过程。

(3)根据设计技术指标及实验记录总结实验体会。

五、实验报告要求

(1)写出设计步骤及计算结果。
(2)列出元器件清单,要求有编号、型号名称。
(3)写出调试步骤。
(4)对实验结果要有正规的记录及分析。

实验2 简易晶体管图示仪的设计与实验

一、实验目的

(1)了解阶梯波发生器的工作原理。
(2)培养整机的概念和系统设计的能力。
(3)加深对晶体三极管特性的理解和测试方法的研究。
(4)加深对集成运放应用的认识。

二、实验仪器及备用元器件

1. 实验仪器
函数信号发生器、直流电源、示波器、数字万用表、交流毫伏表。
2. 实验备用器件
集成运放 LM324,单结晶体管 BT33(见图 5.2.1),二极管,电位器,电阻、电容若干。

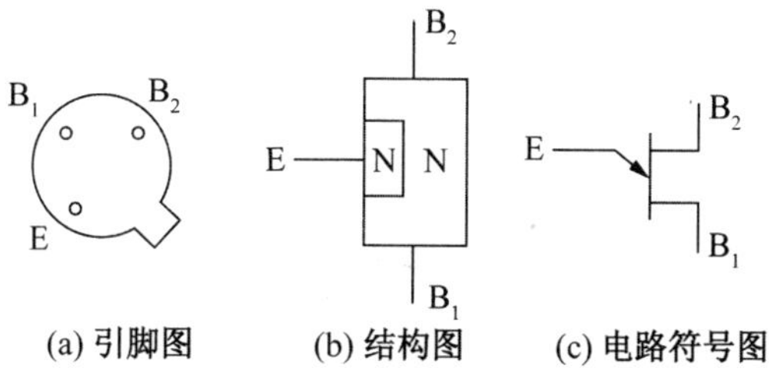

图 5.2.1 BT33 的引脚、结构及符号图

三、设计任务

以示波器为显示系统,设计一个能够显示二极管特性曲线、NPN 和 PNP 型晶体三极管特性曲线的图示仪电路。所设计的图示仪要能够显示 8 条晶体三极管的输出特性曲线。其中需要设计一个锯齿波发生器,用以替代示波器的扫描同步电路。为了便于阶梯波信号与锯齿波扫描信号同步,应该采用同一个方波信号源。特别应该注意的是,阶梯波发生器和锯齿波发生器信号一定要满足三极管的导通条件。

四、实验电路原理

简易晶体管图示仪的组成框图如图 5.2.2 所示。它包括方波发生器和阶梯波发生器、锯齿波发生器、阶梯波极性转换、锯齿波极性转换、集电极电流取样电路等。

图中的三极管为被测三极管,X、Y 为示波器的两个通路输入端。75 Ω的电阻为取样电阻。锯齿波发生器输出的锯齿波信号作为扫描信号。同时,为了便于阶梯波信号与锯齿波扫描信号同步,应该采用同一个方波信号源。

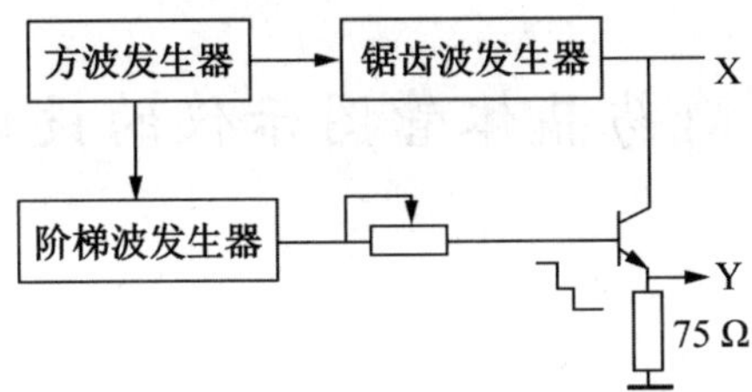

图 5.2.2 简易晶体管图示仪的组成框图

在测试三极管时,要注意是 NPN 型管还是 PNP 型管,因为不同型号的三极管测试时所加入的测试信号的极性是不同的。

在图 5.2.2 中,方波发生器和锯齿波发生器已经在运放的应用中作过介绍,因此这里只介绍阶梯波发生器的电路组成和工作原理。

图 5.2.3 所示为阶梯波发生器的原理电路。其中运放 A_1 构成方波发生器,A_2、BT33、D_1、D_2、C_2 构成低频振荡器,A_2 的输出端输出阶梯波信号。

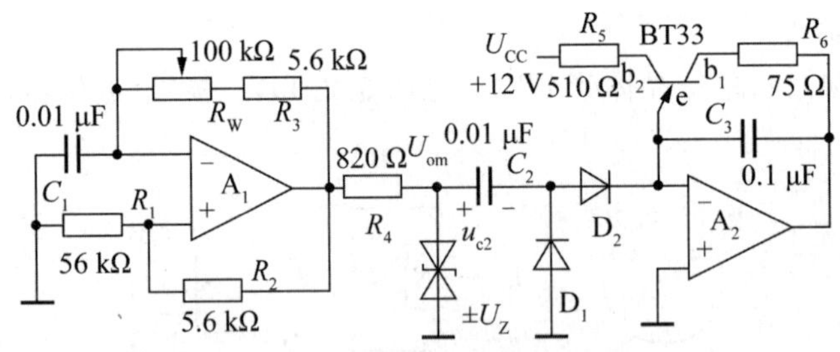

图 5.2.3 阶梯波发生器的原理电路

方波发生器产生的方波信号的周期为

$$T=2R_fC_1\left(1+2\frac{R_1}{R_2}\right)$$

式中,$R_f=R_W+R_3$,$R_{fmin}=R_3=5.6\ \text{k}\Omega$,$R_{fmax}=R_W+R_3=100\ \text{k}\Omega+5.6\ \text{k}\Omega$,显然 R_W 用于调节方波的周期。

若稳压二极管的稳压值为 U_Z,那么方波信号的振幅值为

$$U_{om}\approx U_Z$$

阶梯波信号产生的过程是:A_1 所产生的方波信号控制二极管 D_1、D_2 的导通与截止。在方波的负半周,D_2 截止、D_1 导通,C_2 经 D_1 充电,在 C_2 两端得到左负右正的电压,$u_{c2}=-U_{om}$(U_{om} 为 A_1 输出的方波振幅);在方波的正半周,D_2 导通、D_1 截止,C_2 经 D_2、A_2 的输入

端充电，在 C_2 两端得到左正右负的电压，$u_{c2}=U_{om}$。这样在一个周期之内，电容 C_2 上的电荷变化量为 $\Delta Q=2C_2U_{om}$，由原理电路可以得到电容 C_3 上一个周期内得到的电荷量也为 $\Delta Q=2C_2U_{om}$。这样在一个周期内电容 C_3 上的电压增量为

$$\Delta U_{C3}=\Delta Q/C_3=\frac{2C_2U_{om}}{C_3} \tag{5.2.1}$$

由此可看出，电容 C_3 上电压增量的大小取决于 $\frac{C_2}{C_3}$。

由于二极管 D_2 的单向导电性，使得方波在一个周期内向电容 C_3 上传递的电荷为 $\Delta Q=2C_2U_{om}$，也就是说，每个阶梯波电压的幅度均为 ΔU_{C3}，且保持的时间等于方波的周期 T。N 个周期后，若电容 C_3 上的电压达到单结晶体管 BT33 的峰点电压 U_p，那么单结晶体管 e-b_1 结导通，电容 C_3 很快放电完毕，然后方波信号再次经 C_2、D_2 向 C_3 传递电荷，这样循环下去，就可以在 A_2 的输出端得到阶梯波。

阶梯波的周期为

$$T_n=NT=\frac{U_p}{\Delta U_{C3}}T=\frac{U_pC_3}{2C_2U_{om}}T \tag{5.2.2}$$

式中，U_p 为单结晶体管的峰点电压；N 为阶梯波的阶数。显然，要改变阶梯波的阶数，只需改变方波信号的幅度 U_{om}。又由于 U_{om} 是 A_2 的输入，若在电路 A_1 的输出端用电位器 R_W 控制输入到 A_2 的信号幅度，就可以达到控制阶梯波阶数 N 的目的，如图 5.2.4 所示。此时阶梯波阶数 N 为

$$N=\frac{U_p}{\Delta U_{C3}}=\frac{U_pC_3}{2C_2U'_{om}} \tag{5.2.3}$$

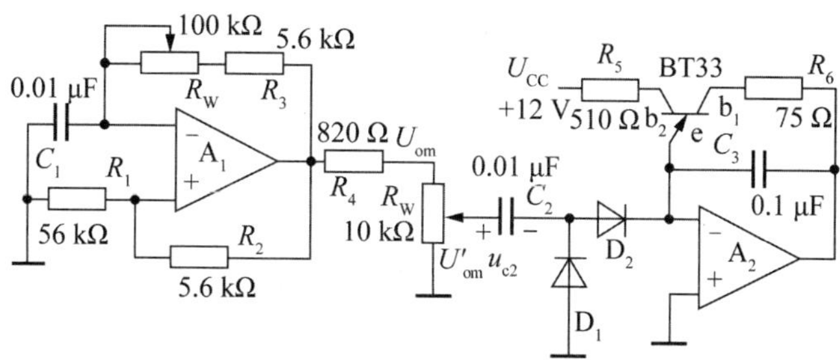

图 5.2.4　N 阶阶梯波发生器的原理电路

五、实验要求及任务

1. 实验前的准备

(1)电路设计

首先分析显示的 8 条晶体三极管的输出特性曲线，需要的阶梯波应为几阶。

再根据任务要求，结合给定范围内的实验器材，设计出满足设计任务指标的方波、阶梯波和锯齿波发生器。画出设计电路图，并写出计算公式，计算出电路中各个元件的参数，列出元器件表。

(2)自行设计实验步骤

①测试内容包括方波、阶梯波和锯齿波发生器输出波形的测量，周期的测量，阶梯波

阶数 N 的测量。

②自拟实验步骤和测试方法。

(3)用 Multisim 仿真软件进行仿真

2. 实验任务

在实验箱上搭建所设计的电路，并按照自行设计的实验步骤调试和测试、验证设计的电路方案。

(1)验证图 5.2.3 所示电路，测量输出的方波、阶梯波的波形及幅度、周期、阶数 N。

(2)按照图 5.2.4 改接电路，测量输出的方波、阶梯波的波形及幅度、周期、阶数 N。

(3)测量锯齿波发生器的波形和幅度、周期。

(4)根据所测三极管的类型正确接入信号，利用示波器测试三极管的输出特性曲线。

六、实验报告要求

(1)详细写出电路的设计过程和调试过程。

(2)画出所测三极管的输出特性曲线。

(3)总结设计的体会，分析在实验中遇到的问题及解决的方法。

(4)分析实验结果，并说明电路的特点。

七、思考题

你能用其他方法设计出简易晶体管图示仪吗?

实验 3　函数信号发生器的设计与实验

一、实验目的

(1)进一步掌握波形发生器的基本原理。

(2)掌握多波形发生器的设计方法与调试技术。

(3)学会安装与调试由多级单元电路组成的电子线路。

二、实验仪器及备用元器件

1. 实验仪器

函数信号发生器、直流电源、示波器、数字万用表、交流毫伏表。

2. 实验备用器件

集成运放 LM324，二极管，电位器，电阻、电容若干。

三、设计任务与技术指标

设计一个多波形发生器，要求能够输出方波、三角波、正弦波。

主要技术指标：

频率范围：10～100 Hz，100～1000 Hz。

频率控制方式：通过改变 RC 电路的时间常数手动控制信号频率。

输出电压：方波 $U_{op\text{-}p}=24$ V，三角波 $U_{op\text{-}p}=6$ V，正弦波 $U_{op\text{-}p}=3$ V。

波形特性：方波上升时间小于 10 ms，三角波非线性失真度小于 2%，正弦波谐波失真小于 5%。

四、实验电路原理

1. 函数发生器的组成

函数发生器一般是指能自动产生正弦波、三角波（锯齿波）、方波（矩形波）、阶梯波等电压波形的电路或仪器。电路形式可以由运放及分立元件构成，也可以采用单片集成函数发生器。根据用途不同，有产生三种或多种波形的函数发生器。本实验仅介绍方波—三角波—正弦波函数发生器的设计方法。

产生方波、三角波和正弦波的方案有多种，如首先产生正弦波，然后通过比较器电路变换成方波，再通过积分电路变换成三角波，如图 5.3.1(a)所示；也可以首先产生方波、三角波，然后再将三角波变成正弦波或将方波变成正弦波，如图 5.3.1(b)所示；或采用一片能同时产生上述三种波形的专用集成电路芯片（5G8038）。本实验仅介绍图 5.3.1 中的两种设计方案。

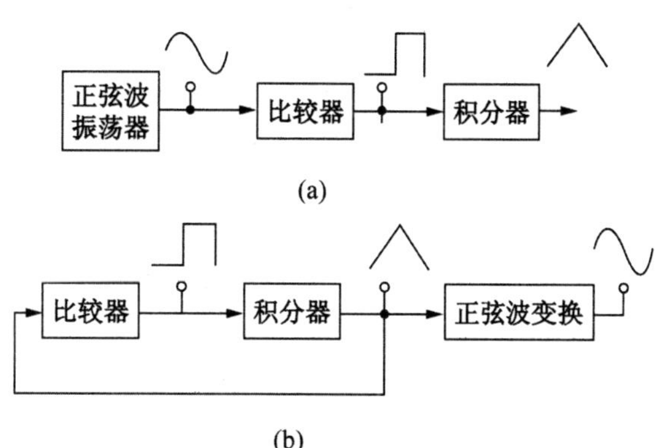

图 5.3.1　方波—三角波—正弦波函数发生器的实现框图

2. 产生正弦波、方波、三角波的电路设计方法

通常电路由运算放大器电路及分立元件构成，方波—三角波—正弦波函数发生器的电路组成框图如图 5.3.1(a)所示。这里介绍正弦波振荡器。

由运放组成的 RC 正弦波振荡器电路如图 5.3.2 所示，图中 R_1、R_2、C_1、C_2 构成正反馈选频网络，R_3、R、R_W 构成负反馈网络，二极管 D_1、D_2 构成稳幅电路。正反馈网络的反馈系数为

$$k_f=\frac{u_f}{u_o}=\frac{R_2}{R_1+R_2\left(1+\frac{C_2}{C_1}\right)+j\left(\omega R_1R_2C_2-\frac{1}{\omega C_1}\right)} \tag{5.3.1}$$

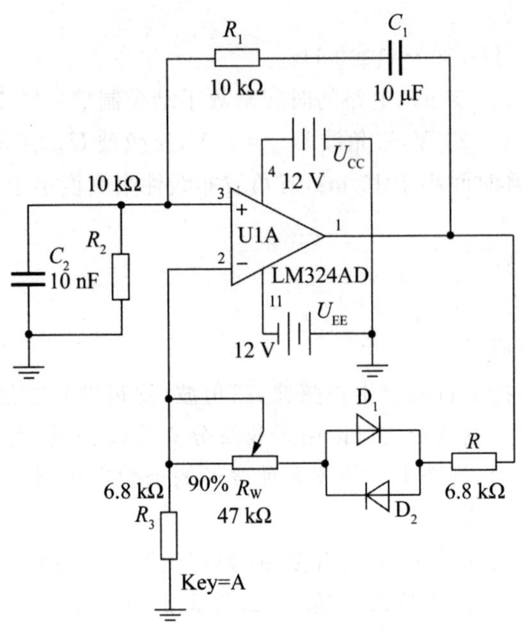

图 5.3.2　RC 正弦波振荡器

由于运放组成的基本放大电路是同相放大器，为了保证电路正反馈的条件，反馈系数应该为实数，即式(5.3.1)中分母的虚部应为零，由此可以得到电路的振荡频率为

$$\omega R_1 R_2 C_2 - \frac{1}{\omega C_1} = 0$$

$$f = \frac{1}{2\pi\sqrt{R_1 R_2 C_2 C_1}} \tag{5.3.2}$$

此时的反馈系数为

$$k_f = \frac{u_f}{u_o} = \frac{1}{1 + \frac{R_1}{R_2} + \frac{C_2}{C_1}} \tag{5.3.3}$$

当 $R_1 = R_2 = R, C_1 = C_2 = C$ 时，则

$$k_f = \frac{1}{3} \tag{5.3.4}$$

$$f = \frac{1}{2\pi RC} \tag{5.3.5}$$

由于产生振荡的振幅条件是 $A_{uf} k_f > 1$，而 $A_{uf} = 1 + \frac{R_2}{R_3}$，$R_f = R_W + R$，所以电路的振幅起振条件是

$$R_2 > 2R_3 \tag{5.3.6}$$

3. 产生方波、三角波，再由三角波变换成正弦波的电路设计方法

通常由运算放大器电路及分立元件构成，方波—三角波—正弦波函数发生器的电路组成框图如图 5.3.1(b)所示，这里介绍将三角波变换成正弦波的电路，常见电路组成如下：

(1)用差分放大电路实现三角波—正弦波的变换

波形变换的原理是利用差分放大器传输特性曲线的非线性,波形变换过程如图5.3.3所示。由图可见,传输特性曲线越对称,线性区越窄越好。三角波的幅度U_{im}应正好使晶体管接近饱和区或截止区。

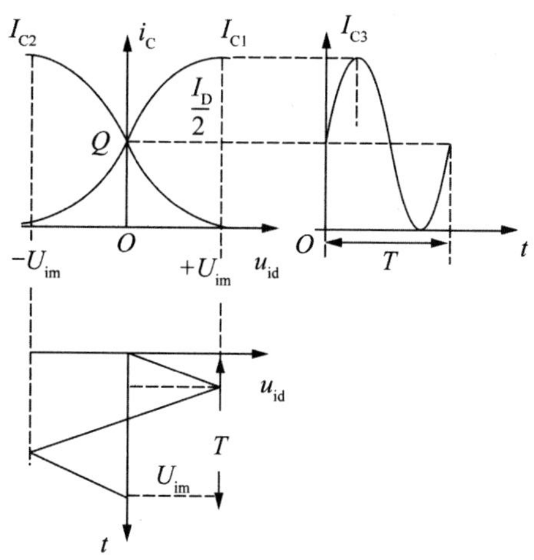

图 5.3.3　三角波—正弦波变换原理

图5.3.4为实现三角波—正弦波变换的电路,图中R_{p1}调节三角波的幅度,R_{p2}调整电路的对称性,其并联电阻R_{e2}用来减小差分放大器的线性区,电容C_1、C_2、C_3为隔直流电容,C_4为滤波电容,以滤除谐波分量,改善输出波形。

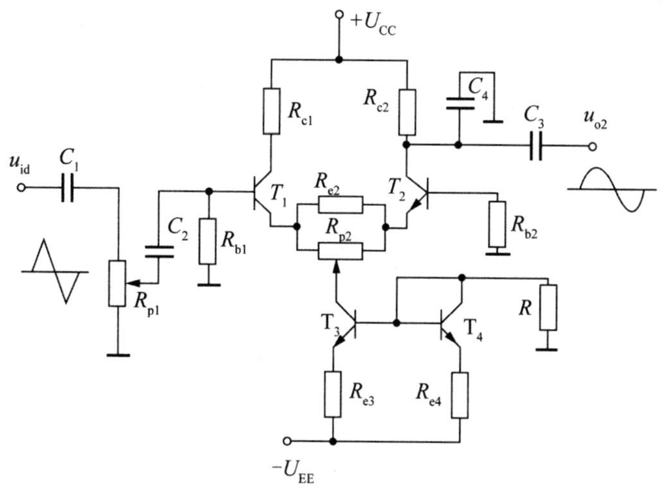

图 5.3.4　三角波—正弦波变换电路

(2)用二极管折线近似电路实现三角波—正弦波的变换

最简单的折线近似电路如图5.3.5所示。

当电压$\frac{U_iR_{A0}}{R_{A0}+R_S}<U_1+U_{D(on)}$时,二极管$D_1$、$D_2$、$D_3$均截止。

当电压 $U_1+U_{D(on)}<U_i<U_2+U_{D(on)}$ 时，则二极管 D_1 导通，D_2、D_3 截止。

同理可得 D_2、D_3 的导通条件。不难得出图 5.3.5 的输入、输出特性曲线如图 5.3.6 所示。选择合适的电阻网络，可使三角波转换为正弦波。

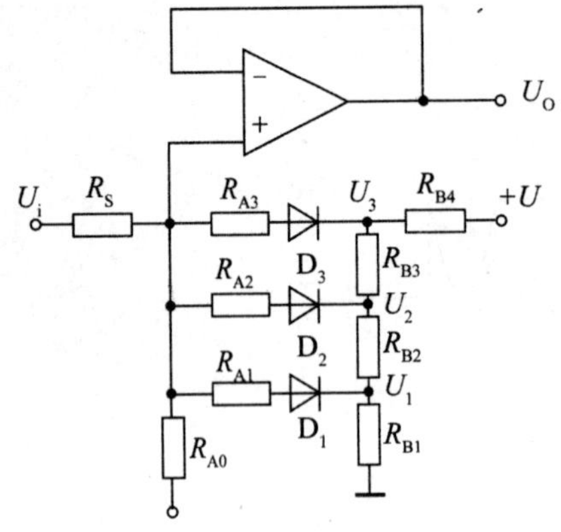

图 5.3.5　最简单的折线近似电路

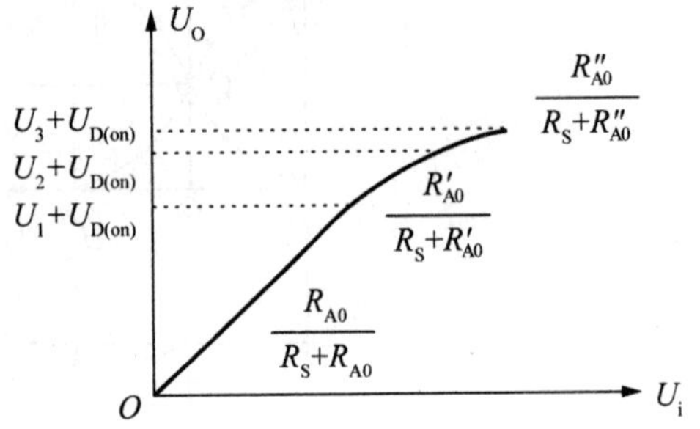

图 5.3.6　波形变换原理

五、实验要求及任务

1. 实验前的准备

(1)电路设计要求

①根据技术指标的要求以及给定的器件自选设计方案，设计出原理电路图，分析工作原理，计算元器件的参数。

②列出所用元器件清单。

(2)自行设计测试步骤和测试表格

①测试内容包括直流工作点的测试，交流输入、输出信号的测试。

②自拟实验步骤和测试方法。

③根据实验任务自拟测试表格。

④分析实验结果，并说明电路的特点。

(3)用 Multisim 仿真软件进行仿真

2. 实验任务

在实验箱上搭建所设计的电路，并按照自行设计的实验步骤测试、验证设计的电路方案。

(1)实验准备工作

①检查实验仪器。

②根据自行设计的电路图选择实验器件。

③检测实验器件和导线，排除具有接触不良和断路的导线。

(2)根据自行设计的电路图搭建实际的电路。

(3)测量性能指标，按照要求作相应的调整，使电路能够满足技术指标的要求。

3. 实验后的总结

(1)设计中遇到的问题及解决过程。

(2)调试中遇到的问题及解决过程。
(3)根据设计技术指标及实验记录总结实验体会。

六、实验报告要求

(1)写出设计步骤及计算结果。
(2)列出元器件清单,要求有编号、型号名称。
(3)写出调试步骤。
(4)对实验结果要有正规的记录及分析。

七、思考题

针对设计任务,请你考虑一下还可以用什么方法设计方波—三角波—正弦波函数发生器?

实验 4　音调控制电路的设计与实验

一、实验目的

(1)进一步理解运放的应用。
(2)提高综合设计与调试的能力。
(3)学习用集成运放设计音调控制电路。
(4)掌握音调控制电路的设计与测量方法。

二、实验仪器及备用元器件

1. 实验仪器
函数信号发生器、直流电源、示波器、数字万用表、交流毫伏表。
2. 实验备用器件
集成运放 LM324,电位器,电阻、电容若干。

三、设计任务

利用集成运放 LM324 设计一个音调控制电路,要求满足:
(1)通频带范围:$f=20$ Hz～20 kHz。
(2)音调控制范围:100 Hz,±12 dB;10 kHz,±12 dB。
(3)中频频率:$f_0=1$ kHz。

四、音调控制电路的设计原理与测试方法

1. 音调控制电路的设计原理
常用的音调控制电路有三种:第一种是衰减式 RC 音调控制电路,这种电路的优点是

调节范围较宽，但却容易产生失真；第二种是反馈型音调控制电路，这种电路的调节范围窄一些，但失真也小；第三种是图示式频率均衡器，这种电路较为复杂，一般用在高档收录机和音响设备中。为了使电路简单且失真小，多数音调控制电路都采用第二种形式，即反馈型音调控制电路。其原理电路如图 5.4.1 所示，它的增益为

$$A_u=\frac{u_o}{u_i}=-\frac{Z_2}{Z_1}$$

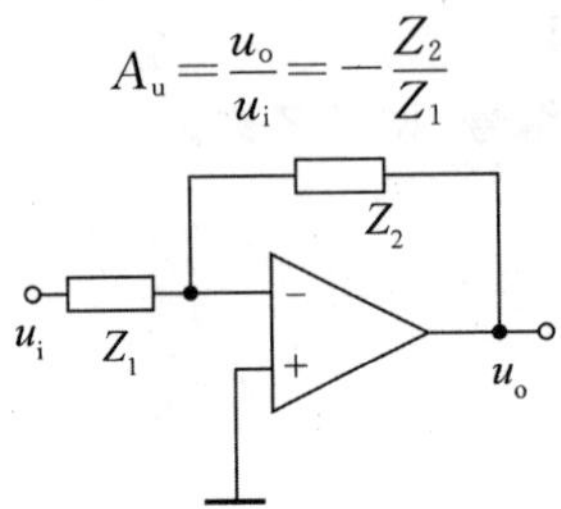

图 5.4.1　反馈型音调控制电路原理图

根据信号的不同，图中 Z_1、Z_2 的阻抗也各不相同，所以增益 A_u 将随着信号频率的改变而改变。如果 Z_1、Z_2 所包含的 RC 元件不同，就可以组成四种不同形式的电路，如图 5.4.2 所示。

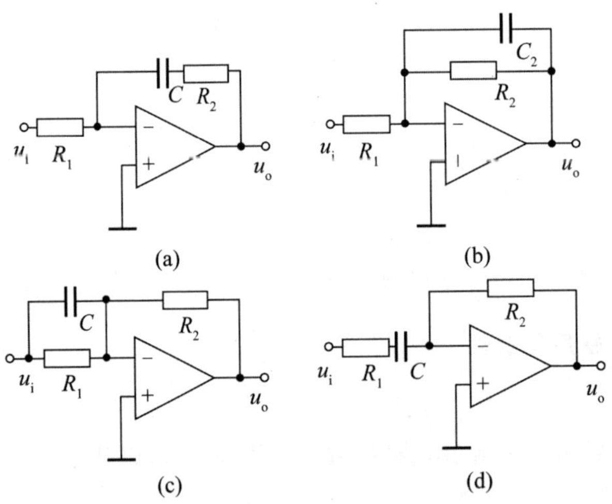

图 5.4.2　四种等效形式的反馈型音调控制电路

在图 5.4.2(a)所示的电路中，电压增益的表达式为

$$|A_u|=\frac{|Z_2|}{R_1},\quad |Z_2|=\left|R_2+\frac{1}{j\omega C}\right| \tag{5.4.1}$$

由式(5.4.1)知，若 C 的取值较大，则只在频率低时起作用，因为当信号频率在低频区时，f 越低，则 $|Z_2|$ 越大，增益 $|A_u|$ 越高。所以可以得到低音提升。

在图 5.4.2(b)所示的电路中，电压增益的表达式为

$$|A_u|=\frac{|Z_2|}{R_1},\quad |Z_2|=\left|R_2/\!/\frac{1}{j\omega C}\right| \tag{5.4.2}$$

由式(5.4.2)知，若 C 的取值较小，则只在频率高时起作用，因为当信号频率在高频区时，f 越高，则 $|Z_2|$ 越小，增益 $|A_u|$ 越低。所以得到了高音衰减。

在图 5.4.2(c)所示的电路中，电压增益的表达式为

$$|A_u|=\frac{R_2}{|Z_1|},\quad |Z_1|=\left|R_1 /\!/ \frac{1}{j\omega C}\right| \tag{5.4.3}$$

由式(5.4.3)知，若 C 的取值较小，则只在频率高时起作用，因为当信号频率在高频区时，f 越高，则 $|Z_1|$ 越小，增益 $|A_u|$ 越大。所以得到了高音提升。

在图 5.4.2(d)所示的电路中，电压增益的表达式为

$$|A_u|=\frac{R_2}{|Z_1|},\quad |Z_1|=\left|R_1+\frac{1}{j\omega C}\right| \tag{5.4.4}$$

由式(5.4.4)知，若 C 的取值较大，则只在频率低时起作用，因为当信号频率在低频区时，f 越低，则 $|Z_1|$ 越大，增益 $|A_u|$ 越低。所以可以得到低音衰减。

若将上述四种电路综合起来，可以得到反馈型音调控制电路，如图 5.4.3 所示。图中 R_{W1} 为低音控制电位器，R_{W2} 为高音控制电位器。为了分析方便，假设

$$\begin{cases} R_1=R_2=R_3=R \\ R_{W1}=R_{W2}=9R,\quad R_{W2}\gg R_4 \\ C_1=C_2\gg C_3 \end{cases} \tag{5.4.5}$$

(1)在信号低频区

因为 C_3 很小，可以视为开路，又因为运放的开环增益很大，输入阻抗很高，故 R_3 的影响可以忽略不计。因此可得到低音控制等效电路如图 5.4.4 所示。

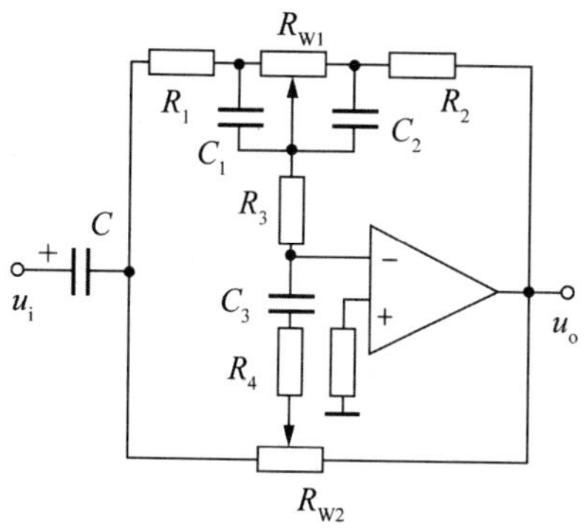

图 5.4.3　反馈型音调控制电路

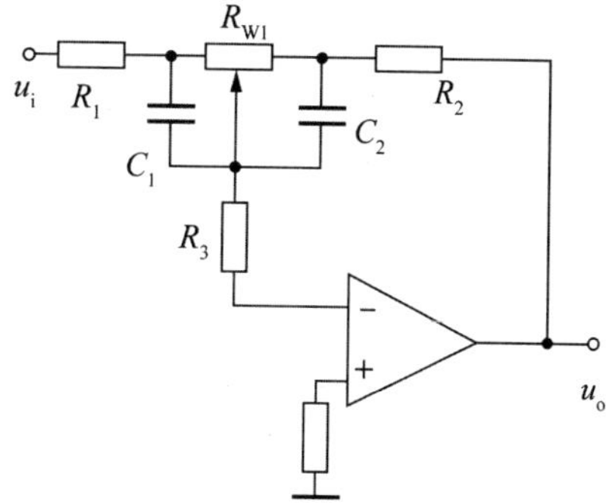

图 5.4.4　低音控制等效电路

当 R_{W1} 的触点滑向左方将 C_1 短路时，等效电路如图 5.4.5(a)所示。电路形式和图 5.4.2(a)相似，可以得到低音提升。

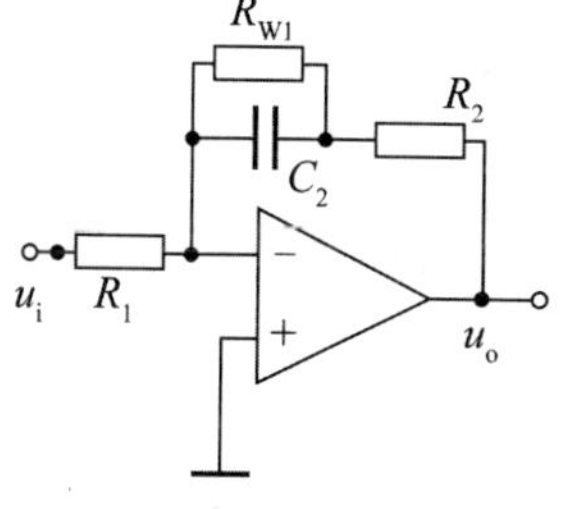

(a) 低频提升等效电路

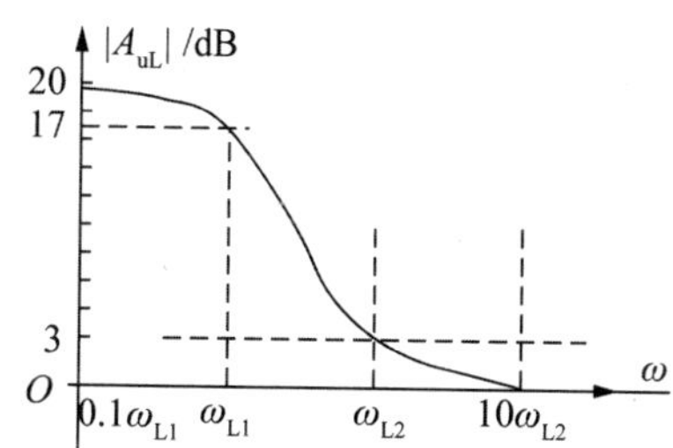

(b) 低频衰减时的幅频特性曲线

图 5.4.5　低频提升等效电路及其幅频特性

电压增益的表达式为

$$A_{uL}=\frac{u_o}{u_i}=-\frac{Z_2}{R_1}=-\frac{(R_{W1}/\!/\frac{1}{j\omega C_2})+R_2}{R_1}$$

$$=-\frac{R_{W1}+R_2}{R_1}\frac{1+j\omega\frac{R_2R_{W1}C_2}{R_{W1}+R_2}}{1+j\omega R_{W1}C_2}=-\frac{R_{W1}+R_2}{R_1}\frac{1+j\frac{\omega}{\omega_{L2}}}{1+j\frac{\omega}{\omega_{L1}}}$$

式中

$$\omega_{L1}=2\pi f_{L1}=\frac{1}{R_{W1}C_2} \tag{5.4.6}$$

$$\omega_{L2}=2\pi f_{L2}=\frac{1}{(R_{W1}/\!/R_2)C_2} \tag{5.4.7}$$

则

$$|A_{uL}|=\frac{R_{W1}+R_2}{R_1}\sqrt{\frac{1+\left(\frac{\omega}{\omega_{L2}}\right)^2}{1+\left(\frac{\omega}{\omega_{L1}}\right)^2}} \tag{5.4.8}$$

由式(5.4.5)知，$\frac{R_{W1}+R_2}{R_1}=10$，$\omega_{L2}=10\omega_{L1}$。

当 $\omega\gg\omega_{L2}$，即信号接近中频时，$|A_{uL}|=\frac{R_{W1}+R_2}{R_1}\frac{\omega_{L1}}{\omega_{L2}}=1$，此时 $20\lg|A_{uL}|=0$ dB；

当 $\omega=\omega_{L2}$ 时，$|A_{uL}|=\frac{R_{W1}+R_2}{R_1}\sqrt{\frac{1+1}{1+\left(\frac{\omega_{L2}}{\omega_{L1}}\right)^2}}\approx\sqrt{2}\frac{R_{W1}+R_2}{R_1}\frac{\omega_{L1}}{\omega_{L2}}=\sqrt{2}$，此时 $20\lg|A_{uL}|=3$ dB；

当 $\omega=\omega_{L1}$ 时，$|A_{uL}|=\frac{R_{W1}+R_2}{R_1}\sqrt{\frac{1+\left(\frac{\omega_{L1}}{\omega_{L2}}\right)^2}{1+1}}\approx\frac{1}{\sqrt{2}}\frac{R_{W1}+R_2}{R_1}=5\sqrt{2}$，此时 $20\lg|A_{uL}|=$ 17 dB；

当 $\omega\ll\omega_{L1}$ 时，$|A_{uL}|=\frac{R_{W1}+R_2}{R_1}=10$，此时 $20\lg|A_{uL}|=20$ dB。

由以上分析可以画出幅频特性曲线如图 5.4.5(b)所示。所以低音最大提升量为

$$(A_{uL})_{max}=\frac{R_{W1}+R_2}{R_1}=10\ (\text{即 } 20\ \text{dB})$$

当 R_{W1} 的触点滑向右方将 C_2 短路时，低音衰减等效电路如图 5.4.6(a)所示，电路形式和图 5.4.2(d)相似，可以得到低音衰减。此时电压增益的表达式为

$$A_{uL}=\frac{u_o}{u_i}=-\frac{Z_2}{R_1}=-\frac{R_2}{R_1+(R_{W1}/\!/\frac{1}{j\omega C_1})}=-\frac{R_2}{R_1+R_{W1}}\frac{1+j\frac{\omega}{\omega'_{L1}}}{1+j\frac{\omega}{\omega'_{L2}}}$$

式中

$$\omega'_{L1}=2\pi f'_{L1}=\frac{1}{R_{W1}C_1}=\omega_{L1} \tag{5.4.9}$$

$$\omega'_{L2}=2\pi f'_{L2}=\frac{1}{(R_{W1}/\!/R_2)C_2}=\omega_{L2} \tag{5.4.10}$$

则

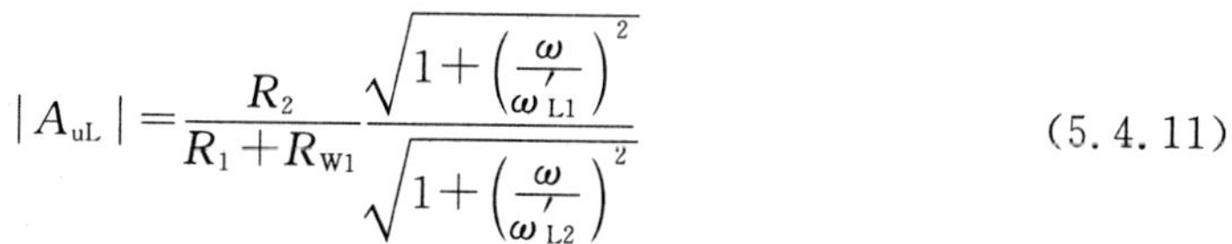

$$|A_{uL}|=\frac{R_2}{R_1+R_{W1}}\frac{\sqrt{1+\left(\frac{\omega}{\omega'_{L1}}\right)^2}}{\sqrt{1+\left(\frac{\omega}{\omega'_{L2}}\right)^2}} \tag{5.4.11}$$

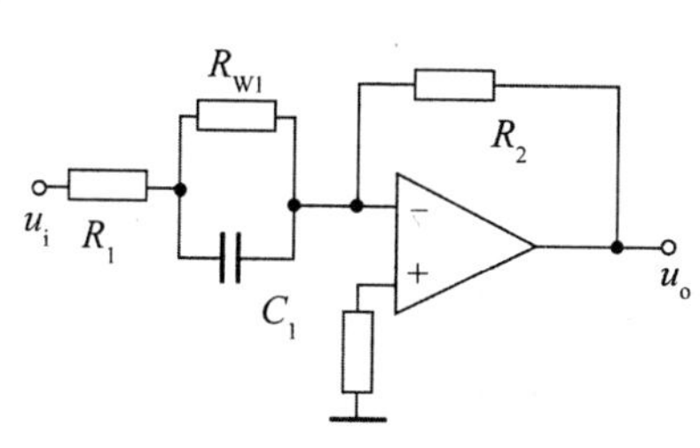

(a) 低频衰减等效电路

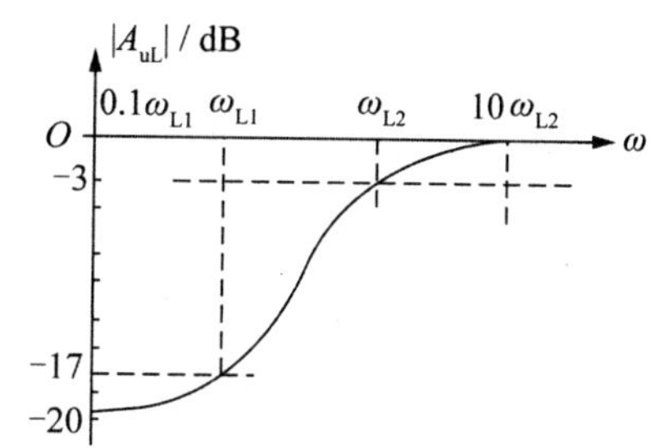

(b) 低频衰减的近似等效电路

图 5.4.6　低频衰减等效电路及其幅频特性

由式(5.4.11)可以画出幅频特性曲线如图 5.4.6(b)所示。所以低音最大衰减量为

$$(A_{uL})_{\min}=\frac{R_2}{R_{W1}+R_1}=\frac{1}{10}(\text{即}-20\ \text{dB})$$

(2)在信号高频区

在高音区，因为 C_1、C_2 较大，可以视为短路，当 R_{W2}的触点滑向左方时，等效电路如图 5.4.7(a)所示。为了分析方便，将电路中星形(Y)接法的 R_1、R_2、R_3 变换成三角形(△)接法的 R_a、R_b、R_c，如图 5.4.7(b)所示。图中 $R_a=R_b=R_c=3R$。

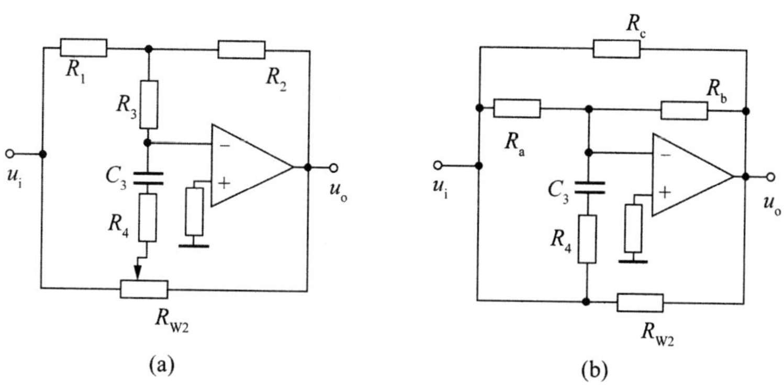

图 5.4.7　高频区等效电路

由于 R_c、R_{W2}对增益没有贡献，图 5.4.7(b)可以进一步近似等效为图 5.4.8(a)。显然，该电路与图 5.4.2(c)相似，为高音提升电路。

电压增益的表达式为

$$A_{uH}=\frac{u_o}{u_i}=-\left(\frac{R_b}{R_a}+\frac{R_b}{R_4+\frac{1}{j\omega C_3}}\right)=-\frac{1+j\frac{\omega}{\omega_{H1}}}{1+j\frac{\omega}{\omega_{H2}}}$$

式中
$$\omega_{H1}=\frac{1}{(R_4+R_b)C_3},\quad \omega_{H2}=\frac{1}{R_4C_3} \tag{5.4.12}$$

则
$$|A_{uH}|=\frac{\sqrt{1+\left(\frac{\omega}{\omega_{H1}}\right)^2}}{\sqrt{1+\left(\frac{\omega}{\omega_{H2}}\right)^2}} \tag{5.4.13}$$

由式(5.4.13)可以画出高频幅频特性曲线如图 5.4.9(a)所示。所以音频最大提升量为

$$(A_{uH})_{max}=\frac{R_4+3R}{R_4} \tag{5.4.14}$$

用同样的方法可以得到当 R_{W2} 的触点滑向右方时的等效电路如图 5.4.8(b)所示。该电路与图 5.4.2(b)相似，为高音衰减电路，相应的幅频特性曲线如图 5.4.9(b)所示。所以

$$|A_{uH}|=\frac{\sqrt{1+\left(\frac{\omega}{\omega'_{H2}}\right)^2}}{\sqrt{\left(\frac{\omega}{\omega'_{H1}}\right)^2}}$$

式中
$$\omega'_{H1}=\frac{1}{(R_4+3R)C_3}=\omega_{H1},\quad \omega'_{H2}=\frac{1}{R_4C_3}=\omega_{H2}$$

音频最大衰减量为

$$(A_{uH})_{min}=\frac{R_4}{R_4+3R} \tag{5.4.15}$$

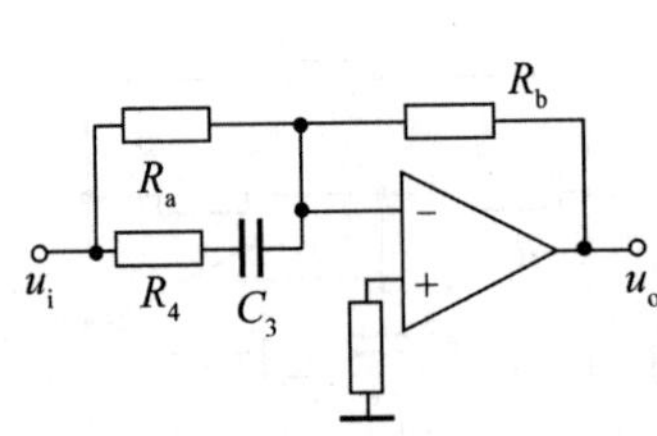

(a) 高频提升的近似等效电路

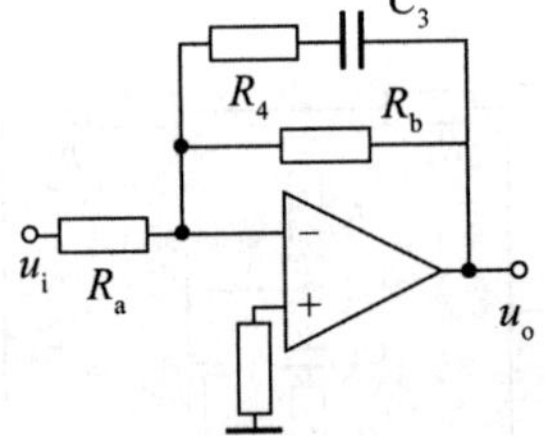

(b) 高频衰减的近似等效电路

图 5.4.8　高频提升、衰减的近似等效电路

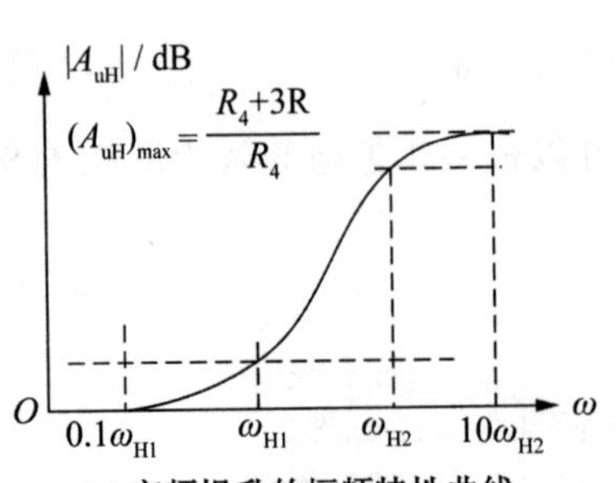

(a) 高频提升的幅频特性曲线

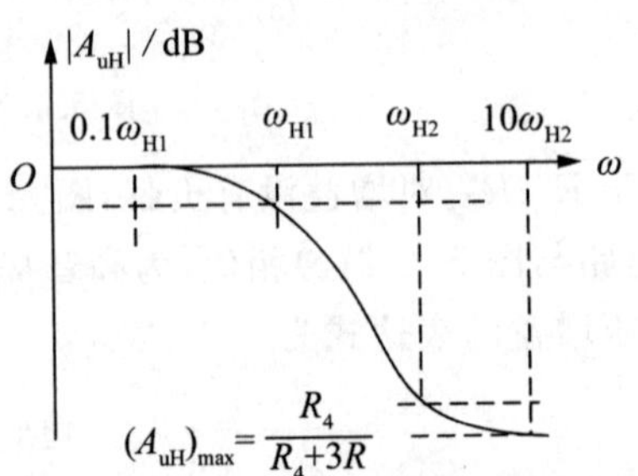

(b) 高频衰减的幅频特性曲线

图 5.4.9　高频提升、衰减的幅频特性曲线

若选择 $R_4=\dfrac{R}{3}$，则可以得到

$$(A_{uH})_{max}=10(20\ \text{dB}),\quad (A_{uH})_{min}=\frac{1}{10}(-20\ \text{dB})$$

将上述高频、低频提升和衰减的幅频特性曲线画在一起，可得到图 5.4.10 所示的曲线。由于曲线在 $f_{L1}\sim f_{L2}$ 和 $f_{H1}\sim f_{H2}$ 之间按±6 dB/倍频程(±20 dB/10 倍频程)的斜率变化，如果给出低频 f_{Lx} 和高频 f_{Hx} 处的提升量(或衰减量)为 ξ(dB)，又知 $f_{H1}<f_{Hx}<f_{H2}$，$f_{L1}<f_{Lx}<f_{L2}$，则可以根据下式求出各个转折频率：

$$f_{L1}=\frac{f_{L2}}{10},\quad f_{L2}=2^{\frac{\xi}{6}}f_{Lx} \tag{5.4.16}$$

$$f_{H1}=\frac{f_{Hx}}{2^{\frac{\xi}{6}}},\quad f_{H2}=10f_{H1} \tag{5.4.17}$$

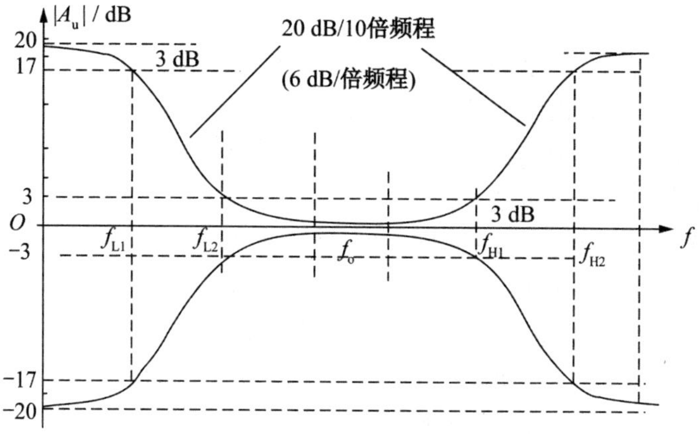

图 5.4.10　高、低频提升、衰减的幅频特性曲线

这样一来，当已知某一频率处的提升量时，就可以由式(5.4.16)及式(5.4.17)求出所需要的转折频率，再利用公式(5.4.1)～(5.4.15)求出相应元器件的参数和最大提升量及衰减量。

(3)设计方法

确定转折频率：

电路的带宽在 $f_L\sim f_H$ 之间，已知 f_{Lx} 和 f_{Hx} 处的提升量和衰减量 ξ，根据式(5.4.16)和(5.4.17)可求得

$$f_{L1}=\frac{f_{L2}}{10},\quad f_{L2}=2^{\frac{\xi}{6}}f_{Lx}$$

$$f_{H1}=\frac{f_{Hx}}{2^{\frac{\xi}{6}}},\quad f_{H2}=10f_{H1}$$

确定 R_{W1} 和 R_{W2} 的值：

因为运放的输入阻抗很高，一般 $R_{id}>500\ \text{k}\Omega$，所以 R_{W1} 和 R_{W2} 选用100 kΩ的电位器。

根据式(5.4.6)和式(5.4.7)可以求得

$$C_1 = C_2 = \frac{1}{2\pi f_{L1} R_{W1}}$$

$$R_1 = R_2 = R_3 = \frac{R_{W1}}{\frac{f_{L2}}{f_{L1}} - 1}$$

根据式(5.4.12)可以求得

$$R_4 = \frac{1}{3}R$$

$$C_3 = \frac{1}{2\pi f_{H2} R_4}$$

耦合电容的计算：

由于在低频时音调电路的输入阻抗近似为 R_1，所以要求耦合电容满足

$$C \geqslant \frac{3 \sim 10}{2\pi f_L R_1}$$

需要说明的是：在高频、低频提升和衰减的幅频特性曲线(见图 5.4.10)中，f_o 为中音频频率，要求增益 $A_{uo} = 0$ dB；f_{L1} 为低音转折频率，一般为几十赫兹，$f_{L2} = 10 f_{L1}$ 为中音转折频率；f_{H1} 为中音转折频率，$f_{H2} = 10 f_{H1}$ 为高音转折频率，一般为几十千赫兹。

2. 音调控制电路的测试方法

信号发生器产生 $U_i = 100$ mV 的正弦信号从音调控制电路的输入端耦合电容 C 加入，U_O 从输出端耦合电容引出。先测 1 kHz 处的电压增益 A_{uo}，再分别测低频特性和高频特性。测低频特性时，将电位器 R_{W1} 的滑动臂分别置于最左端和最右端，频率从20 Hz到1 kHz变化，记录对应的电压增益。同样，测量高频特性时，将电位器 R_{W2} 的滑动臂分别置于最左端和最右端，频率从1 kHz到 20 kHz变化，记录对应的电压增益。最后绘制音调控制特性曲线，并标明 f_{L1}、f_{Lx}、f_{L2}、f_o、f_{H1}、f_{Hx}、f_{H2} 等频率对应的电压增益。

五、实验要求及任务

1. 实验前的准备

(1)电路设计要求

①根据给定的技术指标的要求以及器件设计出原理电路图，分析工作原理，计算元器件的参数。

②列出所用元器件清单。

(2)自行设计测试步骤和测试表格

①测试内容包括中音频频率 f_o 及增益 A_{uo} 的测试、低音转折频率 f_{L1} 的测试、中音转折频率 f_{L2} 的测试、中音转折频率 f_{H1} 和高音转折频率 f_{H2} 的测试。

②自拟实验步骤和测试方法。

③根据实验任务自拟测试表格。

④分析实验结果，并说明电路的特点。

(3)用 Multisim 仿真软件进行仿真

绘制仿真的幅频特性曲线。

2. 实验任务

在实验箱上搭建所设计的电路，并按照自行设计的实验步骤测试、验证设计的电路方案。

(1)实验准备工作

①检查实验仪器。

②根据自行设计的电路图选择实验器件。

③检测实验器件和导线，排除具有接触不良和断路的导线。

(2)根据自行设计的电路图搭建实际的电路。

(3)测量性能指标，按照要求作相应的调整，使电路能够满足技术指标的要求。

3. 实验后的总结

(1)设计中遇到的问题及解决过程。

(2)调试中遇到的问题及解决过程。

(3)根据设计技术指标及实验记录总结实验体会。

六、实验报告要求

(1)写出设计步骤及计算结果。

(2)列出元器件清单，要求有编号、型号名称。

(3)写出调试步骤。

(4)对实验结果要有正规的记录及分析。

实验 5　测量放大器的设计与实验

一、实验目的

(1)进一步掌握集成运算放大器的工作原理及其应用。

(2)掌握低频小信号放大电路的设计方法。

(3)学习测量放大器的设计与调试方法。

(4)了解测量放大器的设计思路和常用的实现方法。

二、实验仪器及备用元器件

1. 实验仪器

函数信号发生器、数字示波器、数字万用表、交流毫伏表。

2. 实验备用器件

集成运放 LM324，电阻、电容若干。

三、设计任务与要求

设计并安装一个由集成运算放大器组成的测量放大器，电路如图 5.5.1 所示。输入信号 $u_i = u_B - u_A$ 取自桥式电路的输出。当敏感电阻元件的阻值 $R_x = R$ 时，$u_i = u_B - u_A =$

0;当 R_x 受外界因素的影响改变时,将产生 $u_i=u_B-u_A\neq0$ 微弱的电压信号,经测量放大器放大输出 u_o 后,就可以送到后级信号处理电路进行处理。所设计的测量放大器需要满足以下基本要求:

(1)差模电压放大倍数 A_{ud} 在 10～1000 范围内可以手动连续调节。

(2)输入阻抗 $R_{id}\geqslant1$ MΩ。

(3)共模抑制比 $K_{CMR}>70$ dB。

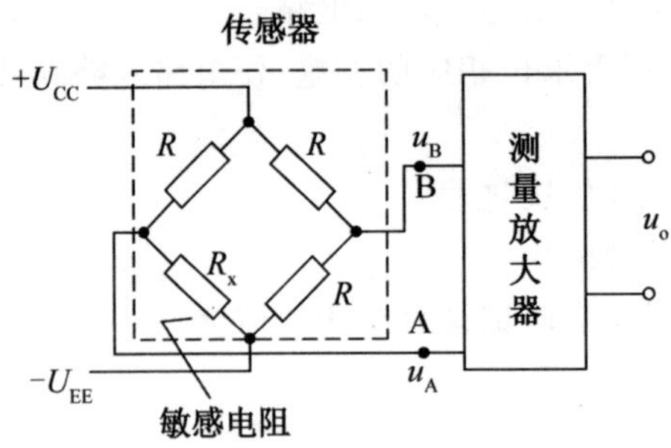

图 5.5.1 测量放大器的原理框图

四、测量放大器的设计原理

测量放大器的主要功能是把电桥输出的双端小信号放大并转换为单端信号输出,同时要求对共模信号及其他干扰、噪声有较强的抑制能力。

测量放大器的主要技术指标是差模电压放大倍数、共模抑制比和差模输入电阻。对于所采纳的设计方案,应综合考虑技术指标,也可以各有侧重。当电压放大倍数较高时,应采用多级电压放大电路,并引入电压串联负反馈,以保证电压放大倍数的稳定性和对输入电阻、通频带的要求。当要求共模抑制比较高时,应采用差模差分放大电路,并尽量使电路参数对称。具有差分放大结构的低噪声、低漂移集成运放是实现上述功能的主要器件。

常用的测量放大器电路如图 5.5.2 所示。这是一个三运放测量放大器。第一级为相互并联的两个电压跟随放大电路,即 a 和 b 两点的电压分别为对应的输入信号电压 $u_a=u_{i1}$,$u_b=u_{i2}$,由"虚短"和"虚断"的概念可以分析得知流经电阻 R、R_W 的电流相等,所以

$$\frac{u_{o1}-u_{o2}}{2R+R_W}=\frac{u_a-u_b}{R_W}=\frac{u_{i1}-u_{i2}}{R_W}$$

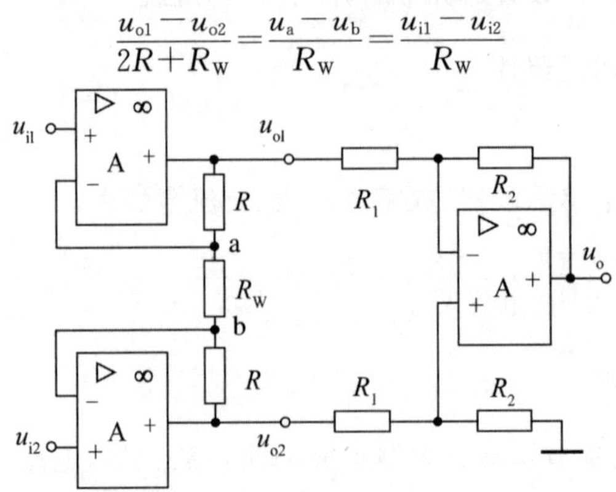

图 5.5.2 测量放大器

$$u_{o2}-u_{o1}=\frac{2R+R_W}{R_W}(u_{i2}-u_{i1})$$

第二级为差动输入式放大电路，输出电压为

$$u_o=\frac{R_2}{R_1}(u_{o2}-u_{o1})$$

所以测量放大电路的输出为

$$u_o=\frac{R_2}{R_1}\cdot\frac{2R+R_W}{R_W}(u_{i2}-u_{i1}) \tag{5.5.1}$$

测量放大电路的差模电压放大倍数为

$$A_{ud}=\frac{u_o}{u_{i2}-u_{i1}}=\frac{R_2}{R_1}\cdot\frac{2R+R_W}{R_W} \tag{5.5.2}$$

显然调节电位器 R_W 即可调节总增益。

若 $R_2=R_1=10\ \text{k}\Omega$，$R=100\ \text{k}\Omega$，要求总增益分别为 1000、100、10 和 1 时，所需要的 R_W 的值可以计算如下：

由 $A_{ud}=\dfrac{u_o}{u_{i2}-u_{i1}}=\dfrac{R_2}{R_1}\cdot\dfrac{2R+R_W}{R_W}$，得 $R_W=\dfrac{2R}{\dfrac{R_1}{R_2}A_{ud}-1}$，于是得到

当 $A_{ud}=1000$ 时，$R_W=200.2\ \Omega$；当 $A_{ud}=100$ 时，$R_W=2.02\ \text{k}\Omega$；

当 $A_{ud}=10$ 时，$R_W=22.22\ \text{k}\Omega$；当 $A_{ud}=1$ 时，$R_W=\infty$。

当输入共模信号时，$u_{ic}=u_{i1}=u_{i2}$，因为 $u_a=u_b=u_{ic}$，使流经 R_W 的电流为零，输出电压 $u_o=0$，显然图 5.5.2 的第一级具有很高的抑制共模信号的能力，而且这一级的差模增益越高，共模抑制比就越高。第二级主要实现将双端输出信号转换为单端输出。

由以上分析可知，只要调节电位器 R_W 的大小，就可以得到满意的电压放大倍数，而且输入电阻可以近似为无穷大。

五、实验要求及任务

1. 实验前的准备

(1)电路设计要求

①根据给定的技术指标的要求以及器件设计出原理电路图，分析工作原理，计算元器件的参数。

②列出所用元器件清单。

(2)自行设计测量放大器差模电压增益 A_{ud} 的方法、步骤。

(3)用 Multisim 仿真软件进行仿真。

2. 实验任务

在实验箱上搭建所设计的电路，并按照自行设计的实验步骤测试、验证设计的电路方案。

(1)实验准备工作

①检查实验仪器。

②根据自行设计的电路图选择实验器件。

③检测实验器件和导线，排除具有接触不良和断路的导线。

(2)根据自行设计的电路图搭建实际的电路。

(3)测量性能指标，按照要求作相应的调整，使电路能够满足技术指标的要求。

3.实验后的总结

(1)设计中遇到的问题及解决过程。

(2)调试中遇到的问题及解决过程。

(3)分析设计技术指标与实验数据的差异，总结实验体会。

六、实验报告要求

(1)写出设计步骤及计算结果。

(2)列出元器件清单，要求有编号、型号名称。

(3)写出调试步骤。

(4)对实验结果要有正规的记录及分析。

七、思考题

列举你所能考虑到的测量放大器的实现方法(1～2个方案)。

实验6　音频电子混响器的设计与实验

一、实验目的

(1)进一步掌握集成运算放大器的工作原理及其应用。

(2)学习电子混响器的设计与调试方法。

(3)了解混响器的作用与工作原理。

二、实验仪器及备用元器件

1.实验仪器

函数信号发生器、数字示波器、数字万用表、交流毫伏表。

2.实验备用器件

集成运放LM324，音频延迟集成电路MN3207，时钟脉冲驱动器MN3102，电阻、电容若干。

三、音频电子混响器的电路原理

电子混响器的作用是用电路模拟声音的多次反射，产生混响效果，使声音听起来具有一定的深度感和空间立体效果。通常在“卡拉OK”伴唱机中，都带有电子混响器。电子混响器的组成框图如图5.6.1所示。其中BBD器件称为模拟延时集成电路，内部是由场效应管构成的多级电子开关和高精度存储器。在外加时钟脉冲的作用下，这些电子开关不断地接通和断开，对输入信号进行取样、保持并向后级传递，从而使 BBD 的输出信号相对于输入信号延迟了一段时间。BBD 的级数越多，时钟脉冲的频率越高，延迟的时间就越长。BBD 配有专用时钟电路，如 MN3102 时钟脉冲驱动电路与音频延迟电路 MN3200 系列的 BBD 器件配套。

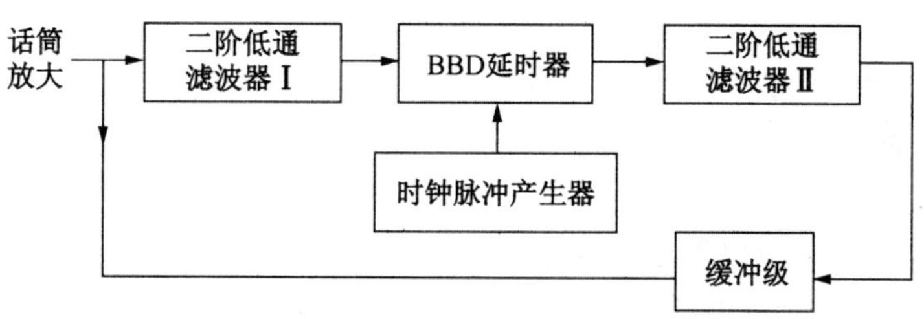

图 5.6.1　电子混响器的组成框图

电子混响器的实验电路如图 5.6.2 所示，其中两级二阶(MFB)低通滤波器 A_1、A_2 滤去4 kHz(语音)以上的高频成分，反相器 A_3 用于隔离混响器的输出与输入级间的相互影响。R_{p1} 控制混响器的输入电压，R_{p2} 控制 MN3207 的输出平衡以减小失真，R_{p3} 控制延迟时间，R_{p4} 控制混响器的输出电压。

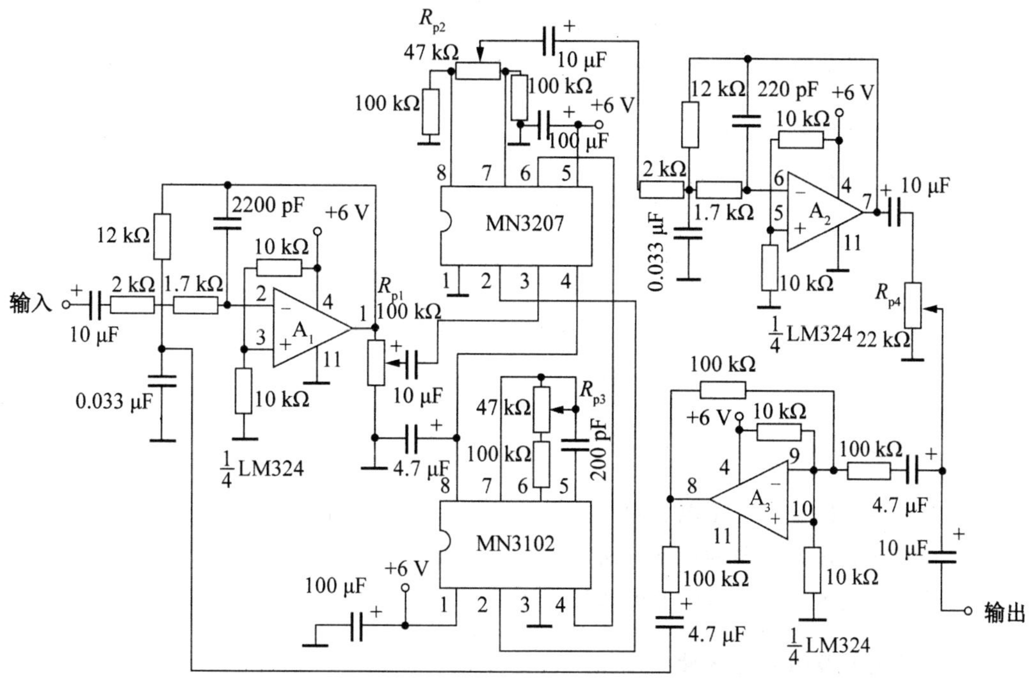

图 5.6.2　电子混响器的实验电路

四、实验要求及任务

1. 实验前的准备

(1)熟悉音频延迟集成电路 MN3207、时钟脉冲驱动器 MN3102 的功能及其使用方法，查阅它们的引脚功能。

(2)分析图 5.6.2 所示电路的工作原理，以及 A_1、A_2、A_2所组成的电路的工作原理和在混响器中的作用。

(3)自行设计电子混响器的调试方法、步骤。

2. 实验任务

在实验箱上搭建实验电路，并按照自行设计的实验步骤测试、验证设计的电路方案。

(1)实验准备工作

①检查实验仪器。

②根据自行设计的电路图选择实验器件。

③检测实验器件和导线，排除具有接触不良和断路的导线。

(2)根据自行设计的电路图搭建实际的电路。

(3)测量性能指标，按照要求作相应的调整，使电路能够满足技术指标的要求。

3. 实验后的总结

(1)设计中遇到的问题及解决过程。

(2)调试中遇到的问题及解决过程。

(3)分析设计技术指标与实验数据的差异，总结实验体会。

五、实验报告要求

(1)写出实验步骤。

(2)写出调试方法、步骤。

(3)对实验结果要有正规的记录及分析。

实验 7　直流稳压电源的设计

一、实验目的

(1)进一步掌握直流稳压电源的工作原理。

(2)掌握直流稳压电源的设计方法。

(3)进一步熟悉直流稳压电源的调试与测量方法。

二、实验仪器及备用元器件

1. 实验仪器

数字示波器、数字万用表、交流毫伏表。

2. 实验备用器件

三端集成稳压器 7805、LM317，集成运放 LM324，功率三极管 TIP41C，稳压二极管，整流二极管，电阻、电容若干。

三、设计任务与要求

根据给定的备选器件设计一个直流稳压电源，要求满足以下指标的要求：

(1)输出电压在 6～9 V 范围内连续可调。

(2)最大输出电流不大于 100 mA。

(3)稳压系数小于 5×10^{-3}。

(4)输出内阻小于 0.1 Ω。

(5)具有过流保护电路，输出电流大于 100 mA 时启动保护。

四、直流稳压电源的设计原理

直流稳压电源的功能是把输入的 220 V 交流电压转化为符合可调范围和带负载能力的直流低电压，完成这一功能的系统包含降压变压器、整流、滤波、稳压等环节。

实现的系统可以是串联负反馈型连续调整式稳压电源，也可以采用集成三端稳压器结合串联反馈型稳压电源的设计思路(参见第四章直流稳压电源)。

串联型稳压电源的内阻很小，如果输出端短路，则输出短路电流会很大。同时输入电压将全部降落在调整管上，使调整管的功耗大大增加，调整管将因过损耗发热而损坏，为此必须对稳压电源的短路进行保护。

过流保护方法有截流型过流保护和限流型过流保护。

截流型过流保护：当发生短路时，通过保护电路使调整管截止，从而限制了短路电流，使之接近为零。截流特性如图 5.7.1(a)所示。

限流型过流保护：当发生短路时，通过电路中取样电阻的反馈作用，使输出电流得以限制。限流特性如图 5.7.1(b)所示。

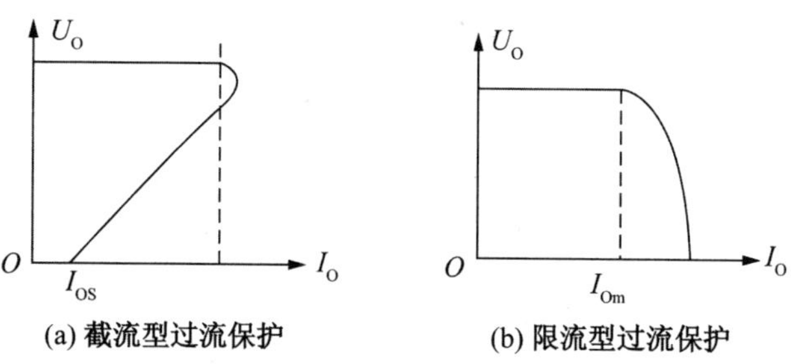

图 5.7.1　常用的两种过流保护特性

图 5.7.2 为具有限流保护电路的串联负反馈型稳压电源。R_o 为保护电路的采样电阻，流过 R_o 的电流为稳压电路的输出电流 I_O。电路的保护原理是：

当电路正常工作时，保护三极管 T_1 的 b-e 间电压 $U_{BE1}=I_OR_o<U_{BE(on)1}$，$T_1$ 处于截止状态；当电路出现过流时，即 I_O 增大，R_o 上的压降也增大，一旦满足 $I_OR_o>U_{BE(on)1}$，T_1 管就会导通，调整管 T 的基极电流被分流，限制了流过调整管 T 的发射极电流，起到了保护调整管 T 的作用。

调整管允许的发射极电流 I_{Om} 为

$$I_{Om}=I_{Em}\approx\frac{U_{BE(on)1}}{R_o}$$

这种电路的缺陷是:在保护电路起作用后,调整管 T 仍会有较大的工作电流,因而也就有较大的功率损耗,所以不适合大功率电路。

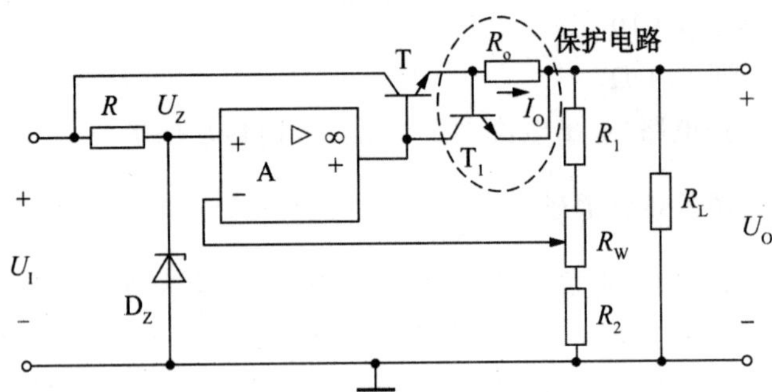

图 5.7.2 限流型过流保护电路

图 5.7.3 为具有截流保护电路的串联负反馈型稳压电源。采样电阻 R_o、T_1、R_a、R_b 共同构成保护电路,稳压电路的输出电流为 I_O。电路的保护原理如下:

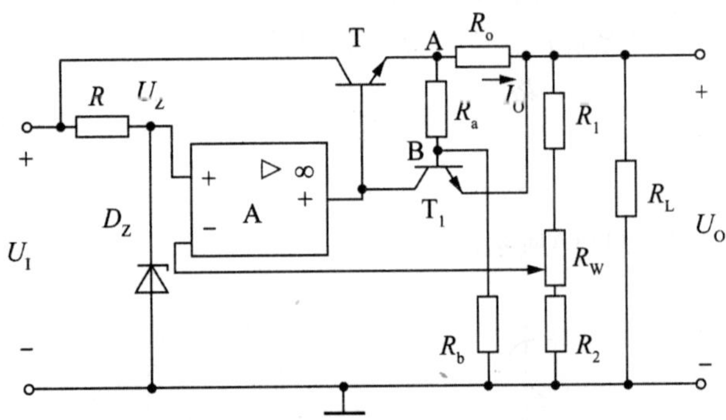

图 5.7.3 截流型过流保护电路

由电路图可以看出,电路中 A、B 两点的电位分别为

$$U_A=I_OR_o+U_O$$

$$U_B=\frac{R_b}{R_a+R_b}U_A$$

因而 T_1 管的 b-e 间电压为

$$U_{BE1}=U_B-U_O=\frac{R_b}{R_a+R_b}U_A-U_O=\frac{R_b}{R_a+R_b}(I_OR_o+U_O)-U_O$$

当 I_O 增大时,U_{BE1} 随之增大,未过流时,$U_{BE1}<U_{BE(on)1}$,T_1 截止。当 I_O 增大到一定数值或输出短路时,将会使 $U_{BE1}>U_{BE(on)1}$,T_1 导通。显然 T_1 一旦导通将对调整管的基极电流分流,使 I_O 减小,导致输出电压 U_O 减小。此时虽然 U_B 随 U_O 的下降而下降,但 U_O 下降的幅值大于 U_B,使流过 T_1 的电流进一步增大,调整管的电流 I_O 进一步减小,最终小到一个较小的数值 I_{OS},达到保护调整管的目的。该电路输出电流的最小值为

$$I_{OS} \approx \frac{U_{BE(on)}}{kR_o}, \quad k=\frac{R_b}{R_a+R_b}$$

五、实验要求及任务

1.实验前的准备

(1)电路设计要求

①根据给定的技术指标的要求以及器件设计出原理电路图,分析工作原理,计算元器件的参数。

②列出所用元器件清单。

(2)自行设计调试、测量稳压电源的方法、步骤。

(3)用 Multisim 仿真软件进行仿真。

2.实验任务

在实验箱上搭建所设计的电路,并按照自行设计的实验步骤测试、验证设计的电路方案。

(1)实验准备工作

①检查实验仪器。

②根据自行设计的电路图选择实验器件。

③检测实验器件和导线,排除具有接触不良和断路的导线。

(2)根据自行设计的电路图搭建实际的电路。

(3)测量性能指标,按照要求作相应的调整,使电路能够满足技术指标的要求。

3.实验后的总结

(1)设计中遇到的问题及解决过程。

(2)调试中遇到的问题及解决过程。

(3)分析设计技术指标与实验数据的差异,总结实验体会。

六、实验报告要求

(1)写出设计步骤及计算结果。

(2)列出元器件清单,要求有编号、型号名称。

(3)写出调试步骤。

(4)对实验结果要有正规的记录及分析。

实验 8　音响放大器的设计

一、实验目的

(1)掌握由集成运算放大器组成单电源交流放大器的设计方法。

(2)掌握集成功率放大器的使用及设计方法。

(3)掌握音响放大器的安装、调试技术。

(4)进一步提高对模拟电子电路的故障排查及测试能力。

(5)提高对模拟电子技术的系统设计及查阅资料的能力。

二、实验仪器及备用元器件

1. 实验仪器

函数信号发生器、数字示波器、数字万用表、交流毫伏表。

2. 实验备用器件

集成运放 LM324，集成功率放大器 TDA2030，电阻、电容若干。

三、设计任务与要求

利用集成运算放大器和集成功率放大器，设计一个音响放大器，要求满足以下指标的要求：

(1)可以接收输入话筒信号，其有效值 U_i 不大于 10 mV，内阻约 600 Ω。

(2)音响放大器的输入阻抗 $R_i \geqslant 20$ kΩ。

(3)音响放大器的频率响应为 40 Hz～15 kHz。

(4)音响放大器的输出功率 $P_{oM}=0.5$ W，扬声器阻抗为 8 Ω，输出功率连续可调。

(5)输出噪声电压的有效值 $U_{oN} \leqslant 20$ mV。

(6)采用单电源供电方式。

四、参考设计方案及电路原理

由于该音响放大器的输入信号小，输出信号幅度较大，因此需要设计一个多级放大器，以实现设计要求。根据设计任务，可以将音响放大器分成前置放大级、中间电压放大级和功率放大级。前置放大级的主要作用是解决输入信号的阻抗匹配问题，应该具有低噪声的特点；中间电压放大级是主要的电压放大级，要求电路具有高增益和频率响应好的特点；功率放大级主要向扬声器提供大的输出功率。

根据指标的要求，输出功率 $P_{oM}=0.5$ W，负载为 8 Ω，因此要求输出电压为

$$U_o=\sqrt{P_{oM}R_L}=2\ \text{V}$$

则音响放大器系统的总增益为

$$A_u=\frac{U_o}{U_i}=\frac{2}{0.01}=200$$

根据上述计算，音响放大器系统的总增益不低于 200，取 300。

由上述分析知，该音响放大器的各级增益分配如图 5.8.1 所示。

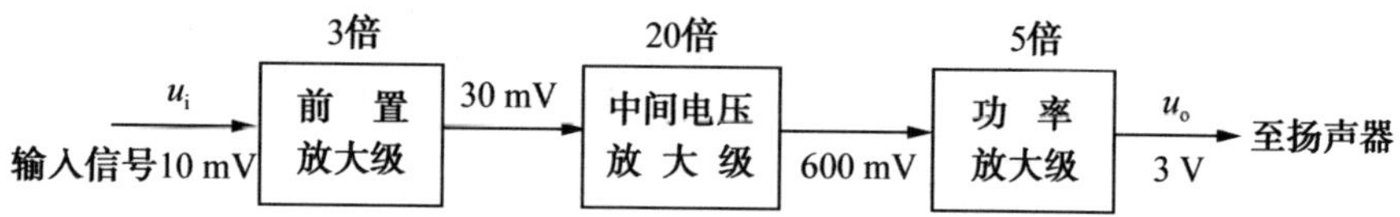

图 5.8.1　音响放大器的系统框图

1. 前置放大级的参考电路及参数计算

由于该音响放大器采用的是单电源供电，且要求输入阻抗高、噪声低，因此采用图 5.8.2 所示的电路。其中电阻 R_2、R_3 是偏置电阻，为集成运放提供合适的静态工作点。静态时，要求运放同相端的直流电位等于电源电压的一半，即

$$U_+ \approx U_- \approx U_o = \frac{R_3}{R_2 + R_3} U_{CC}$$

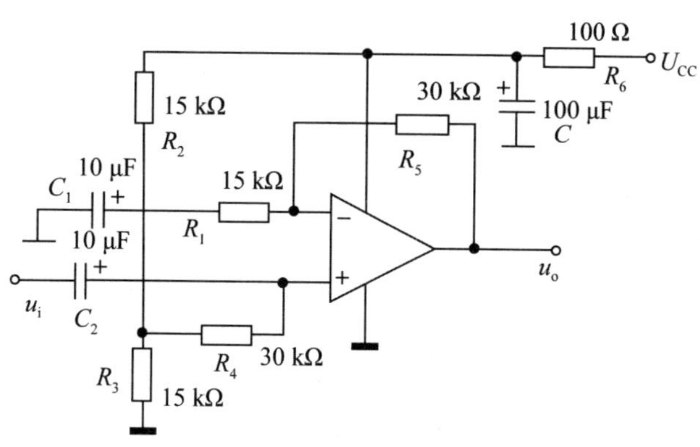

图 5.8.2　单电源同相交流放大器

图 5.8.2 所示电路的交流电压放大倍数为

$$A_u = 1 + \frac{R_5}{R_1}$$

放大器的输入电阻为

$$R_i = R_4 + R_3 /\!/ R_2$$

放大器的输出电阻为

$$R_o \approx 0$$

耦合电容 C_1、C_2 的取值可以根据交流放大器的下限频率的要求计算如下：

$$C_1 = C_2 = (3 \sim 10)\frac{1}{2\pi R_X f_L}$$

其中 R_X 为耦合电容所在回路的等效电阻。

2. 中间电压放大级的参考电路及参数计算

中间电压放大级要求具有较大的电压放大能力、较宽的通频带，因此可以采用单电源供电的反相交流放大电路，参考电路如图 5.8.3 所示。图中电阻 R_2、R_3 是偏置电阻，为集成运放提供合适的静态工作点。

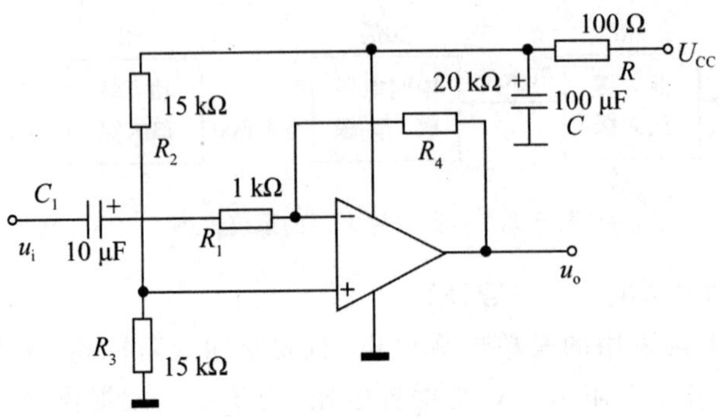

图 5.8.3　单电源反相交流放大器

图 5.8.3 所示电路的交流电压放大倍数为

$$A_u = -\frac{R_4}{R_1}$$

放大器的输入电阻为

$$R_i \approx R_1$$

3. 功率放大器的参考电路及参数计算

功率放大器有多种结构和形式，由集成功率放大器 TDA2030 组成的单电源 OTL 功率放大电路如图 5.8.4 所示。TDA2030 内部包含输入级、中间级和输出级，并且具有短路保护和热保护电路，具有体积小、输出功率大、失真小、外接元件少等优点。图中 R_p 是音量调节电位器，电阻 R_5、R_3 是偏置电阻，为 TDA2030 提供合适的静态工作点。电容 C 滤除音频信号中的高频干扰；电容 C_4、C_5 是电源滤波电容，防止电路产生自激振荡；功率放大器的输出与反相输入端的电阻 R_1、R_2 及电容 C_3 构成了负反馈电路，改变电阻 R_1、R_2 就可以改变功率放大器的交流电压放大倍数，即

$$A_u = 1 + \frac{R_2}{R_1}$$

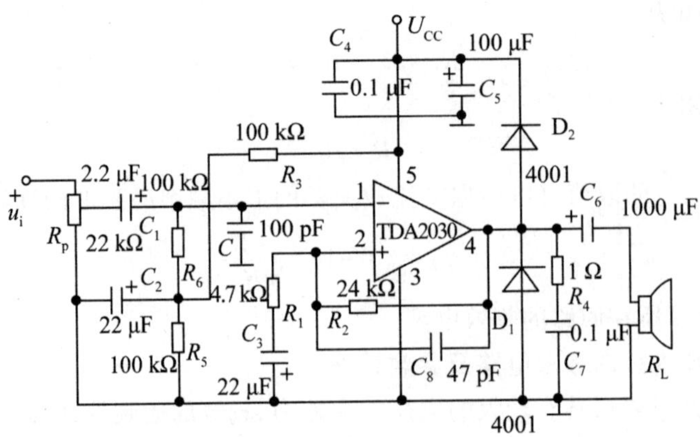

图 5.8.4　由 TDA2030 构成的单电源供电的功率放大器

电路中 47 pF 的电容 C_8用于消除电路的自激振荡；R_4、C_7为扬声器的补偿网络，以保证高频的稳定性；二极管 D_1、D_2用以防止感性负载反冲而出现的输出电压过高而造成 TDA2030 损坏。

五、实验要求及任务

1. 实验前的准备

(1)电路设计要求

①根据给定的技术指标的要求以及器件设计出原理电路图，分析工作原理，计算元器件的参数。

②列出所用元器件清单。

(2)自行设计调试、测量稳压电源的方法、步骤。

(3)用 Multisim 仿真软件进行仿真。

(4)安装电路前，仔细检查各个元器件的好坏，检测元器件的参数。

2. 实验任务

合理布局、布线，完成实验电路安装，并按照自行设计的实验步骤测试、验证设计的电路方案。

(1)单元电路调试

①首先对每一级电路进行静态测试，接通电源后，各单元电路的静态工作点要正常。

②对各级单元电路施加一定频率及幅值的正弦信号，用示波器观察相应的输出信号的波形是否正常，有无自激振荡现象，并排除。

(2)整机联调

负载 R_L 采用 10 Ω/1 W 的电阻，将音响放大器各级相互连接，在输入端接入10 mV、1 kHz的正弦信号，用示波器观察相应的输出信号的波形是否正常，有无自激振荡现象，并排除。

(3)性能指标的测量

测试整机电路的电压增益、最大不失真输出功率、效率、频率响应、噪声电压等。

(4)试听

指标测试完成后，可以将话筒或其他音源的音频信号接入到放大器输入端，用 0.5 W/8 Ω的扬声器代替 R_L，该系统应该音质清晰、无杂音、无啃叫，工作稳定可靠。

3. 实验后的总结

(1)设计中遇到的问题及解决过程。

(2)调试中遇到的问题及解决过程。

(3)分析设计技术指标与实验数据的差异，总结实验体会。

六、实验报告要求

(1)写出设计步骤及计算结果。

(2)列出元器件清单，要求有编号、型号名称。

(3)写出调试步骤。

(4)对实验结果要有正规的记录及分析。

七、思考题

(1)在图 5.8.2 所示的电路中,如果将电容 C_1 对地短路,电路将出现什么现象?

(2)在图 5.8.3 所示的电路中,如果将运算放大器的同相端接地,电路将出现什么现象?

(3)音响放大器的自激啃叫主要产生在哪些环节?如何消除?

(4)在设计音响放大器的前置级放大电路时,主要应该考虑什么问题?

(5)如果将 TDA2030 换成集成运算放大器和功率三极管实现,试画出设计的电路图,并确定相应的元器件参数及型号。

第六章　电子线路课程设计

第一节　电子线路课程设计概述

电子线路课程设计包括选择课题，电子电路设计、组装、调试和编写总结报告等教学环节。本节主要介绍课程设计的有关知识。

一、电子电路的设计方法

设计一个电子电路系统时，首先必须明确系统的设计任务，根据任务进行方案选择，然后对方案中的各部分进行单元电路的设计、参数计算和器件选择，最后将各部分连接在一起，画出一个符合设计要求的完整的系统电路图。

1.明确系统的设计任务

对系统的设计任务进行具体分析，充分了解系统的性能、指标、内容及要求，以便明确系统应完成的任务。

2.方案选择

这一步的工作要求是把系统要完成的任务分配给若干个单元电路，并画出一个能表示各单元功能的整机原理框图。

方案选择的重要任务是根据掌握的知识和资料，针对系统提出的任务、要求和条件，完成系统的功能设计。在这个过程中，要敢于探索，勇于创新，力争做到设计方案合理、可靠、经济、功能齐全、技术先进，并且要不断地对方案进行可行性和优缺点的分析，最后设计出一个完整框图。框图必须正确反映系统应完成的任务和各组成部分的功能，清楚表示系统的基本组成和相互关系。

3.单元电路的设计、参数计算和器件选择

这一步的工作要求是根据系统的指标和功能框图，明确各部分的任务，进行各单元电路的设计、参数计算和器件选择。

(1)单元电路的设计

单元电路是整机的一部分，只有把各单元电路设计好才能提高整体设计水平。

每个单元电路设计前都需明确本单元电路的任务，详细拟定出单元电路的性能指标，以及与前后级之间的关系，分析电路的组成形式。具体设计时，可以模仿成熟的先进电路，也可以进行创新或改进，但都必须保证性能要求。而且，不仅单元电路本身要设计合理，各单元电路间也要相互配合，要注意各部分的输入信号、输出信号和控制信号的关系。

(2)参数计算

为保证单元电路达到功能指标的要求，就需要用电子技术知识对参数进行计算。例如，放大电路中各电阻值、放大倍数的计算，振荡器中电阻、电容、振荡频率等参数的计算。只有很好地理解电路的工作原理，正确利用计算公式，才能保证计算出的参数满足要求。

进行参数计算时，同一个电路可能有几组数据，要注意选择一组能完成电路设计要求的功能、在实践中真正可行的参数。

计算电路参数时应注意下列问题：

①元器件的工作电流、电压、频率和功耗等参数应能满足电路指标的要求。

②元器件的极限参数必须留有足够的裕量，一般应大于额定值的 1.5 倍。

③电阻和电容的参数应选计算值附近的标称值。

(3)器件选择

①阻容元件的选择：电阻和电容的种类很多，正确选择电阻和电容很重要。不同的电路对电阻和电容的性能要求也不同，有些电路对电容的漏电要求很严，还有些电路对电阻、电容的性能和容量要求很高。例如，滤波电路中常用大容量(100 ～3000 μF)铝电解电容，为滤掉高频通常还需并联小容量(0.01 ～0.1 μF)瓷片电容。设计时要根据电路的要求选择性能和参数合适的阻容元件，并要注意功耗、容量、频率和耐压范围是否满足要求。

②分立元件的选择：分立元件包括二极管、晶体三极管、场效应管、光电二(三)极管、晶闸管等，应根据其用途分别进行选择。

选择的器件种类不同，注意事项也不同。例如，选择晶体三极管时，首先要注意的是选择 NPN 型管还是 PNP 型管，是高频管还是低频管，是大功率管还是小功率管，并要注意管子的参数 P_{CM}、I_{CM}、V_{CEO}、I_{CBO}、β、f_T 和 f_β 是否满足电路设计指标的要求，高频工作时，要求 $f_T=(5\sim10)f$，f 为工作频率。

③集成电路的选择：由于集成电路可以实现很多单元电路甚至整机电路的功能，所以选用集成电路来设计单元电路和总体电路既方便又灵活。它不仅使系统体积缩小，而且性能可靠，便于调试及运用，在设计电路时颇受欢迎。

集成电路有模拟集成电路和数字集成电路两种。国内外已生产出大量集成电路，其器件的型号、原理、功能、特征可查阅有关手册。

选择的集成电路不仅要在功能和特性上实现设计方案，而且要满足功耗、电压、速度、价格等多方面的要求。

4.电路图的绘制

为详细表示设计的整机电路及各单元电路的连接关系，设计时需绘制完整的电路图。

电路图通常是在系统框图、单元电路设计、参数计算和器件选择的基础上绘制的，它是组装、调试和维修的依据。绘制电路图时要注意以下几点：

(1)布局合理，排列均匀，图面清晰，便于看图，有利于对图的理解和阅读。有时一个总电路由几部分组成，绘图时应尽量把总电路画在一张图纸上。如果电路比较复杂，需绘制几张图，则应把主电路画在同一张图纸上，而把一些比较独立或次要的部分画在另外的图纸上，并在图的断口两端做上标记，标出信号从一张图到另一张图的引出点和引入点，以此说明各图纸在电路连线之间的关系。

有时为了强调并便于看清各单元电路的功能关系，每一个功能单元电路的元件应集中布置在一起，并尽可能按工作顺序排列。

(2)注意信号的流向。一般从输入端或信号源画起，由左至右或由上至下按信号的流向依次画出各单元电路，而反馈通路的信号流向则与此相反。

(3)图形符号要标准，图中应加适当的标志。图形符号表示器件的项目或概念。电路图中的中、大规模集成电路器件一般用方框表示，在方框中标出它的型号，在方框的边线两侧标出每根线的功能、名称和管脚号。除中、大规模器件外，其余元器件的符号应当标准化。

(4)连接线应为直线，并且交叉和折弯应最少。通常连线可以水平布置或垂直布置，一般不画斜线，互相连通的交叉处用实心圆点表示。根据需要，可以在连接线上加注信号名或其他标记，表示其功能或其去向。有的连线可用符号表示，例如器件的电源一般标电源电压的数值，地线用接地符号(⊥)表示。

设计的电路是否能满足设计要求，还必须通过组装、调试进行验证。

二、电子电路的组装

电子电路设计好后，便可进行组装。

电子线路课程设计中组装电路通常采用焊接和实验箱上插接两种方式。焊接组装可提高学生焊接技术，但器件可重复利用率低。在实验箱上组装，元器件便于插接且电路便于调试，并可提高器件的重复利用率。

1. 在实验箱上用插接方式组装电路的方法

(1)集成电路的装插

插接集成电路时，首先应认清方向，不要倒插，所有集成电路的插入方向应保持一致，注意管脚不能弯曲。

(2)元器件的装插

根据电路图的各部分功能，确定元器件在实验箱的插接板上的位置，并按信号的流向将元器件顺序地连接，以便于调试。

(3)导线的选用和连接

导线直径应和插接板的插孔直径相一致，过粗会损坏插孔，过细则会与插孔接触不良。

为方便检查电路，导线可以根据不同用途选用不同颜色。一般习惯是正电源用红线，负电源用蓝线，地线用黑线，信号线用其他颜色的线等。

连接用的导线要求紧贴在插接板上，避免接触不良。连接线不允许跨在集成电路上，一般从集成电路周围通过，尽量做到横平竖直，这样便于查线和更换器件，高频电路部分的连线应尽量短。

组装电路时注意，电路之间要共地。正确的组装方法和合理的布局，不仅使电路整齐美观，而且能提高电路工作的可靠性，便于检查和排除故障。

2.焊接组装电路的方法

(1)元件的排列、固定和连接

元件的排列对电路的性能影响很大。不同电路在排列元器件时有不同的要求。因此,在动手安装前要先了解原理电路图,根据电路要求,对全部元件如何合理地排列有一个整体的布局。考虑元件排列时,一般应注意以下几点:

①合理安排输入输出、电源及各种可调元件(如电位器等)的位置,力求使用、调节方便、安全。

②输入电路与输出电路不要靠近,避免寄生耦合产生自激振荡。

③各元件的连线应尽量做到短和直,尤其是高频部分的接线,更应该尽量短。但应同时注意整齐、美观。

④元件安装时应注意使标称数值的面朝上,或朝向易看清楚的方向,以便于检查。

⑤电解电容要注意正极接高电位,负极接低电位。

⑥任何元件和接线相互之间不能悬空和晃动,必须焊接于底板的铆钉上。

⑦体积大的元件光靠焊接不能固定,必须用支架固定在底板上(或底板的边框上)。

⑧元件上的接线需要绝缘时,要套上绝缘套管,并且要套到底。

⑨铆钉底板上要用镀银铜线作为公共电源线或地线。

⑩为了便于检查,所用外接线的颜色应力求有规律。通常都是正电源引线用红色,地线用黑色,负电源引线用白色或其他颜色。

(2)基本焊接技术

焊接技术是电子线路实验技能中的基本技能。焊接质量的好坏直接影响电路是否能正常工作,要保证焊接质量,应注意以下几点:

①器件引脚和焊接点要刮除干净。焊接前元件的清洁工作是保证焊接质量的关键。元件引脚被氧化后对焊锡的吸附力小,导电性能差。因此,焊接前一定要将元件和焊接点的金属表面绝缘漆或氧化层刮除,随即进行上锡工作。对原来已经上过锡的金属(如果已经失去光泽),也必须重新上锡。

②烙铁头的温度和焊接时间要适当。如果焊接时间太短,由于焊点处温度低,焊剂没有充分挥发,在焊锡和金属之间就会隔着一层焊剂,形成"虚焊";反之,温度过高,焊接时间过长,会使焊件烫坏或变值,还会损坏印刷电路板和胶木板等。因此焊接时间要适当,使焊锡自然溶解。

③焊接的方法。焊接时,应以烙铁头的一个面去接触焊点,这样传热面大,焊接快又好,而不要只接触一个点,更不要将烙铁头在焊接点上来回移动或用力下压。

④焊接点上的焊锡要适量。焊接点处的焊锡量若太少,不容易焊牢;若焊锡过多,则内部不一定焊透,有时反而不牢,同时还容易和附近的焊接点发生短路。因此焊锡只需将焊接点处的接头刚浸没就足够了。

⑤注意事项。在焊锡还没有凝固时,切勿移动被焊接的元件或接线,否则焊锡就会凝成砂状,附着不牢,造成虚焊。

⑥铆钉胶木板的焊接。在使用铆钉胶木板焊接之前,要先将铆钉刮干净,上好锡,然后把上过锡的元件按照排列的位置插入铆钉孔内,然后用烙铁将焊点焊牢,一般要求一个

铆钉孔焊一个元件头，元件间用镀银铜线连接。

⑦焊接次序。为了焊接方便，一般都先焊公共电源线和地线，然后再焊接元件。焊接时，可先用镊子夹住管脚或元件引线再进行焊接。

⑧使用烙铁的注意事项：

a.新烙铁在使用前，先用细锉刀将烙铁头表面的氧化物锉干净，然后接通电源。当烙铁头加热到开始变成紫色时，先在它上面涂上一层松香，再将烙铁放在焊锡上轻擦，使烙铁头均匀地涂上一层薄薄的锡。

对于旧烙铁，如果烙铁头表面有一层黑色氧化物或出现凹孔，必须用锉刀锉除，然后重新上锡。

b.为了保护烙铁，在加热一定时间后（一般 2～3 小时），就要拔除电源冷却一下，再继续使用。新烙铁在焊接一段时间以后，应将烙铁头从烙铁芯内抽出，刮去烙铁头后部的氧化层再插入烙铁芯内，以免烙铁“烧死”。旧烙铁也需经常将烙铁头抽出去，除氧化层。

c.使用烙铁时，不要猛力敲打，以免电阻丝或引线被震断。

三、电路的调试

实践表明，一个电子装置，即使按照设计的电路参数进行安装，往往也难于达到预期的效果。这是因为人们在设计时，不可能周密地考虑各种复杂的客观因素（如元件值的误差、器件参数的分散性、分布参数的影响等），必须通过安装后的测试和调整，来发现和纠正设计方案的不足和安装的不合理，然后采取措施加以改进，使装置达到预定的技术指标。因此，掌握调试电子电路的技能对于每个从事电子技术及其有关领域工作的人员来说都是非常重要的。

实验和调试的常用仪器有万用表、稳压电源、示波器、信号发生器和扫描仪等。

1.调试前的直观检查

电路安装完毕，通常不宜急于通电，先要认真检查一下。检查内容包括：

(1)连线是否正确

检查电路连线是否正确，包括错线、少线和多线。查线的方法通常有两种：

①按照电路图检查安装的线路。这种方法的特点是，根据电路图连线，按一定顺序逐一检查安装好的线路。由此，可比较容易地查出错线和少线。

②按照实际线路来对照原理电路进行查线。这是一种以元件为中心进行查线的方法。把每个元件（包括器件）引脚的连线一次查清，检查每个引脚的去处在电路图上是否存在。这种方法不但可以查出错线和少线，还容易查出多线。

为了防止出错，对于已查过的线通常应在电路图上做出标记，最好用指针式万用表“Ω×1”挡，或数字式万用表“Ω”挡的蜂鸣器来测量，而且直接测量元器件引脚，这样可以同时发现接触不良的地方。

(2)元器件安装情况

检查元器件引脚之间有无短路，连接处有无接触不良，二极管、三极管、集成电路和电解电容极性等是否连接有误。

(3)电源供电(包括极性)、信号源连线是否正确

检查直流电源极性是否正确,信号线是否接正确。

(4)电源端对地(⊥)是否存在短路

在通电前,断开一根电源线,用万用表检查电源端对地(⊥)是否存在短路。检查直流稳压电源对地是否短路。

若电路经过上述检查,并确认无误后,就可转入调试。

2. 调试方法

调试包括测试和调整两个方面。所谓电子电路的调试,是以达到电路设计指标为目的而进行的一系列的“测量→判断→调整→再测量”过程。

为了使调试顺利进行,设计的电路图上应当标明各点的电位值、相应的波形图以及其他主要数据。调试方法通常采用先分调后联调(总调)。

我们知道,任何复杂电路都是由一些基本单元电路组成的,因此,调试时可以循着信号的流程,逐级调整各单元电路,使其参数基本符合设计指标。这种调试方法的核心是:先把组成电路的各功能块(或基本单元电路)调试好,再在此基础上逐步扩大调试范围,最后完成整机调试。采用先分调后联调的优点是能及时发现和解决问题。新设计的电路一般采用此方法。对于包括模拟电路、数字电路和微机系统的电子装置更应采用这种方法进行调试。因为只有把三部分分开调试,分别达到设计指标,并经过信号及电平转换电路后才能实现整机联调。否则,由于各电路要求的输入、输出电压和波形不匹配,盲目进行联调,就可能造成大量的器件损坏。

除了上述方法外,对于已定型的产品和需要相互配合才能运行的产品也可采用一次性调试。

按照上述调试电路的原则,具体调试步骤如下:

(1)通电观察

把经过准确测量的电源接入电路,观察有无异常现象,包括有无冒烟,是否有异常气味,手摸元器件是否发烫,电源是否有短路现象等。如果出现异常,应立即切断电源,待排除故障后才能再通电。然后测量各路总电源电压和各器件引脚的电源电压,以保证元器件正常工作。

通过通电观察,认为电路初步工作正常,就可转入正常调试。

在这里,需要指出的是:一般实验室中使用的稳压电源是一台仪器,它不仅有一个“+”端、一个“−”端,还有一个“地”接在机壳上,当电源与实验板连接时,为了能形成一个完整的屏蔽系统,实验板的“地”一般要与电源的“地”连起来,而实验板上用的电源可能是正电压,也可能是负电压,还可能正、负电压都有,所以电源是“正”端接“地”还是负端接“地”,使用时应先考虑清楚。如果要求电路浮地,则电源的“+”与“−”端都不与机壳相连。

另外,应注意一般电源在开与关的瞬间往往会出现瞬态电压上冲的现象。集成电路最怕过电压的冲击,所以一定要养成先开启电源,后接电路的习惯,在实验中途也不要随意将电源关掉。

(2)静态调试

交流、直流并存是电子电路工作的一个重要特点。一般情况下,直流为交流服务,直

流是电路工作的基础。因此，电子电路的调试有静态调试和动态调试之分。静态调试一般是指在没有外加信号的条件下所进行的直流测试和调整过程。例如，通过静态测试模拟电路的静态工作点，数字电路的各输入端和输出端的高、低电平值及逻辑关系等，可以及时发现已经损坏的元器件，判断电路的工作情况，并及时调整电路参数，使电路的工作状态符合设计要求。

对于运算放大器，静态检查除测量正、负电源是否接上外，主要检查在输入为零时，输出端是否接近零电位，调零电路起不起作用。当运放输出的直流电位始终接近正电源电压值或负电源电压值时，说明运放处于阻塞状态，可能是外电路没有接好，也可能是运放已经损坏。如果通过调零电位器不能使输出为零，除了运放内部的对称性差外，也可能是运放处于振荡状态，所以实验板直流工作状态的调试，最好接上示波器进行监视。

(3)动态调试

动态调试是在静态调试的基础上进行的。调试的方法是在电路的输入端接入适当频率和幅值的信号，并循着信号的流向逐级检测各有关点的波形、参数和性能指标。发现故障现象，应采取不同的方法缩小故障范围，最后设法排除故障。

测试过程中不能凭感觉和印象，要始终借助仪器观察。使用示波器时，最好把示波器的信号输入方式置于“DC”挡，通过直流耦合方式，可同时观察被测信号的交、直流成分。

通过调试，最后检查功能块和整机的各项指标(如信号的幅值、波形形状、相位关系、增益、输入阻抗和输出阻抗等)是否满足设计要求，如有必要，再进一步对电路参数提出合理的修正。

3. 调试中的注意事项

调试结果是否正确，在很大程度上受测量得正确与否和测量精度的影响。为了保证调试的效果，必须减小测量误差，提高测量精度。为此，需注意以下几点：

(1)正确使用测量仪器的接地端。凡是使用地端接机壳的电子仪器进行测量，仪器的接地端应和放大器的接地端连接在一起，否则仪器机壳引入的干扰不仅会使放大器的工作状态发生变化，而且将使测量结果出现误差。根据这一原则，调试发射极偏置电路时，若需测量 U_{CE}，不应把仪器的两端直接接在集电极和发射极上，而应分别测出 U_C、U_E，然后将二者相减得 U_{CE}。若使用干电池供电的万用表进行测量，由于电表的两个输入端是浮动的，所以允许直接接到测量点之间。

(2)在信号比较弱的输入端，尽可能用屏蔽线连线。屏蔽线的外屏蔽层要接到公共地线上。在频率比较高时要设法隔离连接线分布电容的影响，例如用示波器测量时，应该使用有探头的测量线，以减小分布电容的影响。

(3)测量电压所用仪器的输入阻抗必须远大于被测处的等效阻抗。因为若测量仪器的输入阻抗小，则在测量时会引起分流，给测量结果带来很大的误差。

(4)测量仪器的带宽必须大于被测电路的带宽。例如，MF-20 型万用表的工作频率为 20～20000 Hz，如果放大器的 f_H=100 kHz，我们就不能用 MF-20 来测试放大器的幅频特性；否则，测试结果就不能反映放大器的真实情况。

(5)要正确选择测量点。用同一台测量仪进行测量时，测量点不同，仪器内阻引进的误差大小将不同。例如，对于图 6.1.1 所示电路，测 C_1 点电压 U_{C1} 时，若选择 E_2 为测量点，测得 U_{E2}，根据 $U_{C1}=U_{E2}+U_{BE2}$ 求得的结果，可能比直接测 C_1 点得到的 U_{C1} 的误差要小得多。所以出现这种情况，是因为 R_{E2} 较小，仪器内阻引进的测量误差小。

(6)测量方法要方便可行。需要测量某电路的电流时，一般尽量测电压而不测电流，因为测电压不必改动被测电路，测量方便。若需知道某一支路的电流值，可以通过测取该支路上电阻两端的电压，经过换算而得到。

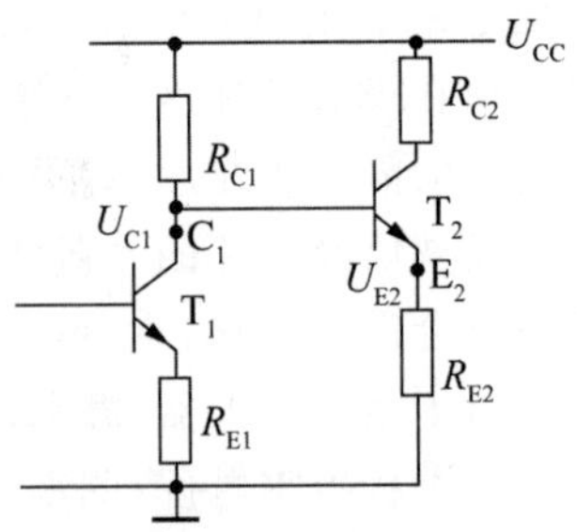

图 6.1.1　测量电路举例

(7)调试过程中，不但要认真观察和测量，还要善于记录。记录的内容包括实验条件、观察的现象、测量的数据、波形和相位关系等。只有有了大量可靠的实验记录，并与理论结果加以比较，才能发现电路设计上的问题，完善设计方案。

(8)调试时出现故障，要认真查找故障原因。切不可一遇故障解决不了就拆掉线路重新安装。因为重新安装的线路仍可能存在各种问题，如果是原理上的问题，即使重新安装也解决不了问题。应当把查找故障并分析故障原因看成一次好的学习机会，通过它来不断提高自己分析问题和解决问题的能力。

四、检查故障的一般方法

故障是我们不希望出现但又不可避免的电路异常工作状况。分析、寻找和排除故障是电气工程人员必备的技能。

对于一个复杂的系统来说，要在大量的元器件和线路中迅速、准确地找出故障是不容易的。一般故障诊断过程，就是从故障现象出发，通过反复测试，作出分析判断，逐步找出故障的过程。

1. 故障现象和产生故障的原因

(1)常见的故障现象

①放大电路没有输入信号，而有输出波形。

②放大电路有输入信号，但没有输出波形，或者波形异常。

③串联稳压电源无电压输出，或输出电压过高且不能调整，或输出稳压性能变坏、输出电压不稳定等。

④振荡电路不产生振荡。

⑤计数器输出波形不稳，或不能正确计数。

⑥收音机中出现“嗡嗡”的交流声、“啪啪”的汽船声和炒豆声等。

⑦发射机中频率不稳，或输出功率小甚至无输出，或反射大、作用距离小等。

以上是最常见的一些故障现象，还有很多奇怪的现象，这里就不一一列举了。

(2)产生故障的原因

故障产生的原因很多，情况也很复杂，有的是一种原因引起的简单故障，有的是多种原因相互作用引起的复杂故障。因此，引起故障的原因很难简单分类。这里只能进行一些粗略的分析。

①对于定型产品使用一段时间后出现故障，故障原因可能是元器件损坏，连线发生短路或断路(如焊点虚焊，接插件接触不良，可变电阻器、电位器、半可变电阻等接触不良，接

触面表面镀层氧化等)，或使用条件发生变化(如电网电压波动，过冷或过热的工作环境等)影响电子设备的正常运行。

②对于新设计安装的电路来说，故障原因可能是：实际电路与设计的原理图不符；元件使用不当或损坏；设计的电路本身就存在某些严重缺点，不满足技术要求；连线发生短路或断路等。

③仪器使用不正确引起的故障，如示波器使用不正确而造成的波形异常或无波形，共地问题处理不当而引入的干扰等。

④各种干扰引起的故障。

2. 检查故障的一般方法

查找故障的顺序可以从输入到输出，也可以从输出到输入。查找故障的一般方法有：

(1)直接观察法

直接观察法是指不用任何仪器，利用人的视、听、嗅、触等作为手段来发现问题，寻找和分析故障。

直接观察包括不通电检查和通电观察。

检查仪器的选用和使用是否正确，电源电压的数值和极性是否符合要求，电解电容的极性、二极管和三极管的管脚、集成电路的引脚有无错接、漏接、互碰等情况，布线是否合理，印刷板有无断线，电阻、电容有无烧焦和炸裂等。

通电观察元器件有无发烫、冒烟，变压器有无焦味，示波管灯丝是否亮，有无高压打火等。此法简单，也很有效，可在初步检查时用，但对比较隐蔽的故障无能为力。

(2)用万用表检查静态工作点

电子电路的供电系统，电子管或半导体三极管、集成块的直流工作状态(包括元器件引脚、电源电压)，线路中的电阻值等都可用万用表测定。当测得值与正常值相差较大时，经过分析可找到故障。现以图 6.1.2 所示的两级放大器为例，若电路正常工作，静态时($u_i=0$)，$U_{B1}=1.3\ \text{V}$，$I_{C1}=1\ \text{mA}$，$U_{C1}=6.9\ \text{V}$，$I_{C2}=1.6\ \text{mA}$，$U_{E2}=5.3\ \text{V}$。但实测结果$U_{B1}=0.01\ \text{V}$，$U_{C1}\approx U_{CE1}=U_{CC}-12\ \text{V}$。考虑到正常放大工作时，硅管的 U_{BE} 为 0.6～0.8 V，现在 T_1 显然处于截止状态。实测的 $U_{C1}\approx U_{CC}$ 也证明 T_1 是截止(或损坏)。T_1 为什么截止呢？这要从影响 U_{B1} 的 R_{B11} 中去寻找。进一步检查发现，R_{B12} 本应为11 kΩ，但安装时却用的是1.1 kΩ的电阻，将 R_{B12} 换上正确的阻值，故障即消失。

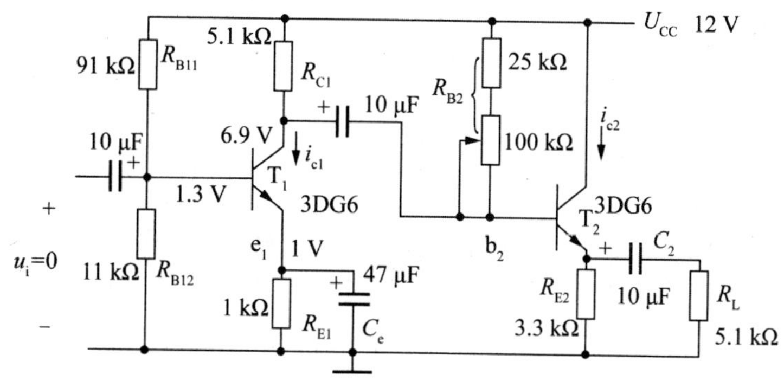

图 6.1.2　测量电路举例

顺便指出，静态工作点也可以用示波器的"DC"输入方式测定。用示波器的优点是：内阻高，能同时看到直流工作状态和被测点上的信号波形以及可能存在的原干扰信号及噪声电压等，更有利于分析故障。

(3)信号寻迹法

对于各种较复杂的电路，可在输入端接入一个一定幅值、适当频率的信号(例如，对于多级放大器，可在其输入端接入 $f=1$ kHz 的正弦信号)，用示波器由前级到后级(或者相反)，逐级观察波形及幅值的变化情况，哪一级异常，则故障就在该级。这是深入检查电路的方法。

(4)对比法

怀疑某一电路存在问题时，可将此电路的参数与工作状态和相同的正常电路中的参数(或理论分析的电流、电压、波形等)进行一一对比，从中找出电路中的不正常情况，进而分析故障原因，判断故障点。

(5)部件替换法

有时故障比较隐蔽，不能一眼看出，如这时你手中有与故障产品同型号的产品时，可以将工作正常产品中的部件、元器件、插件板等替换有故障产品中的相应部件，以便于缩小故障范围，进一步查找故障。

(6)旁路法

当存在寄生振荡现象时，可以利用适当容量的电容器，选择适当的检查点，将电容临时跨接在检查点与参考接地点之间，如果振荡消失，就表明振荡是产生在此附近或前级电路中；否则就在后面，再移动检查点寻找。

应该指出的是，旁路电容要适当，不宜过大，只要能较好地消除有害信号即可。

(7)短路法

短路法就是采取临时性短接一部分电路来寻找故障的方法。例如，在图 6.1.3 所示的放大电路中，用万用表测量 T_2 的集电极对地无电压。我们怀疑 L_1 断路，则可以将 L_1 两端短路，如果此时有正常的 U_{C2} 值，则说明故障发生在 L_1 上。

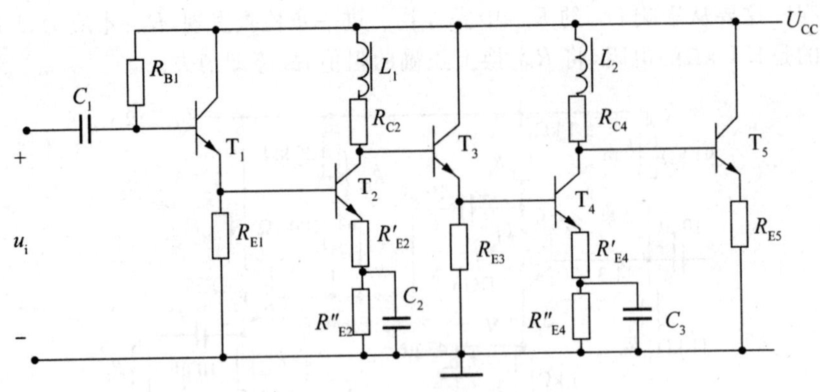

图 6.1.3　测量方法举例

(8)断路法

断路法用于检查短路故障最有效。断路法也是一种逐步缩小故障怀疑点范围的方法。例如，某稳压电源接入一个带有故障的电路，使输出电流过大，我们采取依次断开电路的某一支路的办法来检查故障。如果断开该支路后，电流恢复正常，则故障就发生在此支路上。

(9)暴露法

有时故障不明显，或时有时无，一时很难确定，此时可采用暴露法。检查虚焊时对电路进行敲击就是暴露法的一种。另外，还可以让电路工作一段时间，例如几小时，然后再来检查电路是否正常。在这种情况下往往有些临界状态的元器件经不住长时间工作，就会暴露出问题来，然后对症处理。

实际调试时，寻找故障原因的方法多种多样，以上仅列举了几种常用的方法。这些方法的使用可根据设备条件、故障情况灵活掌握，对于简单的故障用一种方法即可查找出故障点，但对于较复杂的故障则需采取多种方法互相补充、互相配合，才能找出故障点。在一般情况下，寻找故障的常规做法是：

①用直接观察法，排除明显的故障。

②再用万用表(或示波器)检查静态工作点。

③信号寻迹法是对各种电路普遍适用而且简单直观的方法，在动态调试中广为应用。应当指出的是，对于反馈环内的故障诊断是比较困难的，在这个闭环回路中，只要有一个元器件(或功能块)出故障，则往往整个回路中处处都会存在故障现象。寻找故障的方法是先把反馈回路断开，使系统成为一个开环系统，然后再接入一适当的输入信号，利用信号寻迹法逐一寻找发生故障的元器件(或功能块)。例如，图 6.1.4 是一个带有反馈的方波和锯齿波电压产生器电路，A_1的输出信号 u_{o1} 作为 A_2 的输入信号，A_2 的输出信号 u_{o2} 作为 A_1 的输入信号。也就是说，不论是 A_1 组成的过零比较器还是 A_2 组成的积分器发生故障，都将导致 u_{o1}、u_{o2} 无输出波形。寻找故障的方法是：断开反馈回路中的一点(例如 B_1 点或 B_2 点)，假设断开 B_2 点，并从 B_2 点与 R_1 连线端输入一适当幅值的锯齿波，用示波器观测 u_{o1} 的输出波形应为方波，u_{o2} 的输出波形应为锯齿波，如果 u_{o1} 没有波形或 u_{o2} 的波形出现异常，则故障就发生在 A_1 组成的过零比较器(或 A_2 组成的积分器)电路上。

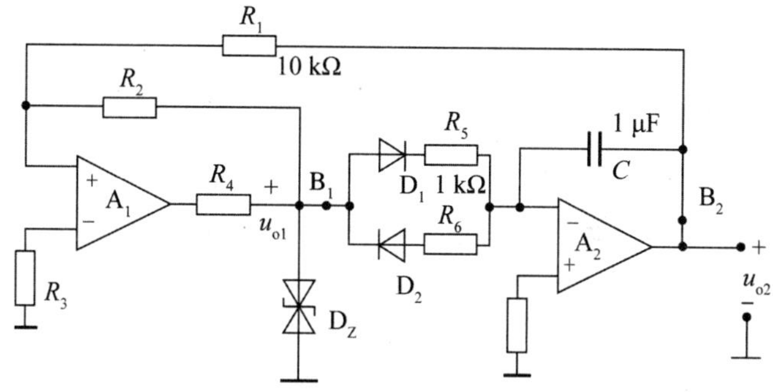

图 6.1.4　故障判断方法举例

五、课程设计总结报告

编写课程设计的总结报告是对学生写科技论文和科研总结报告的能力训练。通过写报告，学生不仅可以把设计、组装、调试的内容进行全面总结，而且可以把实践内容上升到理论高度。总结报告应包括以下几点：

(1)课题名称。

(2)内容摘要。

(3)设计内容及要求。

(4)系统方案、系统框图。

(5)单元电路的设计、参数计算和器件选择。

(6)完整的电路图和电路的工作原理。

(7)组装、调试的内容。包括：

①使用的主要仪器和仪表。

②调试电路的方法和技巧。

③测试的数据和波形，以及与计算结果的比较分析。

④调试中出现的故障、原因及排除方法。

(8)设计电路的特点和方案的优缺点，课题的核心及实用价值，改进意见和展望。

(9)系统需要的元器件清单。

(10)参考文献。

(11)实验收获及体会。

第二节　低频电子线路课程设计

一、语音放大器的设计

1. 备选器件

集成功放块 TDA2030，集成运放 LM324，三极管 TIP41C、TIP 42C，扬声器8 Ω/5 W，电阻、电容若干。

2. 设计任务与要求

(1)设计并安装制作一个语音放大器，该放大器的原理组成框图如图 6.2.1 所示。

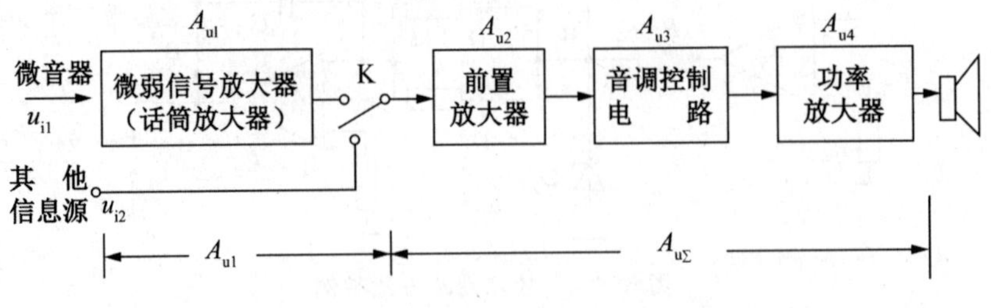

图 6.2.1　语音放大器的原理框图

图中设置两个信号源是由于语音放大器的信号源部分的输出电平有高有低，如调谐器的输出为 50～500 mV，线路的输出为 100～500 mV，而话筒的输出只有 1～5 mV，相差达到几百倍，因此设置了微音器输出 u_{i1} 和其他信息源输出 u_{i2}。

(2)主要技术指标

负载阻抗：$R_L=8\ \Omega$。

额定输出功率：$P_o\leqslant 5$ W。

输入灵敏度：$U_{i1}\leqslant 5$ mV，$U_{i2}\leqslant 100$ mV。

带宽：$BW\geqslant 50$ Hz～10 kHz。

输入阻抗：$R_i>50\ \text{k}\Omega$。

音调控制：低音，100 Hz±12 dB；

　　　　　高音，10 kHz±12 dB。

失真度：不大于5%。

噪声功率：$P_n\leqslant 10$ mW。

3.语音放大器的设计方法与测试方法

(1)设计方法

①各级电压增益的分配

根据给定的额定输出功率和负载，可以确定输出电压(有效值)为

$$U_o=\sqrt{P_oR_L}$$

所以整机中频电压增益为

$$A_{u\Sigma}=\frac{U_o}{U_{i2}}=\frac{\sqrt{P_oR_L}}{U_{i2}}$$

通常前置放大级产生的噪声对整个系统的影响最大，所以前置放大级的增益不宜太大，一般选取该级的增益为

$$A_{u2}=5\sim 10\ \text{倍}$$

音调控制电路无中频增益，一般选为$A_{u3}=1$。

功率放大器的电压增益应满足

$$A_{u2}A_{u3}A_{u4}\geqslant A_{u\Sigma}$$

微弱信号放大器(话筒放大器)：由于话筒的输出信号只有5 mV，而阻抗达到20 kΩ，所以话筒放大器的作用是不失真地放大声音信号(最高频率达到10 kHz)。同时这一放大级产生的噪声对整个系统的影响最大，所以话筒放大器通常要求噪声低，要有比较好的频率特性，输入阻抗应远大于话筒的输出阻抗。所以话筒放大器的增益可以适当取大一些，一般来说可以取到几十倍，即$A_{u1}=$几十倍。

②确定电路形式，计算电路的元器件参数

A.功率放大级的设计

方案一——选用集成功率放大器

a.选用集成功放

·选择功率放大器件——集成块。根据额定输出功率P_o和负载R_L的要求选择集成块。

负载R_L的要求：一般的OCL集成功率放大器的内阻较大(一般为1～3 Ω)，所以若R_L选择得太小，不但不会增加输出功率，反而会增加功放内部的功率损耗而烧坏集成块，因此一般要求功放内阻$R_o\ll R_L$。

然而在功放集成块的手册中不会提供内阻 R_o 的值，而是给出了负载阻抗的典型参数 R'_L，以反映内阻的大小，因此在选择集成块时应满足

$$R_L \geqslant R'_L$$

额定输出功率 P_o 的要求：集成电路手册中一般提供额定输出功率，即在负载 R_L 下额定输出功率为 P'_o。为了保证电路安全可靠地工作，一般要求

$$P'_o \approx 1.5P_o$$

TDA2030 是一块性能十分优良的功率放大集成电路，其主要特点是上升速率高、瞬态互调失真小。在目前流行的数十种功率放大集成电路中，规定瞬态互调失真指标的仅有包括 TDA2030 在内的几种。可以说，瞬态互调失真是决定放大器品质的重要因素。

TDA2030 集成电路的另一个特点是输出功率大，而保护性能比较完善。根据掌握的资料，在各国生产的单片集成电路中，输出功率最大的不过20 W，而 TDA2030 的输出功率却能达18 W，若使用两块电路组成 BTL 电路（桥式推挽放大电路），输出功率可增至35 W。另外，大功率集成块由于所用电源电压高、输出电流大，在使用中稍有不慎往往致使器件损坏。然而在 TDA2030 集成电路中，设计了较为完善的保护电路，一旦输出电流过大或管壳过热，集成块能自动地减流或截止，使自己得到保护。

TDA2030 集成电路的第三个特点是外围电路简单，使用方便。在现有的各种功率集成电路中，它的管脚属于最少的一类，共有 5 个引脚，外形如同塑料大功率管，这就给使用带来了不少方便。

TDA2030 在电源电压为±14 V，负载电阻为 4 Ω 时，输出 14 W 功率（失真度≤0.5%）；在电源电压为±16 V，负载电阻为4 Ω时输出18 W功率（失真度≤0.5%）。该电路由于价廉质优，使用方便，被广泛地应用于各种款式收录机和高保真立体声设备中。

由表 6.2.1 可知，TDA2030 的输出功率大于 10 W，频率响应为10 Hz～140 kHz，输出电流峰值最大可达3.6 A。其内部电路包含输入级、中间级和输出级，且有短路保护和过热保护功能，可确保电路安全可靠。

表 6.2.1 TDA2030 的电气参数

参数名称	符号	单位	参数最小	典型	最大	测试条件
电源电压	U_{CC}	V	±6		±18	
静态电流	I_{CC}	mA		40	60	U_{CC}=±18 V，R_L=4 Ω
输出功率	P_o	W	12	14		R_L=4 Ω，THD=0.5%
		W	8	9		R_L=8 Ω，THD=0.5%
频率响应	BW	Hz	10		140k	P_o=12 W，R_L=4 Ω
输入阻抗	R_i	MΩ	0.5	5		开环 f=1 kHz
谐波失真	THD	%		0.2	0.5	P_o=1.2～12 W，R_L=4 Ω

·选择电路形式。功率放大级可以选择 TDA2030 集成块，电路采用双电源供电，如图 6.2.2 所示。图中 R_3、C_3 为频率补偿元件。

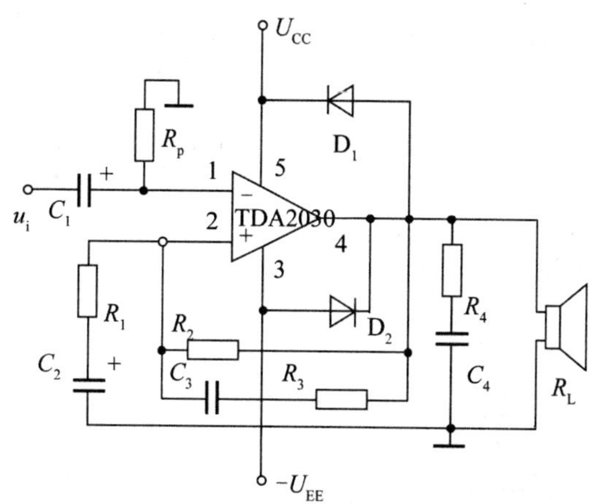

图 6.2.2　功率放大级电路

·确定电源电压。为了确保电路安全可靠地工作，通常要使电路的最大输出功率比额定输出功率大一些，一般取

$$P_{om}=1.5P_o$$

所以输出电压的振幅值应根据 P_o 计算，即

$$U_{om}=\sqrt{2P_oR_L}$$

同时，考虑到功放管存在饱和压降和发射极电阻的降压作用，为了使输出波形不产生饱和失真，输出信号的幅度应小于电源电压。若引入电源电压利用系数 ξ(一般取值在0.6～0.8之间)，那么电源电压和输出电压的振幅峰值之间的关系为

$$U_{om}=\xi U_{CC}$$

·电路参数的确定。TDA2030 的开环增益高达 90 dB，满足深度负反馈的条件。根据图 6.2.2 可以得到：

中频区的电压增益为

$$A_u=1+\frac{R_2}{R_1} \tag{6.2.1}$$

频率特性如下：

在低频区，由于 C_3 很小，可以视为开路，于是低频区的电压增益为

$$A_{uL}-1+\frac{R_2}{R_1+\frac{1}{j\omega C_2}}=1+\frac{R_2}{R_1}\frac{1}{1+\frac{1}{j\omega R_1C_2}}=1+\frac{R_2}{R_1}\frac{1}{1+\frac{\omega_L}{j\omega}}$$

式中 $\omega_L=\frac{1}{R_1C_2}$，所以得到低频区的幅频特性为

$$|A_{uL}|=1+\frac{R_2}{R_1}\frac{1}{\sqrt{1-\left(\frac{\omega_L}{\omega}\right)^2}}$$

低频截止频率为

$$f_L=\frac{1}{2\pi R_1C_2} \tag{6.2.2}$$

在高频区，由于 C_2 很大，可以视为短路，于是高频区的电压增益为

$$A_{uH}=1+\frac{R_2/\!/(R_3+\frac{1}{j\omega C_3})}{R_1}=1+\frac{R_2}{R_1}\frac{1+j\omega R_3C_3}{1+j\omega(R_2+R_3)C_3}=1+\frac{R_2}{R_1}\frac{1+j\frac{\omega}{\omega_{H2}}}{1+j\frac{\omega}{\omega_{H1}}}$$

式中 $\omega_{H1}=\dfrac{1}{(R_2+R_3)C_3}$，$\omega_{H2}=\dfrac{1}{R_3C_3}$，所以得到高频区的幅频特性为

$$|A_{uH}|=1+\frac{R_2}{R_1}\frac{\sqrt{1+\left(\frac{\omega}{\omega_{H2}}\right)^2}}{\sqrt{1+\left(\frac{\omega}{\omega_{H1}}\right)^2}}$$

高频截止频率为

$$f_H=f_{H1}=\frac{1}{2\pi(R_2+R_3)C_3} \tag{6.2.3}$$

一般情况下，取 $\omega_{H2}=(5\sim10)\omega_{H1}$。

b. 确定电路参数

电阻 R_1 的取值在几十欧至几千欧。

根据增益 A_{u4} 的要求和式(6.2.1)确定 R_2，即

$$R_2\geqslant(A_{u4}-1)R_1$$

由下限截止频率的要求和式(6.2.2)确定电容 C_2，即

$$C_2=\frac{1}{2\pi f_L R_1}$$

当 $f=f_H=f_{H1}$ 时

$$|A_{uH}|=\frac{1+\frac{R_2}{R_1}}{\sqrt{2}}=1+\frac{R_2}{R_1}\frac{\sqrt{1+\left(\frac{\omega_H}{\omega_{H2}}\right)^2}}{\sqrt{1+\left(\frac{\omega_H}{\omega_{H1}}\right)^2}} \tag{6.2.4}$$

根据上限截止频率和式(6.2.3)及式(6.2.4)可以得到 R_3、C_3。

由于 R_p 为平衡电阻，而 R_2 为功率放大器的直流反馈电阻，所以可以选取 $R_p=R_2$。

二极管 D_1、D_2 选择开关管，以防止输出脉冲电压损耗集成块。

R_4、C_4 的作用是保证负载喇叭在高频段仍为纯电阻而加的补偿电路，一般要求

$$R_4\approx R_L,\quad C_4=\frac{1}{2\pi f_H(R_L+R_4)} \tag{6.2.5}$$

方案二——用集成运放驱动的功率放大电路

用集成运放驱动的互补输出级功率放大电路如图 6.2.3 所示。电路采用互补输出级能够扩展输出电流，不能扩展输出电压，输出电压 u_o 的幅度由运算放大器 A 提供，一般为±(10～20)V。

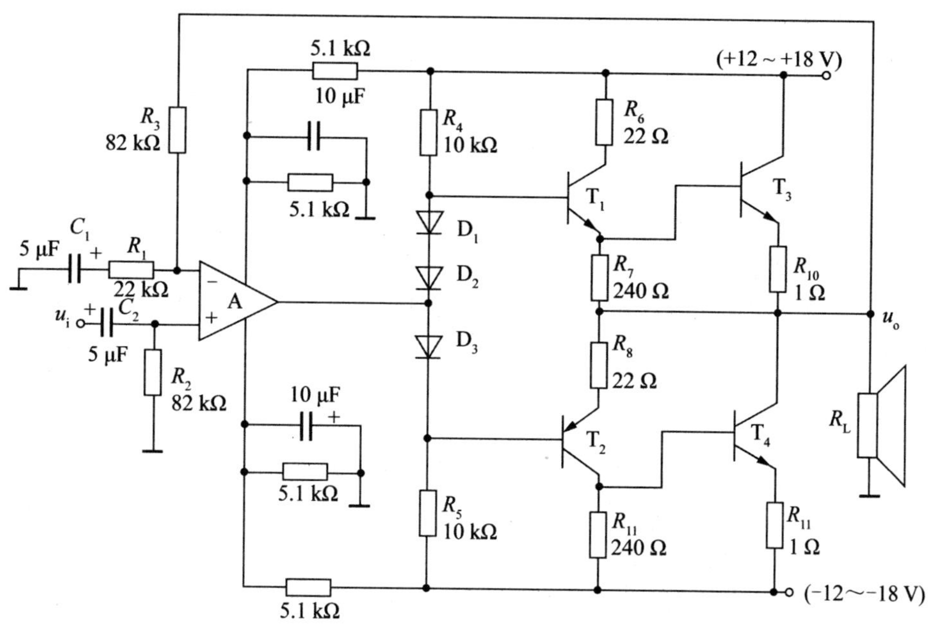

图 6.2.3　用集成运放驱动的互补输出级功率放大电路

电路的电压放大倍数为

$$A_u = 1 + \frac{R_3}{R_1} \tag{6.2.6}$$

电路的输出功率为

$$P_o = \frac{U_o^2}{R_L}$$

若电路的输入信号幅度足够大，输出电压的最大值为

$$U_{om} = U_{CC} - U_{CE(sat)}$$

此时的最大不失真输出功率为

$$P_{om} = \frac{[U_{CC} - U_{CE(sat)}]^2}{2R_L} \approx \frac{U_{CC}^2}{2R_L} \tag{6.2.7}$$

而电源电压提供的直流功率为

$$P_E = \frac{2}{\pi}\frac{U_{CC}^2}{R_L} \tag{6.2.8}$$

输出晶体管的选择应注意：

每只晶体管的最大允许管耗为

$$P_{CM} > \frac{1}{\pi^2}\frac{U_{CC}^2}{R_L} \text{或 } P_{CM} > 0.2P_{om} \tag{6.2.9}$$

最大集电极电流为

$$I_{CM} > \frac{U_{CC}}{R_L} \tag{6.2.10}$$

反向击穿电压为

$$|U_{(BR)CEO}| > 2U_{CC} \tag{6.2.11}$$

B. 音调控制电路的设计

音调控制电路的设计参照第五章的实验 4。

C. 前置放大器的设计

前置放大器可以采用集成运放组成(参照第四章的相关内容)。

D. 话筒放大器的设计

话筒放大器可以采用分立元件放大器,也可以采用集成运算放大器实现,同样可以参照第四章的相关内容设计,这里从略。

(2)电路的安装与调试方法

①电路需要合理布局,分级装调

音响放大器是一个小型电路系统,安装前要将各级进行合理的布局,一般按照电路的顺序一级一级地布局。功放级应远离输入级,每一级的地线应尽量接在一起,连线应尽可能短,否则很容易出现自激现象。

安装前应检查元器件的质量,安装时特别要注意功放块、运算放大器、电解电容等主要器件的引脚和极性,不能接错。从输入级开始逐级向后级安装,也可以从功放级开始向前逐级安装。安装一级调试一级,安装两级要进行级联调试,直到整机安装与调试完成。

②电路调试

电路的调试过程一般是先分级调试,再级联调试,最后是整机调试与性能指标测试。

分级调试又分为静态调试与动态调试。静态调试时,将输入端对地短路,用万用表测该级输出端对地的直流电压。话筒放大级、前置放大级、音调级都是由运算放大器组成的,其静态输出直流电压均为零,即 $u_o=0$。若功放级为 OTL 电路,则输出为 $U_{CC}/2$,且输出电容两端充电电压也应为 $U_{CC}/2$。动态调试是指在输入端接入规定的信号,用示波器观测该级输出波形,并测量各项性能指标是否满足设计要求。如果相差很大,应检查电路是否接错,元器件数值是否合乎要求,否则是不会出现很大偏差的。因为集成运算放大器内部电路已经确定,主要是外部元件参数的影响。

单级电路调试时的技术指标较容易达到,但进行级联时,由于级间相互影响,可能使单级的技术指标发生很大变化,甚至两级不能进行级联。产生这种现象的主要原因是布线不太合理,连接线太长,使级间影响较大,阻抗不匹配。如果重新布线还有影响,可在每一级的电源间接入 RC 去耦滤波电路,电阻一般取几十欧,电容一般取几百微法。特别是与功放级进行级联时,由于功放级输出信号较大,容易对前级产生影响,引起自激。电路中常见的高频自激现象如图 6.2.4 所示。

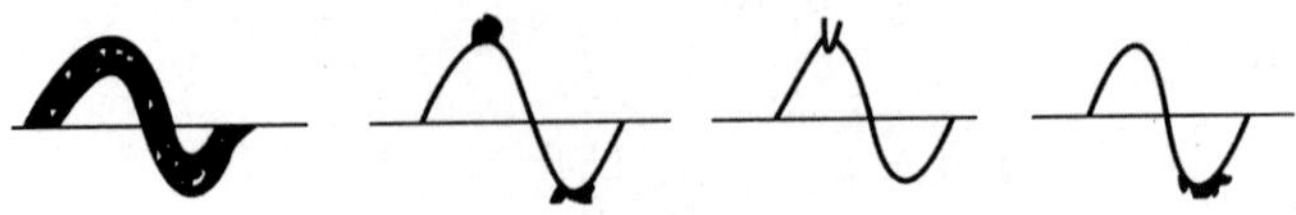

图 6.2.4　电路中常见的高频自激现象

产生高频自激的主要原因是集成块内部电路引起的正反馈，可以加强外部电路的负反馈予以抵消，如在功放级 5 脚与 1 脚之间接入几百皮法的电容，形成电压并联负反馈，可消除叠加的高频毛刺。常见的低频自激现象是电源电流表有规则地左右摆动，或示波器上的输出波形上下抖动。产生这种现象的主要原因是输出信号通过电源及地线产生了正反馈，可以通过接入 RC 去耦滤波电路消除。为满足整机电路的指标要求，可以适当修改单元电路的技术指标。

③整机功能试听

用扬声器进行以下功能试听：

话筒扩音：将低阻话筒接话筒放大器的输入端，应注意，扬声器的方向应与话筒的方向相反，否则扬声器的输出声音经话筒输入后，会产生自激啸叫。讲话时，扬声器传出的声音应清晰，改变音量电位器，可控制声音大小。

音乐欣赏：将录音机输出的音乐信号，接入前置放大器，改变音调控制级的高低音调控制电位器，扬声器的输出音调发生明显变化。

(3)性能指标的测试方法

①额定功率

语音放大器输出失真度小于某一数值（如 5%）时的最大功率称为额定功率。其表达式为

$$P_o=\frac{U_o^2}{R_L}$$

式中，R_L 为额定负载阻抗；U_o（有效值）为 R_L 两端的最大不失真电压。

测量 P_o 的条件如下：信号发生器输出频率 $f=1$ kHz，电压有效值 $U_i=20$ mV，音调控制器的两个电位器 R_{W1}、R_{W2} 置于中间位置，音量控制电位器 R_{W3} 置于最大值，用双踪示波器观测 u_i 及 u_o 的波形，失真度测量仪监测 u_o 的波形失真。

测量 P_o 的步骤是：功率放大器的输出端接额定负载电阻 R_L（代替扬声器），输入端接 u_i，逐渐增大输入电压 U_i，直到 u_o 的波形刚好不出现削波失真（或失真度小于 3%），此时对应的输出电压为最大输出电压，由式 $P_o=\frac{U_o^2}{R_L}$ 即可算出额定功率 P_o。请注意，最大输出电压测量完成后应迅速减小 U_i，否则会因测量时间太久而损坏功率放大器。

②频率响应

放大器的电压增益相对于中音频 f_o（1 kHz）的电压增益下降3 dB时所对应的低音频率 f_L 和高音频率 f_H 称为放大器的频率响应。测量条件同上，调节音量电位器 R_{W3} 使输出电压约为最大输出电压的 50%。

测量步骤是：话筒放大器的输入端接 $U_i=20$ mV 的信号，输出端接音调控制器，使信号发生器的输出频率 f_i 从20 Hz到50 kHz变化（保持 $U_i=20$ mV不变），测出负载电阻 R_L 上对应的输出电压 U_o，用对数坐标纸绘出频率响应曲线，并在曲线上标注 f_L 与 f_H 的值。

③音调控制特性

音调控制特性的测量请参考第五章实验 4 的相关内容。

④输入阻抗的测试

从语音放大器输入端(如话筒放大器输入端)看进去的阻抗称为输入阻抗 R_i。如果接高阻话筒,R_i 应远大于20 kΩ;接电唱机,R_i 应远大于500 kΩ。R_i 的测量方法与放大器的输入阻抗测量方法相同。

⑤输入灵敏度的测量

使语音放大器输出额定功率时所需的输入电压(有效值)称为输入灵敏度,用 U_s 表示。测量条件与额定功率的测量相同。

测量方法是:使 U_i 从零开始逐渐增大,直到 U_o 达到额定输出功率值时对应的输入电压值即为输入灵敏度。

⑥噪声电压的测量

语音放大器的输入为零时,输出负载 R_L 上的电压称为噪声电压 U_N。测量条件同上。测量方法是:使输入端对地短路,音量电位器为最大值,用示波器观测输出负载 R_L 两端的电压波形,用交流电压表测量其有效值。

⑦整机效率的测量

整机效率为

$$\eta=\frac{P_o}{P_E}\times100\%$$

式中,P_o 为输出的额定功率;P_E 为输出额定功率时所消耗的电源功率。

⑧系统总的电压放大倍数测量

系统总的电压放大倍数为

$$A_u=U_o/U_i$$

4.设计报告要求

(1)原理电路的设计,内容包括:

①设计话筒放大器电路。

②设计前置放大电路。

③设计音调控制器电路。

④设计功率放大器电路。

⑤画出整机电路原理图,并附带元器件清单。

(2)整理各项实验数据。

(3)调试中出现了什么故障?如何排除?

(4)分析整机测试结果和试听结果是否满足设计要求。

(5)写出本设计并对实验过程进行总结,认真回答思考题中的问题。

5.思考题

(1)小型电子线路系统的设计方法与单元电路的设计方法有哪些异同点?

(2)如何安装与调试一个小型电子线路系统?

(3)在安装与调试语音放大器时,与单元电路相比较,出现了哪些新问题?如何解决?

(4)你在安装与调试电路时,是否出现过自激振荡现象?如何解决?

(5)集成功率放大器的电压增益与哪些因素有关?如何消除自激?

二、使用运算放大器组成万用表的设计与调试

1. 备选器件

表头(灵敏度为 1 mA,内阻为 100 Ω),运算放大器 LM324,电阻器(均采用$\frac{1}{4}$ W的金属膜电阻器),二极管 IN4007、IN4148,稳压管 2CW51,电阻、电容若干。

2. 设计要求

万用电表的电路是多种多样的,建议用参考电路设计一只较完整的万用电表。

使用万用电表进行电压、电流或电阻测量时,进行量程切换时应用开关切换,但实验时可用引线切换。

(1)直流电压表:满量程为+6 V。

(2)直流电流表:满量程为 10 mA。

(3)交流电压表:满量程为 6 V,50 Hz～1 kHz。

(4)交流电流表:满量程为 10 mA。

(5)欧姆表:满量程分别为 1 kΩ、10 kΩ、100 kΩ。

3. 万用表的工作原理及参考电路

在测量中,电表的接入应不影响被测电路的原工作状态,这就要求电压表应具有无穷大的输入电阻,电流表的内阻应为零。但实际上,万用表表头的可动线圈总是有一定的电阻,例如100 μA的表头,其内阻约为1 kΩ,用它进行测量时将影响被测量,引起误差。此外,交流电表中的整流二极管的压降和非线性特性也会产生误差。

如果在万用电表中使用运算放大器,就能大大降低这些误差,提高测量精度。在欧姆表中采用运算放大器,不仅能够得到线性刻度,还能实现自动调零。

(1)直流电压表

图 6.2.5 为同相端输入、高精度直流电压表的原理图。

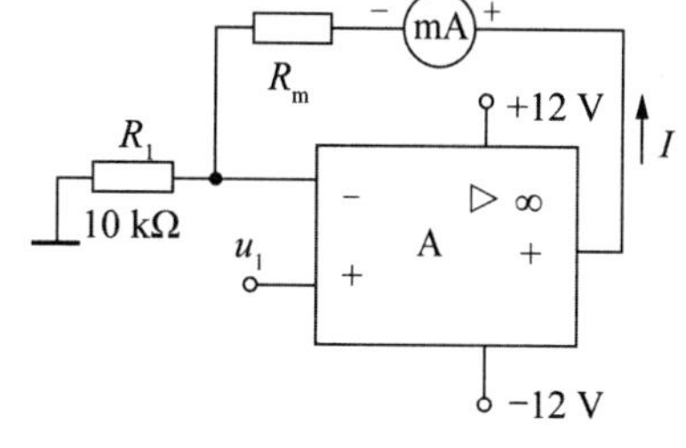

图 6.2.5　直流电压表的原理图

为了减小表头参数对测量精度的影响,将表头置于运算放大器的反馈回路中,这时,流经表头的电流与表头的参数无关,只要改变 R_1 一个电阻,就可以进行量程的切换。

表头电流 I 与被测量电压的关系为

$$I=\frac{1}{R_1}U_i$$

图 6.2.5 适用于测量电路与运算放大器共地的有关电路。此外,当被测电压较高时,应在运放的输入端设置衰减器。

(2)直流电流表

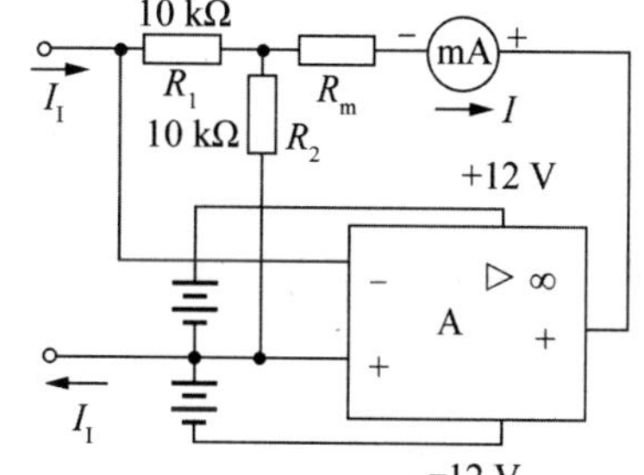

图 6.2.6　浮地直流电流表的原理图

图 6.2.6 是浮地直流电流表的原理图。在电流测

量中，浮地电流的测量是普遍存在的。例如：若被测电流无接地点，就属于这种情况。为此，应把运算放大器的电源也对地浮动，按此种方式构成的电流表就可以像常规电流表那样，串联在任何电流通路中测量电流。表头电流 I 与被测电流 I_I 之间的关系为

$$-I_I R_1 = (I_I - I) R_2$$

$$I = I_I\left(\frac{R_1}{R_2}+1\right)$$

可见，通过改变电阻比$\frac{R_1}{R_2}$，可调节流过电流表的电流，以提高灵敏度。如果被测电流较大，应给电流表表头并联分流电阻。

(3)交流电压表

由运算放大器、二极管整流桥和直流毫安表组成的交流电压表如图 6.2.7 所示。被测交流电压 u_i 加到运算放大器的同相端，故有很高的输入电阻，又因为负反馈能减小反馈回路中的非线性影响，故把二极管桥路和表头置于运算放大器的反馈回路中，以减小二极管本身的非线性影响。

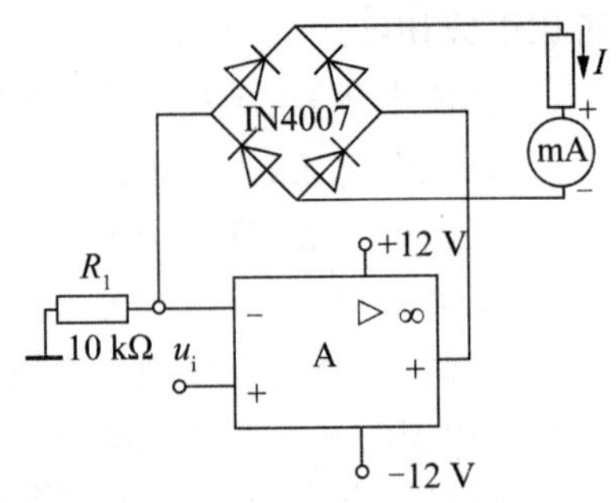

图 6.2.7　交流电压表的原理图

表头电流 I 与被测电压 u_i 的关系为

$$I = \frac{u_i}{R_1}$$

电流 I 全部流过桥路，其值仅与$\frac{u_i}{R_1}$有关，与桥路和表头参数(如二极管的死区等非线性参数)无关。表头中电流与被测电压 u_i 的全波整流平均值成正比，若 u_i 为正弦波，则表头可按有效值来刻度。被测电压上限频率取决于运算放大器的上限频率和上升速率。

(4)交流电流表

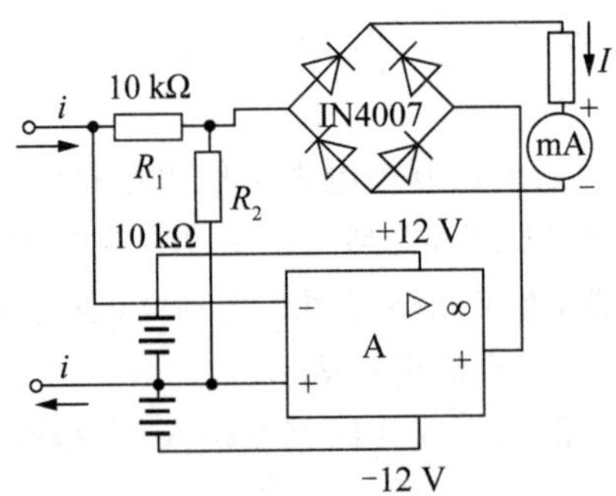

图 6.2.8　浮地交流电流表的原理图

图 6.2.8 为浮地交流电流表的原理图。

表头读数由被测交流电流 i 的全波整流平均值 I_{IAV} 决定，即

$$I = I_{IAV}\left(\frac{R_1}{R_2}+1\right) \tag{6.2.12}$$

如果被测电流 i 为正弦电流，即

$$i = \sqrt{2} I_I \sin \omega t$$

则式(6.2.12)可以写为

$$I = 0.9 I_I\left(\frac{R_1}{R_2}+1\right)$$

则表头可按有效值来刻度。

(5)欧姆表

图 6.2.9 为多量程欧姆表的原理图。

在此电路中,运算放大器改由单电源供电,被测电阻 R_x 跨接在运算放大器的反馈回路中,同相端加基准电压 U_{REF}。因为

$$U_P=U_N=U_{REF}$$

$$I_1=I_x$$

即

$$\frac{U_{REF}}{R_1}=\frac{U_o-U_{REF}}{R_x}$$

所以

$$R_x=R_1\frac{U_o-U_{REF}}{U_{REF}}$$

流经表头的电流 I 为

$$I=\frac{U_o-U_{REF}}{R_2+R_m}$$

由上两式消去 U_o-U_{REF},可以得到

$$I=\frac{R_xU_{REF}}{R_1(R_2+R_m)}$$

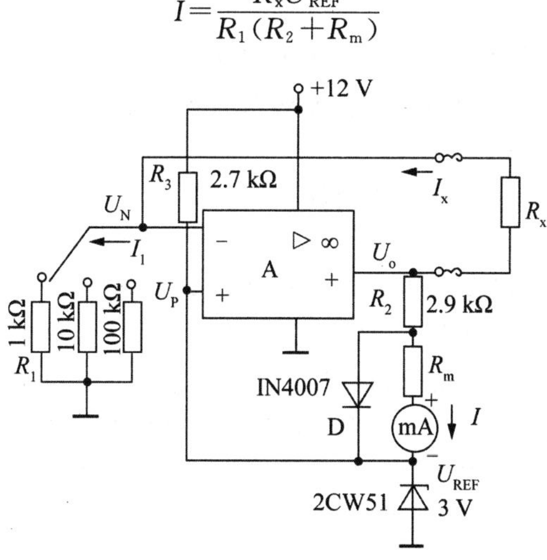

图 6.2.9　多量程欧姆表的原理图

可见,电流 I 与被测电阻成正比,而且表头具有线性刻度。改变 R_1 的值,可改变欧姆表的量程。这种欧姆表能自动调零,当 $R_x=0$ 时,电路变成电压跟随器,$U_o=U_{REF}$,故表头电阻为零,从而实现了自动调零。

二极管 D 起保护电表的作用,如果没有 D,当 R_x 超过量程时,特别是当 R_x 趋向于无穷时,运算放大器的输出电压将接近电源电压,使表头过载。有了 D 就可使输出钳位,防止表头过载。调节 R_2 可实现满量程调节。

4. 注意事项

(1)在连接电路时,正、负电源连接点上各接大容量的滤波电容器和 0.01～0.1 μF的小电容,以减小通过电源产生的干扰。

(2)万用电表的电性能测试要用标准电压、电流表校正,欧姆表用标准电阻校正。考

虑到实验要求不高，建议用数字式 $4\frac{1}{2}$位万用电表作为标准表。

5. 设计报告要求

(1)画出完整的万用电表的设计电路原理图。

(2)将万用电表与标准表进行测试比较，计算万用电表各功能挡的相对误差。分析误差产生的原因。

(3)写出电路改进建议。

(4)总结实验收获与体会。

三、水温控制系统的设计

1. 备选器件

温度传感器 AD590、集成运放 LM324、测量放大器 AD521、电压比较器 LM339、模拟开关 CD4066 或继电器、蜂鸣器、彩灯、电位器、精密电阻、LED 七段数码管若干。温度显示可用数字芯片或可编程逻辑器件实现。

2. 设计任务与要求

设计一个温度控制器，要求满足以下指标的要求：

(1)温度测量和温度控制范围：室温到 80 ℃实时控制。

(2)温度控制精度：±1 ℃。

(3)当水温低于 50 ℃时启动加热设备。

3. 基本原理及参考方案

水温控制器的基本组成框图如图 6.2.10 所示，它由温度传感器、信号(温度)处理、比较器、控制温度设置、数字显示电压表等部分组成。温度传感器的作用是将温度信号转换成反映温度变化的电流或电压信号，信号处理单元是实现将绝对温度(K)转换成摄氏温度(℃)(K-℃变换)，经过信号放大得到稳定可靠的模拟电压信号，再经刻度定标(0.1 V/℃)后由三位半数字电压表直接显示温度值，并同时送入比较器与预先设定的固定电压(对应的控制温度点为50 ℃)进行比较，由比较器输出的电平高低的变化来控制执行机构(如继电器等)工作，实现稳定的自动控制。

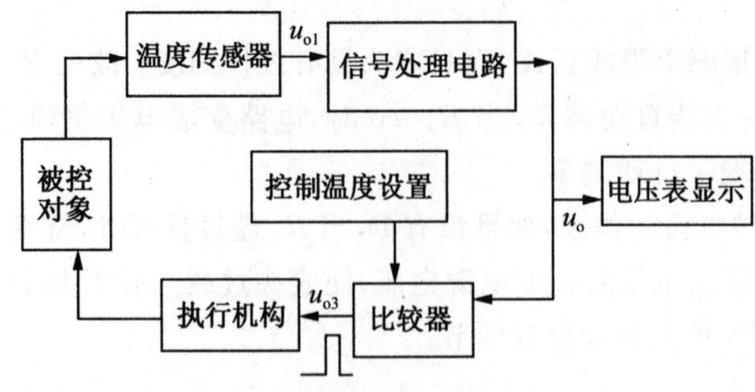

图 6.2.10　水温控制器的基本组成框图

水温控制系统设计的关键是温度的拾取、处理和检测。温度拾取的关键是选择符合技术指标的温度传感器电路。

传感器的基本功能是将物理量或化学量转换为与之存在对应关系的电量。可以说，传感器是电子系统中检测装置和控制环节的首要部件，传感器应用电路是电子系统实施技术指标的耳目和手足。能够拾取温度信息的传感器称为温度传感器。

常用的温度传感器件有温度-电阻传感器（如热敏电阻、热敏半导体）、温度-电势传感器（如热电偶、AD594）、温度-电压传感器（如 LM45）、温度-电流传感器（如 AD590）、温度-数字传感器（如 ADT7301）、温度-开关传感器（如 LM56）。其中 AD590 可以测量 $-55 \sim +150$ ℃内的温度，工作电压 $U_+ \sim U_- = 4 \sim 30$ V，使用时无须调整，具有恒流特性，具有很好的互换性和线性以及消除电源波动的特性，输出阻抗达10 MΩ，测量误差不超过±0.5 ℃，温度灵敏度为1 μA/K。图 6.2.11 给出了典型的温度-电压变换（温度拾取）电路，由图知其转换电压为

$$u_{o1} = 1\ \mu\text{A/K} \times (273 + T) \times R$$

式中，T 为摄氏温度；R 为负载电阻。假设环境温度为 27 ℃，$R = 10$ kΩ，则

$$u_{o1} = 1\ \mu\text{A/K} \times (273 + T) \times 10\ \text{k}\Omega = (273 + 27)\mu\text{A} \times 10\ \text{k}\Omega = 3\ \text{V}$$

信号（温度）处理电路的主要作用是将由温度拾取电路获得的与温度相关的电信号归整为与被测温度呈线性关系的稳定可靠的模拟电压信号。由图 6.2.11 可知，温度每变化 1 ℃，电压 u_{o1} 仅变化10 mV。为了便于检测识别，需要将电压 u_{o1} 适当放大，并将其转换为与摄氏温度呈线性关系的电信号。实现电路如图 6.2.12 所示。

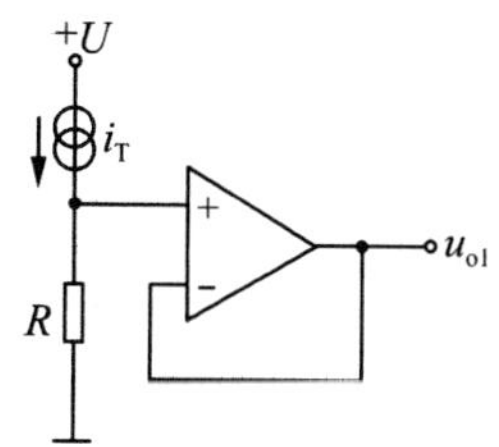

图 6.2.11　典型的温度-电压变换（温度拾取）电路

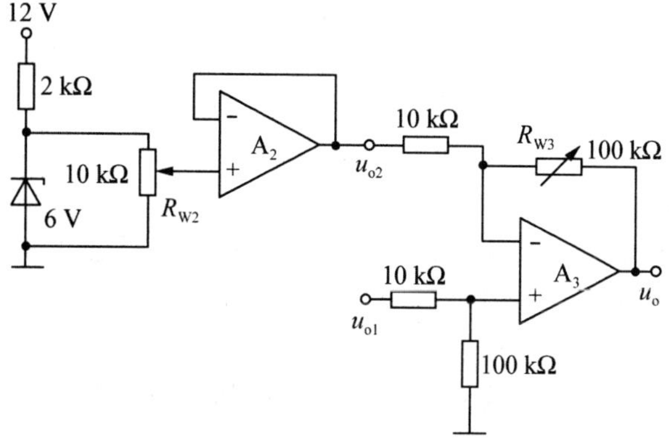

图 6.2.12　信号（温度）处理电路

在图 6.2.12 中，调节电位器 R_{W2}，可以使运放 A_2 提供开氏温度与摄氏温度的差值电压 $u_{o2}=2.73$ V。运放 A_3 构成差分放大电路，若环境温度为25 ℃，则 $u_o=10(u_{o1}-u_{o2})=2.7$ V，与被检测温度成正比。考虑到提高电路的共模抑制比，减小温漂，最好用测量放大器代替差分放大器。

设计一个温度检测电路，将模拟电压 u_o 转换为与之相对应的数字量，以便电压表显示输出，可以引入模数转换器、压控振荡器、脉宽调制器等。

电压比较器如图 6.2.13 所示。U_{REF} 为控制温度设置所设定的电压（对应控制温度），R_3 用于改善比较器的迟滞特性，决定控温精度。

执行机构是继电器驱动电路，如图 6.2.14 所示。当被测温度超过设定温度时，继电器动作，使触点断开，停止加热；当被测温度低于设定温度时，继电器触点闭合，进行加热。

选择设计方案的着眼点是系统电路的技术指标，如产品的性能价格比、电路结构的复杂程度等。从理论上讲，设计方案一旦选定，系统电路的技术指标即随之确定。然而，在实际工程中未必如此，掌握正确的调试技术、建立合理的调试方案是很有必要的。建议调试电路时将温度传感器与标准水银温度计置于同一环境中。

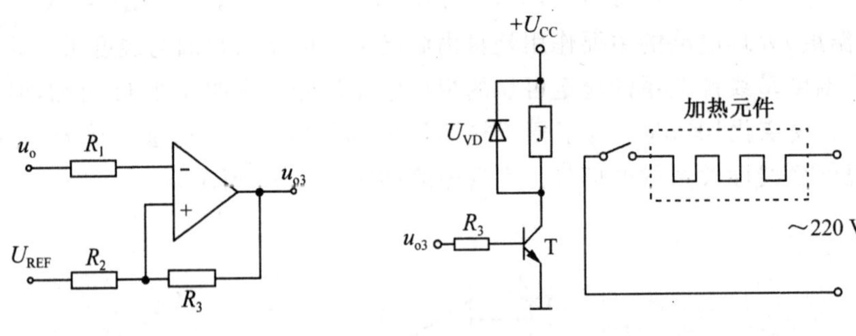

图 6.2.13　电压比较器　　　　图 6.2.14　继电器驱动电路

4. 调试要点和注意事项

用温度计测传感器处的温度 T(℃)如 $T=27$ ℃(300 K)。若取 $R=10$ kΩ，则 $u_{o1}=3$ V，调整 R_{W2} 使 $u_{o2}=2.73$ V，若放大器 A_3 的放大倍数为 10 倍，则 u_o 应为2.7 V。测比较器的基准电压 U_{REF} 的值，使其等于所要控制的温度乘以0.1 V，如设定温度为50 ℃，则 U_{REF} 的值为5 V。比较器的输出可接 LED 指示灯，把温度传感器加热（可用电吹风吹），在温度小于设定值前，LED 应一直处于点亮状态，反之，则熄灭。

如果控温精度不良或过于灵敏造成继电器在被控点抖动，可改变电阻 R_3 的值。

5. 设计报告要求

(1)根据技术指标的要求及备选器件设计原理电路，分析电路的工作原理。

(2)列出元器件清单。

(3)整理实验数据。

(4)分析调试过程中出现的故障原因，找出解决问题的方法。

四、有线对讲机的设计

1. 备选器件

集成运放 LM324、F3140 或 OP07，集成功放 LM386 或 TDA2030、TDA7052、TDA7050，功率晶体管，电阻，电容，麦克风(MIC)，扬声器，数字芯片和开关若干。

2. 设计任务与要求

设计一个小型有线对讲机，要求满足以下要求：

输入的语音信号取自驻极体话筒 MIC，负载为普通扬声器，语音信号可以双向传输。通话距离为50 m。

技术指标：

(1)最大输出功率大于 1 W，音量连续可调。

(2)扬声器(负载)为 8 Ω。

(3)通频带范围为 300 Hz～3 kHz。

(4)单电源供电，供电电压为 9 V。

(5)共模抑制比大于 60 dB。

3. 基本原理及参考方案

有线对讲机的结构框图如图 6.2.15 所示，各部分的原理及设计参考如下：

语音传感器的作用是将从 MIC 或喇叭拾取的语音信号按一定比例转换成音频功率放大器所能接受的电压信号。

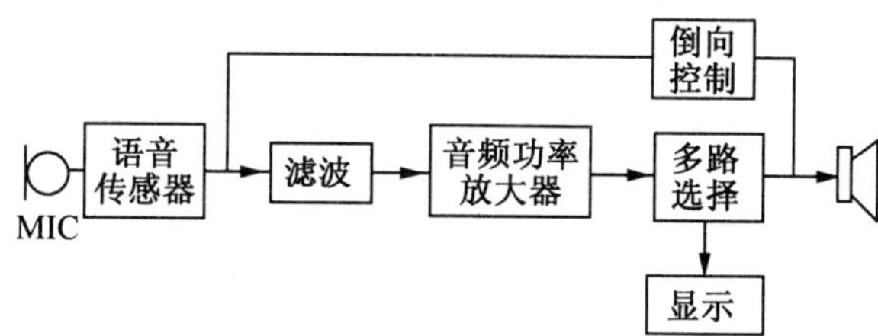

图 6.2.15　有线对讲机的结构框图

图 6.2.16 所示的电路为同相输入式交流放大电路，用于将 MIC 产生的信号加以放大。按照电路中的元件参数，能产生20 mV左右的语音电压信号。电路简单且成熟。10 V直流电源和10 kΩ电阻构成 MIC 的驱动环节。两只100 kΩ的电阻用于为由单电源供电的运放设置合适的零输入偏置电压，防止语音信号失真。

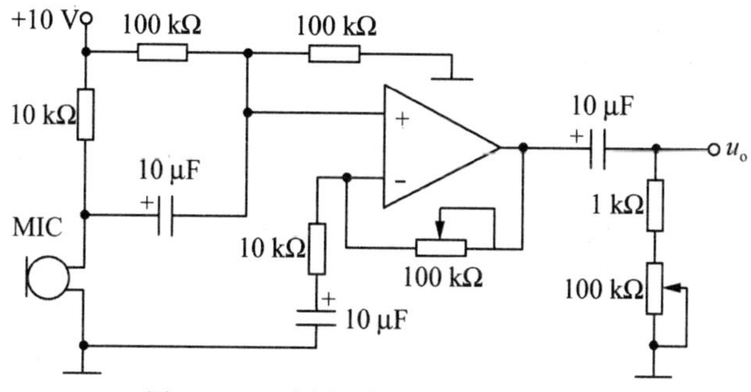

图 6.2.16　同相输入式交流放大电路

音频功率放大器的主要指标是输出功率。常见的能够以单电源供电的功放电路有OTL、BTL两种类型。本设计对语音输出功率、转换效率、非线性失真的要求并不高，故可采纳的方案较多。

常见的由单电源供电的音频功率放大电路有如下几种：

(1)OTL音频功率放大电路

图6.2.17所示为OTL音频功率放大电路，图中电阻R'和电容C'构成了自举电路，用于扩大输出电压的动态范围，提高输出功率。

若不考虑电阻R'和电容C'，从理论上讲，当$u_i>0$时，T_3导通，$u_o=u_i$；当$u_i<0$时，T_2导通，同样$u_o=u_i$，最大输出峰值电压$U_{op}=\frac{U_{CC}}{2}-U_{CE(sat)}\approx\frac{U_{CC}}{2}$。实际上，当$u_i$为负半周时，随着$i_{B2}$的增加，不仅E点电位要上升，而且电阻$R_4$上的压降也要增加，致使$u_{BE2}=U_{CC}-u_{R4}-u_E$要下降，结果将限制$i_{B2}$的继续增加，同样也限制了输出电压幅度的增加。接入电阻R'和电容C'后，静态时，电容C'两端的电压为$U_{CC}-I_{C1}R'-U_E=\frac{U_{CC}}{2}-I_{C1}R'$。如果时间常数$R'C'$足够大，则动态时电容$C'$两端的电压基本保持不变。当$u_i$为负值时，电容$C'$顶端D点的电位将随E点电位的升高而升高，从而保证$T_2$管充分导通，$u_{CE2}$继续减小，输出功率$P_o$有所增加。这就是“自举”电路名称的由来。

电阻R'的取值不宜太大，通常$R'<R_4$(欧姆量级)，否则影响自举效果。若语音信号的周期为T，则电容取值为$R'C'>10T$。

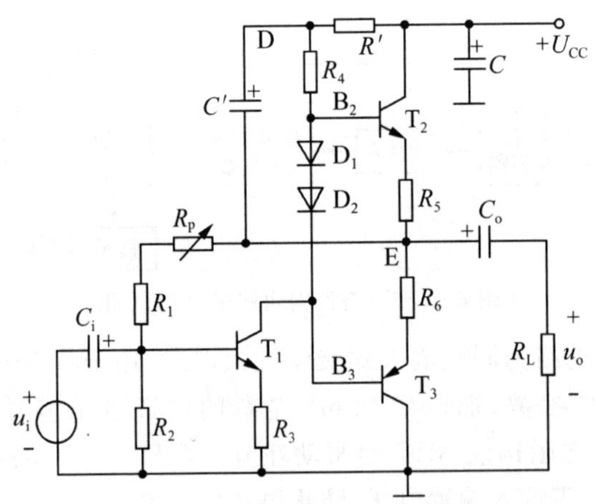

图6.2.17 OTL音频功率放大电路

(2)由LM386或TDA2030组成的音频功率放大电路

由LM386或TD2030组成的音频功率放大电路可以参照第四章集成功率放大器实验的相关内容和典型电路。

(3)桥式功率放大电路(BTL电路)

所谓BTL电路，是由两只晶体管构成的桥式功率放大电路，如图6.2.18所示。电路的工作原理如下：

静态时，与 OTL 电路一样，$U_{EQ1}=U_{EQ2}=\frac{U_{CC}}{2}$，电桥平衡，输出电压为零。

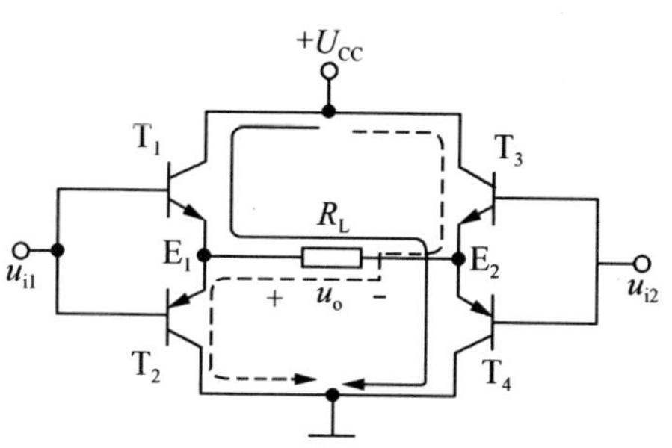

图 6.2.18　BTL 原理电路

动态情况下，在信号的正半周，$u_{i1}>\frac{U_{CC}}{2}$，$u_{i2}<\frac{U_{CC}}{2}$，使 T_1 管和 T_4 管同时导通，而 T_3 管和 T_2 管同时截止，输出电流从负载的左端流向右端，如图 6.2.18 中实线所示；在信号的负半周，$u_{i1}<\frac{U_{CC}}{2}$，$u_{i2}>\frac{U_{CC}}{2}$，使 T_3 管和 T_2 管同时导通，而 T_1 管和 T_4 管同时截止，输出电流从负载的右端流向左端，如图 6.2.18 中虚线所示。在两组互补电路的共同作用下，无论是输出电压的正半周还是负半周，负载的左、右两端同时双向跟随输入信号，能够得到较高的输出电压，从而大大提高了电路的输出功率和电源的利用率。

BTL 电路与 OTL 电路相比，在用同样的电源供电的情况下，输出电压可提高 1 倍，输出功率可提高 3 倍，电源功率也要提高 3 倍，即转换效率基本保持不变。

目前，接线最简单的集成 BTL 音频功放应用电路如图 6.2.19 所示。TDA7052 采用 8 脚双列直插封装，内设 3 个功率放大器，A_1 生成两路等值反相信号，A_2、A_3 接成 BTL 形式，并含有负载短路保护和抑制电源噪声等功能。此电路工作电源电压范围为 3～18 V，工作频率范围为20 Hz～20 kHz，在 $U_{CC}=6$ V、$R_L=8$ Ω时，静态电流为4 mA，电压增益为 100，输出功率可达1.2 W。调节100 kΩ的电位器，可调整输出功率，即输出音量。

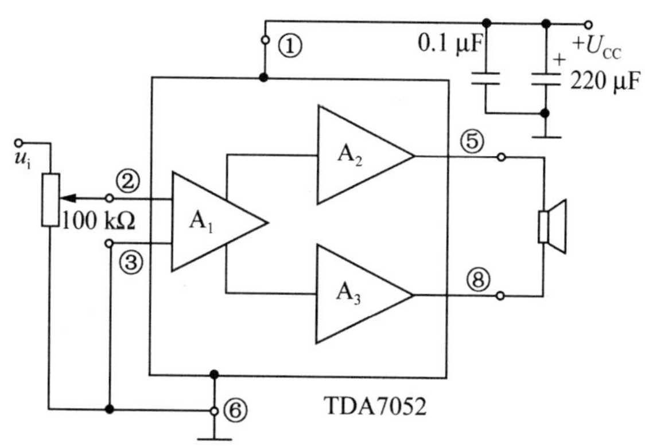

图 6.2.19　TDA7052 BTL 音频功率放大电路

另有 TDA7050，内含双 OTL 音频功放，也能构成 BTL 电路，接线简单，使用方便，性能指标与 TDA7052 相仿。

倒向控制电路用于控制语音信号的流向，其基本功能是实现语音信号双向传输。作为倒向开关，倒向控制电路直接与对讲机语音信号的输入、输出装置相串联，因而设计的着眼点应放在对讲机的有效输出功率、带负载能力和响应速度上。

图 6.2.20 为机械式倒向控制电路。如果用一个双刀双掷开关 S 作为倒向开关，则利用开关 S 的切换作用，可以变换发送方 A、接收方 B 与音频功放的连接关系。当开关 S 处于如图 6.2.20 所示的位置时，扬声器 B 作为话筒是对讲机的输入装置，而扬声器 A 是对讲机的输出装置。当开关 S 处于另一位置时，则若 A 处有人讲话，在 B 处可以听到声音。

此方案需主动方手动控制。其特点是：机械开关的导通电阻小，对对讲机的有效输出功率和带负载能力几乎没有影响。

图 6.2.21 为声控倒向控制电路的结构框图，电路运用了具有选通功能的集成运算放大器 F3140。

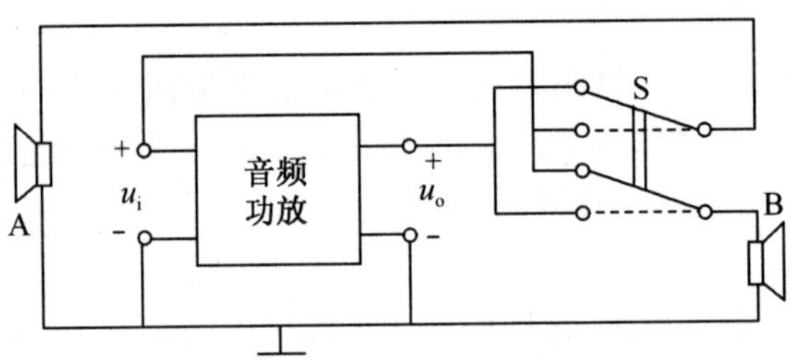

图 6.2.20　机械式倒向控制电路

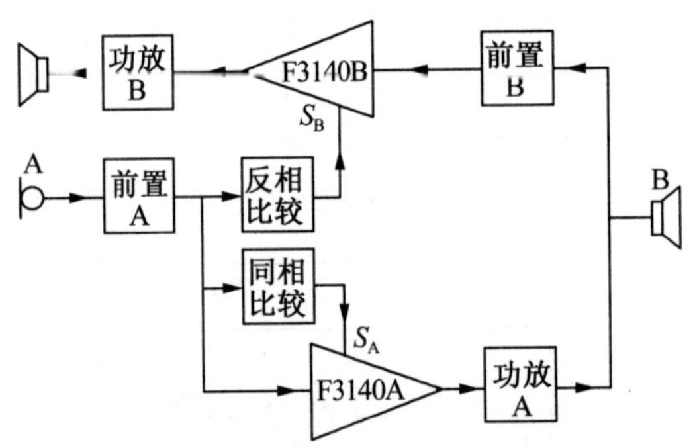

图 6.2.21　声控倒向控制电路的结构框图

F3140 采用 8 脚双列直插封装，其外引脚的功能说明示于表 6.2.2 中。当选通端 S=0 时，u_o=0，S=1 时正常工作。在图 6.2.21 中，A 方作为主动方用自身的语音控制信息的流向。当 A 方讲话时，同相比较器输出高电平，使 F3140A 工作，B 方接收信息，反相比较器输出低电平，F3140B 不能工作。只有 A 方不讲话时，同相比较器才输出低电平，F3140A 停止工作，反相比较器输出高电平，F3140B 可以工作，B 方才能变接收方为发送方。

表 6.2.2　F3140 的引脚功能说明

引脚号	3	2	1	5	7	4	8	6
功能	IN+	IN−	OA1	OA2	+V	−V	S	OUT
	输入		调零		电源		选通	输出

由于对讲机的工作环境较复杂，极易引入各种异常声响和干扰信号，所以需要设计符合指标要求的滤波电路，让对讲机具有选频功能。滤波电路的设计方案可参考有源滤波器的相关内容。

多路选择与显示电路可由若干数字芯片和开关构成。选择多路选择与显示电路方案时，需考虑系统电路的阻抗匹配问题。阻抗匹配是电子技术中常见的一种工作状态，它反映了系统电路与负载之间的功率传输关系。当电路实现阻抗匹配时，将获得最大的功率传输。若电路阻抗失配，不但得不到最大的功率传输，还可能对电路产生损害。为了使系统电路的能量有效地传输，必须使信号源的内阻等于系统电路的输入阻抗，功率源的输出阻抗等于负载的阻抗，即力求对讲机的输出阻抗与扬声器的阻抗最接近，越接近越好。

4. 调试要点和注意事项

连接电路时注意集成功放、功率管的引脚不能接错，MIC、二极管、电解电容的极性不能接反。

集成功放 LM386 和 TDA7052 没有安装散热片的条件，为安全起见，LM386 实验电路的输出功率不要超过0.5 W。在实验过程中，要随时观察稳压电源上的电流表，一旦芯片发热或电源电流过大，应立即关断电源，检查电路。

调试电路时，接收方与发送方的扬声器应尽量远离，防止信号回馈，引发自激。

5. 设计报告要求

(1)根据技术指标的要求及备选器件设计原理电路，分析电路的工作原理。

(2)列出元器件清单。

(3)整理实验数据。

(4)分析调试过程中出现故障的原因，找出解决问题的方法。

五、音响放大器的设计

1. 备选器件

音频延迟模块 MN3207，时钟脉冲驱动模块 MN3102，集成运放 LM324，功率放大模块 TDA2030，扬声器8 Ω/5 W，电阻、电容若干。

2. 设计任务与要求

设计一个音响放大器，要求其具有话筒扩音、音量控制、音调控制、电子混响等功能。

主要指标：

(1)输出额定功率：$P_o \leqslant 5$ W。

(2)负载(扬声器)：8 Ω/5 W。

(3)频率响应：40 Hz ~ 20 kHz。

(4)音调控制：1 kHz 处增益为 1 dB，100 kHz 和 10 kHz 处有±12 dB 的调节范围，且

$$A_{uL} = A_{uH} \geqslant 20 \text{ dB}$$

(5)输入阻抗：$R_i \gg 20$ kΩ。

3. 基本原理及参考方案

音响放大器的基本组成框图如图 6.2.22 所示。各部分的作用参见第五章“实验 4　音调控制电路的设计与实验”，“实验 6　音频电子混响器的设计与实验以及本节中语音

放大器的设计。

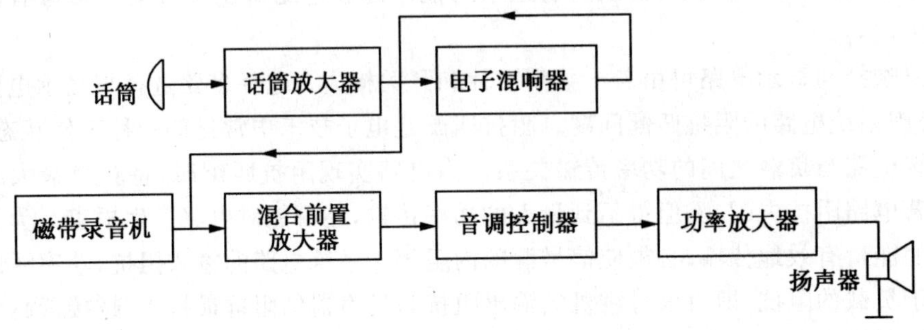

图 6.2.22 音响放大器的基本组成框图

4.调试要点和注意事项

调试要点与注意事项参见本节中语音放大器的设计。

5.设计报告要求

(1)原理电路的设计,内容包括:

①话筒放大器电路的设计。

②电子混响器的设计。

③混合前置放大器的设计。

④音调控制电路的设计。

⑤功率放大电路的设计。

(2)画出整机原理电路,列出元器件清单。

(3)分析调试过程中出现故障的原因,找出解决问题的方法。

六、集成直流稳压电源的设计

1.备选器件

整流二极管,三端稳压电源 7812、7912、W317,电阻、电容若干。

2.设计任务与要求

设计一个直流稳压电源,要求满足的主要指标如下:

(1)同时输出±12 V 的电压,输出电流为 2 A。

(2)输出纹波电压小于 5 mV,稳压系数小于 5×10^{-3};输出内阻小于0.1 Ω。

(3)电路具有输出保护功能,最大输出电流不超过 2 A。

设计要求:电源变压器只进行理论设计,合理选择集成稳压器及扩流三极管,保护电路要求采用限流型,完成全电路的理论设计、安装与调试并绘制出整机原理图。

3.基本原理

基本原理参见第四章实验 4-10 的内容。

设计实例:

设计一个直流稳压电源,要求满足:

①$U_O=5\sim12$ V 连续可调,输出电流 $I_{Omax}=1$ A。

②纹波电压不大于 5 mV。

③电压调整率不大于 3%。

④电流调整率不大于 1%。

设计过程如下：

首先选择电路形式：这里选择可调式三端稳压电源 W317，其典型指标满足设计要求，电路形式如图 6.2.23 所示。

(1)器件的选择

电路参数的计算如下：

①确定稳压电路的最低输入直流电压

$$U_{I\min} \approx [U_{O\max} + (U_I - U_O)_{\min}]/0.9$$

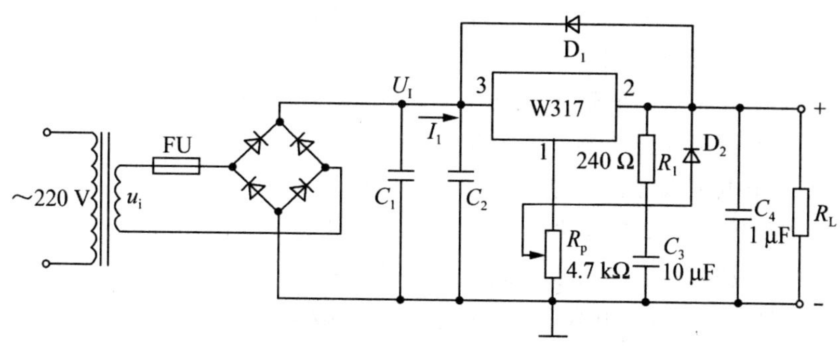

图 6.2.23　用可调式三端稳压电源设计实例

代入各指标，计算得到

$$U_{\rm Imin} \approx (12+3)/0.9 \approx 16.67(\rm V)$$

我们取 17 V。

②确定电源变压器副边电压、电流及功率，选择变压器

$$U_{\rm I} \geqslant U_{\rm Imax}/1.1 \quad I_{\rm I} \geqslant I_{\rm Imax}$$

所以我们取 $I_{\rm I}=1.1$ A。

$$U_{\rm I} \geqslant 17/1.1 \approx 15.5(\rm V)$$

变压器次级绕组功率为

$$P_2 \geqslant 17 \text{ W}$$

由于变压器的效率 $\eta=0.7$，则初级绕组功率 $P_1 \geqslant 24.3$ W。由上述分析知，可以选次级绕组电压为16 V、输出电流为1.1 A、功率为30 W的变压器。

③选择整流二极管及滤波电容

因电路形式为桥式整流、电容滤波，故可通过每个整流二极管的反峰电压和工作电流求出滤波电容值。若整流二极管采用 IN5401，其极限参数为 $U_{\rm RM}=50$ V，$I_{\rm D}=5$ A。

滤波电容为

$$C_1 \approx (3\sim5)T \times I_{\rm Imax}/2U_{\rm Imin} = 1941 \sim 3235\ \mu\text{F}$$

故取 2 只 2200 μF/25 V 的电解电容作滤波电容。

(2)稳压器功耗的估算

当输入交流电压增加10%时，稳压器输入直流电压最大，即

$$U_{\mathrm{Imax}}=1.1\times1.1\times16=19.36(\mathrm{V})$$

所以稳压器承受的最大压差为

$$19.36-5\approx15(\mathrm{V})$$

最大功耗为

$$U_{\mathrm{Imax}}I_{\mathrm{Imax}}=15\times1.1=16.5(\mathrm{W})$$

所以应选用散热功率不小于16.5 W的散热器。

(3)电路中应采取的其他措施

如果集成稳压器离滤波电容 C_1 较远，应在W317靠近输入端处接上一只0.33 pF的旁路电容 C_2。接在调整端和地之间的电容 C_3，用来旁路取样电位器两端的纹波电压。当 C_3 的容量为10 μF时，纹波抑制比可提高20 dB，减到原来的1/10。另外，由于在电路中接了电容 C_3，此时一旦输入端或输出端发生短路，C_3 中储存的电荷会通过稳压器内部的调整管和基准放大管而损坏稳压器。为了防止在这种情况下 C_3 的放电电流通过稳压器，在取样电路的另一个电阻 R_L 两端并接一只二极管 D_2。

W317集成稳压器在没有容性负载的情况下可以稳定地工作。但当输出端有500～5000 pF的容性负载时，就容易发生自激。为了抑制自激，在输出端接一只1 μF的钽电容或25 μF的铝电解电容 C_4，该电容还可以改善电源的瞬态响应。但是接上该电容以后，集成稳压器的输入端一旦发生短路，C_4 将对稳压器的输出端放电，其放电电流可能损坏稳压器，故在稳压器的输入与输出端之间，接一只保护二极管 D_1。

4. 电路的安装与指标测试

(1)安装整流、滤波电路

首先应在变压器的副边接入保险丝FU，以防电源输出端短路损坏变压器或其他器件，整流、滤波电路主要检查整流二极管是否接反，否则会损坏变压器。检查无误后，通电测试(可用调压器逐渐将输入交流电压升到220 V)，用滑线变阻器作等效负载，用示波器观察输出是否正常。

(2)安装稳压电路部分

集成稳压器要安装适当的散热器，根据散热器安装的位置决定是否需要在集成稳压器与散热器之间绝缘，输入端加直流电压 U_{I}(可用直流电源作输入，也可用调试好的整流、滤波电路作输入)，用滑线变阻器作等效负载，调节取样电位器，输出电压随之变化，说明稳压电路正常工作。此时应注意检查在额定负载电流下稳压器的发热情况。

(3)总装与指标测试

将整流、滤波电路与稳压电路相连接并接上等效负载，测量下列各值是否满足设计要求：

①U_{I} 为最高值(电网电压为242 V)，U_{O} 为最小值(此例为+5 V)，测稳压器输入、输出端压差是否小于额定值，并检查散热器的温升是否满足要求(此时应使输出电流为最大负载电流)。

②U_{I} 为最低值(电网电压为198 V)，U_{O} 为最大值(此例为+12 V)，测稳压器输入、

输出端压差是否大于3 V，并检查输出稳压情况。

如果上述结果符合设计要求，便可按照前面介绍的测试方法进行质量指标测试。

5. 设计报告要求

(1)原理电路的设计，内容包括：

①电源变压器的设计。

②二极管的选择依据。

③集成三端稳压电源的选择、电流的扩展。

④滤波电容的计算。

(2)画出整机原理电路，列出元器件清单。

(3)分析调试过程中出现故障的原因，找出解决问题的方法。

七、多功能信号发生器的设计

1. 备选器件

运算放大器 LF353，门电路 74LS00，二极管，电位器，电阻、电容若干。

2. 设计任务与要求

设计一个多功能信号发生器，要求如下：

(1)能够输出正弦波、三角波、方波、单次脉冲信号波形。

(2)输出信号的频率为 20 Hz～2 kHz，连续可调。

(3)输出信号的幅度为 1～10 V，连续可调；单次脉冲：低电平小于 0.4 V，高电平为 3.5～5 V。

(4)输出信号直流电平调节范围为－5～＋5 V。

(5)输出信号波形精度：正弦波的失真度不大于 2%，三角波的线性度不大于 1%，方波信号的上(下)升沿时间不大于2 μs。

3. 设计方案分析

信号发生器在科学实验、电子测量、自动控制、设备检测、无线通信等领域有着广泛的应用。信号发生器的基本功能是可以提供符合一定技术指标要求的电信号，其波形、频率、幅值均可以调节。实现信号发生器电路的方案很多，其特点也不同，主要有模拟电路实现方案、数字电路实现方案和模数混合实现的方案。

(1)采用单片机控制技术实现的信号发生器

该方案的主要思路是采用编程的方法来产生希望得到的波形，用户将要输出的波形预先存储在半导体存储器中，在需要某种波形时将储存在存储器中的数据依次读出来，经过数模转换、滤波等处理后，输出该波形的信号。该方案的优点是输出信号的频率稳定，抗干扰能力强，容易实现任意波形的信号，可通过外置按键或键盘来设定所需要产生信号源的类型和频率，还可以通过显示器显示出波形的相关信息；不足之处是由于单片机处理数据的速度有限，当产生频率比较高的信号时，输出波形的质量将下降。

(2)利用直接数字频率合成(DDS)集成芯片实现的信号发生器

随着大规模集成电路制作技术的发展，采用直接数字频率合成技术实现的信号产生集成芯片的应用越来越广泛。DDS 集成芯片内部主要由相位累加器、波形存储器、高速 D/A

转换器等环节组成。在时钟脉冲的控制下，相位累加器对输入的频率控制字不断地进行累加得到相应的相位码，同时相位码序列作为地址信号去寻址波形存储器进行相位码到幅度码的转换，并输出不同的幅度编码。这一系列不同的幅度编码经过 D/A 转换器得到相应的阶梯电压信号，最后经过低通滤波器平滑，即可输出相应的信号。一般集成 DDS 芯片内部时钟脉冲的频率固定，其相位累加器的位数也不变，所以只需改变频率控制字即可实现输出信号频率的变化。利用 DDS 集成电路设计的信号发生器具有输出频率高、频率稳定度高、输出频率分辨率高、易于实现全数字控制等优点，是目前设计高精度、高性能信号发生器的首选方案。目前，典型的 DDS 集成芯片有 AD9850、AD9851、AD9852 和 AD9834 等。

(3)利用专用函数发生器集成电路实现的信号发生器

利用集成函数发生器专用芯片可以方便地实现多种波形的输出，而且外围电路简单，调试容易。例如，早期的函数信号发生器有 ICL8038、BA205、XR2206/2207/2209 等，这些芯片的不足之处是输出信号的频率不高，最大仅有几百千赫兹，调节方式不灵活，频率和脉冲信号的占空比不能独立调节。新一代单片函数信号发生器 MAX038，内部含有精密带隙电压参考、鉴相器和 TTL(晶体管-晶体管逻辑)同步输出，可以采用较少的外部元件构成一台高频函数发生器，也可单独用作电压控制振荡器、频率调制器、脉宽调制器、锁相环、频率合成器和 FSK(频移键控)信号发生器。它的主要特点有：0.1 Hz～20 MHz的输出频率调节范围，350∶1 的扫描范围，10%～90%的占空比调节范围，可以输出正弦波、方波、矩形波、三角波、锯齿波等多种波形，且频率和占空比调节互不影响，是目前较为理想的函数信号发生器集成芯片。

(4)采用分立器件组成的信号发生器

过去传统的函数信号发生器一般采用这种方式，该方案一般采用集成运放加外电阻、电容等器件构成方波—三角波发生器，然后将三角波信号或方波信号转换成正弦波信号输出；也可以直接采用 *RC* 正弦波信号发生器产生正弦波信号。该方案的缺点是输出信号的频率较低，输出的波形质量差，输出频率调节范围小，电路复杂且体积大。由于本设计中信号发生器的输出信号频率不高，再加上电子技术课程教学内容的限制，所以本设计要求采用集成运算放大器组成信号发生器，该电路的组成框图如图 6.2.24 所示。

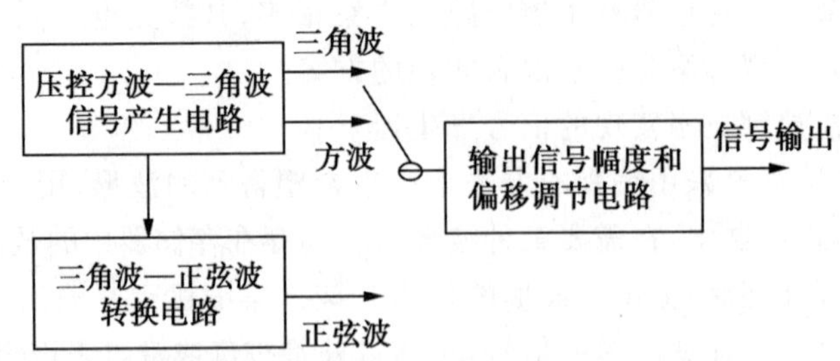

图 6.2.24　多功能信号发生器的组成框图

4. 主要单元电路的基本原理及设计参考

(1)压控方波—三角波产生电路

输出信号的频率可以通过调节电阻或电容来实现，也可以通过改变输入电压的大小实现。图 6.2.25(a)就是由集成运算放大器组成的压控方波—三角波信号发生器。该电路主要由 A_1 组成的积分器和 A_2 构成的施密特触发器组成，电路的工作原理为：在给定的电路参数下，集成运算放大器 A_1 的同相输入端电位等于 $u_i/2$，假设由 A_2 构成的施密特触发器的输出 u_{o2} 为 $-U_Z$，此时 A_2 的同相输入端电位为下门限电压值 $U_{TL}=-\frac{R_1}{R_1+R_2}U_Z$，三极管 T 截止，给电容 C 充电的电流为 $i=-\frac{u_i}{2R}$，A_1 的输出 u_{o1} 线性下降。当 u_{o1} 等于施密特触发器的门限电压 U_{TL} 时，触发器翻转，u_{o2} 立即变为 $+U_Z$，A_2 的同相输入端电位立即变为上门限电压值 $U_{TH}=\frac{R_1}{R_1+R_2}U_Z$，同时三极管饱和导通。假设三极管的饱和压降为零，则流过三极管的电流等于 $2i$，所以流过电容 C 的电流为 $-i$，电容放电，A_1 的输出电压 u_{o1} 线性增大。当 u_{o1} 增大到等于施密特触发器的上门限电压 U_{TH} 时，u_{o2} 立即变为 $-U_Z$，A_2 的同相输入端电位再次变为下门限电压，三极管截止，积分器电容再次被充电。这样周而复始，在 u_{o1} 输出端可以得到标准的三角波，在 u_{o2} 处可以得到正负对称、占空比等于 50% 的方波，输出波形如图 6.2.25(b)所示。

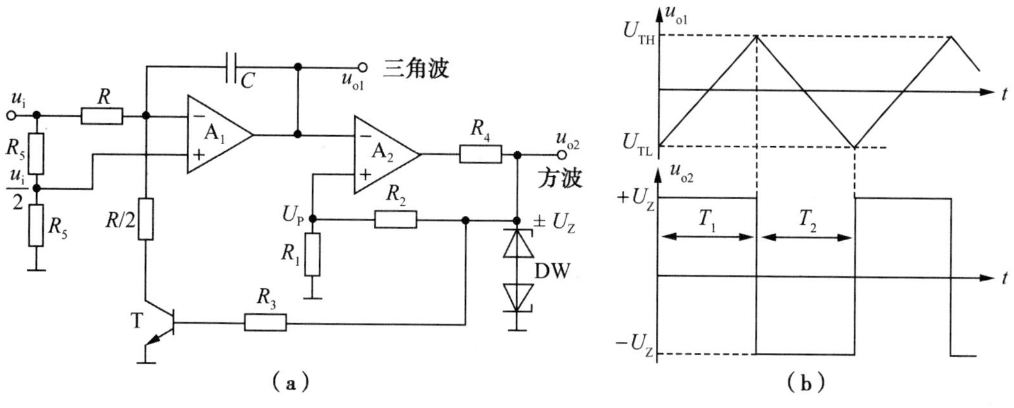

图 6.2.25　压控方波—三角波发生器电路及输出波形图

输出信号的频率计算如下：

设电容的初始值为 U_{TL}，则输出电压 u_{o1} 的表达式为

$$u_{o1}=U_{TL}+\frac{1}{C}\int i\mathrm{d}t=U_{TL}+\frac{u_i}{2RC}t$$

当 $t=T_1$ 时，$u_{o1}=U_{TH}$，所以

$$U_{TH}=U_{TL}+\frac{u_i}{2RC}T_1$$

又因为 $T_1=T_2$，$U_{TH}=-U_{TL}$，所以输出信号的频率为

$$f=\frac{1}{2T_1}=\frac{u_i}{8RCU_{TH}}=\frac{R_1+R_2}{8RCR_1U_Z}u_i \tag{6.2.13}$$

可见输出频率与输入电压成正比。

实际电路如图 6.2.26 所示。集成运算放大器选择高输入阻抗、宽带、高精度的运算

放大器 LF353，双向限幅稳压管选择5 V/1 W的稳压二极管，电阻 $R_1=R_2=10\ \text{k}\Omega$，选择积分电容 $C=1000\ \text{pF}$的漏电小、稳定性好的电容，电阻 $R=100\ \text{k}\Omega$。所以当要求输入电压在0～5 V变化时，输出信号的频率为 0～2.5 kHz，完全满足设计要求。电位器 R_{p1}用于调整输出方波的占空比，调节 R_{p1}使输出方波的占空比为 50%。为了使输出三角波的峰-峰值等于10 V，经运算放大器 A_2放大后完成。集成运算放大器的供电电源为±15 V（建议三极管 T 用模拟开关代替）。

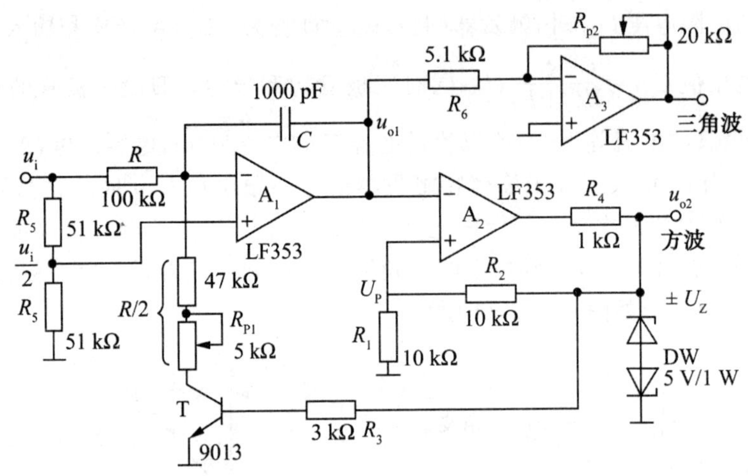

图 6.2.26　方波—三角波信号产生电路

(2)三角波—正弦波转换电路

实现正弦波信号发生器的电路很多，可以通过 RC 或 LC 正弦波振荡器直接产生，也可以将方波或三角波信号转换成正弦波。下面介绍利用三角波转换成正弦波的工作原理。图 6.2.27 所示的电路是一个可变比例衰减器，随着输入三角波绝对值的增大，电阻 r 按照一定的规律减小，反之 r 则增大。如果这个变化规律符合三角波和正弦波幅值间的比例，则在电阻 r 上得到的是正弦波输出。

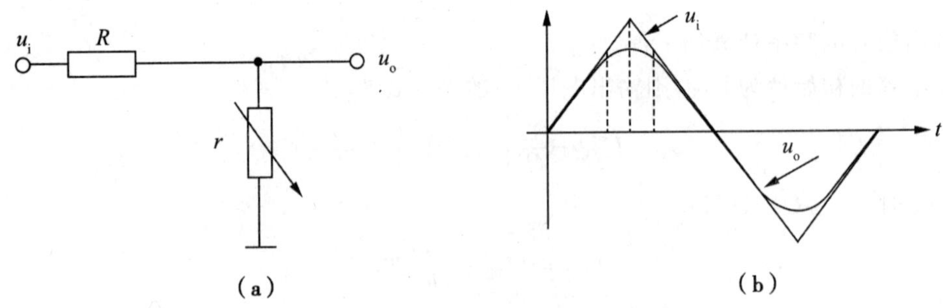

图 6.2.27　三角波转换为正弦波的原理

用于三角波—正弦波转换的电路如图 6.2.28 所示，它是采用分段折线的方法实现转换的。假设输入信号 u_i 为正半周，当输入的三角波电压较小时，D_1～D_6全部截止，此时输出、输入的特性曲线(见图 6.2.29)OA 段的斜率为

$$K_{OA}=\frac{du_o}{du_i}=-\frac{R_1}{(R_1+R_2)/\!/(R_3+R_4)/\!/(R_5+R_6)} \tag{6.2.14}$$

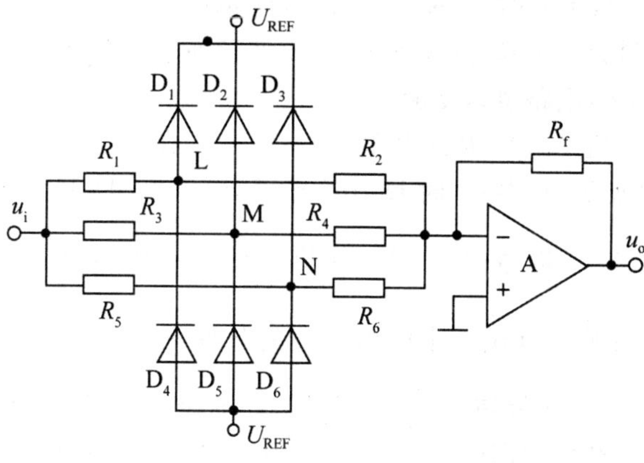

图 6.2.28　分段折线式三角波转换成正弦波的电路

适当地选择电阻 $R_1 \sim R_6$ 的阻值，可以使 D_1、D_2、D_3 分别导通时对应不同的输入电压。设二极管为理想元件，则当输入电压 u_i 增大到 $\frac{R_1+R_2}{R_2}U_{REF}$ 时，二极管 D_1 导通，要求 D_2、D_3 截止，则 L 点的电位被钳位在 U_{REF} 上，此时特性曲线 AB 段的斜率为

$$K_{AB}=\frac{du_o}{du_i}=-\frac{R_1}{(R_3+R_4)/\!/(R_5+R_6)} \tag{6.2.15}$$

当输入信号 u_i 进一步增大到 $\frac{R_3+R_4}{R_4}U_{REF}$ 时，二极管 D_1、D_2 导通，要求 D_3 截止，则 L、M 点的电位均被钳位在 U_{REF} 上，此时特性曲线 BC 段的斜率为

$$K_{BC}=\frac{du_o}{du_i}=-\frac{R_1}{R_5+R_6} \tag{6.2.16}$$

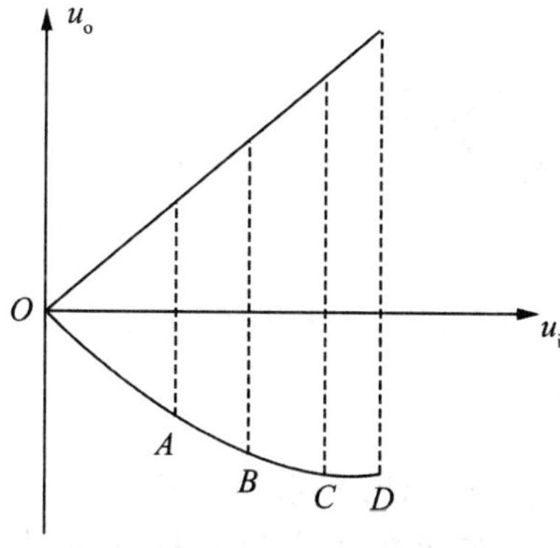

图 6.2.29　分段折线式三角波转换成正弦波的转换曲线

当输入信号 u_i 增到 $\frac{R_5+R_6}{R_6}U_{REF}$ 时，二极管 D_1、D_2、D_3 全导通，则 L、M、N 点的电位全被钳位在 U_{REF}，此时特性曲线 CD 段的斜率为

$$K_{CD}=\frac{\mathrm{d}u_{\mathrm{o}}}{\mathrm{d}u_{\mathrm{i}}}=0 \tag{6.2.17}$$

同理，当输入信号 u_i 为负半周时，二极管 D_4、D_5、D_6 依次导通，输出特性曲线的形状与 u_i 为正半周时对称。经过分析可知，分段越多，三角波转换为正弦波的精度也越高，但是所用的二极管、电阻也越多，电路也越复杂。

设输入三角波的幅值是 5 V，基准电压 $U_{REF}=1$ V。在 u_i 为正半周时，选择三个转折点，要求在 30°时 D_1 开始导通，在 60°时 D_2 开始导通，在 80°时 D_3 开始导通，对应三角波的输入电压分别为1.67 V、3.33 V、4.44 V。所以 $\frac{R_2}{R_1+R_2}=0.6$，$\frac{R_4}{R_3+R_4}=0.3$，$\frac{R_4}{R_3+R_4}=0.3$，$\frac{R_6}{R_5+R_6}=0.23$。在假定其中一个电阻参数的条件下，可以确定另外一个电阻的大小。为了抵消二极管 D_1～D_6 导通压降的影响，实际电路中增加了二极管 D_7、D_8，同时该二极管还可以起到温度补偿的作用。图 6.2.30 为实际的三角波转换成正弦波的电路。

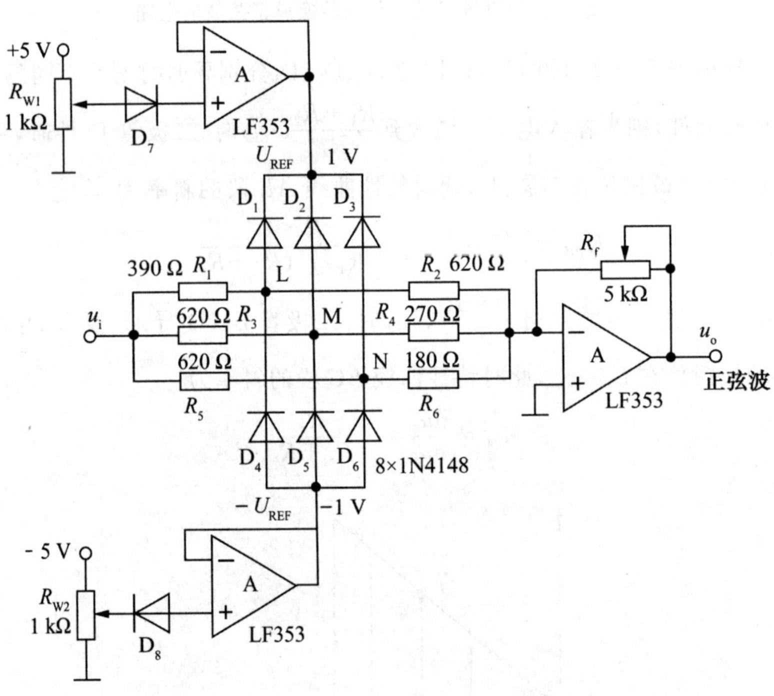

图 6.2.30　实际的三角波转换成正弦波的电路

(3)信号输出电路

这部分电路较为简单。对该电路的要求是应该具有一定的驱动能力，具有较宽的通频带和较高的转换速度，同时应该加入直流偏移电压，使输出信号可以在一直流电位上下平移，如图 6.2.31 所示。图中 R_{W1} 用于输出信号的幅度调节，R_{W2} 用于直流偏移电压的调节。

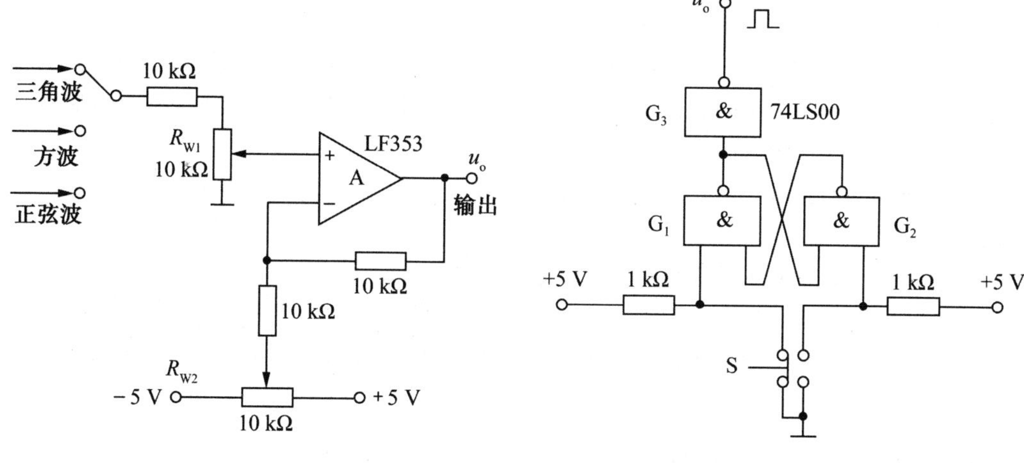

图 6.2.31　信号输出电路　　　　图 6.2.32　单次脉冲产生电路

(4)单次脉冲产生电路

单次脉冲对于观察数字集成电路的触发特性及数字系统电路的状态检查非常重要。对于单次脉冲电路的要求为:当按键 S 被按下时,u_o 输出脉冲的上升沿;当按下按键 S 不动时,输出脉冲的保持高电平不变;当松开按键 S 时,输出脉冲的下降沿。图 6.2.32 即可完成上述功能。

5. 电路的安装与指标测试

(1)在安装电路之前,请仔细查阅有关集成电路器件的使用信息,测量有关元件的好坏。

(2)画出每个单元电路安装使用的电路图及整个系统的电路图。

(3)在进行每个单元电路测试之前,均要测量电源对地,正、负电源之间,电路的输出对地等是否存在短路现象。确定正确无误后,方可加电。

(4)压控方波—三角波信号的调试。用示波器观察输出三角波和方波的波形,调节电位器 R_{p1} 使输出方波的占空比为 50%;然后调节输入电压的变化,观察输出波形频率的变化情况是否满足设计要求;同时调节电位器 R_{p2},使输出三角波的幅值满足设计要求。

(5)三角波转换成正弦波电路的调试。将一个输出幅值 U_{pp}=10 V的三角波输入到电路中,调节电位器 R_{W1}、R_{W2},使基准电压等于1 V和−1 V,观察输出信号的波形。调节输出幅值调节电位器 R_f,使输出信号的幅值满足要求。

(6)将三角波信号、方波信号、正弦波信号分别接到输出电路中,观察输出信号的波形,调节直流偏移电位器,观察输出信号的变化。

(7)单次脉冲信号发生器的调试。给该电路加上+5 V的直流电源,按下按键 S,用万用表或示波器观察输出信号的变化。

6. 设计报告要求

(1)写出设计的原理电路的参数。

(2)画出整机原理电路,列出元器件清单。

(3)分析调试过程中出现故障的原因,找出解决问题的方法。

7.思考题

(1)函数信号发生器的主要性能指标有哪些?实现函数信号发生器的方案有哪些?

(2)在图 6.2.26 所示的方波—三角波信号产生电路中,如何产生锯齿波—矩形波信号?并求出输出信号频率的表达式。

(3)试利用集成运算放大器设计另外一种方波—三角波信号产生电路,并通过实验验证。

(4)在图 6.2.26 所示的电路中,若发现输出的方波信号的质量变差,这是什么原因造成的?如何解决?

(5)在图 6.2.30 所示的电路中,如何减小输出的正弦波信号的失真?二极管 D_7、D_8 的作用是什么?

八、心电信号(ECG)放大器的设计

1.备选器件

仪表放大器 AD620,集成运放 LM358、OP37,电阻、电容若干。

2.设计任务

设计用于检测人体心电信号的放大器,要求如下:

(1)输入阻抗大于 10 MΩ。

(2)共模抑制比大于 80 dB。

(3)电压放大倍数为 60 dB。

(4)频带宽度为 0.05~100 Hz。

(5)放大器的等效输入噪声(包括 50 Hz 交流干扰)小于 200 μV。

3.设计方案分析

(1)心电信号的特点及检测

人体的各种生理参数如心电、脑电、肌电等生物电信号都属于强噪声背景下微弱的低频信号,是由复杂的生命体发出的不稳定的自然信号。心电信号是人类最早研究并应用于临床医学的生物电信号之一,与其他生物电信号相比,该信号比较容易检测,同时具有直观的规律性。一般人体心电信号的幅值为 20 μV~5 mV,频带宽度为 0.05~100 Hz。由于心电信号取自活体,所以信号源的内阻较高,且存在着较强的背景噪声和干扰。

在检测人体生物电信号时,需要采用所谓的生物电测量电极(又称“引导电极”)来实现,通过引导电极将生物电信号引入放大器的输入端。对于心电信号的检测,临床上为了统一和便于比较所获得的心电信号波形,对测定心电信号的电极和引线与放大器的连接方式有严格的统一规定,称为心电图的导联系统。目前,国际上均采用标准导联,即将电极捆绑在手腕或脚腕的内侧面,并通过较长的屏蔽导线与心电放大器相连接。标准导联有Ⅰ、Ⅱ、Ⅲ三种方式,其具体连接方法如图 6.2.33 所示。

(2)心电信号放大器的设计要求及组成

根据心电信号的特点,对心电信号放大器的要求是高输入阻抗、高增益、高共模抑制比、低噪声、低漂移、合适的通频带宽度和输出较大的动态范围等。

典型的心电信号放大器的组成如图 6.2.34 所示，主要有前置放大、高通滤波、低通滤波、50 Hz陷波器、电压放大电路。

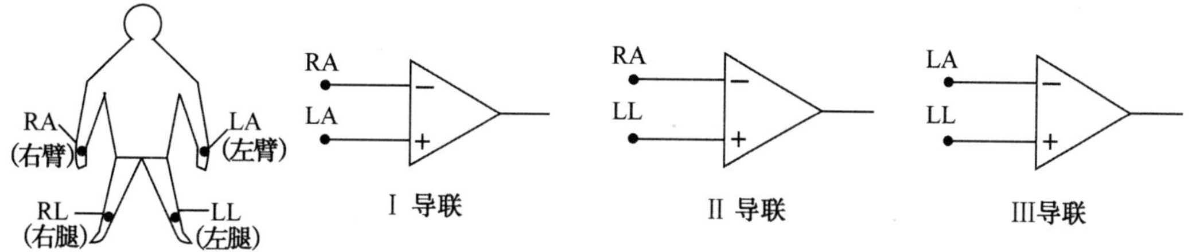

图 6.2.33　标准导联的连接方法

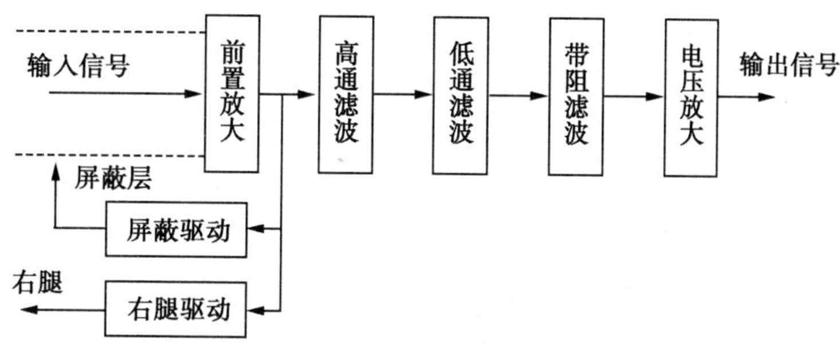

图 6.2.34　典型的心电信号放大器的组成

4. 主要单元电路的参考设计

(1)心电信号输入电极

电极(导联)对心电信号放大器的质量影响很大，采用的电极应该具有贴附力强、透气性能好、吸汗、电极导电性能好、极化电压低的特性。此外，还应该具有对皮肤刺激小、佩戴舒适、拆卸方便等优点。通常采用表面镀有 AgCl 的可拆卸的一次性软电极，并在电极上涂优质的导电膏，目前已有成品可买。对于自制电极，可以采用20 mm×20 mm的薄铜皮作为皮肤接触电极；用带有尼龙拉扣的布带或普通布带将电极捆绑在四肢相应的位置；在进行心电图测量前，应使用酒精棉球仔细将与电极接触部位的皮肤擦干净。

(2)心电信号前置级放大电路

由于心电信号属于高强噪声下的低频微弱信号，所以要求前置放大器应具有高输入阻抗、高共模抑制比、低噪声、低漂移、具有一定的电压放大能力等特点，选择仪表放大器即可满足要求。考虑到要求高共模抑制比、高输入阻抗和调试方便，一般直接使用集成仪表放大器。本设计选用低成本集成仪表放大器 AD620 实现。AD620 的管脚排列如图 6.2.35 所示。AD620 作为高精度仪表放大器，只需要改变 1 脚和 8 脚之间的外接电阻，即可实现放大 1～1000(60 dB)倍变化范围的电压增益。该放大器的差模电压放大倍数的表达式为

$$G=1+49.4\ \text{k}\Omega/R_g \qquad (6.2.18)$$

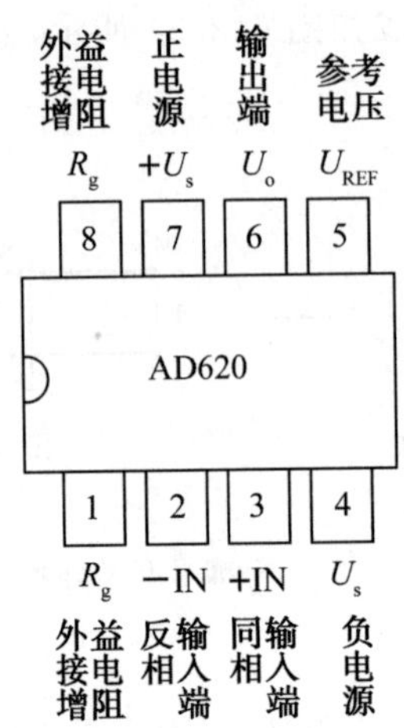

图 6.2.35　AD620 的引脚排列及功能

AD620 的最大失调电压仅为 5 μV，失调电压温漂为 0.6 μV/℃，所以作为前置放大器可以很好地工作。为了避免在强干扰信号下放大器的输出产生失真，前置放大器的电压放大倍数不能设置得过高。本设计选择电压放大倍数等于 10 (20 dB)倍。

另外，为了消除强共模信号通过屏蔽层电容对放大器输出造成的影响，一方面要求电极(导联)线的屏蔽层不予接地；另一方面设计了自举屏蔽驱动电路，采用缓冲放大器将连接点的共模电位驱动到屏蔽线，使引线屏蔽层分布电容的两端电压保持相等，从而消除共模电压由屏蔽层分布电容引起的不均衡衰减。

为了进一步提高前置放大器的共模抑制比和抗干扰能力，再采用右腿驱动电路，从根本上降低空间电场在人体上产生的干扰。前置放大器电路如图 6.2.36 所示。

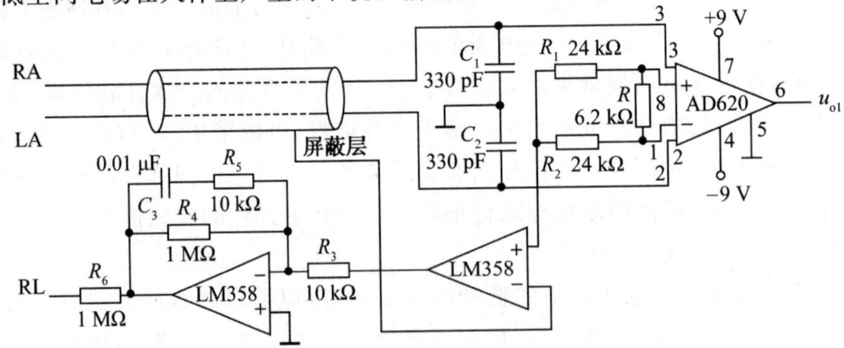

图 6.2.36　心电信号前置放大器

(3)滤波器电路

正常心电信号的频率范围为 0.05～100 Hz，而 90%的心电信号频谱能量集中在 0.25～35 Hz之间。噪声信号的来源主要有工频干扰、电极接触噪声、人为运动肌电干扰、基线漂移等，其中50 Hz的工频干扰最为严重。为了消除这些干扰信号，在心电信号放大器电路中，应加入高通滤波器、低通滤波器和50 Hz工频信号陷波器。

①高通滤波器

高通滤波器选择典型的压控电压源二阶滤波器，电路结构如图 6.2.37 所示。该电路的典型参数为：

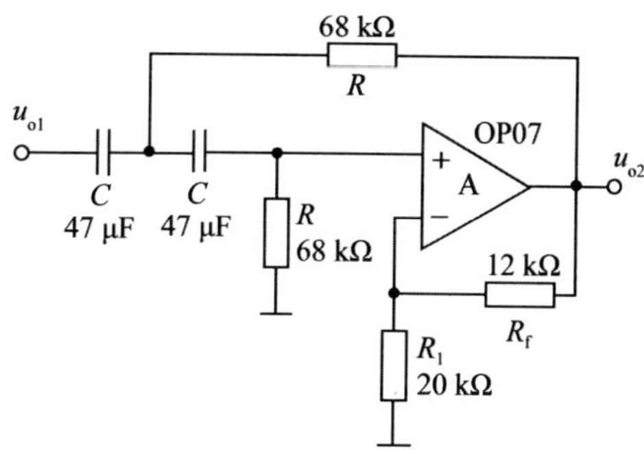

图 6.2.37　二阶高通滤波器

截止频率为

$$f_o=\frac{1}{2\pi RC} \tag{6.2.19}$$

品质因数为

$$Q=\frac{1}{3-A_u} \tag{6.2.20}$$

通带放大倍数为

$$A_u=1+\frac{R_f}{R_1} \tag{6.2.21}$$

指标要求滤波器的截止频率等于 0.05 Hz，$Q=0.707$，取电容 $C=47\ \mu F$，根据式(6.2.19)可以得到电阻为

$$R=\frac{1}{2\times3.14\times47\times10^{-6}\times0.05}\approx67.8(k\Omega)$$

选标称值 68 kΩ。根据式(6.2.20)得到通带电压放大倍数为

$$A_u=3-\frac{1}{Q}=3-\frac{1}{0.707}\approx1.586$$

若取 $R_1=20\ k\Omega$，则根据式(6.2.21)得到

$$R_f=(A_u-1)R_1=(1.586-1)\times20\ k\Omega=11.72\ k\Omega$$

取标称值 12 kΩ。集成运算放大器采用高精度、低漂移运算放大器 OP07。

②低通滤波器

二阶低通滤波器电路如图 6.2.38 所示。由图 6.2.38 中的参数可以得到二阶低通滤波器的参数指标为：

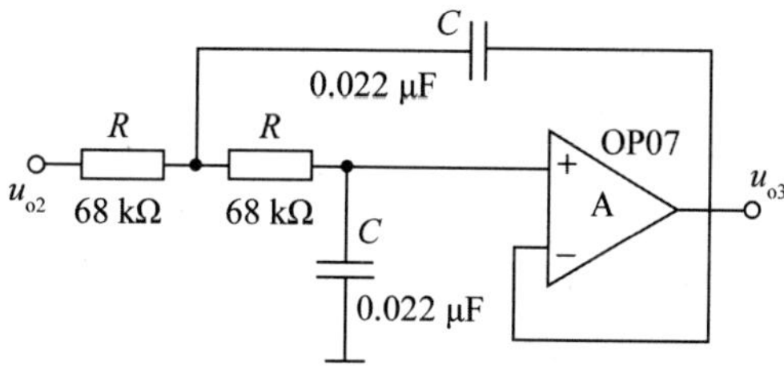

图 6.2.38　二阶低通滤波器电路

截止频率为

$$f_o=\frac{1}{2\pi RC}=\frac{1}{2\times 3.14\times 68\times 10^3\times 0.022\times 10^{-6}}\approx 106.4(\text{Hz})$$

品质因数为

$$Q=\frac{1}{3-A_u}=\frac{1}{3-1}=0.5$$

③50 Hz 工频信号陷波器

50 Hz 工频信号陷波器可以采用应用较为广泛的双 T 型二阶有源带阻滤波器，如图 6.2.39 所示。这种滤波器的优点是品质因数可以调节，且和带阻滤波器的中心频率无关。在该电路中，当 A_2 的同相输入端接地（反馈系数最小）时，滤波器的 Q 值最小，大约为 0.3；当 A_2 同相输入端的电位很接近滤波器的输出电位（反馈系数大）时，滤波器的 Q 值大，但 Q 值过大会造成电路的不稳定甚至自激，一般将 Q 值选在十至几十的范围内，调节图中的 R_W 可改变 Q 值的大小。在图中双 T 网络参数的选择下，带阻滤波器的中心频率为

$$f_o=\frac{1}{2\pi RC}=\frac{1}{2\times 3.14\times 68\times 10^3\times 0.047\times 10^{-6}}\approx 50(\text{Hz})$$

要求滤波器的带阻宽度 $BW=2$ Hz，则

$$Q=\frac{f_o}{BW}=\frac{50}{2}=25$$

(4)电压放大器

对于本级电压放大器的要求是具有低噪声、低漂移，且具有足够大的电压放大能力和一定的频带宽度，同时输出具有比较大的动态范围。由于心电信号放大器总的电压放大倍数要求为 1000 倍，前置级和高通滤波器通频带的电压放大倍数分别为 10 倍和 1.586 倍，所以电压放大器的电压放大倍数为 63 倍即可满足要求。采用低噪声、宽频带集成运算放大器 NE5532 构成的电压放大器如图 6.2.40 所示。

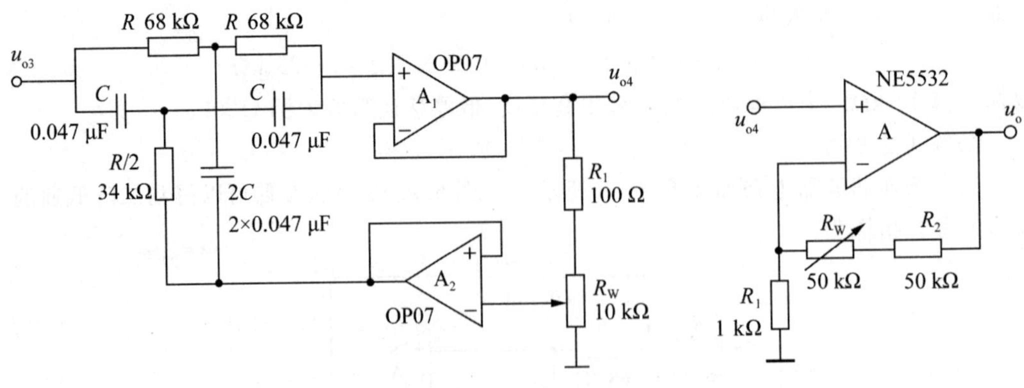

图 6.2.39　50 Hz 工频信号陷波器　　　图 6.2.40　电压放大器

整个电路系统中所有的集成器件采用±9 V 电源电压，每个集成器件要注意电源滤波。

5. 电路的安装与调试

(1)电路安装前请仔细查阅有关集成器件的资料，并画出详细的安装电路图。

(2)前置放大器的调试。在图 6.2.36 中将输入信号端 RA 或 LA 中的任一端接地，将幅度为1 V、频率为20 Hz的正弦波信号输入到由 10 kΩ 和 100 Ω 组成的电阻分压网络，使100 Ω电阻两端电压为10 mV，将该信号输入到前置放大器中，测量前置放大器的输出，计算电压放大倍数。

对前置放大器共模电压放大倍数的测量方法是：将前置放大器的输入信号 RA 和 LA 两端短接，同时对地输入幅度为5 V、频率为20 Hz的正弦信号，测量前置放大器的输出，计算共模电压放大倍数。

根据差模电压放大倍数和共模电压放大倍数计算共模抑制比。

(3)高通滤波器的调试。检查电路连线无误后，接通±9 V电源，先输入大小为 1 V 的直流电压，测量输出值；然后输入大小为 1 V 的正弦波信号，改变正弦波信号的频率在 0.01～100 Hz范围内变化，分别测量在0.01 Hz、0.05 Hz、1 Hz、10 Hz、50 Hz、100 Hz下的输出电压，并求出滤波器的下限截止频率。

(4)低通滤波器的调试。检查电路连线无误后，接通±9 V电源，先输入大小为 1 V 的直流电压，测量输出值；然后输入大小为1 V的正弦波信号，保持信号幅值不变，分别测频率在 1～200 Hz范围内变化时的输出值，并测量出上限截止频率。

(5)50 Hz 信号陷波器的调试。按电路图连线后，输入幅值为1 V、频率为50 Hz的正弦波，测量输出电压，调节电位器 R_W，使输出最小。测量此时的带阻宽度。

(6)整机心电放大器的调试。将前置放大、滤波器电路和末级电压放大器级联起来，在输入频率为20 Hz、幅值为10 mV的信号的情况下，观测整个放大器的输出波形，调节末级电压放大器电路中的 R_W，使电压总增益达到 1000 倍左右。

(7)在电路调试正常后，将电极接入人体，按照标准导联连接，可以通过示波器观察人的心电波形，一般将 X 轴置于0.2 s/DIV，Y 轴置于0.5～2 V/DIV。

6. 思考题

(1)心电信号的特点是什么？为什么要求心电放大器具有高输入电阻、高共模抑制比？

(2)用 Multisim 工具对滤波器电路进行仿真，并求出其主要的性能指标。

(3)画出利用三个集成运算放大器实现的仪表放大器的电路图，并求出其差模电压放大倍数的表达式。

(4)在图 6.2.37 所示的滤波器电路中，为什么其直流增益不能大于 3？

(5)求出图 6.2.39 所示的陷波器电路的品质因数 Q 的表达式，并说明该结构陷波器的优点。

九、DC-DC 升压稳压变换器的设计

1. 备选器件

PEM 控制器 LT494，开关场效应管 IRF3205，大功率二极管 MBR10100CT，电位器，电阻、电容、电感等器件若干。

2. 设计任务

设计一个将 12 V 电压升高到 24 V 的 DC-DC 变换器。在电阻负载下，要求满足如下指标：

(1)输出电压 $U_o=24$ V。

(2)最大输出电流 $I_{omax}=1$ A。

(3)当输入 $U_i=11\sim13$ V 时，电压调整率 $S_v\leqslant2\%$(在 $I_o=1$ A 时)。

(4)当 I_o 从 0 变化到 1 A 时，电流调整率 $S_i\leqslant5\%$(在 $U_i=12$ V 时)。

(5)要求该变换器在满载时的效率 $\eta\geqslant70\%$。

(6)输出噪声纹波电压峰-峰值 $U_{op\text{-}p}\geqslant1$ V(在 $U_i=12$ V，$U_o=24$ V，$I_o=1$ A 的条件下)。

(7)要求该变换器具有过流保护功能，动作电流 $I_{o(th)}$ 设定在 1.2 A。

3. 设计方案分析

(1)DC-DC 升压变换器的工作原理

DC-DC 变换器的种类很多。按照输入、输出电路是否隔离来分，可分为非隔离型和隔离型两大类。非隔离型的 DC-DC 变换器又可分为降压式、升压式、极性反转式等几种；隔离型的 DC-DC 变换器又可分为单端正激式、单端反激式、双端半桥、双端全桥等几种。下面主要讨论非隔离型升压式 DC-DC 变换器的工作原理。

图 6.2.41(a)是升压式 DC-DC 变换器的主电路，它主要由功率开关管 T_1、储能电感 L、滤波电容 C 和二极管 D 组成。电路的工作原理是：

当控制信号 u_c 为高电平时，开关管 T_1 导通，能量从输入电源流入，储存于电感 L 中，由于 T_1 导通时饱和压降很小，所以二极管 D 反偏而截止，此时存储在滤波电容 C 中的能量释放给负载。当控制信号 u_c 为低电平时，开关管 T_1 截止，由于电感 L 中的电流不能突变，它所产生的感生电势将阻止电流的减小，感生电势的极性是左负右正，二极管 D 导通，此时存储在电感 L 中的能量经二极管 D 对滤波电容 C 充电，同时提供给负载。电路各点的工作波形如图 6.2.41(b)所示。

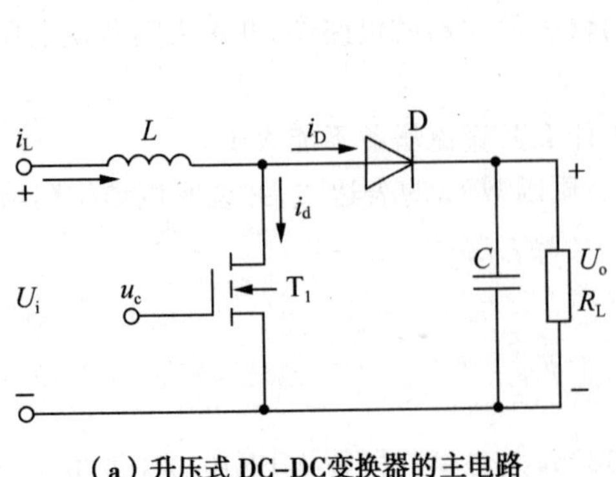

(a) 升压式 DC-DC变换器的主电路

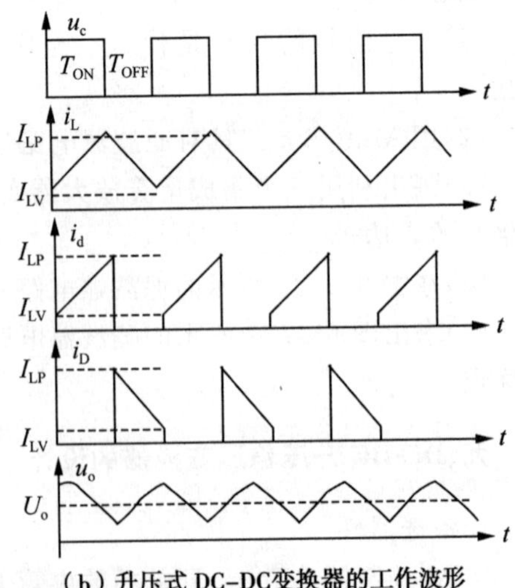

(b) 升压式 DC-DC变换器的工作波形

图 6.2.41　升压式 DC-DC 变换器的主电路及其工作波形

(2)DC-DC 升压变换器输入、输出电压的关系

假定储能电感 L 充电回路的电阻很小,即时间常数很大,当开关管 T_1 导通时,忽略管子的导通压降,通过电感 L 的电流近似是线性增加的,即

$$i_L = I_{LV} + \frac{U_i}{L}t$$

其中 I_{LV} 是流过储能电感电流的最小值。在开关管 T_1 导通结束时,流过电感 L 的电流为

$$i_{Lp} = I_{LV} + \frac{U_i}{L}T_{ON}$$

式中 $\frac{U_i}{L}T_{ON}$ 为 i_L 的增量。

在开关管 T_1 关断时,续流二极管 D 导通,储能电感 L 两端的电压为

$$u_L = U_o - U_i = L\frac{\mathrm{d}i_L}{\mathrm{d}t}$$

所以流过储能电感 L 的电流为

$$i_L = I_{Lp} - \frac{U_o - U_i}{L}t$$

当开关管 T_1 截止结束时,流过电感 L 的电流为

$$i_L = I_{LV} = I_{Lp} - \frac{U_o - U_i}{L}T_{OFF}$$

式中 $\frac{U_o - U_i}{L}T_{OFF}$ 为 i_L 的减少量。

在电路进入稳态后,储能电感 L 中的电流在开关管导通期间的增量应等于在开关管截止期间的减量,即

$$\frac{U_i}{L}T_{ON} = \frac{U_o - U_i}{L}T_{OFF}$$

所以

$$U_o = \frac{T}{T_{OFF}}U_i = \frac{T}{T - T_{ON}}U_i = \frac{1}{1-q}U_i$$

其中 $q = \frac{T_{ON}}{T}$。可见改变占空比的大小,就可以获得所需要的电压值。由于占空比总是小于 1,所以输出电压总是大于输入电压。

(3)DC-DC 变换器的稳压原理

通过输出电压的关系式可以看出,在输入电压或负载变化,要输出电压保持稳定时,可以采用两种方案:第一种是可以维持开关管的截止时间 T_{OFF} 不变,通过改变脉冲的频率 f 来维持输出电压 U_o 的稳定,这便是脉冲频率调制(PFM)控制方式 DC-DC 变换器;第二种是可以保持脉冲的周期 T 不变,通过改变开关管的导通时间 T_{ON},即脉冲的占空比 q,以实现输出电压的稳定,这就是脉宽调制(PWM)控制方式 DC-DC 变换器。由于目前已经有各种型号的集成 PWM 控制器,所以 DC-DC 变换器普遍采用 PWM 控制方式。

图 6.2.42 是 DC-DC 升压稳压变换器的原理图,它主要由取样电路、比较放大、PWM 控制器和 DC-DC 升压变换器组成。其稳压原理是:假如输入电压 U_i 增大,则通

过取样电阻将输出电压的变化(增大)采样,和基准电压相比较,通过比较放大器输出信号去控制 PWM 控制器输出脉冲的占空比 q 的变化(减小),结果可使输出电压保持稳定;反之,当输入电压减小时,PWM 控制器输出脉冲的占空比 q 也自动变化(增大),输出电压仍能稳定。

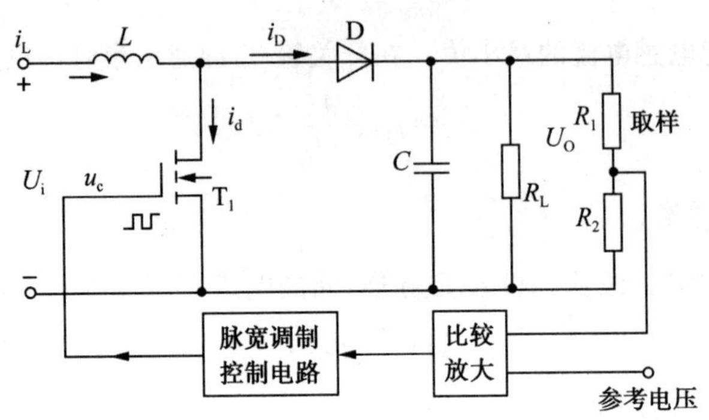

图 6.2.42 DC-DC 升压稳压变换器的原理框图

(4)集成脉宽调制控制器 TL494 介绍

TL494 的内部电路如图 6.2.43 所示,它由振荡器、D 触发器、死区时间比较器、PWM 比较器、两个误差放大器、5 V基准电压源和两个驱动三极管等组成。当 TL494 正常工作时,输出脉冲的频率取决于 5 脚和 6 脚所接的电容和电阻,表达式为 $f\approx\frac{1.1}{R_iC_i}$,在电容 C_i 两端形成的是锯齿波,该锯齿波同时加给死区时间控制比较器和 PWM 比较器,死区时间控制比较器根据 4 脚所设置的电压大小输出脉冲的死区宽度,利用 4 脚可以设计电源的软启动电路、欠压或过压电路等。输出的调制脉冲宽度是由电容 C_i 端的正向锯齿波和 3、4 脚输入的两个控制信号综合比较后确定的。当外接控制信号电压大于 5 脚电压时,9、10 脚输出脉冲为低电平(设 9、10 脚为跟随器输出接法),所以随着输入控制信号幅值的增加,TL494 输出脉冲的占空比减小。13 脚为输出脉冲模式控制端,当该端为高电平时,两路脉冲输出分别由触发器的 Q 和 $\overline{\mathrm{Q}}$ 端控制,两路信号输出互补,即推挽输出,此时 PWM 脉冲输出频率为振荡器频率的一半,最大占空比为 48%。若 13 脚接地,触发器控制不起作用,两路输出脉冲相同,其频率与振荡器频率相同,最大占空比为 96%。为了增大驱动电流的能力,一般使用时可将两路并联输出。

TL494 内部包含两个误差放大器,若两个误差放大器的反相输入端 2、15 脚的参考电位一定,当它们的同相输入端电位升高时,输出脉冲的宽度变窄;反之,脉冲宽度变宽。所以一般将两个误差放大器的同相和反相输入端分别接基准信号和反馈信号,使系统完成闭环控制,实现控制对象的稳定。在实际使用中,常利用 TL494 内部基准电源向外提供+5 V 的基准参考电压,再通过电阻分压网络给误差放大器提供基准电位。

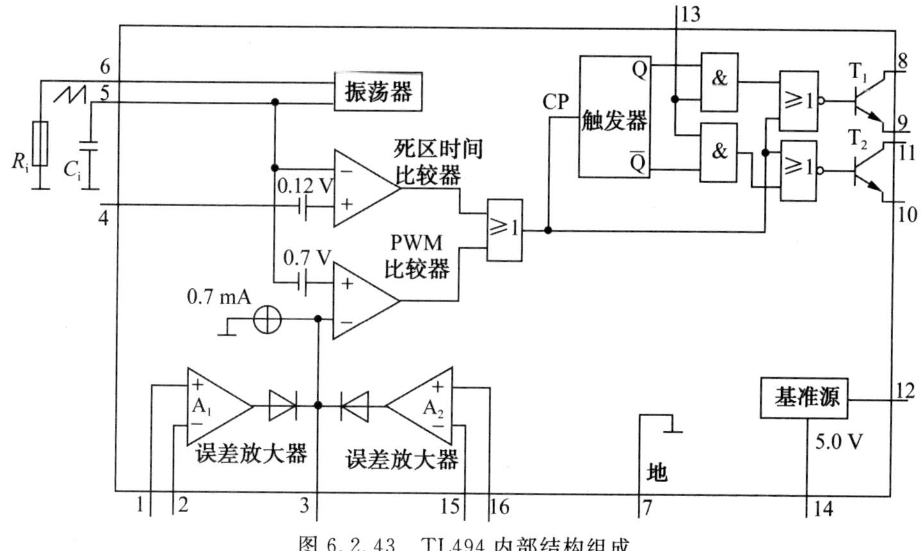

图 6.2.43　TL494 内部结构组成

4. 主要单元电路的设计

(1)DC-DC 升压变换器主电路的设计

升压电路的结构选择如图 6.2.44 所示的电路。变换电路主电路的设计主要是确定关键元件:输出滤波电容 C、电感 L、开关管 T_1 和二极管 D,参见图 6.2.41。

①输出滤波电容的选择

假如输出滤波电容 C 必须在 T_1 导通的 T_{ON} 期间供给全部负载电流,设在 T_{ON} 期间 C 上的电压降不高于 ΔU_o,ΔU_o 为要求的纹波电压。则

$$C \geqslant I_o \frac{T_{ON}}{\Delta U_o}$$

又因为

$$T_{ON} = \frac{U_o - U_i}{U_o} T$$

所以

$$C \geqslant \frac{I_o}{f} \frac{1}{\Delta U_o} \frac{U_o - U_i}{U_o}$$

选择开关频率等于 50 kHz,在本设计给定的条件下,计算所得滤波电容的值为10 μF,实际选择100 μF/50 V的电容。

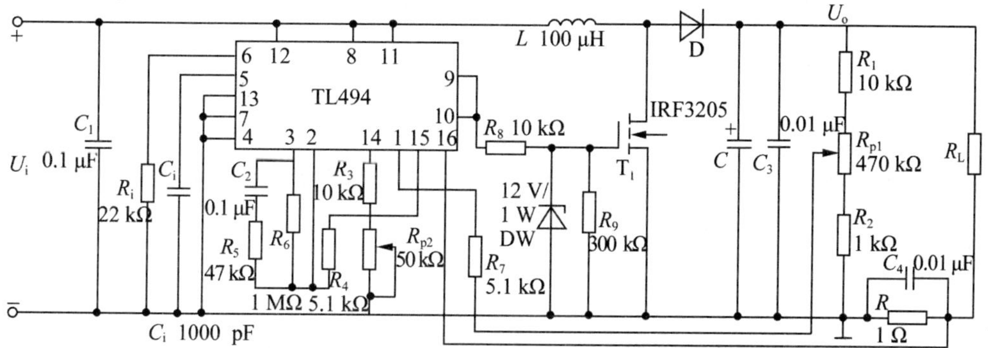

图 6.2.44　DC-DC 升压稳压变换器的原理电路

②储能电感的选择

根据电路的工作波形，电感电流包括直流平均值和纹波分量两部分。假如忽略电路的内部损耗，则变换器的输出能量和变换器的输入能量相等，即

$$U_i I_i = U_o I_o$$

所以
$$I_i = \frac{U_o I_o}{U_i} = I_o \frac{T}{T_{OFF}} = I_{LV}$$

即从电源取出的平均电流也就是流入电感的平均电流。

电感电流的纹波分量是三角波，在 T_{ON} 期间，电流的增量为

$$+\Delta I = \frac{U_i T_{ON}}{L}$$

在 T_{OFF} 期间，电流将下降，其减少量为

$$-\Delta I = \frac{U_o - U_i}{L} T_{OFF}$$

在稳态下，$+\Delta I = -\Delta I$。在选择 ΔI 时，一般要求电感的峰值电流不大于其最大平均电流的 20%，以免使电感饱和；同时流过电感中的电流最小值也应大于或等于零。实际设计时，选择电感电流的增量为

$$\Delta I = \frac{U_i T_{ON}}{L} \leqslant 1.4 I_i$$

所以
$$L \geqslant \frac{U_i T_{ON}}{1.4 I_i} \geqslant \frac{U_i (U_o - U_i)}{1.4 \dfrac{U_o I_o}{U_i} f U_o} \geqslant \frac{U_i^2 (U_o - U_i)}{1.4 f U_o^2 I_o}$$

在开关频率选择 50 kHz 和给定的条件及要求下，计算得到的电感量为42 μH，实际选择100 μH/2 A的电感。电感可以买成品，也可以自己绕制。

③开关管的选择

开关管 T_1 在电路中承受的最大电压是 U_o，考虑到输入电压波动和电感的反峰尖刺电压的影响，所以开关管的最大电压应大于 $1.1 \times 1.2 U_o$。实际在选择开关管时，管子的最大允许工作电压值还应留有充分的余地，一般选择(2～3)$1.1 \times 1.2 U_o$。开关管的最大允许电流一般选择(2～3)I_i。开关管的选择，主要考虑开关管驱动电路要简单、开关频率要高、导通电阻要小等。本设计选择 N 沟道功率场效应管 IRF3205，该器件的 $U_{DSM} = 55$ V，导通电阻值为5 mΩ，$I_{DM} = 110$ A，完全满足设计要求。

④二极管的选择

在电路中，二极管的最大反向电压为 U_o，流过的电流是输入电流 I_i，所以在选择二极管时，管子的额定电压和额定电流都要留有足够的余地。另外，选择二极管时，还要求导通电阻要小，开关频率要高，一般要选用肖特基二极管和快恢复二极管。本设计选用肖特基二极管 MBR10100CT，其最大反向工作电压为100 V，最大正向工作电流为10 A，完全满足设计要求。

(2)DC-DC 变换器控制电路的设计

DC-DC 变换器控制电路选用集成 PWM 控制器 TL494 构成，整个电路系统如图 6.2.44 所示。调制脉冲的频率选择50 kHz，选择振荡电容 C_i 为1000 pF，电阻 R_i 为

22 kΩ。脉冲采用单端输出方式，将 13 脚接地。为了提高驱动能力，从内部三极管的集电极输出，并将两路并联，即将 8、11 脚并联接电源（即输入电压 U_i），9、10 脚并联作为脉冲输出端。为了保证输出电压 U_o 稳定，通过取样电阻 R_1、R_2、R_{p1} 引入负反馈，反馈电压送到 TL494 内部误差放大器的同相输入端（1 脚），误差放大器的反相输入端（2 脚）接参考电压，该参考电压通过电阻 R_3、R_4、R_{p2} 提供；当输出电压增高时，反馈信号和参考电压比较，误差放大器的输出增大，结果使输出脉冲的宽度变窄，开关管的导通时间变短，输出电压将保持稳定。图中连接在误差放大器 2 脚和 3 脚之间的电阻 R_5、R_6 和电容 C_2 构成 PID 调节器，目的是改善系统的动态特性。在给定参数下，调节 R_{p2} 使 15 脚电位等于 1.2 V，然后调节 R_{p1} 即可调节输出电压值。

过流保护电路可以利用 TL494 内部的另一个误差放大器实现。图中电流取样电阻 R 选择1 Ω/2 W的精密电阻，两端并联一高频滤波电容 C_4，误差放大器的反相输入端（15 脚）接 1.2V 的基准电压，电流取样电阻 R 上的电压输入到误差放大器的同相输入端（16 脚），当电流大于1.2 A时，16 脚电压大于 15 脚电压，误差放大器的输出增大，TL494 输出脉冲的宽度变窄，输出电压减小，从而起到限流作用。

5. 系统的安装与调试

（1）首先在不接入主电路的情况下，按图 6.2.44 在面包板上插接或在实验板上焊接。

（2）检查无误后，接通＋12 V电源。1 脚和 16 脚通过电阻接地，用示波器观察 9、10 脚连接点的输出脉冲波形，由于反馈信号没有引入，此时输出脉冲信号的脉宽最大，测量脉冲信号的频率是否为50 kHz；同时调节电位器 R_{p2}，使 15 脚电位等于1.2 V。

（3）上述控制电路调试正确后，将主电路接入，在负载 R_L 开路的情况下，接通输入的 12 V直流电源，调节电位器 R_{p1} 使输出电压 U_o 等于24 V。

（4）将电阻为 50 Ω/100 W 的可变电阻接入变换器的输出端，调节电阻大小，使输出电流大小等于 1 A，然后分别对变换器的性能指标进行测试。

（5）过流保护测试。逐渐增大输出电流，用示波器观察 PWM 控制器输出脉冲的变化情况，同时测量输出电压的变化。

6. 思考题

（1）开关式稳压器与线性稳压器相比，有什么特点？

（2）在图 6.2.41 所示的 DC-DC 升压电路中，若电感、电容的值足够大，已知输入电压等于12 V，负载电阻等于20 Ω，输入脉冲信号的 $T=40\ \mu s$，$T_{ON}=25\ \mu s$，计算输出电压和电流的大小。

（3）什么是 PWM 控制方式？将集成 PWM 控制电路 TL494 的 2 脚和 S 脚相连，15、16、13 脚接地，在 3 脚加入可调的直流电压，观察输出脉冲的宽度将如何变化。

（4）为了防止 DC-DC 变换器在开启瞬间产生过大的冲击电流和电压，一般对电路采用软启动的方式，即输出由低到高逐渐增大。试在图 6.2.44 所示的电路中利用 TL494 的 4 脚加入启动电路。

（5）为了防止图 6.2.44 所示电路的输出电压过高，请在电路中加入过压保护电路，在输出电压大于50 V时，保护电路动作。

（6）试设计一个将 12 V 电压变换到 5 V 的降压式开关稳压电路。

附录　电阻的标称值

设计电路时计算出来的电阻值经常会与电阻的标称值不相符，有时候需要根据标称值来修正电路的计算。下面列出了常用的5%和1%精度电阻的标称值，供设计时参考。

一、精度为5%的碳膜电阻，以欧姆(Ω)为单位的标称值

1.0	5.6	33	160	820	3.9k	20k	100k	510k	2.7M
1.1	6.2	36	180	910	4.3k	22k	110k	560k	3M
1.2	6.8	39	200	1k	4.7k	24k	120k	620k	3.3M
1.3	7.5	43	220	1.1k	5.1k	27k	130k	680k	3.6M
1.5	8.2	47	240	1.2k	5.6k	30k	150k	750k	3.9M
1.6	9.1	51	270	1.3k	6.2k	33k	160k	820k	4.3M
1.8	10	56	300	1.5k	6.6k	36k	180k	910k	4.7M
2.0	11	62	330	1.6k	7.5k	39k	200k	1M	5.1M
2.2	12	68	360	1.8k	8.2k	43k	220k	1.1M	5.6M
2.4	13	75	390	2k	9.1k	47k	240k	1.2M	6.2M
2.7	15	82	430	2.2k	10k	51k	270k	1.3M	6.8M
3.0	16	91	470	2.4k	11k	56k	300k	1.5M	7.5M
3.3	18	100	510	2.7k	12k	62k	330k	1.6M	8.2M
3.6	20	110	560	3k	13k	68k	360k	1.8M	9.1M
3.9	22	120	620	3.2k	15k	75k	390k	2M	10M
4.3	24	130	680	3.3k	16k	82k	430k	2.2M	15M
4.7	27	150	750	3.6k	18k	91k	470k	2.4M	22M
5.1	30								

二、精度为1%的金属膜电阻，以欧姆(Ω)为单位的标称值

10	33	100	332	1k	3.32k	10.5k	34k	107k	357k
10.2	33.2	102	340	1.02k	3.4k	10.7k	34.8k	110k	360k
10.5	34	105	348	1.05k	3.48k	11k	35.7k	113k	365k
10.7	34.8	107	350	1.07k	3.57k	11.3k	36k	115k	374k
11	35.7	110	357	1.1k	3.6k	11.5k	36.5k	118k	383k
11.3	36	113	360	1.13k	3.65k	11.8k	37.4k	120k	390k
11.5	36.5	115	365	1.15k	3.74k	12k	38.3k	121k	392k
11.8	37.4	118	374	1.18k	3.83k	12.1k	39k	124k	402k
12	38.3	120	383	1.2k	3.9k	12.4k	39.2k	127k	412k
12.1	39	121	390	1.21k	3.92k	12.7k	40.2k	130k	422k
12.4	39.2	124	392	1.24k	4.02k	13k	41.2k	133k	430k
12.7	40.2	127	402	1.27k	4.12k	13.3k	42.2k	137k	432k
13	41.2	130	412	1.3k	4.22k	13.7k	43k	140k	442k
13.3	42.2	133	422	1.33k	4.32k	14k	43.2k	143k	453k
13.7	43	137	430	1.37k	4.42k	14.3k	44.2k	147k	464k
14	43.2	140	432	1.4k	4.53k	14.7k	45.3k	150k	470k
14.3	44.2	143	442	1.43k	4.64k	15k	46.4k	154k	475k
14.7	45.3	147	453	1.47k	4.7k	15.4k	47k	158k	487k
15	46.4	150	464	1.5k	4.75k	15.8k	47.5k	160k	499k
15.4	47	154	470	1.54k	4.87k	16k	48.7k	162k	511k

参考文献

[1]清华大学电子学教研组.童诗白,华成英.模拟电子技术基础[M].4版.北京:高等教育出版社,2006.

[2]孙肖子.模拟电子电路及技术基础[M].2版.西安:西安电子科技大学出版社,2010.

[3]谢嘉奎.电子线路(线性部分)[M].4版.北京:高等教育出版社,1999.

[4]华中科技大学电子技术课程组.康华光.模拟电子技术[M].5版.北京:高等教育出版社,2005.

[5]杨素行.模拟电子技术基础简明教程[M].3版.北京:高等教育出版社,1999.

[6]王传新.电子技术基础实验[M].北京:高等教育出版社,2006.

[7]侯建军.电子技术基础实验、综合设计实验与课程设计[M].北京:高等教育出版社,2007.

[8]方建中.电子线路实验[M].浙江:浙江大学出版社,2001.

[9]毕满清.电子技术实验与课程设计[M].3版.北京:机械工业出版社,2005.

[10]高吉祥.电子技术基础实验与课程设计[M].2版.北京:电子工业出版社,2005.

[11]李万臣.模拟电子技术基础实验与课程设计[M].哈尔滨:哈尔滨工业大学出版社,2000.

[12]谢自美.电子线路设计·实验·测试[M].2版.武汉:华中理工大学出版社,2000.

[13]彭介华.电子技术课程设计指导[M].北京:高等教育出版社,1997.

[14]华中理工大学电子学教研室.陈大钦.电子技术基础实验——电子电路实验·设计·仿真[M].2版.北京:高等教育出版社,2000.

[15]孙丽霞.电子技术实践与仿真[M].北京:高等教育出版社,2005.

[16]姚富安,徐向华.电子技术实验——课程设计与仿真.北京:清华大学出版社,2014.